普通高等教育科工科电子信息类课改系列教材

32 位微机原理及接口技术

主　编　何苏勤　郭　青

副主编　马　静　冯晓东

　　　　韩　阳　金翠云

西安电子科技大学出版社

内 容 简 介

本书基于 Intel 80X86/Pentium 系列微型计算机系统，紧密结合专业基础课程的特点和要求，介绍了微型计算机的组成结构、工作原理、指令系统、存储器、总线及接口技术等内容，使读者能从应用的角度出发掌握微型计算机系统的工作原理、接口技术和汇编语言程序设计方法，并在此基础上具备软、硬件开发能力。

本书可作为高等院校的本科生教材，也可作为工程技术人员自学微型计算机知识的参考书。

图书在版编目(CIP)数据

32 位微机原理及接口技术/何苏勤，郭青主编. —西安：西安电子科技大学出版社，2017.8(2021.8 重印)
ISBN 978 - 7 - 5606 - 4585 - 8

Ⅰ. ①3… Ⅱ. ①何… ②郭… Ⅲ. ①微型计算机—理论 ②微型计算机—接口技术 Ⅳ. ①TP36

中国版本图书馆 CIP 数据核字(2017)第 174925 号

策 划	刘小莉
责任编辑	唐小玉 马武装
出版发行	西安电子科技大学出版社(西安市太白南路 2 号)
电 话	(029)88202421 88201467 邮 编 710071
网 址	www.xduph.com 电子邮箱 xdupfxb001@163.com
经 销	新华书店
印刷单位	广东虎彩云印刷有限公司
版 次	2017 年 8 月第 1 版 2021 年 8 月第 2 次印刷
开 本	787 毫米×1092 毫米 1/16 印张 21.5
字 数	508 千字
印 数	3001～4000 册
定 价	47.00 元

ISBN 978 - 7 - 5606 - 4585 - 8/TP

XDUP 4877001 - 2

前　言

　　"微机原理及接口技术"课程是高等院校自动化、测控技术与仪器、电子信息类、电气工程类等专业学生的必修专业基础课或核心课，是学生了解微型计算机工作原理和系统工作过程、掌握微机汇编语言程序设计和接口技术、提高软硬件开发能力的重要课程。

　　本书编者从事微机原理及接口技术课程教学多年，有着丰富的教学经验和理论水平。在编写本书的过程中，编者参考了国内及国外的多种教材，并结合教学实践中学生的反馈情况，对教材内容进行了充实和改进，遵循内容精练、针对性强、易学易用和由浅入深的原则，在内容的编排上将精讲内容和扩展自修内容区别开来，便于教师的课堂讲授和学生的课外自学；在内容的选择上注重实用性，精简了与预修课程重合的内容，如二进制运算、基本存储电路等。本书突出介绍了 32 位微型计算机的新技术、新特点，如多核处理器、多层次总线技术等。在接口技术和应用方面，注重实用性和先进性的结合，在实用性的基础上，从主流 32 位微型计算机出发，着重介绍了新技术、新标准，如 Pentium 微机集成芯片组及其与经典芯片的对应关系、PCI 总线、USB 串行总线等，为进一步学习单片机原理及应用、嵌入式系统、DSP 原理及应用、自动化装置等后续专业课程打下良好的基础。

　　为了满足课堂教学和教师备课的需要，本书配有电子课件。此外，每章都有一定数量的习题，以方便学生练习，帮助学生对所学内容进行总结和消化。

　　本书由何苏勤、郭青主编。全书共分 10 章，其中郭青编写了第 1、2、5、9、10 章，马静编写了第 3、4 章，冯晓东编写了第 6 章，韩阳编写了第 7 章，金翠云编写了第 8 章和附录，何苏勤对全书进行了统稿和审阅。

　　本书的完成要感谢北京化工大学教材项目的支持。同时，本书在编写过程中参考了国内外大量文献和书籍，硕士研究生邬琪磊、张政等在绘图、文字录入等方面也做了大量的工作，在此一并表示感谢。

　　本书注重基本原理和概念，又兼顾到不断发展的 32 位微型计算机新技术，为本科生和计算机技术爱好者提供了进一步学习和创新的基础。但由于计算机技术的发展日新月异，加之编者水平和掌握的资料有限，书中不当之处在所难免，恳请专家和读者批评指正。

编　者

2017 年 4 月

目　录

第 1 章

微型计算机基础

自 1946 年世界上第一台电子计算机 ENIAC（Electronic Numerical Integrator And Calculator，电子数值积分计算器）在美国宾夕法尼亚大学诞生以来，计算机技术的飞速发展已经极大地改变了人类的生活方式，成为 20 世纪最杰出的科技成果之一。

本章主要介绍微型计算机的发展、分类、技术指标、体系结构和工作原理，以及计算机中字符和数据的表示方法，为读者学习后续内容打下基础。

1.1　微型计算机的发展与分类

世界上第一台电子计算机 ENIAC 使用的主要器件是真空电子管，一共使用了 17 000 多个电子管和 500 多英里长的导线，每秒可执行 5000 次加法或 400 次乘法，是一个超过 30 吨的庞然大物。从这台计算机诞生以来，计算机的体积越来越小，功能越来越强，价格越来越低，其组成器件也从电子管、晶体管、集成电路发展到了大规模、超大规模集成电路，并朝着智能计算机的方向快速发展。

微型计算机是随着大规模集成电路的发展，在 20 世纪 70 年代初研制成功的。微型计算机的核心是微处理器（Microprocessor，简称 µP 或 MP），也称为中央处理器（Central Processing Unit，CPU），它是将构成计算机 CPU 的所有元件集成在一块硅片上制成的。以微处理器为核心，配合存储器、输入/输出（Input/Output，I/O）接口电路等外围电路，就构成了微型计算机。

1. 微型计算机的发展

微型计算机的发展主要是指微处理器的发展，大致可分为以下五个阶段：

（1）第一代（1971 — 1973 年）为 4 位和 8 位微处理器，其典型产品是 4 位微处理器 Intel 4004 和 8 位微处理器 Intel 8008，以及分别由它们组成的 MCS4 和 MCS8 微型计算机。第一代微处理器集成度低（4000 个晶体管/片），运算速度慢，指令系统简单，使用机器语言和简单的汇编语言，基本指令的执行时间为 $10\sim20$ µs。

（2）第二代（1974 — 1977 年）为 8 位中高档微处理器，其典型产品是 Intel 8080/8085、摩托罗拉公司的 MC6800、Zilog 公司的 Z80 等微处理器。第二代微处理器的集成度比第一代提高了约 4 倍，运算速度提高了约 $10\sim15$ 倍，基本指令的执行时间为 $1\sim2$ µs；指令系统比较完善，具有典型的计算机体系结构和中断、存储器直接存取（Direct Memory Access，DMA）等控制功能；软件除了汇编语言外，还产生了操作系统以及 BASIC、FORTRAN 等高级语言。

在这一阶段，随着大规模集成电路技术的日益成熟，组成微型计算机的其他部件，如存储器、I/O 接口电路等的设计和制造技术也迅速提高，微型计算机的功能迅速加强，外围电路的种类和性能也得到增强，并将组成微型计算机的主要部件，如 CPU、存储器、I/O 接口电路、模/数（A/D）和数/模（D/A）转换电路等集成在一个硅片上，产生了单片微型计算机，简称单片机。各种 8 位单片机，如 Intel 8048、摩托罗拉的 MC6801、Zilog 的 Z8 等，也属于第二代微型计算机。

（3）第三代（1978 — 1984 年）为 16 位微处理器，其典型产品是 Intel 8086/8088、80286、摩托罗拉公司的 M68000 和 Zilog 公司的 Z8000 等微处理器。第三代微处理器的集成度和运算速度均比第二代提高了一个数量级，基本指令执行时间为 0.5 μs；指令系统更加完善，配置了软件系统，可使用汇编语言和多种高级语言，并具有完善的操作系统和大型数据库。

1981 年，IBM 公司推出了个人计算机（Personal Computer，PC），采用了 8088 CPU，PC 机的时代开始了。

（4）第四代（1985 — 1992 年）为 32 位微处理器，其典型产品是 Intel 80386/80486、摩托罗拉公司的 M68030/68040 等微处理器。第四代微处理器的集成度达到 100 万晶体管/片，每秒可执行 600 万条指令。32 位微处理器在系统结构、元器件技术、制作工艺和软件功能等方面都有很大的进展，可完成多任务、多用户作业，广泛应用于计算机网络、实时控制、事务管理、数据处理、工程计算和人工智能等领域。

（5）第五代（1993 年以后）为 64 位微处理器，其典型产品是 Intel 公司的奔腾（Pentium）系列以及 AMD 公司的 K6 系列微处理器芯片。这些产品采用了多项先进技术，如 RISC（Reduced Instruction Set Computer，精简指令系统计算机）技术、超级流水线技术、超标量结构技术（每个时钟周期可启动并执行多条指令）、MMX（Multi Media eXtension，多媒体扩展指令集）技术、动态分支预测技术、超顺序执行技术、双独立总线 DIB 技术等，并使用了多级双独立高速缓冲器（Cache），支持多核微处理器并行处理等。高性能 64 位多核微处理器，如 Intel 公司的 Core 系列已经广泛应用于桌面及笔记本计算机中，多核微处理器无需软件系统的帮助，真正实现了并行处理，极大地提高了通用微型计算机的速度和性能。

2. 微型计算机的分类

1）按照功能分类

计算机的分类方式很多，按照功能可分为专用计算机和通用计算机两类。专用计算机功能单一，适应性差，但在特定的用途下是最有效、最经济、最快速的计算机；通用计算机功能齐全，适应性强，但其效率、速度和经济性相对要低一些。目前所说的计算机都是指通用计算机。

2）按照体系结构、运算速度、结构规模、适用领域等因素分类

按照计算机的体系结构、运算速度、结构规模、适用领域等因素，计算机可分为巨型机、大型机、小型机、工作站和微型计算机。

巨型计算机（Supercomputer）也称超级计算机，采用大规模并行处理的体系结构，有极强的运算处理能力，存储容量大，主要用于尖端科学研究和现代化军事领域。例如，我国的"银河"系列计算机就属于巨型机。

大型计算机(Mainframe)是指运算速度快、处理能力强、存储容量大、功能完善的计算机。它的软、硬件规模较大，价格也较高。大型机多采用对称多处理器结构，有数十个处理器，在系统中起着核心作用，发挥着主服务器的作用。其代表产品有 IBM360、370、4300 等。

小型计算机(Minicomputer)是指可以满足部门性的需求、供小型企事业单位使用的计算机，主要应用在企业管理、工业自动控制、大学和研究单位的科学计算以及大型分析仪器和测量仪器的数据采集、分析计算等。近年来，小型计算机逐渐被高性能的服务器所取代。其典型产品有 IBM–AS/400、DEC–VAX 系列、国产太极等。

工作站(Workstation)是指性能介于微型计算机和小型计算机之间的一种高档微型计算机，配备有大屏幕显示器、大容量存储器和专用的图形处理软件，其突出特点是具有优越的图形功能和较强的网络通信能力，广泛应用于计算机辅助设计(Computer Aided Design，CAD)和办公自动化等领域。

微型计算机(Microcomputer)又称为个人计算机(PC)或个人电脑。这类计算机面向个人、家庭、学校等，应用十分广泛。它由微处理器、半导体存储器和输入/输出接口等芯片组成，体积更小，价格更低，通用性更强，可靠性更高，使用更加方便。

3) 按照应用分类

随着计算机技术的迅速发展，计算机技术和产品已广泛应用于各种行业，人们以应用为中心，按计算机的嵌入式应用和非嵌入式应用进行新的分类，将其分为通用计算机和嵌入式计算机。

通用计算机具有计算机的标准形态，通过装配不同的应用软件，以相似的形态出现，并应用在社会的各个方面，其典型产品为 PC 机。

嵌入式计算机又称嵌入式系统(Embedded System)，是一种以应用为中心，以微处理器为基础，软硬件可裁剪的，适用于应用系统对功能、可靠性、成本、体积、功耗等综合性有严格要求的专用计算机系统。它不具有一般通用计算机的标准形态，而是以嵌入式系统的形式隐藏在各种装置、产品和系统中，一般由嵌入式微处理器、外围硬件设备、嵌入式操作系统以及用户的应用程序等 4 个部分组成。嵌入式系统的核心部件是嵌入式处理器，共分为嵌入式微控制器(Micro Controller Unit，MCU，又称单片机)、嵌入式微处理器(Micro Processor Unit，MPU)、嵌入式 DSP 处理器(Digital Signal Processor，DSP)和嵌入式片上系统(System on Chip，SoC)。嵌入式系统是计算机市场中增长最快的领域，也是种类繁多、形态多种多样的计算机系统。嵌入式系统几乎包括了生活中所有的电器设备，如计算器、电视机顶盒、手机、数字电视、数字相机、工业自动化仪表与医疗仪器等。

1.2 微型计算机的体系结构及性能指标

现代微型计算机的体系结构是由美国数学家冯·诺依曼奠定的，称为"冯·诺依曼"结构。冯·诺依曼结构计算机的基本思想是：采用二进制计算、存储程序，并在程序控制下自动执行。微型计算机系统包括硬件和软件两大部分。硬件(Hardware)是指组成计算机的物理设备，是看得见、摸得着的物体，就像人的躯体；软件(Software)一般是指在计算机上运行的程序以及计算机管理的数据和文档资料等，是指示计算机工作的命令，就像人的思想。

1.2.1 微型计算机的硬件系统

根据冯·诺依曼计算机的基本思想，微型计算机的硬件系统由五大部分组成，即运算器、控制器、存储器、输入设备和输出设备。其中，运算器和控制器是微型计算机的核心，采用大规模和超大规模集成电路技术集成在一块芯片内，称为中央处理器(CPU)或微处理器。

微型计算机的硬件系统结构如图 1－1 所示，由 CPU、存储器、I/O 接口、相应的 I/O 设备以及连接各部件的总线组成。

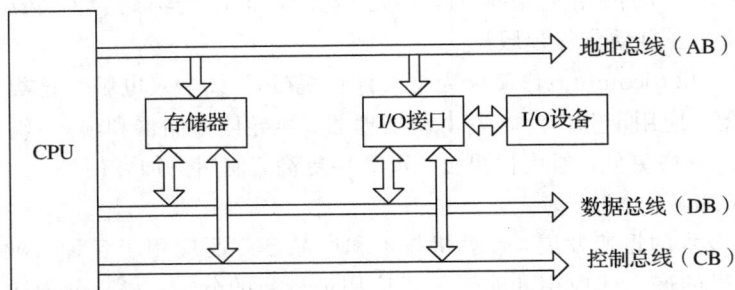

图 1－1　微型计算机的硬件系统结构

1. 微处理器

微处理器是微型计算机的 CPU，它具有算术运算和逻辑运算功能，能够发出控制信号，是微机系统的核心或"大脑"，支配着整个微机系统的工作。微处理器由运算器、控制器以及寄存器组 3 个基本部分组成。

1) 运算器

运算器又称为算术逻辑单元(Arithmetic Logic Unit，ALU)，用来执行基本的算术运算和逻辑运算。

2) 控制器

控制器(Control Unit)负责发出控制信号，指挥计算机的各个部件有条不紊地工作。它按照一定的顺序从存储器中读取指令，进行译码，并产生相应的操作信号，控制 CPU 及计算机系统的工作。

3) 寄存器组

寄存器组用来暂存参加运算的数据、运算的中间结果以及反映运算结果的状态标志位等。不同微处理器中配置的寄存器不同，但 CPU 中至少要有指令寄存器、程序计数器、数据地址寄存器、数据缓冲寄存器、通用寄存器和状态字寄存器 6 类寄存器。

指令寄存器(Instruction Register)用来保存当前正在执行的一条指令。指令是计算机执行的一种基本操作。当 CPU 执行指令时，先把它从存储器读出，再传送至指令寄存器。

程序计数器(Program Counter)用来保存计算机执行程序时的指令地址。为了保证程序能够连续地顺利执行，CPU 必须具有自动记忆下一条指令地址的功能。实现这一功能的部件就是程序计数器，它又称为指令指针(Instruction Pointer)。

数据地址寄存器(Address Register)用来保存当前 CPU 所访问的数据单元在存储器中的地址，以便 CPU 产生地址信号，对存储器进行读/写操作。

数据缓冲寄存器(Data Register)用来暂存 ALU 的运算结果或 CPU 从存储器或 I/O 接口中读取的一个数据。

通用寄存器(Register)提供一组暂存寄存器，作为 ALU 的工作区，并在 ALU 进行算术逻辑运算时为 ALU 提供操作数或暂存运算结果。

状态字寄存器(Program Status Word，PSW)保存由算术或逻辑运算指令结果建立的各种条件代码，如进位标志、溢出标志、零标志等。这些标志位通常分别由一位触发器保存。

2. 存储器

存储器(Memory)的主要功能是存放程序和数据。微型计算机的存储器采用半导体存储器。不管是程序还是数据，在存储器中都用二进制的 0 或 1 表示，统称为信息。通常，一个 8 位二进制数保存在一组半导体触发器中，称为一个存储单元。每个存储单元都有编号，称为地址。每个存储单元的地址只有一个，固定不变，而存储在其中的信息是可以改变的。

向存储单元中存放或取出信息，都称为访问存储器。向存储器中存放信息，称为写操作；从存储器中取出信息，称为读操作。其中，写操作改变了存储单元的内容，是破坏性的；而读操作是非破坏性的，存储单元的内容被"读"走之后仍保留原信息。不管是读还是写，当 CPU 访问存储器时，都要首先给出存储单元的地址，再根据命令对选中的存储单元进行读出或写入操作。

存储器所有存储单元的总数称为存储器的存储容量，通常用 KB、MB、GB 来表示，如 64 KB、512 MB、8 GB。存储容量越大，表示计算机记忆储存的信息越多。

因为半导体存储器的存储容量有限，计算机通常配备有容量更大的磁盘存储器和光盘存储器，称为外存储器。相对地，半导体存储器称为内存储器或主存储器，简称内存或主存。

3. I/O 设备和 I/O 接口

I/O 设备是指微机上配备的输入/输出设备，也称为外部设备或外围设备，简称外设。

输入设备为计算机提供信息，它将人们熟悉的信息形式，如数字、字母、文字、图像等，转换成计算机能够识别的二进制信息并送入计算机中。常见的输入设备有键盘、鼠标、扫描仪、模/数转换器等。

输出设备将计算机处理结果的二进制信息转换成人或其他设备能够接收和识别的形式，如字符、文字、图形等。常用的输出设备有显示器、打印机、扬声器等。

磁盘、光盘、U 盘等大容量存储器也是计算机的外围设备，它们既可以作为输入设备，也可以作为输出设备。此外，它们还有存储信息的功能，可作为计算机系统的辅助存储器使用。

各种 I/O 设备的工作速度、驱动方式等差别巨大，无法通过系统总线与 CPU 直接相连，必须通过 I/O 接口电路进行变换和中转，由接口电路完成信号转换、数据缓冲、设备联络等工作。I/O 接口也称为适配器或接口卡。

4. 总线

总线是指将组成计算机的多个功能部件连接起来的、传递信息的公共通道。总线上能同时传送二进制信息的位数称为总线的宽度。微型计算机的系统总线(System Bus)是指从微处理器引出的总线,CPU 通过系统总线与存储器和 I/O 设备进行信息交换。根据传送信息的不同,微型计算机系统中的总线分为地址总线、数据总线和控制总线。

1)地址总线

地址总线(Address Bus,AB)用来传送地址信息。CPU 在地址总线上输出将要访问的主存单元或 I/O 端口的地址,所以地址总线为单向输出总线。地址总线的宽度决定了 CPU 能访问的主存储器的最大容量。例如,8086CPU 有 20 条地址总线,它能访问的主存容量为 $2^{20}=1$ MB;Pentium CPU 有 32 条地址总线,它能访问的主存容量为 $2^{32}=4$ GB。

2)数据总线

数据总线(Data Bus,DB)用来传送数据信息。CPU 进行读操作时,主存或外设的数据通过数据总线送往 CPU;CPU 进行写操作时,CPU 的数据通过数据总线送往主存或外设,所以数据总线是双向总线。数据总线的宽度表示 CPU 处理数据的能力,CPU 的位数指的就是数据总线的宽度。例如,8086CPU 有 16 条数据总线,表示它与主存和 I/O 接口间一次可传送 16 位二进制数据;Pentium CPU 有 64 条数据总线,可一次传送 64 位二进制数据。

3)控制总线

控制总线(Control Bus,CB)用来传送控制信息。控制信息用于协调控制系统各部件的工作。其中,有些信号线将 CPU 的控制信号或状态信号送往其他部件,有些信号线将其他部件的请求或联络信号送往 CPU,也有些信号线兼有两种功能。因此,控制总线中有双向控制总线,但大部分是单向控制总线。单向控制总线中既有输出总线,也有输入总线。

微机系统中连接在总线上的各个功能部件通过分时共享的方式使用总线,其主要特点如下:

(1)在某一时刻,只能由一个主控设备来控制系统总线。这个主控设备可以是 CPU,也可以是 DMA 控制器、浮点运算协处理器等。

(2)连接到系统总线的各个设备中,同一时刻只能有一个设备向总线发送信号,但可以有多个设备同时从总线接收信号。

总线连接方式是微机系统的一大特色,特别是系统总线标准的提出和开放,使不同厂商可以按照同样的标准和规范生产各种不同功能的芯片、部件和计算机。此外,组成微机系统的各个功能部件均具有兼容性和互换性,用户可以根据需求来选择替换,这充分保证了微型计算机系统的可维护性和可扩充性,也促进了微机应用的迅速普及和推广。

1.2.2 微型计算机的软件系统

微型计算机的软件系统由系统软件和应用软件组成。其中系统软件是面向所有用户的,为计算机使用提供最基本的功能;而应用软件则根据用户的需要解决各种不同的问题,提供不同的功能。

1. 系统软件

系统软件是用于控制、管理及维护计算机资源的一类软件，它是由计算机的设计者提供的，目的是便于用户使用和维护计算机。系统软件主要包括操作系统、程序设计语言、设备驱动程序、诊断调试程序以及为提高计算机效率编写的各种工具类程序等。

操作系统(Operating System，OS)是最重要的系统软件，它负责管理、调度整个系统的软硬件资源，包括 CPU、存储器、I/O 设备等硬件资源，以及文件、目录、进程、任务等软件资源。操作系统还向用户提供基本的交互页面以及系统函数或系统功能，供程序员调用。操作系统是软件系统的核心，其他所有软件(包括系统软件中的一些程序)都依赖于操作系统运行。操作系统分为单用户操作系统和多用户操作系统。典型的单用户操作系统是微软公司针对 IBM PC 开发的 PC DOS(Diskette Operating System)及 MS - DOS 操作系统。现在广泛使用的 Windows 操作系统则是基于图形用户界面的多用户操作系统，且兼容 MS - DOS 操作系统。

2. 应用软件

应用软件是根据用户的需要，为了某种特定用途所开发的软件或软件包。它可以是面向文字处理、计算机辅助设计、数据库管理类的软件或软件包，如微软的 Office 软件；也可以是为了解决某一具体问题而开发的软件，如在线考试软件。应用软件必须在系统软件的环境下运行。

1.2.3　微型计算机中指令执行的基本流程

当使用计算机完成某项任务时，必须要将完成任务的过程分解成若干个步骤，每一个步骤都是计算机能够识别并执行的一个基本操作，这些基本操作对应于计算机中的指令；将这些指令按照一定顺序排列起来，就组成了程序；计算机执行程序时，先从存储器中按照指定的顺序，把这些指令一条条取出来，再加以分析并执行，周而复始，即可完成预定的任务。

【例 1 - 1】　要求计算机将两个数 7 和 8 相加。

解　这一任务需分解成以下几个步骤：

（1）把第一个数 7 送到运算器；

（2）将运算器里的数与 8 相加；

（3）把加法运算的结果送至存储器中指定的单元。

查指令，将上述步骤编写成程序，用助记符表示成程序为：

```
MOV AL, 7
ADD AL, 8
MOV [00H], AL
HLT
```

由助记符表示的指令称为汇编指令，由汇编指令组成的程序称为汇编程序。计算机无法识别并执行汇编指令，因此必须将汇编指令用二进制数表示，这种用二进制数表示的指令称为机器指令。每条汇编指令均对应一条机器指令，由机器指令组成的程序称为目标程序。计算机要执行的程序和数据存放在存储器中。假设上述程序存放在地址为 00H 开始的连续的存储单元中，如图 1 - 2 所示。

地址		内容	
十六进制	二进制		
00	0000 0000	1011 0000	MOV AL, *n*
01	0000 0001	0000 0111	*n*＝7
02	0000 0010	0000 0100	ADD AL, *n*
03	0000 0011	0000 1000	*n*＝8
04	0000 0100	1010 0010	MOV mem, AL
05	0000 0101	0000 0000	mem address
06	0000 0110	1111 0000	HLT

图 1-2 指令的存放

微型计算机中指令的执行包括取指令和执行指令两个基本步骤。以第一条指令为例，指令执行的基本流程如下：

1) 取指令阶段（如图 1-3 所示）

(1) 程序计数器 PC 的内容(00H)送到地址寄存器 AR；

(2) PC 内容自动加 1，变为 01H；

(3) AR 的内容(00H)通过地址总线 AB 送到存储器，经地址译码后选中 00H 单元；

(4) CPU 给出读命令；

(5) 选中的 00H 单元中的数据 B0H 读出到数据总线 DB；

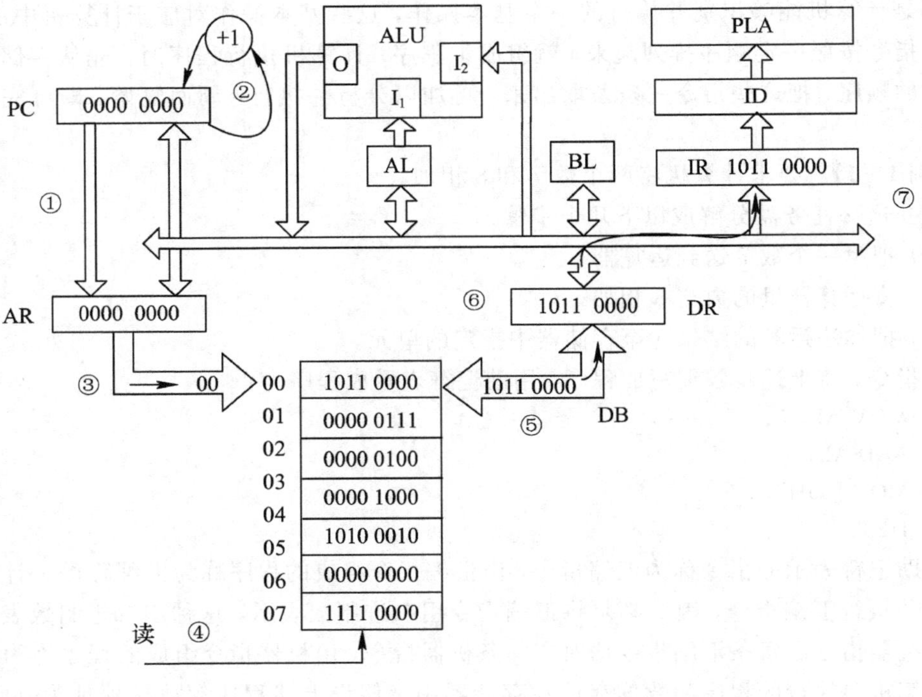

图 1-3 取指令的操作示意图

（6）读出的内容经 DB 送到数据寄存器 DR；

（7）因为是取指令阶段，因此 DR 的内容为指令，送到指令寄存器 IR 后，经过指令译码产生执行本指令的各种控制信号。

2）执行指令阶段

如图 1-4 所示，对第一阶段取出的操作码进行译码后的结果表明，这是一条将操作数送到累加器 AL 的指令，而操作数在指令的第二个字节。所以在执行指令阶段，CPU 需要完成以下动作，将第二个字节的操作数取出来，并送到 AL 寄存器：

（1）程序计数器 PC 的内容（01H）送到地址寄存器 AR；

（2）PC 内容自动加 1，变为 02H；

（3）AR 的内容（01H）通过地址总线 AB 送到存储器，经地址译码后选中 01H 单元；

（4）CPU 给出读命令；

（5）选中的存储单元中的内容 07H 读出到数据总线；

（6）读出的内容经数据总线 DB 送到数据寄存器 DR；

（7）根据指令要求，将 DR 中的操作数通过内部总线送到累加器 AL 中。

至此，MOV AL，07H 指令执行结束。

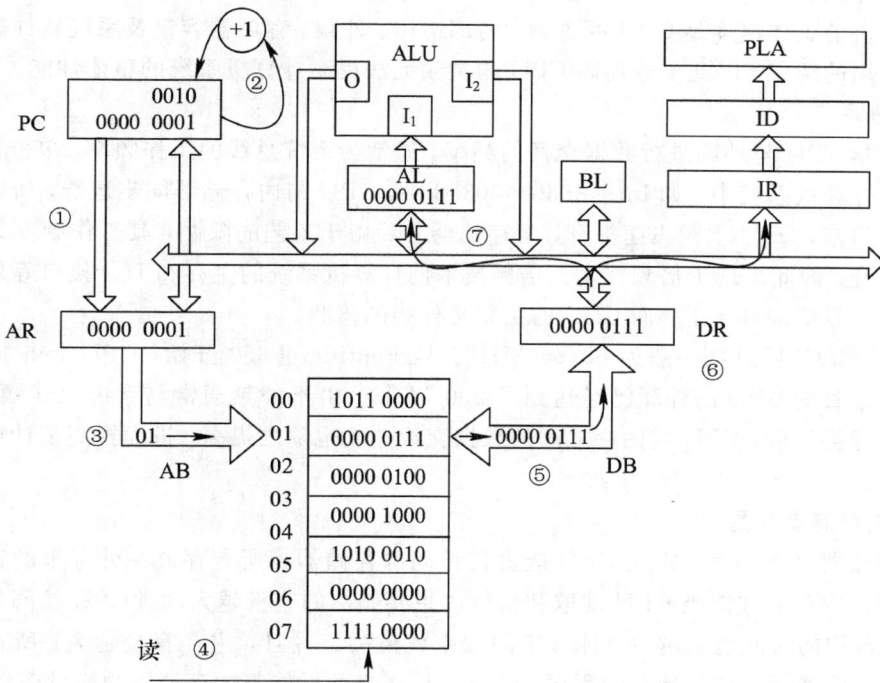

图 1-4　取立即数的操作示意图

第一条指令执行完毕后，按照类似的过程顺序取出并执行后续指令。因为第四条指令为暂停指令，经译码后停机。

1.2.4 微型计算机的技术指标

1. 字长

字长是微处理器一次能并行处理的二进制数据的位数,取决于微处理器的内部寄存器、运算器以及数据总线的位数。字长越长,说明 CPU 能够处理的数据精度越高,信息量越大,处理速度越快。

微处理器的字长有 8 位、16 位、32 位和 64 位,如 8086～80286 CPU 的字长为 16 位,80386 至 Pentium CPU 的字长为 32 位,Pentium Ⅱ 至 Pentium 4 CPU 的字长则为 64 位。

2. 时钟频率

时钟频率也称为主频,其单位是 MHz、GHz。CPU 按照严格的时序进行工作,每个时钟周期完成给定的操作。产生时序信号的脉冲源是 CPU 的时钟脉冲,时钟频率越高,CPU 的工作节律越快,计算机系统的速度也就越快。

随着 CPU 的不断升级,新型 CPU 的主频也不断加快。Intel 8086 的主频是 10 MHz,Pentium CPU 最快的主频为 233 MHz,而新型的第六代 Intel Core i7 CPU 的主频为 4 GHz。

需要注意的是,CPU 的主频是影响计算机系统工作速度的主要因素,但不是唯一因素。计算机的工作速度是 CPU 的主频、内部结构、外频、存储器容量及系统软件等多种因素共同作用的结果,因此单纯提高 CPU 的主频无法提高计算机系统的整体性能。

3. 外频

外频指 CPU 与外部进行数据交换的频率,通常为系统总线的工作频率,单位为 MHz。在早期的计算机系统中,如 Intel 8086～80386 中,CPU 与内存储器同步运行,所以主频等于外频。后来,CPU 主频飞速提升,而存储器芯片由于工艺的限制,其工作频率无法与主频同步提升,因此出现了倍频技术。倍频技术使计算机系统的主存和 I/O 接口等外围设备工作在一个较低的频率上,而 CPU 的主频是外频的倍数。

Pentium CPU 外频一般为 60/66 MHz。从 Pentium Ⅱ 350 开始,CPU 外频提高到了 100 MHz。目前 CPU 的外频已经达到了 200 MHz。由于外频通常与系统总线频率相同,因此当外频提高后,CPU 与内存之间的数据交换速度也随之提高,进而提高了计算机的整体运行速度。

4. 主存储器容量

主存储器又称内存,它是 CPU 能直接访问的存储器。所有存放在外存里的程序和数据必须调入内存后才能被 CPU 读取和执行。主存储器的容量越大,则 CPU 访问外存的次数越少,占用的时间也就越少,计算机的效率就越高。并且,主存容量越大,所存储的信息就越多,就越便于执行复杂的程序。因此,计算机的性能与主存储器的容量密切相关。

主存的容量以字节(Byte,简写为 B)为单位,一个字节由 8 个二进制位构成。CPU 可访问存储器的最大容量由其地址总线的数量决定。如果 CPU 有 10 根地址线,则可寻址的主存容量为 2^{10} B=1 KB,即 1024 个字节;如果有 20 根地址线,则可寻址的主存容量为 2^{20} B=1 MB,即 65536 个字节;Pentium CPU 有 32 根地址线,可寻址的主存容量为 4 GB。

5. 外存储器容量

微型计算机一般都配有硬磁盘和光盘存储器作为外存储器(或称辅助存储器),用以存放大量的数据和程序。内存储器通常为非永久性的半导体存储器，系统断电后，信息会丢失。而外存储器是永久性存储器，系统软件、应用软件及数据通常存放在外存中，计算机启动后再调入到内存运行和处理；关机后，有用的程序和数据需要存入外存才能被保留。外存储器的容量决定了微型计算机能够存放的软件资源的多少，因此它也是衡量微型计算机性能的重要指标之一。

此外，衡量微型计算机的性能时，人们往往还要考虑计算机所配置的外部设备与 CPU 是否匹配，是否符合使用要求，以及计算机的性能价格比等。

1.3　计算机中的数据信息

计算机处理的对象既包括整数、实数等数据，也包括字符、文字、图像、视频等各种信息，这些数据和信息统称为数据。为了表示区别，整数、实数等具有数值属性的数据，通常称为数值数据。本节主要介绍整数、实数等数值数据以及英文字母、数字、汉字等字符类型的数据在计算机中的表示方式。

1.3.1　计算机中的数制

根据冯·诺依曼计算机的思想，这些数据和信息在计算机中均用二进制数表示。二进制数只有 0 和 1 两个数码符号，它们在计算机中可以用半导体器件的两种稳定状态来表示。二进制数运算规则简单，便于在计算机中实现。但当数据信息转换成二进制数后，位数变多，书写不便，容易出错。由于 $2^4 = 16$，每 4 位二进制数对应着 1 位十六进制数，且微型计算机的字长多为 8 位、16 位、32 位或 64 位，均为 4 的倍数，所以为了书写和阅读的方便，计算机中常采用十六进制数。而人们最熟悉最常用的是十进制数，因此微型计算机中，常用的数制有二进制、十六进制和十进制。

为了区别不同进制的数据，通常在数的后面加上一个字母，表示该数的数制。B（Binary）表示二进制数；H（Hexadecimal）表示十六进制数；对于十进制数，可采用字母 D（Decimal）或者不加任何字母来表示。

在任何数制中，同一数字在不同的位置上代表的数值大小都不同，这称为位置计数法。如十进制数中的数字 2，它在个位上表示的值是 2，而在十位上表示的值则是 20。

在位置计数法中，不同数制中用来表示数的符号个数称为"基"。二进制数只有 0 和 1 两种，基为 2；十进制数采用数字 0～9 表示，基为 10；十六进制共有 16 种计数符号，除了数字 0～9，还包括英文字母 A～F，因此基为 16。

数字 1 在不同位置上代表的数值大小，称为该位的"权"。以十进制数为例，其个位的权为 10^0，即 1；十位的权为 10^1，即 10；百位的权为 10^2，即 100；而小数点右边第一位的权为 10^{-1}，即 0.1。由此可见，十进制数各位的权均可以用幂的形式表示，其底数为基，指数与位置有关。小数点左边的位的指数为正整数，依次为 0、1、2、3……；小数点右边位的指数则为负整数，依次为 −1、−2……

因此，任何一个十进制数 N_D 都可以表示为

$$N_D = \sum_{i=-m}^{n-1} D_i \times 10^i \tag{1.1}$$

其中，m 表示小数位的位数；n 表示指数位的位数；D_i 为十进制数字符号 0~9。

例如，87.75D$=8\times10^1+7\times10^0+7\times10^{-1}+5\times10^{-2}$。

同理，任何一个二进制数 N_B 都可以表示为

$$N_B = \sum_{i=-m}^{n-1} B_i \times 2^i \tag{1.2}$$

其中，B_i 为二进制数字符号 0 和 1。

例如，1011.011B$=1\times2^3+0\times2^2+1\times2^1+1\times2^0+0\times2^{-1}+1\times2^{-2}+1\times2^{-3}$。

任何一个十六进制数 N_H 都可以表示为

$$N_H = \sum_{i=-m}^{n-1} H_i \times 16^i \tag{1.3}$$

其中，H_i 为十六进制符号 0~9 和 A~F。

例如，2B.AFH$=2\times16^1+11\times16^0+10\times16^{-1}+15\times16^{-2}$

不同进制之间的对应关系如表 1-1 所示。

表 1-1　各种数制对照表

十进制	二进制	十六进制	十进制	二进制	十六进制
0	0000B	0H	9	1001B	9H
1	0001B	1H	10	1010B	AH
2	0010B	2H	11	1011B	BH
3	0011B	3H	12	1100B	CH
4	0100B	4H	13	1101B	DH
5	0101B	5H	14	1110B	EH
6	0110B	6H	15	1111B	FH
7	0111B	7H	16	10000B	10H
8	1000B	8H			

1.3.2　不同数制之间的转换

1. 其他数制转换成十进制数

将二进制、十六进制的数据转换成十进制数比较简单，将数据按幂和权的表达式，如式(1.2)、(1.3)，展开求和即可。

2. 十进制数转换成二、十六进制数

将十进制数转换成其他进制的数，整数部分和小数部分的转换方法不同，需要分开转换。

整数部分采用"除基取余"的方法。将十进制数的整数部分连续除以 2(二进制数)或 16(十六进制数)并保存余数作为结果的有效数字，直到商为 0 为止，最先得到的余数为转换结果的最低位。

小数部分采用"乘基取整"的方法。将十进制数的小数部分连续乘以 2(二进制数)或 16(十六进制数)并取整数部分,直到满足精度要求,最先得到的整数为转换结果小数点右边的第一位。

【例 1 - 2】　将十进制数 94.65 转换成二进制数(小数点后保留 4 位)。

解　　　　整数部分　　　　　　　　　　　　　　小数部分

| 2 | 94 | | | | | | 0.65 |

94.65 = 1011110.1010 B

【例 1 - 3】　将十进制数 3358.275 转换成十六进制数(小数点后保留 2 位)。

解　　　　整数部分　　　　　　　　　　　　小数部分

3358.275 = D1E.46 H

3. 二进制数和十六进制数之间的相互转换

将二进制数转换成十六进制数时,以小数点为中心,两侧每 4 位(不足 4 位时,整数部分在高位补 0,小数部分在低位补 0)二进制数对应 1 位十六进制数,直接转换即可。十六进制转换成二进制数的方法与之类似,区别仅在于将 1 位十六进制数对应转换成 4 位二进制数。

1.3.3　计算机中定点数的格式

计算机中的数都表现为 0 和 1 组成的二进制编码,称为机器数。机器数所代表的实际值称为真值,用人们习惯的十进制计数法表示。

计算机中常用的数据表示格式有定点格式和浮点格式两种。定点格式即机器数中小数点的位置是默认并固定不变的。如果小数点的位置被固定在机器数最低位的右边,则该数据为定点整数;如果小数点的位置被固定在机器数最高位的左边,则该数据是定点小数。计算机中位数不等的各类整数均采用定点整数格式。

计算机处理的定点整数包括无符号定点整数(简称无符号数)和有符号定点整数(简称有符号数)两种。其中无符号数的表示范围为正数和 0,不含负数。如 8 位无符号数的表示范围为 0~255。无符号数的所有位均为数值位,没有符号位。

对于有符号的整数,计算机需要对符号位进行数值化处理,即将二进制数的最高位定义为符号位,通常用"0"表示"+"号,用"1"表示"-"号;其余位为数值位。在微型计算机中,常见的有符号数表示形式有原码、反码、补码和移码。

1. 原码

原码的符号位为 0 时表示正数,为 1 时表示负数,数值部分等于真值的绝对值。n 位原码所表示的数据范围为 $1-2^{n-1} \sim 2^{n-1}-1$。如 8 位二进制原码($n=8$)所表示的数据范围是 $1-2^7 \sim 2^7-1$,即 $-127 \sim +127$。

【例 1-4】 $[+67]_原 = 01000011B = 43H$,　　　　$[-67]_原 = 11000011B = C3H$

0 的原码有两种表示形式:

$$[+0]_原 = 00000000B = 00H,　　　　[-0]_原 = 10000000B = 80H$$

原码表示法的特点是表示形式近似自然数,简单易懂;缺点是加法运算电路复杂,不易实现。

2. 反码

反码的符号位为 0 时表示正数,为 1 时表示负数。正数的反码与其原码相同;对于负数,保持其原码的符号位不变,数值部分按位取反就得到它的反码。反码的数据表示范围与原码相同,n 位反码所表示的数据范围为 $1-2^{n-1} \sim 2^{n-1}-1$。8 位二进制反码表示的数据范围为 $-127 \sim +127$。

【例 1-5】 $[+67]_反 = 01000011B = 43H$,　　　　$[-67]_反 = 10111100B = BCH$

0 的反码有两种表示形式:

$$[+0]_反 = 00000000B = 00H,　　　　[-0]_反 = 11111111B = FFH$$

3. 补码

补码的符号位为 0 时表示正数,为 1 时表示负数。正数的补码与其原码相同;而负数补码的符号位与原码相同,数值部分为原码的数值部分按位取反并加 1,即负数的补码为其反码加 1。n 位补码表示的数据范围为 $-2^{n-1} \sim 2^{n-1}-1$。如 8 位二进制补码表示的数据范围为 $-128 \sim +127$。

【例 1-6】 $[+67]_补 = 01000011B = 43H$,　　　　$[-67]_补 = 10111101B = BDH$

0 的补码只有一种表示形式:

$$[0]_补 = 00000000B = 00H$$

且 $[[X]_补]_补 = X$,即对某一数据的补码再次求补,可得到它的原值。

对补码进行加减法运算时,无需判断符号位的正负,只需将符号位与数值位一起参与运算即可。此外,还可以将两个数的减法运算变为补码的加法运算来实现,因此补码加减法运算的电路相对简单,易于实现。计算机中的有符号数普遍采用补码的形式来表示。

4. 移码

与前述的码制不同,移码的符号位为 1 时表示正数,为 0 时表示负数。无论正数、零还是负数,将某数的补码符号位取反,数值部分不变得到的就是此数的移码。移码的表示范围与补码相同,即 n 位移码表示的数据范围是 $-2^{n-1} \sim 2^{n-1}-1$。

【例 1-7】　$[+67]_移 = 11000011B = C3H$　　　$[-67]_移 = 00111101B = 3DH$

0 的移码只有一种表示形式：

$[0]_移 = 10000000B = 80H$

实际上，移码可通过对补码进行平移得到。例如，8 位移码＝补码＋80H（丢弃进位），因此称为移码。移码表示的特点是：机器数字显示的值越大，它对应的真值也就越大。对于 n 位移码，所有二进制位均为 0 时表示的真值最小，即 -2^{n-1}。例如，8 位移码 00H 对应的机器数的真值是-128。两个移码数据可以直接比较大小，有利于浮点运算中的对阶操作，所以浮点数中的阶码通常采用移码表示。

8 位机器数的原码、反码、补码和移码如表 1-2 所示。

表 1-2　8 位机器数的原码、反码、补码和移码

十进制数	原码	反码	补码	移码
127	01111111	01111111	01111111	11111111
126	01111110	01111110	01111110	11111110
1	00000001	00000001	00000001	10000001
0	00000000	00000000	00000000	10000000
−0	10000000	11111111	00000000	10000000
−1	10000001	11111110	11111111	01111111
−127	11111111	10000000	10000001	00000001
−128			10000000	00000000

1.3.4　计算机中实数的表示

计算机中的实数采用浮点格式表示。浮点格式对应于数值的科学表达法，任意一个十进制数 N 用科学表达法均可以写成

$$N = 10^e \times M \tag{1.4}$$

其中：M 表示有效数字；e 表示指数，如十进制数 $367.5 = 10^3 \times 0.3675$。

同样，任意一个二进制数 N 也可以写成

$$N = 2^e \times M \tag{1.5}$$

其中：M 为二进制有效数字，是一个纯小数，称为浮点数的尾数；e 为指数，是一个整数，称为阶码；浮点数的底数 2 是默认的。

例如，二进制数 1011.011B 可以表示为 $1011.011B = 2^4 \times 0.1011011B$。

图 1-5 描述了 Intel 系统中 4 字节和 8 字节浮点数的存放方式。其中，4 字节浮点数称为单精度浮点数或浮点数，8 字节浮点数称为双精度浮点数（简称双精度数）。这种格式与 IEEE 754 标准相同，已经作为浮点数的标准格式用于几乎所有计算机高级编程语言和许多应用软件中。

(a) 单精度浮点数

(b) 双精度浮点数

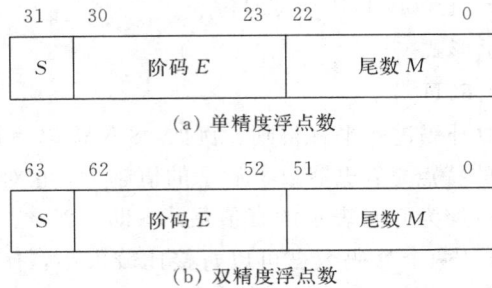

图 1-5　浮点数的数据格式

图 1-5(a)所示为单精度浮点数的格式,包括 1 个符号位、8 位阶码和 23 位尾数;图 1-5(b)为双精度浮点数,阶码为 11 位,尾数为 52 位。尾数表示浮点数的有效数字,位数越多,精度越高;阶码表示浮点数的量级,位数越多,数的表示范围越大。

在 32 位浮点数中,最高位 S 是浮点数的符号位,占 1 位。$S=0$ 表示正数,$S=1$ 表示负数。E 是阶码,占 8 位。阶码的符号是隐含的,即采用移码形式来表示正负指数。8 位移码的偏移量为 127,阶码 E 为指数真值 e 加上偏移值,即 $E=e+127$。M 是尾数,共 23 位,放在低位部分,小数点的位置在最高有效位的左边。

需要注意的是,浮点数的尾数部分采用的是规格化表示,即尾数为大于 1 而小于 2 的数。例如,将 12 转换为二进制数 1100,将其规格化的结果为 1.1×2^3。因为规格化后的实数有效数字最高位总是 1,所有这一位不存储,而认为隐藏在小数点的左边,因此 23 位字段可以存放 24 位尾数。

在 IEEE 754 标准中,一个规格化的 32 位浮点数 N 的真值可表示为

$$N=(-1)^S \times (1.M) \times 2^{E-127} \tag{1.6}$$

【例 1-8】　将十进制数 12.75 转换成 32 位浮点数的二进制存储格式。

解　首先将十进制数转换成二进制数,即

$$12.75 = 1100.11B$$

然后移动小数点,使尾数的大小在 1 和 2 之间,即

$$1100.11B = 1.10011B \times 2^3 \qquad e=3$$

于是得到

$$S=0, E=3+127=130=10000010 \text{ B}, M=10011 \text{ B}$$

因此,32 位浮点数为

$$0100\ 0001\ 0100\ 1100\ 0000\ 0000\ 0000\ 0000 \text{ B}$$

1.3.5　计算机中的编码

计算机不仅要处理各种数字,进行算术运算和逻辑运算,而且还要处理字符、文字、图形、图像等多种类型的信息数据,并对这些信息进行识别、编辑、保存、传送等各种管理及操作。但计算机只能识别 0 和 1 两种状态的二进制数据,因此这些信息必须按照某种特定的规律,转换成二进制编码的形式,才能在计算机中进行处理。其中图像、声音、视频等多媒体数据的编码方法比较复杂,不在本书的讨论范围之内。用二进制编码表示的字母、符号、文字等,称为符号数据。

常用的计算机编码主要有 ASCII 码、BCD 码和汉字编码三种。

1. ASCII 码

ASCII 码是美国信息交换标准码（American Standard Code for Information Interchange）的缩写。标准 ASCII 码为 7 位二进制数，包括 10 个阿拉伯数字、52 个英文大小写字母、32 个标点符号和运算符以及 34 个控制字符，共计 128 个字符。标准 ASCII 码如表 1-3 所示。

表 1-3 7 位标准 ASCII 码表

低位＼高位		0	1	2	3	4	5	6	7
		000	001	010	011	100	101	110	111
0	0000	NUL	DLE	SP	0	@	P	、	p
1	0001	SOH	DC1	!	1	A	Q	a	q
2	0010	STX	DC2	"	2	B	R	b	r
3	0011	ETX	DC3	#	3	C	S	c	s
4	0100	EOT	DC4	$	4	D	T	d	t
5	0101	ENQ	NAK	%	5	E	U	e	u
6	0110	ACK	SYN	&	6	F	V	f	v
7	0111	BEL	ETB	,	7	G	W	g	w
8	1000	BS	CAN	(	8	H	X	h	x
9	1001	HT	EM	)	9	I	Y	i	y
A	1010	LF	SUB	*	:	J	Z	j	z
B	1011	VT	ESC	+	;	K	[	k	{
C	1100	FF	FS	'	<	L	\	l	|
D	1101	CR	GS	—	=	M	]	m	}
E	1110	SO	RS	·	>	N	∧	n	~
F	1111	SI	US	/	?	O	—	o	DEL

除标准的 7 位 ASCII 外，微机中常用的还有 8 位扩展 ASCII 码。8 位 ASCII 码在 7 位码的高位增加 1 位，将标准 ASCII 码中的部分控制字符替换为图形符号，其最高位为 1 的部分为扩展的 128 个图形字符，其他与 7 位标准 ASCII 码相同。需要注意的是，扩展 ASCII 是非标准的，可能随着打印机或计算机系统的不同而不同。

2. BCD 码

计算机中不仅要处理二进制数，有时还要处理十进制数，此时需要将十进制数用二进制编码表示，称为 BCD（Binary Code Decimal）码。微机中最常用的是 8421 BCD 码，这种编码用 4 位二进制数表示 1 位十进制数，BCD 码各位对应的权值与二进制数相同，从高位到低位分别为 8、4、2、1。十进制数 0~9 的 BCD 码分别为 0000，0001，……，1001。1010~1111 这 6 种编码不使用。

8421 BCD 码如表 1-4 所示。

表 1 - 4　8421 BCD 编码表

十进制数	8421 BCD 码	BCD 码十六进制书写形式
0	0000B	0H
1	0001B	1H
2	0010B	2H
3	0011B	3H
4	0100B	4H
5	0101B	5H
6	0110B	6H
7	0111B	7H
8	1000B	8H
9	1001B	9H

　　BCD 码存放在存储单元时，可以在 1 个字节中存放 2 个 BCD 码，且高 4 位存放高位十进制数的 BCD 码，低 4 位存放低位，这种存放方式称为压缩的 BCD 码；也可以在 1 个字节仅存放 1 个 BCD 码，即高 4 位为 0，低 4 位为 BCD 码，这种存放方式称为非压缩的 BCD 码。非压缩的 BCD 码加上 30H 即为该十进制数的 ASCII 码。例如，将十进制数 34 用压缩的 BCD 码表示为 0011 0100B 或 34H，而用非压缩的 BCD 码表示为 00000011 00000100B 或 0304H。

　　需要注意的是，BCD 码从表现形式上看与二进制数相同，但它的本质是十进制数。例如，压缩 BCD 码 1000 0101 表示的十进制数为 85，而同样形式的二进制数 1000 0101B 代表的十进制数为 133。在书写时，为了与二进制数相区别，也可以写成 1000 0101BCD。

3. 汉字编码

　　在计算机中，汉字的处理采用汉字编码。根据处理环节的不同，汉字编码分为输入码、内码和输出字模码。输入码是为了使用西文键盘把汉字输入计算机中所设计的编码方法，常用的汉字输入码有国标区位码、拼音码、字形码（如五笔字型编码）。除了上述编码方法，为了提高汉字输入的速度，又发展了词组输入、联想输入等多种快速输入方法。利用语音或图像识别技术将汉字发音或文本直接输入到计算机的方法，也属于输入编码的范畴。

　　汉字内码是用于汉字信息的存储、交换、检索等操作的机内代码，一般采用两个字节表示。1981 年，我国制定了《信息交换用汉字编码字符集基本集 GB2312 —80》作为汉字内码的国家标准（简称国标码），规定每个汉字使用 16 位二进制编码表示，共计 7445 个汉字和字符。实际应用中，为了与英文字符的机内码，即 7 位 ASCII 码相区别，汉字内码两个字节的最高位均规定为 1，如"大"的内码为 B4F3H。

　　汉字字模码是指用点阵表示的汉字字形代码，用于汉字的输出。根据汉字输出要求的不同，点阵的多少也不同。简易型汉字为 16×16 点阵，提高型汉字为 24×24 点阵、32×32 点阵，甚至更高。因为汉字点阵的信息量很多，所占的存储空间也很多，所以汉字字模通常构成字模库的形式，仅在需要显示输出或打印输出时才检索字库，输出汉字字形，而不能用于机内存储和处理。

为了使计算机能够处理本国文字，世界各国都定义了各自的字符集，但相互之间并不兼容。为了解决世界范围的信息交换问题，1991 年国际上成立了统一码联盟（Unicode Consortium），制定了国际信息交换码 Unicode。Unicode 采用 16 位编码，能够对世界上所有语言的大多数字符进行编码，且与标准 ASCII 码兼容。Unicode 已经得到了越来越多的程序设计语言和计算机系统的支持，如 JAVA 语言和 Windows 操作系统的默认字符集就是 Unicode。

习　题

1. 什么是微处理器、微型计算机、微型计算机系统？三者有什么区别？

2. 计算机的分类方法有哪几种？各自用在什么应用领域中？

3. 冯·诺依曼计算机的基本思想是什么？计算机的硬件系统主要由哪些部分组成？各部分的主要功能是什么？

4. 简述微型计算机软件系统的组成。

5. 微型计算机有哪些主要性能指标？各性能指标的含义是什么？

6. 什么是微机的系统总线？地址总线的作用是什么？假设 4 种 CPU 的地址总线分别为 16 根、20 根、24 根和 36 根，各 CPU 能够访问的最大主存容量分别是多少？

7. 什么是机器数、真值？什么是定点数、浮点数？什么是有符号数、无符号数？

8. 将下列十进制数转换成二进制数、十六进制数。

(1) -95　　(2) 168.75　　(3) -347.8　　(4) 276.25

9. 设字长为 8 位，试写出 x、y 的原码、反码和补码，并用补码计算 $x+y$ 和 $x-y$，判断计算结果是否溢出。

(1) $x=-56$　　　$y=84$

(2) $x=97$　　　　$y=43$

10. 将十进制数 132.625 转换成 IEEE 754 标准的 32 位浮点数形式。

11. 若 32 位规格化浮点数的二进制存储形式为 613A0000H，求其对应的十进制数。

12. 设字长为 8 位，如下列机器数分别为无符号数、原码、反码、补码、BCD 码，其对应的真值是什么？

(1) 1001 0110 B　　　(2) 0101 1000 B

(3) 1000 0010 B　　　(4) 0001 1001 B

13. 写出数据 50 和 50H 对应的 BCD 码和 ASCII 码。

14. 根据处理环节的不同，汉字编码分为哪几种？其中拼音码属于哪一种编码？

第 2 章

微 处 理 器

微处理器简称 μP 或 MP(Microprocessor)，是微型计算机的中央处理器 CPU(Central Process Unit)，由一片或几片大规模集成电路组成。微处理器由运算器、控制器和寄存器组组成，具有算术运算和逻辑运算功能，能够发出控制信号，支配整个微机系统的工作，是微型计算机的核心。

本章以 Intel 系列微处理器为例，介绍微处理器的编程结构、工作模式和寻址机制，并介绍典型的 16 位微处理器 8086 和 32 位微处理器 Pentium 的内部结构和外部特性。

2.1 微处理器的编程结构

在学习微型计算机的指令和编程技术之前，首先必须了解微处理器的内部结构，知道微处理器内部可以在编程时使用的寄存器以及它们的功能和使用方法。本节主要介绍微处理器在编程应用时所需的基本知识，包括微处理器的程序设计模型、工作模式以及实地址模式下的分段寻址方式。

2.1.1 微处理器的程序设计模型

在设计应用程序时，编程人员不需要全面了解微处理器复杂的电路结构、引脚功能，只需要掌握微处理器内部的各种寄存器的组成、功能，知道如何在编程中使用它们，并且进一步了解指令和数据如何在存储器中存储、如何访问存储器等，就可以利用微型计算机的指令系统编写应用程序，使计算机完成指定的操作。

微处理器的程序设计模型是指微处理器内部的程序可见(Program Visible)寄存器，也就是编程人员进行程序设计时能够使用的寄存器。相对地，本章后续内容介绍的其他寄存器是程序不可见的(Program Invisible)，在应用程序设计中不能直接访问它们，但在系统程序设计中可以间接引用或通过特权指令访问。8086 微处理器的所有寄存器均为程序可见的，只有 80286 以上的微处理器包含程序不可见寄存器。

图 2-1 给出了 Intel 8086~Core2 微处理器的程序设计模型，它是编程人员可用的寄存器的集合，因此也称为微处理器的编程结构。早期的 8086/80286 是 16 位微处理器，它们所能提供的程序可见寄存器是图 2-1 所示的寄存器组的子集，即阴影部分所示的寄存器。80386~Core2 微处理器则包括图 2-1 中所示的全部 32 位寄存器，并兼容 16 位结构。Pentium 4 和 Core2 工作在扩展 64 位模式时，其程序设计模型还包括 64 位寄存器。

程序设计模型包括 8 位、16 位、32 位和 64 位寄存器。根据功能不同，寄存器可分为

64位寄存器名　　32位寄存器名　16位寄存器名　　8位寄存器名

		EAX	AX	AH	AL
RAX		EBX	BX	BH	BL
RBX		ECX	CX	CH	CL
RCX		EDX	DX	DH	DL
RDX		EBP	BP		
RBP		ESI	SI		
RSI		EDI	DI		
RDI		ESP	SP		
RSP					

←──────────── 64位 ────────────→
　　　　←──── 32位 ────→
　　　　　　　←── 16位 ──→

R8
R9
R10
R11
R12
R13
R14
R15

RFLAGS		EFLAGS	FLAGS
RIP		EIP	IP

CS
DS
ES
SS
FS
GS

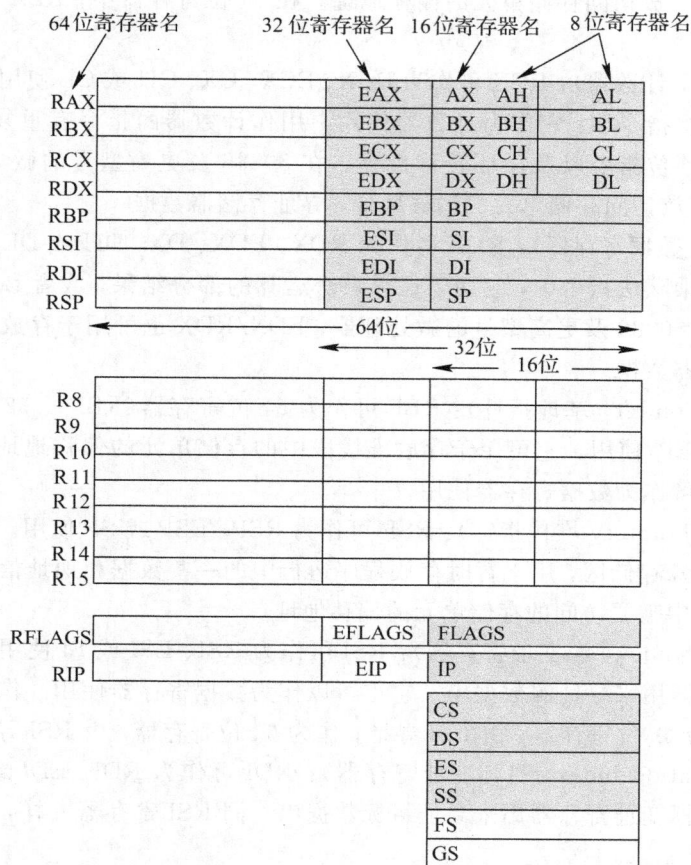

图 2-1　Intel 8086 ～ Core2(含 64 位扩展)的程序设计模型

通用寄存器、指令指针寄存器、标志寄存器和段寄存器。

1. 通用寄存器

通用寄存器也称为多功能寄存器,其中 16 位和 32 位模型中均包括 8 个通用寄存器,64 位微处理器则额外扩展了 8 个通用寄存器,共有 16 个通用寄存器。按寄存器的功能差别,又可细分为通用数据寄存器以及指针和变址寄存器。

下面我们介绍常用的 8 个 16 位和 32 位通用寄存器。

RAX(Accumulator,累加器):RAX 可作为 64 位寄存器(RAX)、32 位寄存器(EAX)、16 位寄存器(AX)或 8 位寄存器(AH 或 AL)使用。如果作为 8 位或 16 位寄存器使用,则只改变 32 位寄存器的一部分,其余部分不受影响。累加器在乘法、除法和一些调整指令中具有专门的用途,但它通常被认为是多功能寄存器。在 80386 及更高型号的微处理器中,EAX 寄存器也可以用来保存访问存储单元的偏移地址。在 64 位微处理器中,RAX 可保存 64 位的偏移地址,可以通过 40 位地址总线访问 1TB 的存储器。

RBX(Base Index,基址寄存器):RBX 可作为 64 位(RBX)、32 位(EBX)、16 位(BX)以及 8 位寄存器(BH,BL)使用。在所有型号的微处理器中,均可以用 BX 寄存器存放访问存储单元的偏移地址,以寻址存放在存储器中的数据。在 80386 及更高型号的微处理器中，EBX 可用于存放访问存储单元的偏移地址。在 64 位寄存器中，RBX 也可以用于寻址存储器数据。

RCX(Count，计数器)：RCX 可作为 RCX、ECX、CX、CH 或 CL 使用。它是一个通用寄存器，但在许多指令中，它作为计数器使用。用作计数器的指令有重复的串操作指令、移位指令、循环移位指令以及循环转移指令。在 80386 及更高型号的微处理器中，ECX/RCX 也可用于存放访问存储单元的偏移地址，寻址存储器数据。

RDX(Data，数据寄存器)：RDX 可作为 RDX、EDX、DX、DH 或 DL 使用。它是一个通用寄存器，在乘除法指令中，它用于保存乘法运算的部分结果，或者参与除法运算的部分被除数。对于 80386 及更高型号的微处理器，EDX/RDX 也可用于存放访问存储单元的地址，寻址存储器数据。

RBP(Base Pointer，基址指针)：RBP 可作为 64 位寄存器(RBP)、32 位寄存器(EBP)或 16 位寄存器(BP)使用。它可用于存放堆栈段中的存储单元的偏移地址，以访问堆栈段中的数据区；也可作为数据寄存器使用。

RSP(Stack Pointer，堆栈指针)：RSP 可作为 RSP、ESP 或 SP 使用。堆栈是计算机存储器中的一个特殊存储区，用于暂时存放程序运行中的一些数据和地址信息。堆栈指针用于指示堆栈操作中需要访问的存储单元的偏移地址。

RSI(Source Index，源变址寄存器)：RSI 可作为 RSI、ESI 或 SI 使用。在串操作指令中，源变址寄存器用来寻址源数据串。它也可以作为数据寄存器使用。作为 16 位寄存器，由 SI 寻址；作为 32 位寄存器，由 ESI 寻址；作为 64 位寄存器，由 RSI 寻址。

RDI(Destination Index，目标变址寄存器)：RDI 可作为 RDI、EDI 或 DI 使用。在串操作指令中，目标变址寄存器用来寻址目标数据串。同 RSI 寄存器一样，它也可以作为数据寄存器使用。

以上 8 个寄存器中，RAX、RBX、RCX、RDX 属于通用数据寄存器，RBP、RSP、RSI、RDI 则属于指针和变址寄存器。指针和变址寄存器除了用于存放存储单元的偏移地址外，也可以存放数据，作为通用寄存器使用。

R8～R15 这 8 个寄存器均为 64 位寄存器，只有当 Pentium 4 和 Core2 微处理器工作在扩展 64 位模式时，才可以使用这些寄存器。这些寄存器均为通用数据寄存器，可以按照 64 位、32 位、16 位或 8 位寄存器寻址。但不同于其他寄存器，不管作为多少位寄存器使用，它们寻址的寄存器名称均不变，而是由指令隐含地指出寄存器的位数。目前，大多数应用程序均不使用 64 位寄存器，只有针对 64 位微处理器，并在 64 位操作系统下运行的应用程序才会使用这些寄存器。

2. 指令指针寄存器

指令指针寄存器(RIP，Instruction Pointer)是专用寄存器，与代码段寄存器配合，寻址 CPU 要取出的下一条指令字节。当 CPU 取出一个指令字节时，指令指针自动加 1，指向下一条指令。指令指针也可以由转移指令或调用指令修改。当微处理器工作在实地址模式下时，这个寄存器是 IP(16 位)；当 80386 或更高型号的微处理器工作在保护模式下时，则寄存器是 EIP(32 位)。在 64 位模式中，RIP 可用于寻址 1TB 平展模式地址空间。

3. 标志寄存器

标志寄存器 EFLAGS 用于指示微处理器的状态并控制它的操作。图 2-2 所示为 8086

～Pentium 所有型号微处理器的标志寄存器。8086～80286 的标志寄存器为 FLAGS(16 位)，80386 及更高型号的微处理器为 EFLAGS(32 位扩展的标志寄存器，兼容并包含 FLAGS 的所有位)。64 位 RFLAGS 包含 EFLAGS 寄存器，并且没有扩展新的标志位。

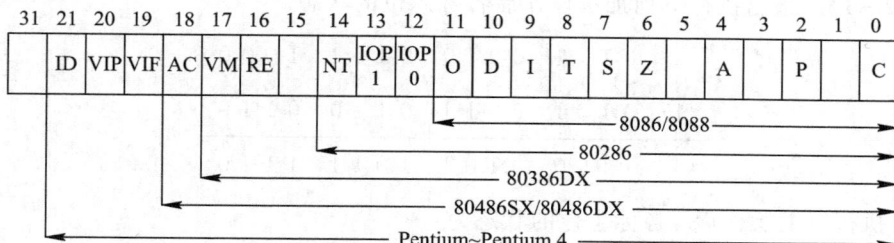

图 2-2　80X86～Pentium 系列微处理器的标志寄存器

实地址模式下，FLAGS 标志寄存器定义了 9 个标志位，包括 6 个状态标志位和 3 个控制标志位。状态标志位反映了微处理器的工作状态，算术运算和逻辑运算指令的执行会改变这些标志位的状态；控制标志位对微处理器的某些特定操作起到控制作用。FLAGS 寄存器包含在 8086～Core2 所有型号的微处理器中。EFLAGS 扩展的 9 个标志位仅存在于 80386 及更高类型的微处理器中，且仅应用于保护模式下，本书不作介绍。以下将着重介绍 FLAGS 寄存器的 9 个标志位。

6 个状态标志的作用如下：

(1) 进位标志 CF(Carry Flag)：反映加法运算的进位情况或减法运算的借位情况。当加法运算的最高位有进位或减法运算的最高位有借位时，CF 置 1；反之，CF 清 0。此外，移位和循环移位指令也会影响 CF。

(2) 奇偶标志 PF(Parity Flag)：反映运算结果 1 的个数是偶数还是奇数。当 1 的个数为偶数时，PF 置 1 时；否则，PF 清 0。奇偶校验标志在现代程序设计中很少使用，它是早期 Intel 微处理器在数据通信中校验数据的一种方法。现在，数据校验通常由数据存储和通信设备完成，不再作为微处理器的工作。

(3) 辅助进位标志 AF(Auxiliary Carry Flag)：也称为"半进位"标志，它反映加减法运算中，第 3 位与第 4 位之间的进位或借位情况。如果有进位或借位，AF 置 1，否则清 0。在 BCD 码运算中，AF 标志位用作十进制调整的依据。

(4) 零标志 ZF(Zero Flag)：反映运算结果是否为零。如结果为 0，则 ZF 置 1；否则，ZF 清 0。

(5) 符号标志 SF(Signal Flag)：记录运算结果的符号。如 SF 为 1，说明运算结果的最高位(即符号位)为 1；SF 为 0，则符号位为 0。

(6) 溢出标志 OF(Overflow Flag)：反映有符号数运算结果的溢出情况。如运算结果溢出，则 OF 置 1；否则，OF 为 0。溢出是指运算结果超出了有符号数的表示范围。例如，对于 8 位字节运算，有符号数的表示范围是－128～＋127。如执行字节加法运算将 70H (112)加上 22H(34)，则结果为 92H(146)＞127，超出了 8 位有符号数的表示范围，加法运算结果溢出。92H 符号位为 1，代表负数(－110)的补码。显然，在溢出情况下，运算结果是错误的，系统必须进行溢出处理。对于无符号数的运算，则不考虑溢出标志。

在计算机中，通常采用双高位判别法来判断运算结果是否溢出，即 OF 为最高位进位与次高位进位的异或。最高两位同时有进位/借位或同时无进/借位时，OF 为 0；只有一位有进/借位时，OF 置 1。

【例 2-1】 指出执行下列加法操作后各标志位的状态。

$$
\begin{array}{r}
0111\ 0010\ 0101\ 1000 \\
+\ \ 0101\ 0011\ 0110\ 0110 \\
\hline
1100\ 0101\ 1011\ 1110
\end{array}
$$

解 执行以上操作后，各标志位的状态为：

最高位无进位，CF = 0；偶数个 1，PF = 1；第 3 位向第 4 位无进位，AF = 0；运算结果不为 0，ZF = 0；最高位为 1，SF = 1；最高位无进位，而次高位有进位，运算结果溢出，OF = 1。

FLAGS 寄存器包含 3 个控制标志，可由程序设置或清除，对 CPU 的某些操作起控制作用。控制标志的作用如下：

(1) 方向标志 DF(Direction Flag)：用于控制串操作指令中地址变化的方向。当 DF = 1 时，串操作指令中的地址寄存器的内容会自动递减，操作由高地址向低地址方向进行；当 DF = 0 时，则为地址递增方式，串操作由低地址向高地址方向进行。

(2) 中断允许标志 IF(Interrupt Flag)：用于控制可屏蔽的硬件中断。IF = 1，允许 CPU 响应可屏蔽的中断请求；IF = 0，则禁止 CPU 响应可屏蔽的中断请求。IF 的状态不影响非屏蔽中断请求(NMI)，也不影响 CPU 响应内部的中断请求。

(3) 单步操作标志 TF(Trap Flag)：又称陷阱标志，是为方便程序调试而设置的，用于控制单步中断。当 TF = 1 时，CPU 处于单步工作方式，每执行完一条指令产生一次中断，以便用户检查指令的执行结果；TF = 0 时，CPU 正常执行程序。

4. 段寄存器

实地址模式下，CPU 采用分段寻址的方式访问存储器，将微机的存储空间划分为若干个逻辑段，用段地址指示逻辑段的起始地址(也称段基址)，段内的任意存储单元相对于起始地址的偏移量称为偏移地址，由段基址和偏移地址联合生成存储器地址。逻辑段的段基址存放在段寄存器中。实地址模式下，任意逻辑段的地址范围不能超过 64 KB。8086～80286 微处理器有 CS、DS、SS 和 ES 4 个段寄存器；80386 及更高型号的 32 位微处理器有 6 个段寄存器，包括 16 位微处理器的 4 个段寄存器，并增加了 2 个段寄存器 FS 和 GS。段寄存器在实地址模式下和保护模式下的功能不同，下面我们介绍段寄存器在实地址模式下的功能。

(1) 代码段寄存器 CS(Code Segment)：存放当前代码段的段基址。代码段是用于存放指令代码的存储区域，当前代码段是指 CPU 即时访问的代码段。

(2) 数据段寄存器 DS(Data Segment)：存放当前数据段的段基址。程序执行需要的数据经常存放于数据段中。

(3) 堆栈段寄存器 SS(Stack Segment)：存放程序当前堆栈段的段基址。堆栈操作所处理的数据均存放于当前堆栈段中，由堆栈段寄存器 SS 和堆栈指针 SP 共同确定堆栈操作将要访问的存储单元地址。

（4）附加段寄存器 ES(Extra Segment)：存放当前附加段的段基址。附加段是一个附加的数据段，通常也用来存放数据，典型用法是在串操作指令中存放处理以后的数据。

（5）段寄存器 FS 和 GS 仅存在于 80386 及更高型号的微处理器中，对应两个附加的存储段，通常也用来存放数据。

2.1.2　微处理器的工作模式

早期的 8086 微处理器有 16 位数据总线和 20 位地址总线，能够采用分段寻址方式访问最大 1 MB 的存储器空间，只能支持单用户、单任务的 MS－DOS 操作系统。代表性的 32 位微处理器 Pentium 的内部总线与寄存器均为 32 位，拥有 64 位的外部数据总线和 32 位地址总线，可寻址 4 GB 的存储空间。32 位微处理器具有分段和分页管理部件以及保护机制，可支持多用户、多任务的操作系统，同时也支持 MS－DOS 操作系统，在硬件和软件上保持了与 8086 CPU 的良好兼容性。

8086/8088 微处理器只有一种工作模式，即实地址模式。从 80286 CPU 开始，为了既能与早期产品保持兼容性，又能充分发挥微处理器的高性能，微处理器均具有多种工作模式。80286 有实地址模式和保护模式两种工作模式，而 80386 以上的 32 位微处理器具有实地址模式、保护模式和虚拟 8086 模式三种工作模式。在不同的工作模式下，微处理器能够使用的寄存器不同，访问存储器的方式也不同。

1. 实地址模式

实地址模式(Real－address Mode)也称为实模式。实地址模式下，32 位微处理器的工作方式与 8086 基本相同，但允许访问 32 位寄存器组。实模式下的微处理器只能采用分段寻址方式寻址 1 MB 的存储器地址空间，而不能管理和使用扩展存储器，其寻址机制、存储器访问范围和中断控制等都与 8086 CPU 相同。

32 位微处理器的实地址模式与 16 位微处理器兼容，可以直接运行为 8086/8088 设计的应用程序，无需做任何修改。32 位微处理器在加电或复位后，可立即在实地址模式下工作。DOS 操作系统要求微处理器在实地址模式下工作，计算机系统的初始化和引导程序也必须在实地址模式下运行，以便为保护模式所需要的数据结构做好各种配置与准备工作。在 Windows 操作系统中，可以切换到实地址模式，运行与调试用汇编语言编写的程序等。需要注意的是，64 位模式的 Pentium 4 或 Core2 没有实地址模式的操作方式。

2. 保护模式

保护模式(Protect Mode)也称为保护的虚地址模式，是一种支持多任务的工作模式。实地址模式下的 80X86 CPU 只相当于快速的 8086，并没有发挥高性能 CPU 的作用。而保护模式提供了一系列的保护机制，如任务地址空间的隔离、设置程序的特权级、执行特权指令、设置访问权限以及进行访问权限的检查等，可对程序的运行加以保护，为多任务操作系统的设计提供了有力的支持。Windows 操作系统在保护模式下运行。

保护模式的另一个重要增强是对虚拟存储器的支持。在保护模式下，CPU 的 32 根地址线均有效，可以访问 4 GB 的物理存储空间以及 64 TB 的虚拟存储空间。

3. 虚拟 8086 模式

虚拟 8086 模式(Virtual 8086 Mode)又称 V86 模式。它不是一个真正的 CPU 模式，而属于保护模式。在 V86 模式下，CPU 运行在保护机制中，但存储器寻址与 8086 相同，是一种既有保护功能又能执行 8086 代码的工作模式。

微型计算机的三种工作模式可以相互转换，如图 2-3 所示。CPU 上电复位后就进入实地址模式，通过对控制寄存器 CR_0 中的 b_0 位，即保护允许位 PE 置 1，系统进入保护模式；若使 PE 复位，则系统回到实地址模式。执行 IRETD 指令或进行任务切换时，则从保护模式转换到 V86 模式；通过中断则可以从 V86 模式切换到保护模式。在 V86 模式下通过复位操作，系统可再次转换到实地址模式。

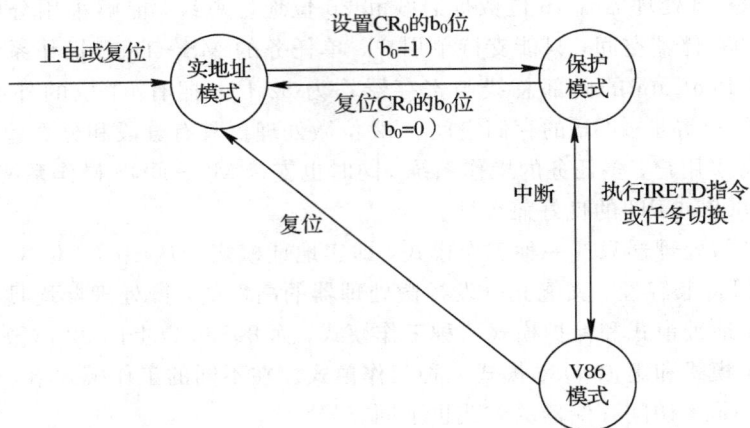

图 2-3 三种工作模式的转换

2.1.3 实地址模式下的存储器分段寻址

在实地址模式下，80X86/Pentium 微处理器采用 8086 微处理器的体系结构，其寻址机制——尤其是存储器寻址——以及存储器访问范围都与 8086 CPU 相同。微处理器使用 20 位地址总线访问存储器，可寻址的存储空间为 $2^{20} = 1$ MB，地址范围是 00000H～FFFFFH。但实模式下，微处理器使用的寄存器是 16 位的，指令给出的地址信息也是 16 位的。为了能够利用 16 位的地址信息对 1 MB 单元进行寻址，80X86 系统采用了分段寻址技术。因为 80X86/Pentium 微处理器在实地址模式下的存储器寻址与 8086 CPU 基本相同，以下将针对 8086 CPU 介绍存储器的分段寻址技术，并指出 32 位微处理器的不同之处。

1. 存储器分段技术

实模式下，存储器的地址为 20 位，可寻址的存储空间为 $2^{20} = 1$ MB，地址范围是 00000H～FFFFFH。存储器分段技术将 1 M 字节的存储单元划分为若干个逻辑段，每个逻辑段的最大容量为 64 KB。规定以一个地址低 4 位为全 0 的存储单元作为逻辑段的起始，该存储单元的地址称为段首地址，其形式表现为 xxxx0H。段首地址的低 4 位为 0，高 16 位为有效数字，通常被保存在 16 位段寄存器中，称为段基址（Segment Base Address）。逻辑段中任意一个存储单元的地址相对于段首地址的字节距离（即偏移量）称为偏移地址（Offset Address），偏移地址可用 16 位二进制数表示，范围是 0000H～FFFFH。因此，16 位的段基址乘以 16，可获得 20 位的段首地址，再加上 16 位的偏移地址，即可产生 20 位的存储单元地址。存储器分段结构如图 2-4 所示。

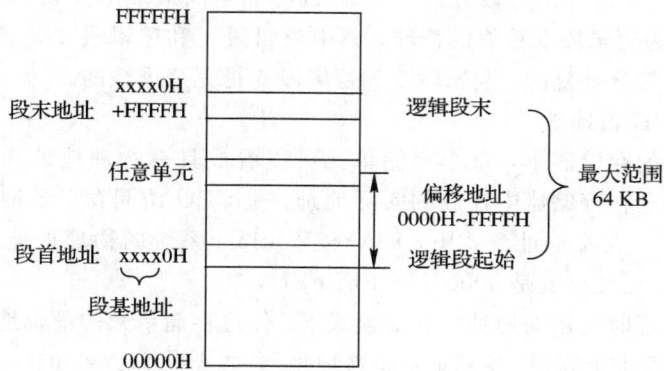

图 2-4　存储器的分段结构

　　80X86/Pentium 微处理器中设置了 4 个或 6 个 16 位的段寄存器，分别是代码段寄存器 CS、数据段寄存器 DS、堆栈段寄存器 SS、附加段寄存器 ES 以及 80386 及更高型号的 32 位微处理器使用的段寄存器 FS 和 GS，用于存放各逻辑段的段基址。由段寄存器定位的逻辑段称为"当前逻辑段"。段寄存器的使用，使微处理器访问当前逻辑段时，无需指定段基址，仅通过偏移地址即可寻址段中的存储单元。当前代码段的 16 位段基址存放在 CS 寄存器中，当前数据段的段基址存放在 DS 寄存器中，当前堆栈段的段基址存放在 SS 寄存器中，当前附加段的段基址存放在 ES 寄存器中。当前代码段存放 CPU 将要执行的指令代码，当前堆栈段存放当前程序运行过程中需要临时存放的指令地址和有关寄存器的值等，当前数据段和当前附加段存放程序运行所需要的数据、产生的中间结果等。80386 以上的 32 位微处理器新增的 2 个附加段寄存器 FS 和 GS 可以在实模式下作为数据段使用。

　　需要说明的是，存储器的分段逻辑是由操作系统完成的，不需要普通用户参与。每个逻辑段的最大容量是 64 KB，但在实际运行过程中，操作系统会根据程序运行的需要安排大小不同的各类存储段，存储段的容量在 0～64 KB 之间，不一定是 64 KB。各个逻辑段在实际的存储空间中可以完全分开，也可以部分重叠，甚至完全重叠，如图 2-5 所示。

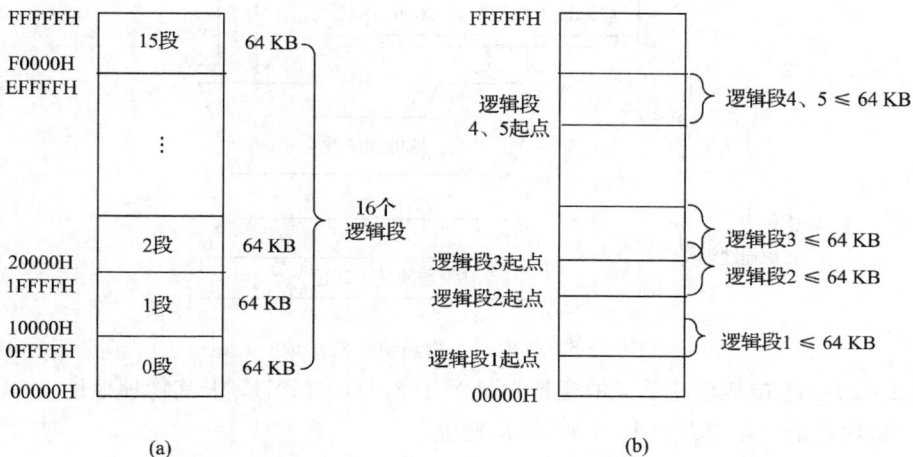

(a)　　　　　　　　　　　　　　　(b)

图 2-5　微处理器分段逻辑结构

图 2-5(a)为完全分开的分段方式，1 MB 的存储空间最多可分成 16 个互不重叠的逻辑段。图 2-5(b)为逻辑段有重叠的情况，其中逻辑段 1 和逻辑段 2 是完全分开的，逻辑段 2 和逻辑段 3 是部分重叠的，逻辑段 4 和逻辑段 5 是完全重叠的。

2. 物理地址和逻辑地址

采用分段寻址的存储器中，每个存储单元可以看成具有物理地址和逻辑地址两种地址。物理地址是信息在存储器中存放的实际地址，是 CPU 访问存储器时通过地址总线实际输出的地址信息。在实地址模式下，80X86/Pentium 系统的物理地址是 20 位，可访问 1 MB 的存储空间，地址范围是 00000H～FFFFFH。

逻辑地址是编程时使用的地址。在实模式下，任意存储单元的逻辑地址由段基址和段内偏移地址组成，习惯上写成"段基址：偏移地址"，如 1000H：0050H。段基址和偏移地址均为 16 位。如前所述，段基址是逻辑段起始地址（即段首地址）的高 16 位，偏移地址是存储单元的实际地址相对于段首地址的偏移量。

实模式下的段基址由段寄存器 CS、DS、SS、ES、FS 和 GS 提供。根据实际运行的指令，16 位的偏移地址可以来自于 16 位寄存器 BX、BP、SI、DI，可以来自它们的组合值，也可以由指令直接提供。代码段的寻址则由 CS 和 IP 组合形成。

3. 实模式下物理地址的产生

实模式下，访问存储器的 20 位地址可以由逻辑地址转换而来。具体方法如图 2-6 所示，将逻辑地址的 16 位段基址左移 4 位，并在低 4 位补 0（对应十六进制是左移一位，即乘以 16 或 10H），加上 16 位的偏移地址，即可得到 20 位的物理地址。逻辑地址转换为物理地址的计算公式为：

$$物理地址 = 段基址 \times 10H + 偏移地址$$

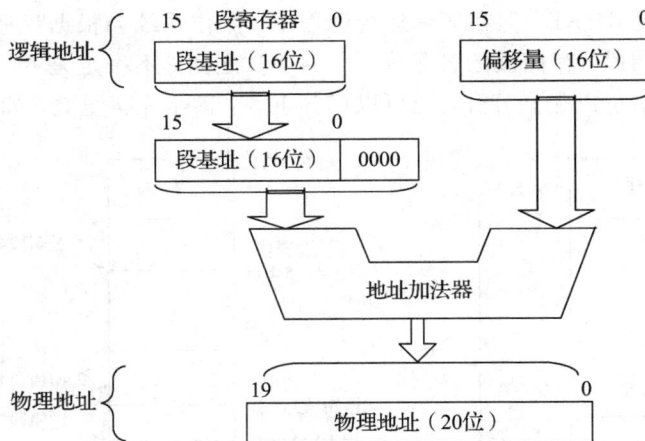

图 2-6 实模式下物理地址的形成

【例 2-2】 已知某存储单元的逻辑地址为 1020H：0450H，求其物理地址。

解 物理地址＝段基址×10H + 偏移地址
＝ 1020H ×10H + 0450H＝ 10650H

【例 2-3】 已知数据段寄存器 DS 的内容是 30B0H，数据段中某存储单元的偏移地址为 0502H，试求该存储单元的物理地址、数据段的段首地址及段末地址。

解 （1）该存储单元的物理地址是

$$DS \times 10H + 偏移地址 = 30B00H + 0502H = 31002H$$

（2）数据段的段首地址是

$$DS \times 10H + 0000H = 30B00H$$

（3）数据段的段末地址（即可寻址逻辑段的最大物理地址）是

$$DS \times 10H + FFFFH = 30B00H + FFFFH = 40AFFH$$

需要注意的是，每个存储单元都有一个唯一的物理地址，但根据逻辑段划分的不同，它可能有多个不同的逻辑地址。例如，某存储单元的物理地址是 10500H，如它所在逻辑段的段基址为 1000H，则偏移地址为 0500H，其逻辑地址可表示为 1000H：0500H；当物理地址不变，段基址变为 1020H 时，其偏移地址为 0300H，逻辑地址变为 1020H：0300H，如图 2-7 所示。

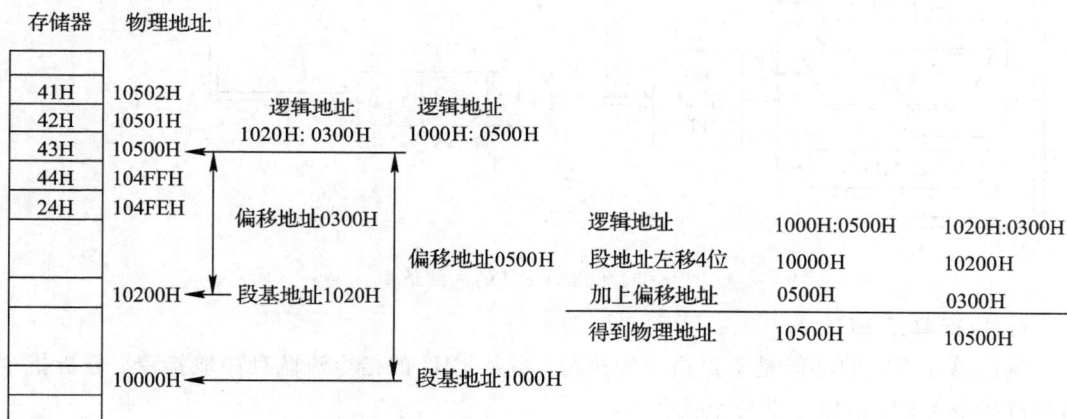

图 2-7 逻辑地址和物理地址

2.2 Intel 8086 微处理器

8086 微处理器是 Intel 系列的 16 位微处理器，采用高速运算功能的 HMOS 工艺制造，集成度为 2.9 万个晶体管/片，采用单一＋5 V 电源，时钟频率为 5～10 MHz，最快的指令执行时间为 0.4 μs。

8086 外部采用 40 条引脚的双列直插封装，有 16 条数据线和 20 条地址线，可处理 8 位或 16 位数据，可寻址的内存地址空间为 1 MB，I/O 端口地址空间为 64 KB。

本节主要介绍 8086 CPU 的内部结构、寄存器组以及外部引脚的定义和功能。

2.2.1 8086 CPU 的内部结构

8086 CPU 的内部结构框图如图 2-8 所示。从功能上讲，8086 可分为两部分，即执行单元 EU(Execution Unit)和总线接口单元 BIU(Bus Interface Unit)。

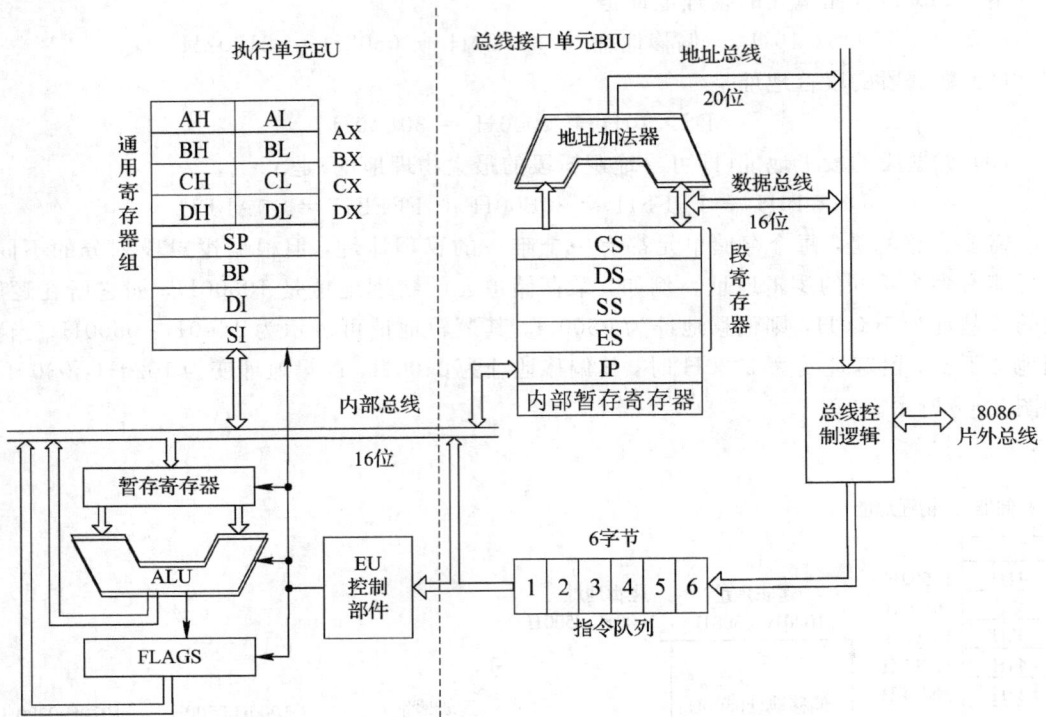

图 2-8 8086 CPU 的内部结构

1. 执行单元 EU

执行单元 EU 的功能是负责指令的执行,它从 BIU 的指令流队列中取指令、分析指令和执行指令。EU 由以下部分组成:

(1) 算术逻辑单元(Arthmetic Logic Unit,ALU):用于算术、逻辑运算,也可以按指令的寻址方式计算出寻址单元地址的 16 位偏移量。

(2) 16 位标志寄存器 FLAGS:用于反映 CPU 运算的状态特征以及存放控制标志。

(3) 寄存器阵列:包括 4 个通用寄存器 AX、BX、CX、DX 和 4 个专用寄存器 SP、BP(指针寄存器)、SI、DI(变址寄存器)。

(4) 数据暂存器:用于协助 ALU 完成运算,并暂存参加运算的数据。

(5) EU 控制电路:控制、定时状态逻辑电路,根据指令译码形成各种定时控制信号,对 EU 的各个部件实现特定的定时操作。

2. 总线接口单元 BIU

总线接口单元 BIU 的功能是负责 CPU 与存储器或 CPU 与 I/O 设备之间的数据传送,包括 4 个 16 位段寄存器、1 个 16 位指令指针 IP、1 个指令流队列、20 位地址加法器和总线控制电路。

8086 的 BIU 有以下特点:

(1) 指令流队列的长度为 6 个字节。

指令流队列实际上是一个内部 RAM 阵列,类似一个先进先出的栈。8086 在执行指令的同时，从内存中取出一条或几条指令，取来的指令就依次放在指令流队列中。只要 8086 的指令流队列出现 2 个空字节，同时 EU 也未要求 BIU 进入存取操作数等的总线周期，BIU 便自动从内存单元中顺序取出指令字节，并填满指令流队列。

当执行转移指令时，下面要执行的指令不是内存中紧接的指令字节，而且已顺序装入队列中的前 4 个字节也失去作用。这时，CPU 将自动清除指令流队列中的原有内容，使队列复位，并从新的地址单元中取出指令，立即送 EU 执行。然后，自动取出后续指令来填满指令流队列。显然，指令流队列的设置使指令的取出、分析、执行同时执行，使 CPU 执行完一条指令就可以立即执行下一条指令，而不需要像以往的计算机那样，让 CPU 轮番进行取指令和执行指令的操作，大大加快了程序的执行速度。

8086 CPU 中由 BIU 和 EU 组成取指令和执行指令两级流水，通过并行操作，提高了系统的工作速度。指令流水线技术是提高微处理器处理能力的重要措施，更高性能的微处理器采用更多级的流水，实现多条指令的并行操作，更进一步提高了 CPU 的效率，但过多的跳转指令会降低指令流水线的效率和程序的执行速度。

（2）地址加法器用来产生 20 位地址。

8086 有 20 根地址线，可寻址 1 MB 的内存空间。但 8086 内部所有的寄存器均为 16 位，要使用 16 位寄存器实现 20 位地址的寻址，就必须有一个附加的机构来根据 16 位寄存器提供的信息计算出 20 位的物理地址，这就是 20 位的地址加法器。其工作原理为：各个段寄存器分别用来存放各段的起始地址，16 位偏移地址（又称为逻辑地址）由指令指针寄存器 IP 或执行单元 EU 按寻址方式提供，段寄存器内容左移 4 位后与 16 位偏移地址在 20 位地址加法器相加，形成 20 位的实际地址（又称为物理地址）。

3. 寄存器阵列

EU 单元中的寄存器阵列包括 4 个 16 位通用寄存器、2 个 16 位指针寄存器、2 个 16 位变址寄存器以及 1 个 16 位标志寄存器。BIU 单元中的寄存器阵列包括 4 个段寄存器及 1 个指令指针寄存器。

4 个 16 位通用寄存器为 AX、BX、CX、DX，它们可以作为 16 位寄存器使用，也可以作为 8 位寄存器使用。当作为 8 位寄存器使用时，任意一个 16 位寄存器都可以分为高低字节，分别命名为 AH、AL、BH、BL、CH、CL、DH、DL。其中 XH（X 指代 A、B、C、D）表示对应 16 位寄存器高 8 位，XL 表示低 8 位。多数情况下，这 4 个通用寄存器作用相同，既可以用来存放源操作数，也可以用来存放目的操作数和运算结果。但在某些指令中，它们又有着隐含的特定用途，即 AX 可作为累加器，BX 可作为基址寄存器，CX 可作为计数器，DX 可作为数据寄存器。

2 个 16 位指针寄存器为 SP 和 BP，均用来存放段内偏移地址。其中，SP 用来存放当前堆栈栈顶的偏移地址，称为堆栈指针；BP 用来存放堆栈段中一个数据区的基地址偏移量，称为基址指针。2 个变址寄存器为 SI 和 DI，这两个寄存器常用于字符串操作中，分别用来存放源操作数的段内偏移地址和目的操作数的段内偏移地址，故 SI 和 DI 分别被称为源变址寄存器和目标变址寄存器。8086 CPU 的大部分操作也可使用指针寄存器和变址寄存器，因此它们也可称为通用寄存器。

8086 的状态标志寄存器 FLAGS 为 16 位寄存器，只使用了其中 9 位作为标志位，包括进位标志 CF、奇偶标志 PF、辅助进位标志 AF、零标志 ZF、符号标志 SF、溢出标志 OF 6 位状态标志和中断允许标志 IF、方向标志 DF、单步操作标志 TF 3 位控制标志。标志寄存器 FLAGS 的格式及各标志位的定义已经在微处理器的程序设计模型部分介绍过，此处不再赘述。

16 位指令指针寄存器 IP 在 BIU 单元中，用于存放下一条将要取出的指令字节在当前代码段内的偏移地址。IP 寄存器不能由程序员直接访问。

8086 CPU 的 BIU 单元中共有 CS、DS、SS 和 ES 4 个段寄存器，分别用来存放当前代码段、当前数据段、当前堆栈段的段基址、当前堆栈段以及当前附加段的段基址。

2.2.2 8086 的引脚信号和功能

8086 微处理器采用 40 条引脚的双列直插式封装。这些引脚构成了微处理器的外总线——地址总线、数据总线以及控制总线。通过这些总线，微处理器可以和存储器、I/O 接口、外部控制管理部件及协处理器组成不同规模的系统，并且相互交换信息。

8086 CPU 可以在两种工作模式下工作，即最大模式和最小模式。根据这 40 条引脚在两种工作模式下功能的不同，可以将其分为两大类：一类引脚在两种模式下功能相同，是共用引脚；另一类引脚在不同模式下功能不同。8086 CPU 的引脚信号如图 2-9 所示。

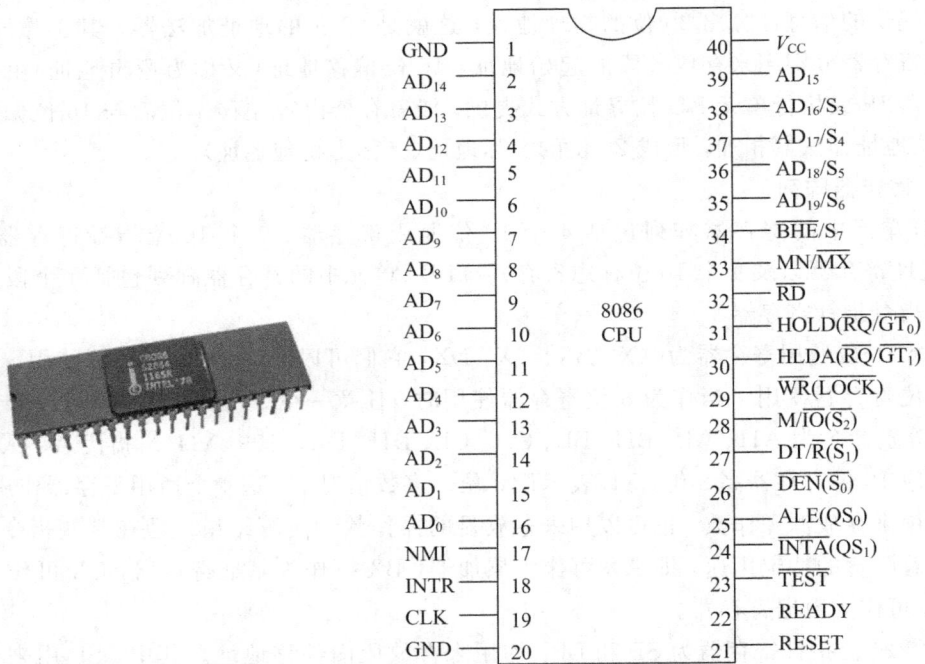

图 2-9 8086 的外部引脚

下面分类简要介绍各引脚的功能。

1. 共用的引脚信号

1）$AD_{15} \sim AD_0$——地址/数据复用引脚（双向，三态）

地址总线的低 16 位与数据总线分时复用。当 CPU 访问存储器或外设时，在总线周期

的 T_1 状态输出所访问存储单元地址的低 16 位或 I/O 端口地址，然后作为数据总线输入/输出数据；在 DMA 方式时，这些引脚处于高阻状态，作为地址总线为输出，作为数据总线为双向。

2）$A_{19}/S_6 \sim A_{16}/S_3$ ——地址/状态复用引脚（输出，三态）

在 T_1 状态，这 4 条引脚输出地址的最高 4 位，其他状态输出状态信息。状态信息 S_6 为 0 时用来指示 8086 当前与总线相连，所以在 $T_2 \sim T_4$ 状态，S_6 总保持低电平；S_5 状态指示当前中断允许标志位 IF 的状态，若为 1，表示当前允许可屏蔽中断请求；S_4 和 S_3 用来指示当前正在使用哪一个段寄存器，其编码如表 2-1 所示。当系统总线处于"保持响应"状态时，这些引脚被置为高阻状态。

表 2-1　S_4、S_3 编码及对应的当前正在使用的段寄存器

S_4	S_3	当前正在使用的段寄存器
0	0	ES
0	1	SS
1	0	CS 或未用段寄存器
1	1	DS

3）$\overline{BHE}/S_7$ ——允许高 8 位数据传送/状态复用引脚（输出，三态）

在总线周期的 T_1 状态，$\overline{BHE}/S_7$ 引脚输出低电平有效信号，表示能在高 8 位数据总线 $D_{15} \sim D_8$ 上传送一个字节的数据；在 T_1 以外的其他状态，此引脚输出状态信息 S_7。但在 8086 芯片中，S_7 状态没有实际意义。

$\overline{BHE}$ 信号和 A_0 配合，指出当前传送的数据在总线上将以何种格式出现，应在存储体的哪个库（奇/偶地址库）的存储单元进行字节/字的读写操作，其编码见表 2-2。

表 2-2　$\overline{BHE}$ 和 A_0 的编码及对应操作

$\overline{BHE}$	A_0	操　作
0	0	16 位字传送
0	1	用数据总线高 8 位与奇地址库进行字节传送
1	0	用数据总线低 8 位与偶地址库进行字节传送
1	1	无效

4）$\overline{RD}$ ——读信号（输出，三态）

当 $\overline{RD}$ 为有效的低电平信号时，表示正在执行对存储器或 I/O 端口的读操作。具体的读操作对象是存储器还是 I/O 端口，则由 $M/\overline{IO}$ 引脚的状态决定。在任何读操作总线周期的 T_2、T_3、T_w 状态，$\overline{RD}$ 为低电平，然后转为高电平并保持到下一次读操作开始。在系统总线"保持响应"期间，$\overline{RD}$ 为高阻状态。

5）READY——"准备好"信号（输入）

READY 是从 CPU 所寻址的存储器或 I/O 端口发来的回答信号，高电平有效。READY＝1，表示外部电路已准备好，可进行一次数据传送。CPU 在每个总线周期的 T_3 状态开始检测 READY 信号，如果它为低电平，则在 T_3 状态后插入一个或几个等待状态 T_w，直到 READY 变为有效的高电平信号，并在该 T_w 结束后，进入 T_4 状态，完成总线周期。

6）INTR——可屏蔽中断请求信号（输入）

INTR 是由外部设备发来的请求信号，高电平有效。当 INTR＝1 时，表示外设提出了中断请求。在每个指令周期的最后一个 T 状态，由 CPU 检测 INTR 信号是否有效，以决定是否执行中断响应周期。此中断请求信号能否被响应受中断允许标志位 IF 的控制。

7）NMI——非屏蔽中断请求信号（输入）

NMI 请求不受中断允许标志位 IF 的控制，也不能用软件屏蔽，上升沿触发。只要此引脚上出现一个上升沿触发有效信号，CPU 将在现行指令结束后马上响应中断，进入中断响应周期。

8）$\overline{\text{TEST}}$——等待测试信号（输入）

$\overline{\text{TEST}}$ 信号为低电平有效。在 WAIT 指令执行期间，CPU 每隔 5 个时钟周期测试一次该引脚的输入信号。如 $\overline{\text{TEST}}$＝0，CPU 将停止等待，转去执行 WAIT 指令的下一条指令；否则，继续等待，且重复测试 $\overline{\text{TEST}}$ 引脚，直到出现有效低电平为止。

9）RESET——复位信号（输入）

RESET 信号为高电平有效信号。复位信号可使处理器马上结束现行操作，初始化 CPU 内部各寄存器。8086 要求 RESET 脉冲宽度不小于 4 个时钟周期，接通电源时间不小于 50 μs。系统正常运行时，RESET 保持低电平。

10）CLK——时钟信号（输入）

CLK 信号通常由 8284A 时钟发生器提供，为处理器及总线控制器提供基本的定时脉冲。此脉冲为非对称脉冲，有效高电平时间占整个时钟周期的 1/3。

11）MN/$\overline{\text{MX}}$——最小/最大模式控制信号（输入）

MN/$\overline{\text{MX}}$ 引脚的不同设置决定了处理器的工作模式。当 MN/$\overline{\text{MX}}$ 接＋5 V 时，处理器工作于最小模式；当 MN/$\overline{\text{MX}}$ 接地时，则工作于最大模式。

12）V_{CC}——＋5 V 电源输入引脚

13）GND——接地端

当 8086 CPU 工作在最大模式及最小模式下时，上述共用引脚功能相同。此外，还有 8 个引脚（24～31 引脚）在不同工作模式下有着不同的名称和定义。

2. 最小工作模式下引脚信号的说明

当 8086 CPU 的 MN/$\overline{\text{MX}}$ 引脚接＋5 V 电源电压时，微机系统工作于最小模式，即单处理器系统方式。这时，在系统中只有 8086 一个微处理器，所有的控制信号都直接由 8086 产生。这种工作模式适合于较小规模的应用。8086 最小工作模式的系统结构如图 2－10 所示。

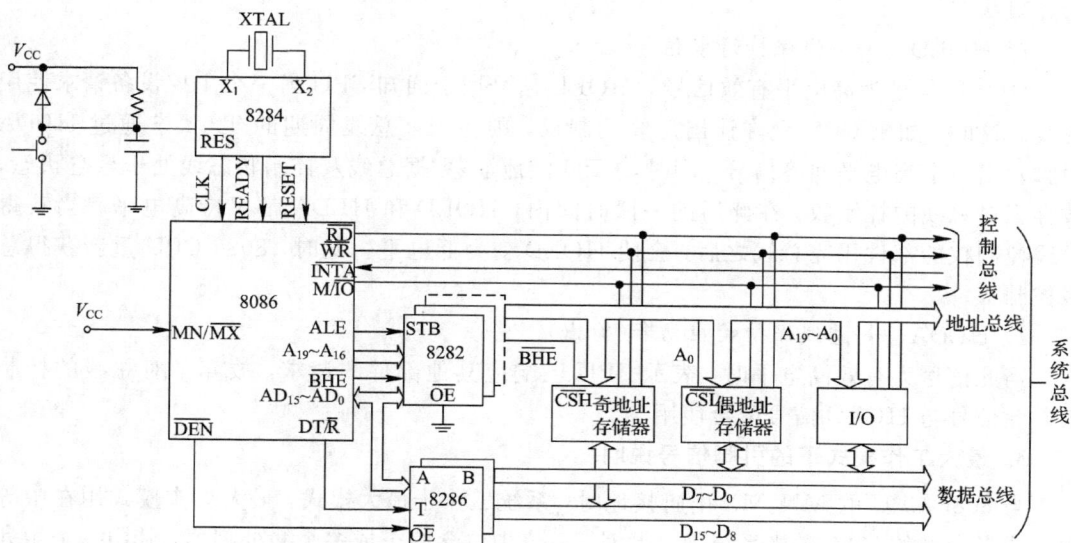

图 2-10　8086 最小工作模式的系统结构

最小工作模式下第 24～31 引脚含义如下：

1）M/$\overline{\text{IO}}$——存储器/输入输出控制信号（输出）

M/$\overline{\text{IO}}$ 信号为 CPU 工作时自动产生的输出控制信号。如为高电平，表示 CPU 当前与存储器之间进行信号传送；如为低电平，表示 CPU 当前与 I/O 设备之间进行数据传送。在 DMA 方式时，M/$\overline{\text{IO}}$ 被浮置为高阻状态。

2）$\overline{\text{WR}}$——写选通信号（输出）

$\overline{\text{WR}}$ 为有效低电平时，表示 CPU 正在对存储器或 I/O 端口进行写操作，具体操作对象则由 M/$\overline{\text{IO}}$ 信号决定。对任何写周期，$\overline{\text{WR}}$ 只在 T_2、T_3、T_w 期间有效。DMA 方式时，$\overline{\text{WR}}$ 被浮置为高阻状态。

3）$\overline{\text{INTA}}$——中断响应信号（输出）

$\overline{\text{INTA}}$ 信号用于对外设的中断请求作出响应，低电平有效。8086 的 $\overline{\text{INTA}}$ 实际上是两个连续的负脉冲，当 CPU 响应可屏蔽中断请求时，第一个负脉冲用于通知外设中断请求已获允许，第二个负脉冲则用作外设中断类型码的读选通信号。

4）ALE——地址锁存允许信号（输出）

ALE 信号是 8086 提供给 8282/8283 地址锁存器的控制信号，高电平有效。在任何一个总线周期的 T_1 状态，ALE 有效信号随地址信息一起输出，其下降沿将地址信息锁存。

5）DT/$\overline{\text{R}}$——数据收发控制信号（输出）

使用 8286/8287 总线收发器时，DT/$\overline{\text{R}}$ 信号用于控制数据传送的方向。DT/$\overline{\text{R}}$=1，CPU 发送数据；DT/$\overline{\text{R}}$=0，CPU 接收数据。DMA 方式时，DT/$\overline{\text{R}}$ 被浮置为高阻状态。

6）$\overline{\text{DEN}}$——数据允许信号（输出）

使用 8286/8287 作为数据总线双向驱动器时，$\overline{\text{DEN}}$ 为其提供控制信号，低电平有效。$\overline{\text{DEN}}$ 为有效低电平，表示 CPU 当前准备发送或接受一个数据。DMA 方式，$\overline{\text{DEN}}$ 被浮置为高阻状态。

7) HOLD——总线保持请求信号（输入）

HOLD 信号为高电平有效信号。HOLD 信号用于通知 CPU 另一个主控设备请求使用总线。这时，如果 CPU 允许让出总线控制权，则在当前总线周期的 T_4 状态通过 HLDA 引脚发出一个高电平回答信号；同时，CPU 使地址/数据总线及控制状态线处于悬空状态，放弃了对总线的控制权，在此后的一段时间内，HOLD 和 HLDA 都保持高电平。当获得总线控制权的部件用完总线之后，会使 HOLD 变为低电平。此时，8086 CPU 重新获得总线控制权。

8) HLDA——总线保持响应信号（输出）

当此信号为有效高电平时，表示 CPU 已响应其他部件的请求，放弃了对总线的控制权。此信号与 HOLD 信号配合使用。

3. 最大工作模式下的引脚信号说明

当 8086 CPU 的 MN/$\overline{\text{MX}}$ 引脚接地时，系统工作于最大模式，最大工作模式用在中等规模或者大型的 8086 微机系统中。此时，系统中包含两个或多个微处理器，其中一个主处理器就是 8086，另外还采用数值运算处理器 8087 和输入/输出处理器 8089 作为协处理器，协助主处理器工作。为了协调多处理器控制系统的工作，8086 CPU 工作于最大模式下时，需增设总线控制器 8288。8086 最大工作模式的系统结构如图 2-11 所示。

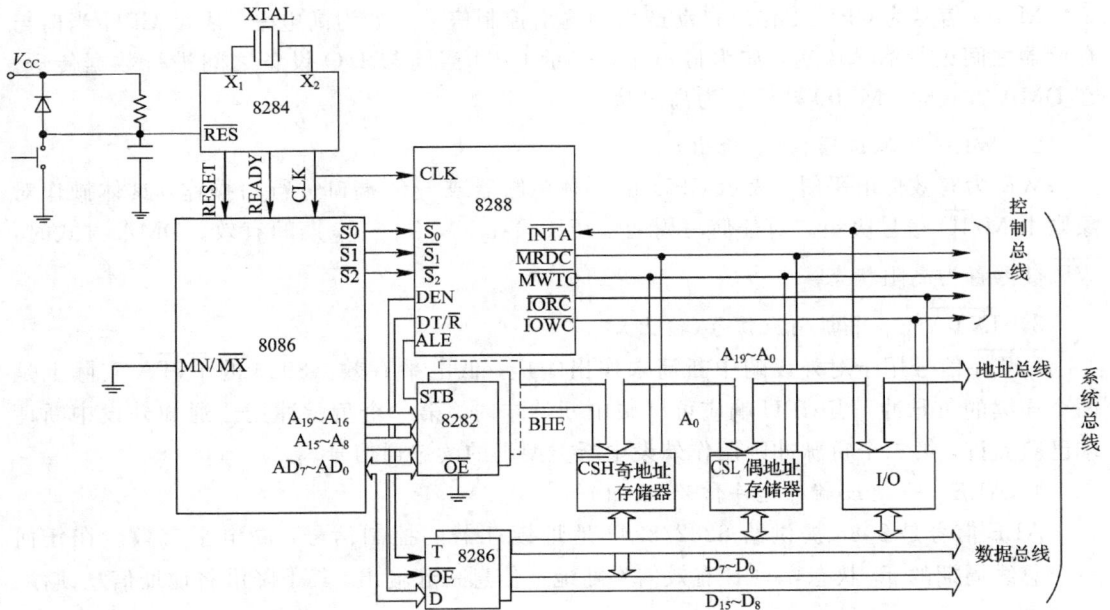

图 2-11 8086 最大工作模式的系统结构

最大工作模式下第 24～31 引脚含义如下：

1) $\overline{S_2}$、$\overline{S_1}$、$\overline{S_0}$——总线周期状态信号（输出）

$\overline{S_2}$、$\overline{S_1}$、$\overline{S_0}$ 是 CPU 的状态输出引脚，提供当前总线周期中所进行的数据传输类型，由总线控制器 8288 译码，产生访问存储器和 I/O 端口的总线控制信号。这些状态信号的编码和作用如表 2-3 所示。

表 2-3 $\overline{S}_2$、$\overline{S}_1$、$\overline{S}_0$ 的代码组合及对应的操作

$\overline{S}_2$	$\overline{S}_1$	$\overline{S}_0$	对应的操作	经 8288 产生的译码
0	0	0	发中断响应信号	$\overline{INTA}$
0	0	1	读 I/O 端口	$\overline{IORC}$
0	1	0	写 I/O 端口	$\overline{IOWC}$
0	1	1	暂停	无
1	0	0	取指令	$\overline{MRDC}$
1	0	1	读内存	$\overline{MRDC}$
1	1	0	写内存	$\overline{MWTC}$
1	1	1	无源状态(CPU 无作用)	无

当表 2-3 中的总线周期状态($\overline{S}_2$、$\overline{S}_1$、$\overline{S}_0$)中至少有一个状态为低电平时,便可进行一种总线操作,称为有源状态。而在 T_3、T_w 状态且当 READY 为高电平时,$\overline{S}_2$、$\overline{S}_1$、$\overline{S}_0$ 均变为高电平,进入无源状态,表示操作过程即将结束,而另一个新的总线周期尚未开始。

2) $\overline{RQ/GT_0}$,$\overline{RQ/GT_1}$——总线请求信号(输入)/总线请求允许信号(输出)

$\overline{RQ/GT_0}$ 和 $\overline{RQ/GT_1}$ 这两个引脚可供 CPU 以外的两个协处理器发出使用总线请求和接收 CPU 对总线请求信号的回答信号。这两个应答信号都是双向的,用一条 $\overline{RQ/GT_0}$ 或 $\overline{RQ/GT_1}$ 信号来实现请求/允许信号的双向传送。$\overline{RQ/GT_0}$ 的优先级比 $\overline{RQ/GT_1}$ 高。

3) $\overline{LOCK}$——总线封锁信号(输出)

当 LOCK 引脚为低电平有效信号时,表示不允许其他部件占用总线。$\overline{LOCK}$ 信号由指令前缀 LOCK 产生,并一直保持到下一条指令周期的第一个时钟周期的结束,此时 $\overline{LOCK}$ 变为高电平,撤销总线封锁,CPU 方能响应总线请求。在 DMA 期间,$\overline{LOCK}$ 浮置为高阻状态。

4) QS_1,QS_0——指令队列状态信号(输出)

QS_1、QS_0 两个信号组合起来可反映 BIU 中指令队列的状态,以提供一种让其他处理器(如 8087)监视 CPU 中指令队列状态的手段。QS_1、QS_0 的组合及对应状态如表 2-4 所示。

表 2-4 QS_1、QS_0 与指令队列状态

QS_1	QS_0	队列状态
0	0	无操作
0	1	从指令队列中取出当前指令的第一字节
1	0	队列空,由于执行转移指令,队列需重装
1	1	从队列中取出指令的后续字节

2.3 Intel 80X86 及 Pentium 系列微处理器

自 1978 年推出 8086 CPU 以来,Intel 公司又相继推出了高性能的 16 位微处理器 80286、32 位微处理器 80386、80486 和 Pentium 系列以及 64 位微处理器 Pentium 4 和多核处理器 Core 系列。这些微处理器均以 8086 为基础,在功能和性能上进行提高和延伸,成为一个兼容的微处理器系列,通称为 80X86 系列微处理器,其特点是较新型的微处理器能够兼容已有的产品,使现有的软件能够继续运行在新型微处理器中,同时又能采用新技术,使新型微处理器功能更强,性能更好。

本节将从技术发展的角度简要介绍 80X86 系列和 Pentium 系列微处理器,并以 Pentium 微处理器为例,介绍 32 位微处理器的体系结构。

2.3.1 Intel 80X86 系列微处理器

1. 80286 微处理器

80286 微处理器是 Intel 公司于 1982 年推出的 16 位微处理器,它在多个方面对 8086 微处理器进行了改进,是 16 位 80X86 微处理器中性能最好的。

80286 有 68 条引脚,采用 4 列直插式封装,芯片上集成有 13.5 万个晶体管,时钟频率为 8~20 MHz。80286 拥有独立的 16 条数据线 $D_{15} \sim D_0$ 和 24 条地址线 $A_{23} \sim A_0$,能直接寻址 16 MB 的存储器空间和 64 KB 的 I/O 空间。

在 8086 功能结构的基础上,80286 的 BIU 部分分成了地址单元 AU(Address Unit)、指令单元 IU(Instruction Unit)和总线单元 BU(Bus Unit)3 个部分。CPU 内部的 4 个单元并行工作,提高了处理速度。

80286 可在实地址模式和保护模式两种工作模式下运行。在实地址模式下,80286 相当于一个快速的 8086,使用低 20 位地址总线寻址 1 MB 的存储空间;在保护模式下,80286 CPU 内的存储器管理单元(Memory Management Unit,MMU)支持对虚拟存储器的访问。

2. 32 位微处理器 80386 和 80486

1) 80386

80386 是 Intel 公司于 1985 年推出的 32 位微处理器,有 32 条数据总线以及 32 位的寄存器、ALU 和内部总线,能够处理 8 位、16 位和 32 位数据;有 32 条地址总线,可寻址 2^{32} 个字节,即 4 GB 的物理存储空间;在保护模式下,可寻址的虚拟存储空间为 64 TB。

80386 CPU 由中央处理单元(CPU)、存储器管理单元(MMU)和总线接口单元(BIU)三部分组成。其中中央处理单元分为指令预取部件(Code Prefetch Unit,CPU)、指令译码部件(Instruction Decode Unit,IDU)以及执行部件(Execution Unit,EU)3 个部分。存储器管理单元由段管理部件(Segment Unit,SU)和页管理部件(Paging Unit,PU)组成。段管理部件负责将逻辑地址转换成 32 位的线性地址,80386 的逻辑地址由段寄存器的值及 32 位虚地址值组成;页管理部件负责对物理地址空间进行分页管理,每页大小为 4 KB。

80386 通过分页来实现虚拟存储器管理,在主存和磁盘进行映像时,以页为单位将 CPU 的地址空间映像到磁盘。总线接口单元通过数据总线、地址总线和控制总线与存储器、输入/输出接口交换数据。

这 6 个功能部件组成了 6 级深度流水线,各部件既能独立操作,也能与其他部件并行工作,使取指、译码、执行等工作同时进行,大大提高了 CPU 的工作速度。

80386 微处理器有实地址模式、保护模式和虚拟 8086 模式 3 种工作模式。其中保护模式支持多用户多任务的操作系统,支持虚拟存储器管理,可寻址的存储器物理空间为 4 GB,虚拟存储器空间为 64 TB。

2) 80486

80486 微处理器于 1989 年发布,是继 80386 之后的第二代全 32 位微处理器。80486 的体系结构与 80386 基本相同,相当于将一个 80386 和一个 80387(浮点运算协处理器)以及 8 KB 高速缓冲存储器(Cache)集成在一个芯片上,并增加了寄存器的数量。

80486 CPU 首次将 8 KB 的高速缓冲存储器集成到芯片内部,称为 L_1 Cache,用于存放 CPU 近期访问的指令和数据,减少了 CPU 访问慢速主存的次数和时间,大大提高了系统的工作速度;采用精简指令计算机(Reduced Instruction Set Computer,RISC)技术,减少了不规则的控制部分,使指令流水线每个步骤的执行时间相同,同时多个部件的并行操作也缩短了指令的执行时间;采用猝发式总线(Burst Bus)技术,当 CPU 访问主存时,仅需输出一个地址即可与多个相关的地址单元进行数据交换,提高了 CPU 的效率和数据传输速度。

80486 CPU 还采用了倍频技术,其工作频率(即主频)可以达到外部时钟频率(即外频)的 2~3 倍。在外围芯片不变的情况下,可以通过更换具有倍频结构的 CPU 芯片来提高整个计算机系统的性能。这些改进使 80486 的工作速度和总体性能相比 80386 有了大幅度的提升。

2.3.2　Pentium 微处理器

Pentium 是 Intel 公司于 1993 年推出的 32 位微处理器。早期的 Pentium 采用 0.5 μm 的 CMOS(Complementary Metal – Oxide – Semiconductor Transistor 互补金属氧化物半导体)制作工艺,集成度为 310 万晶体管/片,时钟频率由最初的 60 MHz 和 66 MHz 提高到 200 MHz,工作电压为 4 V,功耗为 15 W。后来推出的 Pentium 采用 3.3 V 工作电压,功耗降为 4 W。Pentium 仍属于 32 位微处理器,其内部数据总线及主要寄存器的宽度为 32 位,外部数据总线可扩展为 64 位,大大提高了存取主存的速度。地址总线为 36 位,可寻址的物理空间为 4 GB,虚拟存储空间为 64 TB,I/O 寻址空间为 64 KB。

1. Pentium 微处理器的功能结构

Pentium 微处理器的体系结构称为 P5 架构,如图 2 – 12 所示。Pentium CPU 内部的主要部件包括总线接口单元、U 流水线、V 流水线、指令高速缓冲存储器 Cache、数据高速缓冲存储器 Cache、指令预取单元(Code Prefetch Unit,CPU)、指令译码器、浮点运算单元(Float Point Uint,FPU)、分支目标缓冲器(Branch Target Buffer,BTB)、微程序控制器中的控制单元和寄存器组。

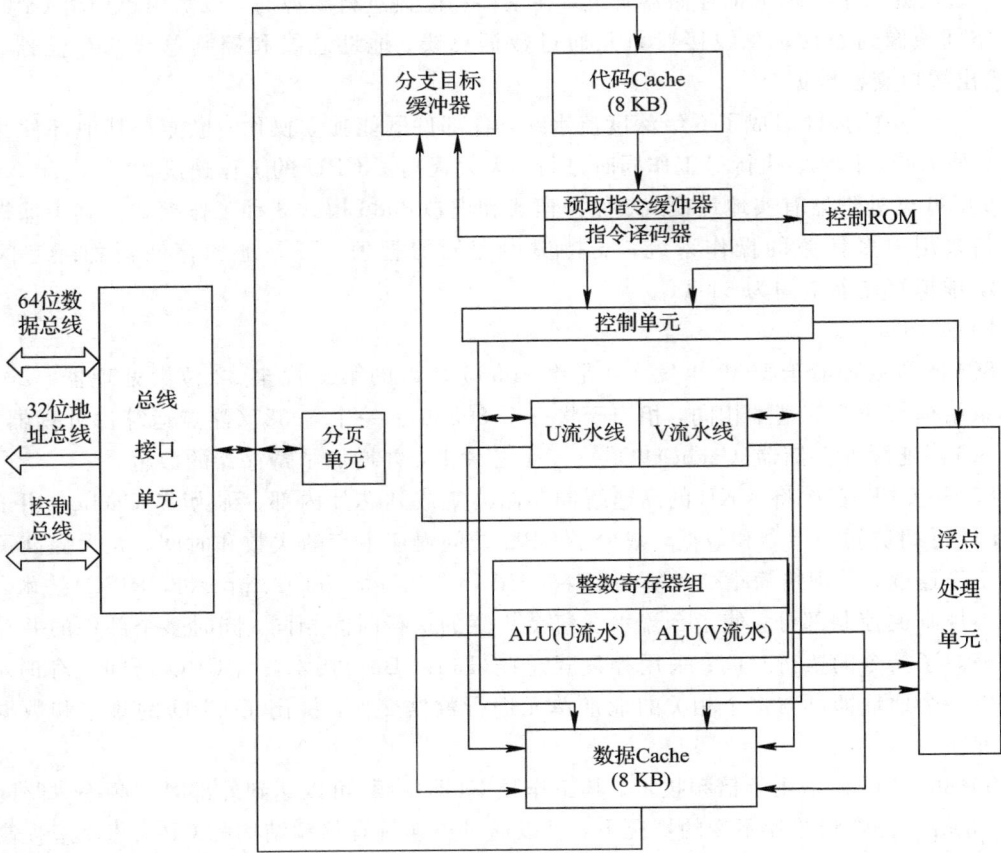

图 2-12 Pentium 微处理器的结构

1) 点线接口单元

Pentium CPU 的总线接口单元 BIU 连接 CPU 与系统总线，包括 64 位双向的数据线、32 位地址线和所有的控制信号线，具有地址总线驱动、数据总线驱动、总线周期控制、总线仲裁等多项功能，可实现 CPU 与外设之间的信息交换。

2) U 流水线和 V 流水线

Pentium 有 U、V 两条指令流水线，称为超标量流水线。每条流水线都带有独立的 ALU、数据 Cache 接口和地址电路。U 流水线执行全部整数和浮点运算指令，V 流水线执行整数指令和简单的浮点数据交换（FXCH）指令。这种结构允许 Pentium 在一个时钟周期内同时执行两条指令，每条流水线执行一条，称为"指令并行"。U、V 流水线中整数指令流水线均由 5 段组成，分别为指令预取（PF）、指令译码（D_1）、地址生成（D_2）、指令执行（EX）和结果写回（WB）。每个步骤的执行时间均为 1 个时钟周期。

流水线技术允许多条指令在不同阶段同时执行，从而提高了 CPU 的处理能力，而超标量流水线通过指令并行操作，在同一时间的指令执行能力是普通流水线的两倍。在一个时钟周期内，Pentium CPU 可以同时执行两条整数指令，或一条整数指令、一条浮点指令。超标量流水线是 Pentium 系统结构的核心，使得 Pentium CPU 的速度较 80486 有很大的提高。

3）指令高速缓冲存储器 Cache 和数据高速缓冲存储器 Cache

Pentium 集成有两个独立的高速缓冲存储器 Cache，分别用于存放指令代码与数据，容量均为 8 KB。每个 Cache 都有专用的旁路转换缓冲（Translation Lookaside Buffer，TLB）将线性地址转换为物理地址。数据 Cache 为双端口结构，分别用于 U、V 两条指令流水线，可以在同一时刻与两条独立工作的流水线交换整数数据，或者组合成 64 位数据端口与浮点运算单元交换浮点数据。指令 Cache 仅存储指令，是内存中一部分程序的副本。指令 Cache 与转移目标缓冲器、预取缓冲器相配合，将原始指令送入 Pentium CPU 的执行单元中。CPU 可同时访问指令和数据 Cache。互相独立的指令 Cache 和数据 Cache 有利于 U、V 两条流水线的并行操作，它不仅可以同时与 U、V 两条流水线分别交换数据，而且使指令预取和数据读/写可以无冲突地同时进行，从而避免因设置统一 Cache 时发生存储器冲突，或者大量密集数据占用 Cache 时几乎没有空间缓存指令，而降低 CPU 工作速度的现象。

4）分支目标缓冲器

分支目标缓冲器用于动态预测程序的转移操作。在流水线操作中，转移指令的执行会使预取的指令无效，因此必须清空原来的指令队列，并从转移目标地址开始处重新取指令装入流水线，这会降低流水线的处理速度。动态转移预测技术是根据一条转移指令过去的转移状态来预测该指令下一次转移的目标地址。根据历史状态预测下一次预测的准确率不可能为 100％，但由于程序的转移和循环操作经常是重复执行的，所以动态转移预测能够达到较高的准确率。在程序执行时，若某条指令产生转移，CPU 会将这条指令的地址及转移目标地址存入 BTB 的"登记项"中，并用这些信息来预测这条指令再次发生转移的路径，预先从记录的转移目标地址处预取指令，填充流水线，以避免指令队列的清空操作。

5）指令预取单元

指令预取单元可根据给定的地址，从指令 Cache 中预取指令并存入预取指令缓冲器中。当遇到转移指令时，由分支目标缓冲器预测提供转移目标地址，并从此地址处顺序取指令。

6）指令译码器

指令译码器用于对预取指令缓冲器提供的指令进行译码，以确定指令对应的操作。Pentium 微处理器采用两步流水线译码方案。对于简单指令，CPU 可以在流水线的指令预取（PF）和指令译码（D_1）阶段以并行方式取两条指令并进行译码，然后将两条指令分别发送给 U 流水线和 V 流水线。对于比较复杂的指令，CPU 则在指令译码（D_1）阶段产生控制 U 流水线和 V 流水线的微代码序列。

7）控制单元

控制单元（Control Unit，CU）是 Pentium CPU 的控制中心，它的基本功能是解释来自指令译码部件的指令字和控制 ROM 的微代码，产生时序信号，使微处理器按照一定的时序过程完成指令的操作。Pentium 的大部分简单指令采用"硬布线"方式执行，指令通过指令译码即可产生相应的微操作控制信号，从而控制指令的执行，采用这种方式可以获得较快的指令执行速度。复杂指令则采用"微程序"方式，将执行一条复杂指令所需要的微控制信号变成一组微指令并存放在一个只读存储器（即控制 ROM）中。当指令执行时，从控制 ROM 中顺序读出微指令并产生相应的控制信号来控制指令的执行。

8）浮点运算单元

浮点运算单元用于处理浮点数或进行浮点运算。Pentium CPU 的浮点运算单元有 8 个 80 位的浮点寄存器，内部的数据总线宽度为 80 位，设置有专门用于浮点运算的加法器、乘法器和除法器，可同时进行 3 种不同的运算。FPU 支持 IEEE 754 标准的单、双精度格式的浮点数以及一种临时实数的 80 位浮点数。

Pentium 的浮点运算单元也采用双流水线结构。每个流水线分为预取指令、指令译码、地址生成、取操作数、执行 1、执行 2、写回结果和错误报告 8 个步骤，其中前 4 个步骤在 U、V 流水线中完成，后 4 个步骤在浮点运算单元中完成。Pentium CPU 每个时钟周期可以接受两条浮点指令，但其中一条必须是浮点交换指令。Pentium 对浮点运算的一些常用指令，如加法指令、乘法指令，采用了新的算法，并将新的算法用硬件实现。大大提高了浮点运算的速度。

寄存器由于内容较多，下面单独介绍。

2. Pentium 微处理器的寄存器

Pentium 的寄存器可以分为基本寄存器组、系统寄存器组和浮点部件寄存器组。

1）基本寄存器组

Pentium 微处理器的基本寄存器组包括通用寄存器、段寄存器、指令寄存器、标志寄存器，其基本结构如图 2-13 所示。

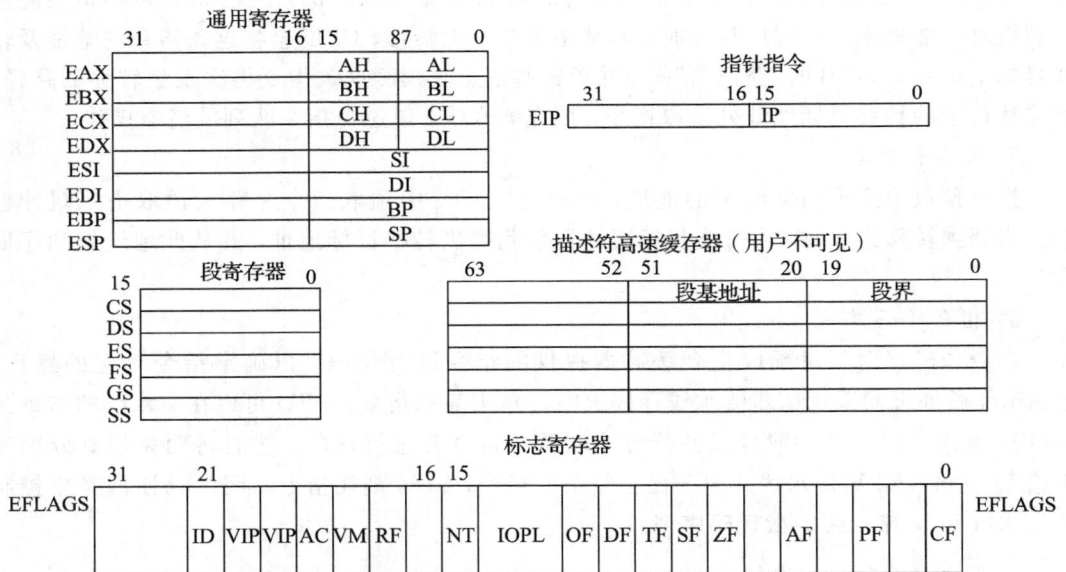

图 2-13　Pentium 微处理器的基本寄存器组

（1）通用寄存器。

Pentium 的通用寄存器与 80386、80486 完全相同，具体内容参见 2.1.1 节。

（2）段寄存器。

Pentium 有 6 个 16 位段寄存器，代码段寄存器 CS、堆栈段寄存器 SS、数据段寄存器 DS、附加段寄存器 ES 以及两个数据段寄存器 FS 和 GS。除 CS 和 SS 外，其他 4 个段寄存器寻址的逻辑段均用于存放数据。在实模式下，段寄存器的使用同 8086 一样。在保护模式下，段寄存器被称为 16 位的段选择字，每个段选择字对应一个 64 位的段描述符，6 个段描述符存放在 CPU 中的描述符高速缓存器中。这些描述符高速缓存器均是用户不可见的。

① 段选择字。

段选择字由三部分组成，其格式如图 2-14 所示。

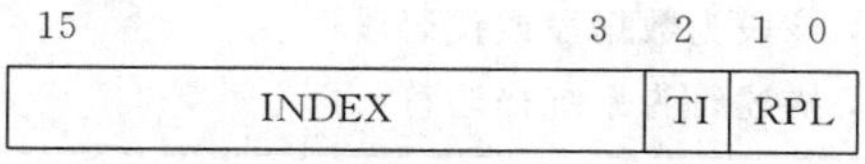

15	3	2	1 0
INDEX		TI	RPL

图 2-14　段选择字的格式

RPL 为请求特权级位，可以请求特权层的级别为 0～3 级，0 级最高，3 级最低。请求特权级位的设置可以防止特权级低的程序去访问特权级高的程序的数据。

TI 为描述符表的指示标志。如 TI＝0，表示访问全局描述符表 GDT；TI＝1，则表示访问局部描述符表 LDT。

INDEX 为段描述符索引值，用于索引段描述符表。INDEX 共 13 位，用来在全局描述符表或局部描述符表的 2^{13} 个表项中选择一个段描述符。

② 段描述符。

段描述符的长度为 8 个字节，由段界限、段基址和访问权字节三部分组成，分别描述了存储器段的长度、起始地址以及属性信息，其格式如图 2-15 所示。

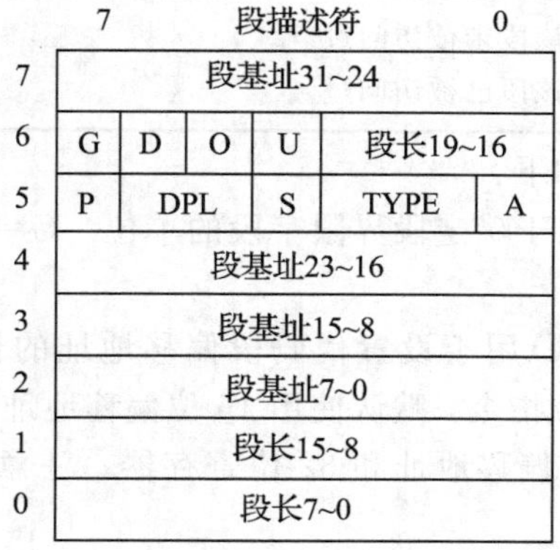

7				段描述符		0
7			段基址31~24			
6	G	D	O	U	段长19~16	
5	P	DPL	S	TYPE		A
4			段基址23~16			
3			段基址15~8			
2			段基址7~0			
1			段长15~8			
0			段长7~0			

图 2-15　段描述符的格式

段界限(limit)字段为 20 位，与颗粒度 G 共同使用，指定段的长度。如果 G＝0，则段长范围为 1 B～1 MB，单位是 1 B；如果 G＝1，则段长范围为 4 KB～4 GB，单位是 4 KB。32 位微处理器在保护模式下允许使用 32 位的偏移地址，可寻址存储器段的最大长度为 4 GB。

段基址(Base Address)字段为 32 位，用于指示存储器段的起始地址。80386 以上的微处理器允许段起始于 4 GB 存储器的任意位置，因此段基址即为段起始的物理地址。

访问权限字节(Access Right Byte)控制着对保护模式中存储器段的访问，各位的定义如表 2-6 所示。

表 2 - 6　段描述符访问权字节定义

字段名	占用位		定　　义
P	7		P＝1，该段在物理存储器中，段基址和段界限有效 P＝0，该段不在物理存储器中，段基址和段界限无效
DPL	6、5		该段的特权级
S	4		S＝1，该段为数据段或代码段 S＝0，描述符为系统描述符
TYPE	E	3	E＝0，该段为数据段
	ED	2	ED＝0，该段向上扩展，偏移地址为 16 位 ED＝1，该段向下扩展，偏移地址为 32 位（堆栈段）
	W	1	W＝1，数据可写入 W＝0，数据不可写入
TYPE	E	3	E＝1，该段为代码段
	C	2	C＝0，忽视描述符优先级 C＝1，遵循描述符优先级
	R	1	R＝1，代码段可读 R＝0，代码段不可读
A	0		A＝0，该段未被访问过 A＝1，该段已被访问过

第 6 字节的高四位定义如下：

颗粒度 G(Granularity)用于确定段界限字段的单位。G＝0，单位是 1 B；G＝1，单位是 4 KB。

D(Default Operation Size)用于设置代码段偏移地址的长度。D＝0，指令与 8086～80286 微处理器兼容，是 16 位指令，默认使用 16 位偏移地址和 16 位寄存器；D＝1，指令是 32 位指令，默认使用 32 位偏移地址和 32 位寄存器。注意，32 位指令只能用于保护模式中。

U 位指示段有效(U＝1)或段无效(U＝0)。

(3) 指令指针寄存器和标志寄存器。

Pentium 的指令指针寄存器 EIP 是一个 32 位寄存器，用于保存下一条待执行指令在代码段内的偏移地址。标志寄存器 EFLAGS 也是 32 位寄存器。这两个寄存器的功能参见 2.1.1 节，这里仅介绍标志寄存器中 80286～Pentium 微处理器新增的标志位，这些标志位均用于保护模式。

IOPL(I/O Protection Level)：I/O 特权级标志，指示保护模式下输入/输出操作的优先级。如果当前任务的优先级高于或等于 IOPL，则执行 I/O 指令；低于 IOPL，则产生中断，暂停执行程序。保护模式下，任务优先级为 0～3，其中 0 级最高，3 级最低。

NT(Nested Task)：嵌套任务标志，该位置为 1 时，指明当前任务嵌套在另一个任务中执行。

RF(Resumed Flag)：恢复标志，与调试寄存器的断点一起使用，控制断点中断后恢复程序的执行。

VM(Virtual 8086 Mode)：虚拟 8086 模式标志。在保护模式下将该位置 1，则微处理器切换到虚拟 8086 模式下运行。

AC(Alignment Check)：对准校验标志。当寻址字或双字数据时，如果地址不在字或双字的边界上，对准检查标志位被置 1。

VIF(Virtual Interrupt Flag)：虚拟中断标志。它是虚拟 8086 模式下中断允许标志 IE 的副本，与 VIP 标志联合使用。

VIP(Virtual Interrupt Pending)：虚拟中断挂起标志。VIP 和 VIF 联合使用，在虚拟 8086 模式下，可为操作系统提供中断标志和中断挂起信息。

ID(Identification)：识别标志，ID 置 1 时，指示微处理器支持 CPUID 指令。该指令能提供处理器的制造商、版本等信息。

2) 系统寄存器组

系统寄存器组包括 5 个控制寄存器和 4 个系统地址寄存器。

5 个控制寄存器分别是 CR_0、CR_1、CR_2、CR_3、CR_4，如图 2-16 所示。控制寄存器中保存着全局性的和任务无关的机器状态。这 5 个控制寄存器连同存储管理寄存器一起，保存着影响系统中所有任务的机器状态。

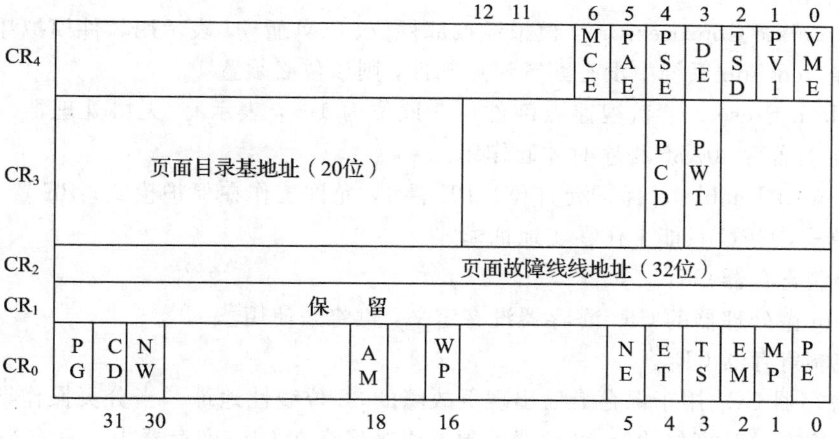

	12 11	6	5	4	3	2	1	0
CR_4		MCE	PAE	PSE	DE	TSD	PVI	VME
CR_3	页面目录基地址（20位）				PCD	PWT		
CR_2	页面故障线线地址（32位）							
CR_1	保留							
CR_0	PG(31) CD(30) NW ... AM(18) ... WP(16) ... NE(5) ET(4) TS(3) EM(2) MP(1) PE(0)							

图 2-16　控制寄存器

系统地址寄存器分别是全局描述符表寄存器 GDTR、中断描述符表寄存器 IDTR、局部描述符表寄存器 LDTR 和任务状态寄存器 TR。系统地址寄存器保存操作系统所需要的保护信息、地址转移信息及对存储器的管理等，用于管理和维护主存中 4 类系统表(段)，分别是全局描述符表 GDT、局部描述符表 LDT、中断描述符表 IDT 和任务状态段 TSS。这些寄存器均为程序不可见寄存器，不能在应用程序中被用户访问，只能由特权级为 0 的操作系统维护和使用。

（1）控制寄存器 CR_0。

控制寄存器 CR_0 内保存着系统的控制标志，用于控制处理器的操作模式或者显示处理器的状态。CR_0 寄存器中 11 个有定义标志位的含义如下：

PG(page)：分页允许位。PG 置 1 时，允许分页；若 PG 为 0，则禁止分页。

CD(Cache Disable)：Cache 禁止位，用来控制是否允许片内 Cache 的填充操作；若 CD 为 0，则允许片内 Cache 执行填充操作；若 CD 置 1，则不允许片内 Cache 执行填充操作。若访问 Cache 时命中，可以进行正常 Cache 操作；若访问 Cache 时没有命中，则不能把所需数据写入 Cache。

NW(Not Write-through)：非通写控制位，用于控制 Cache 的功能。当 CD＝0 且 NW＝0 时，所有命中 Cache 的写操作将同时写入 Cache 和主存；当 CD＝0 而 NW＝1 时，数据仅写入 Cache。

AM(Aignment Mask)：对准屏蔽位，这一位与标志寄存器中的对准校验标志位 AC 联合起来使用。AM 置 1，则允许对准校验；AM 置 0，则禁止对准校验。

WP(Write Protect)：写保护位。当 WP 置 1 时，对系统读取的页进行写保护；WP 为 0 时，保护被解除。

NE(Numeric Error)：数值异常位，控制处理浮点部件中未被屏蔽的异常事故。当 NE 置 1，执行浮点指令发生故障时，将引起异常中断 16；NE 为 0，则用外部中断处理。

ET(Processor Extension Type)：处理器扩展类型位。仅适用于 80386，Pentium 微处理器不使用该位。

TS(Task Switched)：任务转换位。Pentium 允许多任务运行，每当任务转换时，由硬件置 1，之后由软件复位。

EM(Emulate Coprocessor)：模拟浮点部件位。EM 置 1，表示用软件模拟浮点运算协处理器。如 Pentium 系统中没有配置浮点部件，则该位必须置 1。

MP(Math Present)：监视浮点部件位。该位为 1/0，表示有/无协处理器。此位仅当在 Pentium 上运行 80X86 程序时才起作用。

PE(Protect Enable)：保护允许位。PE 置 1，允许工作在保护模式；PE 置 0，禁止工作在保护模式，CPU 只能工作在实地址模式。

(2) 控制寄存器 CR_1。

Pentium 微处理器的 CR_1 寄存器没有定义，供将来使用。

(3) 控制寄存器 CR_2。

控制寄存器 CR_2 用于保存最后出现页故障的 32 位线性地址。当分页操作期间出现异常时，引起这次异常事故的全 32 位线性地址将被保存在 CR_2 寄存器中。只有当 CR_0 中允许分页位 PG 置为 1 时，CR_2 才有效。启动页故障处理程序后，由被压入该页故障处理程序堆栈中的错误码来提供页故障的状态信息。

(4) 控制寄存器 CR_3。

控制寄存器 CR_3 是页目录基地址寄存器。CR_3 高 20 位用于存放页目录表的物理地址。进行分页变换时，加上 10 位线性地址×4，即形成物理地址，然后可从中找到某一存储容量为 4 B 的页描述符。CR_3 的第 3、4 位定义了两个控制位 PCD 和 PWT，其余位被保留。

PCD 和 PWT 的含义如下所示：

PCD：页面 Cache 禁止位。PCD 为 1 时，禁止片内 Cache 分页；PCD 为 0 时，允许片内 Cache 分页。

PWT：页面 Cache 通写控制位。PWT 为 1 时，片外 Cache 采用通写方式；PWT 为 0 时，片外 Cache 采用回写方式。

（5）控制寄存器 CR$_4$。

控制寄存器 CR$_4$ 设置了 9 个控制位，用来扩展 Pentium 的某些体系结构。

VME：虚拟 8086 模式扩展位。VME 为 1 时，允许虚拟 8086 模式下中断和异常的扩展处理。

PVI：保护模式虚拟中断位。保护模式下，如 PVI 置 1，允许虚拟中断，允许把某些在特权级 0 级下执行的程序设计成到特权级 3 级下运行。

TSD：时间标记禁止位。TSD 置 1 时，只有特权级为 0 的程序才能使用指令 RDTSC 读定时标志计数器；TSD 为 0 时，所有特权级的程序均可以读定时标志计数器。

DE：调试扩充允许位。DE 置 1 时，允许微处理器在输入/输出操作时中断。

PSE：页面长度扩展位。PSE 置 1 时，允许扩展页面长度，即页面大小为 4 MB；PSE 为 0 时，页面大小为 4 KB。

PGE：允许页面全局使用位。PGE 置 1 时，允许所有用户程序共享全局特性的页面。

PAE：物理地址扩充位。PAE 为 1 时，允许按 36 位物理地址运行分页机制；PAE 为 0 时，则按 32 位物理地址运行分页机制。

MCE：允许机器检查位。MCE 置 1，允许机器检查异常事故。

PCE：允许性能监视计数器位。PCE 置 1，允许任务特权级程序或过程执行 RDPMC 指令，以读取性能监视计数器的值；PCE 置 0，只允许特权级为 0 的程序执行 RDPMC 指令。

（6）全局描述符表寄存器 GDTR。

GDTR 是 48 位的寄存器，用于保存全局描述符表 GDT 的 32 位线性基地址和 16 位的段界限，因此表的最大长度为 64 KB。全局描述符表中包括操作系统使用的描述符和所有任务使用的公用描述符。这个段描述符中保存着这个段的基地址及其他一些有关这个段的信息。

（7）中断描述符表寄存器 IDTR。

IDTR 是 48 位寄存器，用于保存中断描述符表 IDT 的 32 位线性基地址和 16 位的 IDT 段界限。

（8）局部描述符表寄存器 LDTR。

LDTR 用于保存局部描述符表 LDT 的 16 位段选择符和 64 位描述符，包括 32 位的线性基地址、20 位的段界限以及 12 位的描述符属性。

（9）任务状态寄存器 TR。

TR 用于保存当前正在执行任务的 16 位段选择符及 64 位描述符，包括 32 位的线性基地址、20 位的段界限以及 12 位的描述符属性。任务状态寄存器访问全局描述符表中的任务状态段(Task－State Segment，TSS)描述符。Pentium 的每项任务都配备有一个 TSS，用于描述该项任务的运行状态。

全局描述符表寄存器 GDTR 用于指示 GDT 在主存中的存储位置，中断描述符表寄存器 IDTR 用于指示 IDT 在主存中的存储位置，两个表的线性基地址均为 32 位，表限字段为 16 位，表的最大长度均为 64 KB。

在主存中有多个局部描述符表 LDT 和任务状态段 TSS，它们的基地址、表限和属性等信息均以描述符的形式登记在全局描述符表 GDT 中。

当访问主存储器中的数据时，要先用段选择符到全局描述符表查找段描述符，并装入到相应的描述符高速缓冲存储器中，才能得到当前任务的基地址、表限以及属性等信息。

因篇幅所限，本书不介绍浮点部件寄存器组。

2.3.3 Pentium 系列微处理器

Intel 公司在 Pentium 微处理器之后推出的一系列微处理器产品，命名为 Pentium 系列微处理器，包括 Pentium Pro、Pentium MMX、Pentium Ⅱ、Pentium Ⅲ、Pentium 4 以及 Pentium D、Pentium E 和 Pentium G 等。Pentium 系列微处理器与 Intel 公司已推出的 80X86 系列微处理器保持向上的兼容，但采用了许多新的技术，微处理器的性能更强，速度更快，能够适应图像处理、语音识别、多媒体及互联网应用等各个领域的需求。

Pentium 微处理器引入了超标量技术，内部具有可并行操作的 2 条整数处理流水线，每个时钟周期可执行 2 条指令；采用双路高速缓冲结构，L1 Cache 分为两个独立的 8 KB 数据 Cache 和 8 KB 指令 Cache，减少了争用 Cache 的情况；另外，Pentium 还对浮点处理单元进行了改进，并将常用的简单指令直接用硬件逻辑实现。这些措施都提高了 Pentium 微处理器的整体性能。

Pentium Pro 微处理器结构的最大革新是采用了动态执行技术，包括分支预测、数据流分析和推测执行。分支预测技术用于预测程序的正确转移方向；数据流分析技术用于分析依赖于其他指令结果或数据的指令，以便创建最优的指令执行序列；而推测执行技术则利用分支预测和数据流分析技术来推测执行指令。指令的实际执行顺序不一定是原始的静态顺序，而是动态的，因为动态执行技术可以避免流水线的停顿等待，提高处理器的效率。

Pentium Ⅱ 处理器在 Pentium Pro 的基础上引入了多媒体扩展（Multi Mediae Xtension，MMX）技术，新增了 57 条整数运算多媒体指令，可以对图像、音频、视频和通信方面的程序进行优化，提高了微处理器的多媒体处理能力。Pentium Ⅲ 微处理器则是在 Pentium Ⅱ 的基础上又新增了 70 条 SSE（Streaming SIMD Extensions，单指令多数据流扩展）指令，极大地提高了浮点 3D 数据的处理能力。

Pentium 4 微处理器采用了全新的 32 位 Net Burst 微结构，其主要特点有：采用超级流水线（Hyper Pipeline）技术，流水线达到 20 级；采用指令级并行和线程级并行技术；使用包含 144 条指令的 SSE2 指令集，既能执行 128 位 SIMD（Single Instruction Multiple Data，单指令多数据）整数算术操作，也能执行 128 位的 SIMD 双精度浮点操作，与 SSE 相比，可操作的数据量成倍增加。

自 Intel 公司于 2006 年推出 Core 微处理器后，Core 系列微处理器已成为 Intel 公司面向 PC 市场的主流微处理器品牌，Pentium 与 celeron（赛扬）则成为面向低端市场的微处理器品牌，并陆续推出了 Pentium D、Pentium E 及 Pentium G 等系列产品。后期的 Pentium 系列微处理器多采用同期 Core 多核处理器的架构，但进行了简化，其性能指标低于 Core

微处理器，可供注重经济性的 PC 用户选择。

习　题

1. 什么是微处理器的程序设计模型？16 位和 32 位微处理器中有哪些通用寄存器？

2. 8086 CPU 的标志寄存器 FLAGS 有哪些标志位？它们的作用是什么？

3. 16 位微处理器有哪几个段寄存器？每个段寄存器的作用是什么？

4. 设 $X=67H$，$Y=9AH$，执行 $X+Y$ 和 $X-Y$ 运算后，标志寄存器 FLAGS 的状态标志位各是什么？

5. 微型计算机可以工作在哪三种工作模式下？各种工作模式的特点是什么？各种工作模式之间如何转换？

6. 实模式下为何要采用存储器分段寻址方式？什么叫段基地址？什么叫偏移地址？

7. 已知某逻辑段的段基址为 1B50H，段中某存储单元的偏移地址为 2030H，试写出该存储单元的逻辑地址和物理地址以及该逻辑段的段首地址和段末地址。若该存储单元所在逻辑段的段基址变为 1500H，其逻辑地址应为多少？

8. 8086 CPU 有_____条数据线，_____条地址线，可处理_____位数据，可寻址的内存地址空间为_____，I/O 端口地址空间为_____。

9. 8086 CPU 由哪两个部分组成？各部分的功能是什么？

10. Pentium CPU 属于_____位微处理器，其内部数据总线为_____位，地址总线为_____位，可寻址的物理空间为_____，虚拟存储空间为_____，I/O 寻址空间为_____。

11. Pentium CPU 由哪几个关键部件组成？各部件的主要功能是什么？

12. Pentium CPU 有哪些主要寄存器？它们的主要功能是什么？

第 3 章

指 令 系 统

指令系统是指一个微处理器所有机器指令的集合,它能够反映微处理器的功能。一条机器指令可以被 CPU 识别并执行,使微处理器完成一种基本操作。本章将介绍指令的格式、编码、寻址方式以及 80X86 CPU 的指令系统。

3.1 概 述

3.1.1 指令的格式

80X86 指令的基本格式如图 3-1 所示。

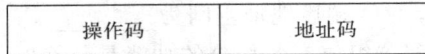

操作码	地址码

图 3-1 80X86 指令的格式

80X86 系统的一条指令包含操作码字段和地址码字段两部分。

1. 操作码

操作码字段用于指明指令的功能,例如指明指令用于进行数据传送或者算术运算等。它由一组二进制代码表示,在汇编语言中使用助记符表示。操作码的编码格式有定长格式和变长格式两种。在定长格式中,操作码的长度固定,指令译码快,指令控制简单;在变长格式中,操作码的长度不固定,指令译码慢,指令控制复杂,便于扩充新增指令。

2. 地址码

地址码字段用于指明指令的操作对象(操作数)。由于操作数在计算机中存放位置的差异以及操作数的个数的区别等,地址码字段给出操作数的方法也不尽相同,可以在地址码字段直接给出操作数,但大多数情况下是在地址码字段给出操作数的地址。根据指令中操作数的个数,地址码字段可以有多个地址码,也可以没有。

3.1.2 指令的编码格式

8086 指令的编码格式是指机器指令的编码格式,其编码格式如图 3-2 所示。

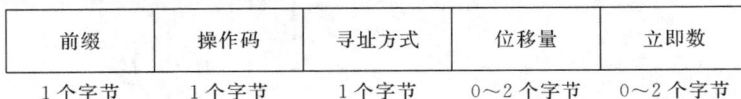

前缀	操作码	寻址方式	位移量	立即数
1个字节	1个字节	1个字节	0~2个字节	0~2个字节

图 3-2 8086 指令的编码格式

1. 前缀字段

指令前缀主要用于对指令或者指令中的操作数进行限制。对指令进行限制的前缀包括串重复前缀(REP、REPE/REPZ、REPNE/REPNZ)和总线封锁前缀 LOCK。对操作数进行限制的前缀是段超越前缀。

8086 前缀编码表如表 3-1 所示。

表 3-1　8086 的前缀编码

指令限制前缀	编码	操作数限制前缀	编码
REP	11110011(0F3H)	DS:	00111110(3Eh)
REPE/REPZ	11110011(0F3H)	ES:	00100110(26H)
REPNE/REPNZ	11110010(0F2H)	SS:	00110110(36H)
LOCK	11110000(0F0H)	CS:	00101110(2EH)

2. 操作码和寻址方式字段

8086 的操作码为一个字节,其格式如表 3-2 所示。

表 3-2　8086 操作码和寻址方式编码格式

操作码								寻址方式							
D7	D6	D5	D4	D3	D2	D1	D0	D7	D6	D5	D4	D3	D2	D1	D0
操作码						D/S	W	MOD		REG			R/M		

不同功能的指令操作码不同。在操作码字段中,特征位 D1 和 D0 用于规定操作数的性质。D0 位(W)用于规定操作数的类型属性。W=1,表示操作数为字数据,16 位;W=0,表示操作数为字节数据,8 位。对于 D1 位(D/S),D=0,表示源操作数为寄存器操作数;D=1,表示目的操作数为寄存器操作数。寄存器由寻址方式字段的 REG 和 W 组合确定,具体见表 3-3。寻址方式中的 REG 域的编码用于指明寄存器。S 为符号扩展位,当指令使用立即寻址时有效。S=0,表示没有符号扩展;S=1,表示有符号扩展。S 和 W 组合使用时,其含义如表 3-4 所示。

表 3-3　REG 编码及寄存器对照关系表

REG 编码	000	001	010	011	100	101	110	111
W=0	AL	CL	DL	BL	AH	CH	DH	BH
W=1	AX	CX	DX	BX	SP	BP	SI	DI

表 3-4　SW 组合含义

SW 组合	操作数类型
00	8 位立即数
01	16 位立即数
10	非法
11	指令中给出的是 8 位立即数,但指令是字操作,需要将 8 位立即数进行符号扩展扩展到 16 位

寻址方式字段主要用于给出存储器操作数有效地址的计算方法。

寻址方式的 MOD 域用于指明指令中另一个操作数是寄存器操作数还是存储器操作数，如果是存储器操作数，则用于指明是否有位移量；如果是寄存器操作数，则用于配合 R/M 域指明操作数存放的寄存器。

MOD 为 00、01 和 10 时，表示另一个操作数为存储器操作数，其偏移地址计算方式分别为没有位移量、有 8 位的位移量和 16 位的位移量。MOD 为 11 时，表示另一个操作数为寄存器操作数。

寻址方式的 R/M 域与 MOD 域结合使用。如果 MOD=11，则用于指明寄存器操作数使用的寄存器；如果 MOD≠11，则用于指明存储器操作数有效地址的计算方法。表 3-5 给出了 MOD 与 R/M 组合编码表。

表 3-5　MOD 与 R/M 组合编码表

MOD R/M	存储器操作数			寄存器操作数	
	00	01	10	11	
	无位移量	8 位位移量	16 位位移量	W=0	W=1
000	DS:[BX+SI]	DS:[BX+SI+Disp8]	DS:[BX+SI+Disp16]	AL	AX
001	DS:[BX+DI]	DS:[BX+DI+Disp8]	DS:[BX+DI+Disp16]	CL	CX
010	SS:[BP+SI]	SS:[BP+SI+Disp8]	SS:[BP+SI+Disp16]	DL	DX
011	SS:[BP+DI]	SS:[BP+DI+Disp8]	SS:[BP+DI+Disp16]	BL	BX
100	DS:[SI]	DS:[SI+Disp8]	DS:[SI+Disp16]	AH	SP
101	DS:[DI]	DS:[DI+Disp8]	DS:[DI+Disp16]	CH	BP
110	DS:[Disp16]	SS:[BP+Disp8]	SS:[BP+Disp16]	DH	SI
111	DS:[BX]	DS:[BX+Disp8]	DS:[BX+Disp16]	BH	DI

表 3-5 中，存储器操作数对应的段寄存器是在操作数没有段超越情况下使用隐含的段寄存器。如果操作数进行了段超越，则其段地址采用指令前缀中操作数限定前缀中给定的段寄存器，如表 3-1 所示。

3. 位移量字段

位移量字段用于辅助计算存储器操作数的偏移地址。根据 MOD 域的值，位移量字段可以是 0 位、8 位或者 16 位。

4. 立即数字段

立即数字段用于给出指令中的立即数。根据指令，立即数字段可以是 0 位、8 位或者 16 位。

3.2　寻址方式

执行指令的过程包括取指令和执行指令。取指令即从存储器中取出要执行的指令，其核心问题是找到指令的地址，即指令的寻址方式；执行指令时通常是指对数据进行操作，找到操作对象(操作数)是执行指令中的重要环节,即操作数的寻址方式。

3.2.1　指令的寻址方式

找到下一条要执行指令的地址的方法,称为指令的寻址方式,包括顺序寻址和转移寻址两种方式。

1. 顺序寻址

程序按照代码编码的顺序在内存中顺序存放。对于顺序结构的程序,执行时按照其代码编写顺序(内存存储顺序)执行。一段程序开始执行时,CPU 内部的指令指针寄存器 IP 会指向要执行程序的首地址;然后 CPU 根据 IP 指向的地址取出指令,分析该指令的长度,并将 IP 的值加上指令的长度形成下一条指令的地址。这种寻找下一条指令的方法称为指令的顺序寻址。

2. 转移寻址

一段程序中除了包含顺序结构外,可能还会包含分支结构、循环结构、过程调用和返回以及中断和返回等,此时程序的执行顺序不再按照其存储顺序执行,因此按照指令的顺序寻址方式计算出的 IP 已经无法指向下一条指令。遇到除顺序结构外的其他结构时,下一条指令的地址是用本条指令(转移指令、过程调用指令、返回指令等)给出的。本条指令执行时,由 CPU 将下一条指令的地址传送至 CS 和 IP,实现程序的转移,这种寻找下一条指令地址的方法称为指令的转移寻址。转移分为段内转移和段间转移,段内转移和段间转移将在无条件转移指令 JMP 部分进行详述。

3.2.2　操作数的寻址方式

操作数就是指令中的操作对象。按照操作数的功能,操作数可分为两类,一类是指令要处理的数据(数据操作数),一类用于指明下一条指令的地址(地址操作数)。操作数的寻址方式通常指的是数据操作数的寻址方式。

根据操作数在指令中参与运算的特点,操作数分为源操作数和目的操作数两种。源操作数在指令中只参与运算,指令执行后源操作数不发生改变;目的操作数在指令中既要参与运算,还要保存运算的结果,指令执行后目的操作数的值通常会发生改变。

操作数可以存放于 CPU 内部的寄存器、存储器或者 I/O 端口。数据存放于 I/O 端口时要使用 I/O 指令进行操作,对于存放于 I/O 端口的操作数如何寻址将在介绍 I/O 指令时进行介绍,本节主要介绍存放于寄存器和存储器中操作数的寻址方式。

1. 立即寻址

操作数作为指令的一部分直接写入指令中,这种操作数称为立即数,这种寻址方式称为立即寻址方式(Immediate Addressing)。操作数可以是 8 位或 16 位(存放时高位存放在高地址存储单元,低位存放在低地址存储单元)。立即数寻址方式只能用于源操作数,通常用于给寄存器或者内存单元赋值。

例如:

　　MOV AX,1A2BH

指令中的源操作数采用立即寻址方式,目的是将立即数 1A2BH 送至累加器 AX,其存储和执行过程示意图如图 3-3 所示。

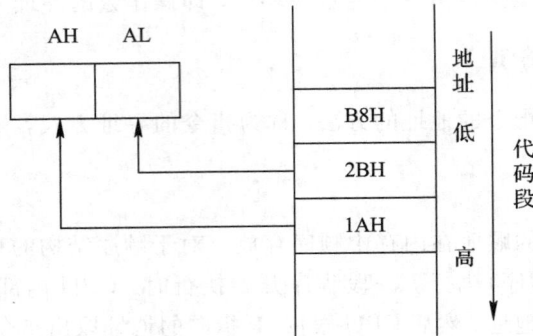

图 3 - 3 立即寻址方式的存储和执行过程示意图

指令中的源操作数 1A2BH 在指令中，B8H 是操作码，1A2BH 是操作数。执行时，将其高位字节送至 AH，低位字节送至 AL，指令执行后，(AX)=1A2BH。

2. 寄存器寻址

操作数存放在 CPU 内部的寄存器中，这种操作数的寻址方式称为寄存器寻址(Register Addressing)。可以存放操作数的寄存器包括 8 位寄存器 AL、AH、BL、BH、CL、CH、DL、DH，16 位通用寄存器 AX、BX、CX、DX、SI、DI、SP、BP 或 16 位段寄存器 CS、SS、DS、ES。

例如:

  MOV AX，BX

指令的存储和执行过程示意图如图 3 - 4 所示。

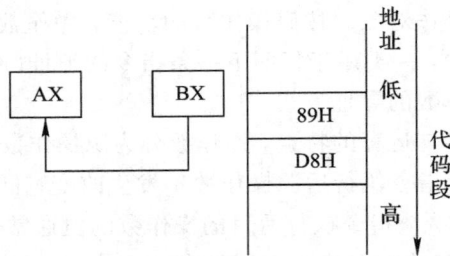

图 3 - 4 寄存器寻址方式的存储和执行过程示意图

在寄存器寻址方式中，操作数存储在寄存器中，指令执行过程中无需访问内存，因此指令的执行速度较快。

3. 直接寻址

指令的地址码字段给出的是操作数在存储器中的 16 位偏移地址，这个偏移地址也被称为有效地址(Effective Address，EA)，即操作数的地址和指令共同存放于存储器的代码段。如果指令前没有加操作数限制前缀，则操作数默认为存放在存储器的数据段，操作数的段地址为 DS 的值；如果指令前有操作数限制前缀，则操作数的段地址由操作数限制前缀中给定的段寄存器确定。将指令取回后，根据地址码字段给出的偏移地址和段地址，由 CPU 内部的地址加法器生成操作数的物理地址，这种操作数寻址方式称为直接寻址(Direct Addressing)。

例如：

    MOV AX，[2000H]

假设指令执行前（DS）＝1000H，（12000H）＝12H，（12001H）＝34H，该指令中源操作数采用直接寻址方式。指令中2000H作为源操作数的偏移地址，指令前没有操作数限制前缀，源操作数的段地址为DS的值1000H，生成源操作数的物理地址1000H×10H＋2000H＝12000H，将12000H处的字数据3412H送至累加器AX，其执行过程如图3−5所示。

直接寻址方式中操作数一般存放于存储器数据段，但是数据可以进行段超越，在指令前加操作数限制前缀（段超越前缀）。

例如：

    MOV BX，ES：[1000H]

假设ES＝1200H，（13000H）＝11H，（13001H）＝22H。指令中的1000H为源操作数的偏移地址，指令前有段超越前缀，所以源操作数的段地址为ES的值1200H，源操作数的物理地址＝1200H×10H＋1000H＝13000H，指令的功能是将13000H中的字数据送至寄存器BX，指令的执行过程见图3−6。

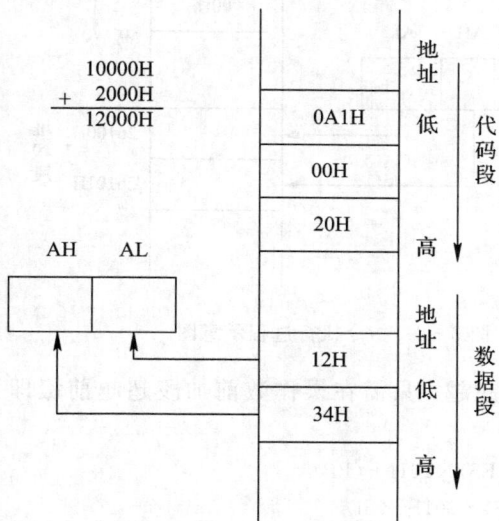

图3−5 指令执行过程示意图　　　　图3−6 指令执行过程示意图

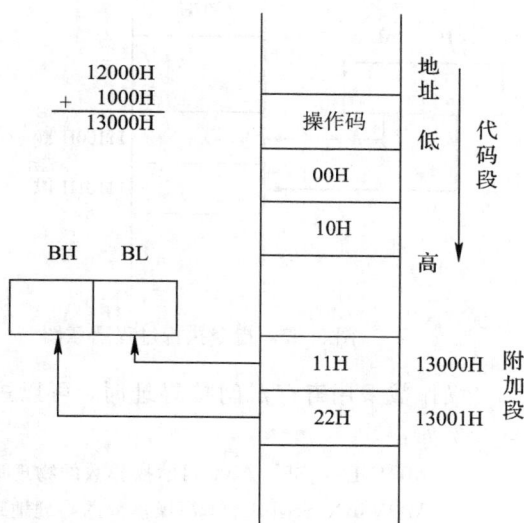

4. 寄存器间接寻址

寄存器间接寻址（Register Indirect Addressing）是将指定的寄存器内容作为地址，由该地址所指定的单元内容作为操作数。在这种寻址方式中，操作数存放在存储器中，其偏移地址存放在16位寄存器中，可以存放操作数偏移地址的寄存器有BX、BP、SI和DI 4个。当操作数的偏移地址存放于BX、SI或DI寄存器中时，其默认的段为数据段，即段地址是DS的值；当操作数的偏移地址存放在BP中时，其默认的段为堆栈段，即段地址是SS的值。

例如：

    MOV [BX]，AX

假设(DS)＝1000H,(BX)＝1100H,指令中目的操作数采用寄存器间接寻址方式,以 BX 的值 1100H 作为目的操作数的偏移地址。当前默认的段为数据段,即 DS 的值是目的操作数的段地址。目的操作数的物理地址＝1000H×10H＋1100H＝11100H,指令的功能是将累加器 AX 的值传送到地址为 11100H 的存储单元,指令的执行过程见图 3-7。

例如:

    MOV [BP],AX

假设(SS)＝2000H,(BP)＝6100H,指令中目的操作数采用寄存器间接寻址,目的操作数的偏移地址是 6100H,段地址是 2000H,物理地址＝2000H×10H＋6100H＝26100H,指令的功能是将 AX 中的内容传送到堆栈段地址为 26100H 的存储单元,指令的执行过程见图 3-8。

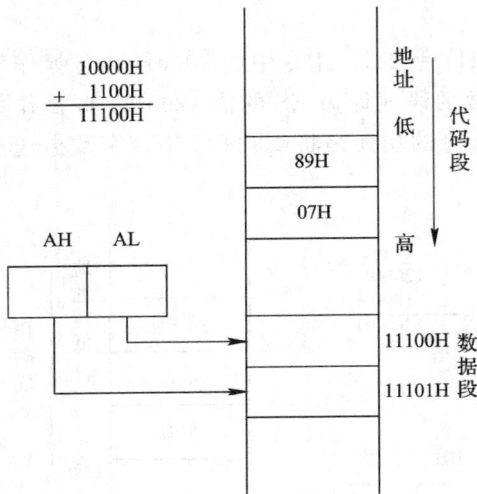

图 3-7 指令执行过程示意图   图 3-8 指令执行过程示意图

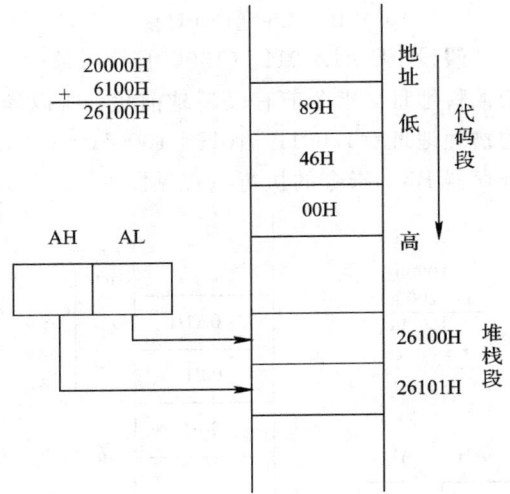

操作数采用寄存器间接寻址时,可以进行段超越,只需在操作数前加段超越前缀即可。例如:

    MOV ES:[BP],AX;目的操作数的物理地址＝(ES)×10H＋(BP)

    MOV AX,SS:[SI] ;源操作数的物理地址＝(SS)×10H＋(SI)

5. 寄存器相对寻址

寄存器的相对寻址(Register Relative Addressing)是以指定的寄存器内容加上指令中给出的位移量(8 位或 16 位),并以一个段寄存器为基准,作为操作数的地址。在这种寻址方式中,操作数存放在存储器中,操作数的偏移地址是基址寄存器或者变址寄存器的内容加上 8 位或者 16 位的位移量,即操作数的有效地址

$$EA = \begin{Bmatrix} (BX) \\ (BP) \\ (SI) \\ (DI) \end{Bmatrix} + \begin{Bmatrix} Disp8 \\ Disp16 \end{Bmatrix}$$

当操作数的偏移地址存放于 BX、SI 或 DI 寄存器中时,其默认的段为数据段,即段地址是 DS 的值;当操作数的偏移地址存放在 BP 中时,其默认的段为堆栈段,即段地址是

SS 的值。

例如：

  MOV [BX+100H],AX

假设(DS)=1000H,(BX)=1100H,目的操作数采用寄存器相对寻址方式,其偏移地址=(BX)+100H=1200H,段地址为 DS 的内容 1000H,物理地址=(DS)×10H+(BX)+100H=11200H,指令的执行过程见图 3-9。

例如：

  MOV AX,[BP+10H]

假设(SS)=2000H,(BP)=6100H,源操作数采用寄存器相对寻址方式,其偏移地址=(BP)+10H=6110H;段地址为 SS 的内容 2000H,物理地址=(SS)×10H+(BP)+10H=26110H,指令的执行过程见图 3-10。

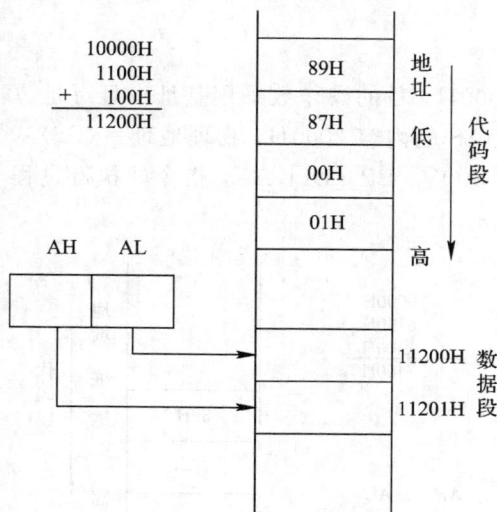

图 3-9 指令的执行过程示意图　　图 3-10 指令的执行过程示意图

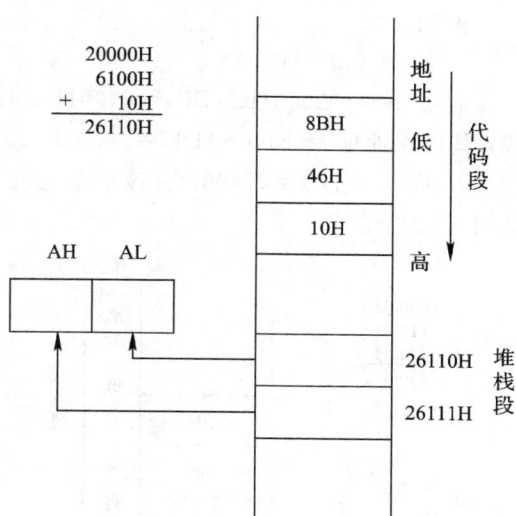

操作数采用寄存器相对寻址时,可以进行段超越,只需在操作数前加段超越前缀即可。例如：

  MOV ES:[BP+100H],AX;目的操作数的物理地址=(ES)×10H+(BP)+100H

  MOV AX,SS:[SI+1200H];源操作数的物理地址=(SS)×10H+(SI)+1200H

需要注意的是,位移量是带符号数,可以是正数,也可以是负数。例如在 MOV [BX+0FFFFH],AL 中,指令中的位移量为 0FFFFH,0FFFFH 是-1 的补码,所以目的操作数的偏移地址=(BX)-1,物理地址=(DS)×10H+(BX)-1。

6. 基址变址寻址

基址变址寻址(Based Indexed Addressing)是指把一个基址寄存器 BX 或 BP 的内容,加上变址寄存器 SI 或 DI 的内容,作为操作数的偏移地址,并以一个段寄存器的内容作为地址基准,形成操作数的物理地址。在这种寻址方式中,操作数存放在存储器中,操作数的偏移地址是一个基址寄存器的内容和一个变址寄存器的内容之和,即有效地址

$$EA=\left\{\begin{array}{c}(BX)\\(BP)\end{array}\right\}+\left\{\begin{array}{c}(SI)\\(DI)\end{array}\right\}$$

操作数默认的段取决于基址寄存器。当基址寄存器选用 BX 时,其默认的段为数据段;当基址寄存器选用 BP 时,其默认的段为堆栈段。

例如:

    MOV AX,[BX+SI]

假设(DS)=1000H,(BX)=1100H,(SI)=1200H,源操作数采用基址变址寻址方式,其偏移地址=(BX)+(SI)=2300H,段地址为 DS 的内容 1000H,物理地址=(DS)×10H+(BX)+(SI)=12300H。该指令也可以写成 MOV AX,[BX][SI],指令的执行过程见图 3-11。

例如:

    MOV [BP+DI],AX

假设(SS)=2000H,(BP)=6100H,(DI)=1300H,目的操作数采用基址变址寻址方式,其偏移地址=(BP)+(DI)=7400H,段地址为 SS 的内容 2000H,物理地址=(SS)×10H+(BP)+(DI)=27400H。该指令也可以写成 MOV [BP][DI],AX,指令的执行过程见图 3-12。

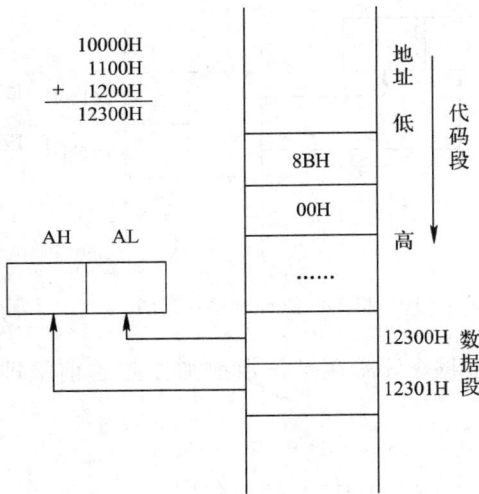

图 3-11　指令执行过程示意图　　　　图 3-12　指令执行过程示意图

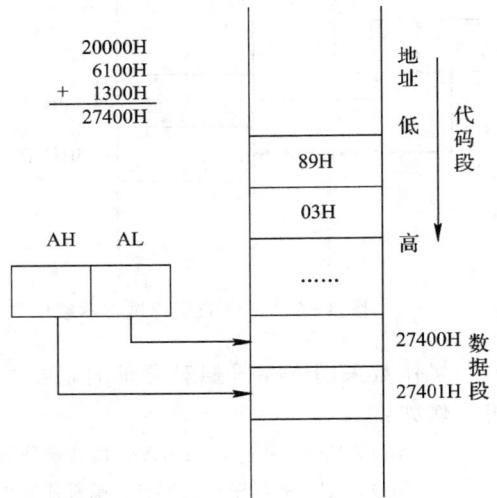

7. 相对基址变址寻址

相对基址变址寻址(Relative Based Indexed Addressing)是指把一个基址寄存器 BX 或 BP 的内容,加上变址寄存器 SI 或 DI 的内容,再加上指令中给定的 8 位或 16 位位移量并以一个段寄存器作为地址基准,形成操作数的地址。在这种寻址方式中,操作数存放在存储器中,操作数的偏移地址是一个基址寄存器的内容加一个变址寄存器的内容再加一个 8 位或 16 位的位移量形成,即有效地址

$$EA = \left\{ \begin{matrix} (BX) \\ (BP) \end{matrix} \right\} + \left\{ \begin{matrix} (SI) \\ (DI) \end{matrix} \right\} + \left\{ \begin{matrix} Disp8 \\ Disp16 \end{matrix} \right\}$$

操作数默认的段取决于基址寄存器。当基址寄存器选用 BX 时，其默认的段为数据段；当基址寄存器选用 BP 时，其默认的段为堆栈段。

例如：

MOV AX,[BX+SI+10H]

假设(DS)＝1000H，(BX)＝1100H，(SI)＝1200H，源操作数采用相对基址变址寻址方式，其偏移地址＝(BX)＋(SI)＋10H＝2310H，段地址为 DS 的内容 1000H，物理地址＝(DS)×10H＋(BX)＋(SI)＋10H＝12310H，指令的执行过程见图 3－13。

例如：

MOV [BP+DI+100H],AX

假设(SS)＝2000H，(BP)＝6100H，(DI)＝1300H，目的操作数采用相对基址变址寻址方式，偏移地址＝(BP)＋(DI)＋100H＝7500H，段地址为 SS 的内容 2000H，物理地址＝(SS)×10H＋(BP)＋(DI)＋100H＝27500H，指令的执行过程见图 3－14。

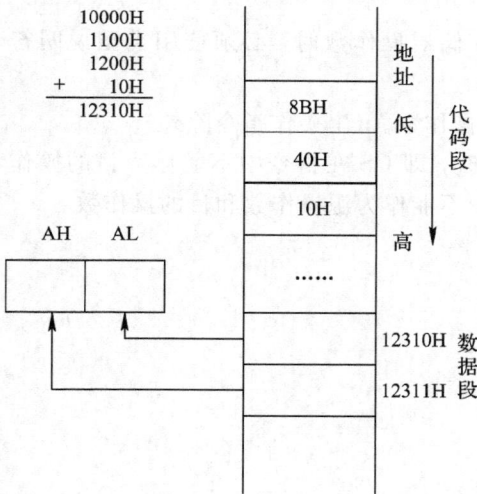

图 3－13　指令执行过程示意图　　　　图 3－14　指令执行过程示意图

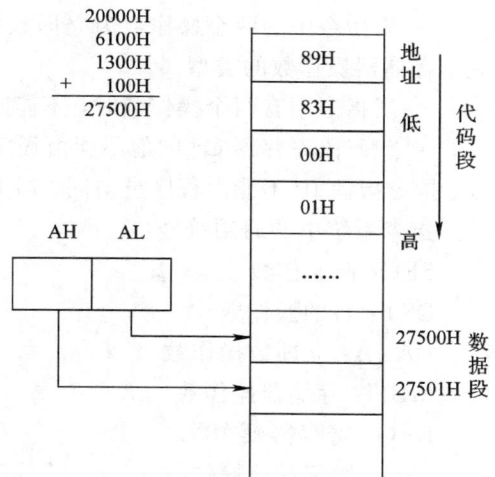

综上，按照操作数存放的位置，操作数可以分为立即数操作数、寄存器操作数和存储器操作数 3 类。

1）立即数操作数

采用立即寻址方式的操作数为立即数操作数。立即数存放在存储器的代码段，是指令的一部分。立即数操作数只能作为源操作数，不能作为目的操作数。

2）寄存器操作数

采用寄存器寻址方式的操作数为寄存器操作数。寄存器操作数存放在 CPU 内部的寄存器中，指令执行时无需访问存储器，指令的执行速度较快。寄存器操作数在指令中既可以作为源操作数，也可以作为目的操作数。

　　3）存储器操作数

　　直接寻址、寄存器间接寻址、寄存器相对寻址、基址变址寻址和相对基址变址寻址这五种寻址方式对应的操作数为存储器操作数。存储器操作数存放在存储器中，其偏移地址通过寻址方式给出，段地址在指令中隐含给出或者通过段超越前缀给出。存储器操作数在指令中可以作为源操作数或者目的操作数，但是 8086 CPU 指令中，不允许两个操作数同时为存储器操作数。

3.3　8086 指令系统

　　8086/8088 的指令按照其功能可以分为数据传送指令、算术运算指令、逻辑运算与移位指令、串操作指令、控制转移指令和处理器控制指令 6 大类。这些指令遵循的一些共同特性如下：

　　· 可以进行字节数据的处理，也可以进行字数据的处理。（堆栈传送指令除外）

　　· 如果指令中存在两个操作数，操作数的长度要匹配，即同为 8 位或者同为 16 位，不能 1 个是 8 位，1 个是 16 位。

　　· 当指令中的两个操作数为立即数操作数和存储器操作数时，必须使用类型说明符规定存储器操作数的类型属性。

　　· 当指令中有两个操作数时，不能同为存储器操作数。（串操作指令除外）。

　　· 代码段寄存器 CS 的值不能由程序员进行修改，即 CS 在指令中不能作为目的操作数；指令指针 IP 不能由程序员访问，即 IP 在指令中不能作为源操作数和目的操作数。

　　指令系统中的通用符号：

　　SRC：源操作数

　　DST：目的操作数

　　DATA：立即数操作数

　　MEM：存储器操作数

　　REG：寄存器操作数

　　SEG：段寄存器操作数

　　OPRD：操作数

　　PORT：I/O 端口

　　ACC：累加器

3.3.1　数据传送指令

　　数据传送指令是在程序设计中使用最频繁的指令，其主要功能是将操作数从计算机中的一个位置传送至另外一个位置。根据传送对象的差别和传送位置的差别，数据传送类指令可以分为通用数据传送指令、堆栈传送指令、地址传送指令、输入/输出指令、标志传送指令和查表指令。

1. 通用数据传送指令

　　通用数据传送指令可以实现一般数据在内存与寄存器以及寄存器与寄存器之间的传送。

常用的通用数据传送指令包括以下两种：

1) 数据传送指令 MOV

指令格式：MOV DST，SRC

指令的功能：将源操作数传送至目的操作数，不影响标志位。

MOV 指令中源操作数可以是立即数、存储器操作数或者寄存器操作数，目的操作数可以是存储器操作数或者寄存器操作数。按照操作数的类型，MOV 指令可以表示为：

　　　　MOV REG/MEM，DATA/REG/MEM

综上，MOV 指令可以实现如下数据传送：

· 立即数操作数到寄存器的传送

例如：

　　　　MOV AL,10H；10H→(AL) (8 位)

　　　　MOV AX,1000H；1000H→(AX)16 位

注意：MOV 指令不能完成立即数到段寄存器的数据传送。

例如：

　　　　MOV SS,1000H；错误指令，试图将立即数送至段寄存器

· 立即数操作数到存储器的传送

将立即数操作数传送到存储器时，由于在数据传送过程中没有寄存器，CPU 无法确定立即数的大小（字节数据或者字数据），也无法确定存储单元的大小（字节存储单元或者字存储单元），因此在此类传送中必须指明存储单元的大小。

例如：

　　　　MOV WORD PTR[1000H]，12H ；将字数据 0012H 送至偏移地址为 1000H 的内存单元

使用操作类型说明符 WORD PTR 规定偏移地址为 1000H 的存储单元为字存储单元。如果存储单元为字节存储单元，则规定存储单元属性时使用 BYTE PTR。

· 寄存器操作数到寄存器的传送

寄存器分为通用寄存器和段寄存器。因此 MOV 指令可以实现通用寄存器间的数据传送，段寄存器与通用寄存器间的数据传送。

例如：

　　　　MOV DS,BX；(BX)→(DS)　(16 位)

　　　　MOV AL,DL；(DL)→(AL)　(8 位)

注意：MOV 指令不能实现段寄存器到段寄存器间的数据传送。

　　　　MOV SS,DS　；错误指令

进行段寄存器到段寄存器之间的数据传送时，可以采用 CPU 内部的寄存器作为"桥梁"将数据从一个段寄存器传送至另外一个段寄存器。

上述错误指令可以由以下两条指令来实现

　　　　MOV AX,DS

　　　　MOV SS,AX

· 寄存器与存储器之间的数据传送

例如：

　　　　MOV AX,[BX+DI]

        MOV [BX+1000H],DL

    • 存储器与存储器之间的数据传送

注意：存储器与存储器之间的数据传送是不允许的，要实现数据从存储单元到存储单元的传送，必须借助 CPU 内部的寄存器作为"桥梁"来完成。

例如，将存储器内偏移地址为 1000H 的字数据传送至偏移地址为 2000H 的存储单元，可以用下述指令实现：

        MOV AX,[1000H]

        MOV [2000H],AX

2）数据交换指令 XCHG

格式：XCHG OPRD1,OPRD2

功能：将操作数 OPRD1 和 OPRD2 进行交换，即将操作数 OPRD1 送至操作数 OPRD2，同时将操作数 OPRD2 送至操作数 OPRD1。这是一个双向数据传送，可以实现字节数据或字数据的交换。

交换指令对标志位没有影响。指令中的操作数可以是寄存器操作数，也可以是存储器操作数。

例如：

        XCHG AL，DL；AL 寄存器的值和 DL 寄存器的值进行交换，8 位

        XCHG AX，[BX]；寄存器 AX 的值和以 BX 间址的存储单元的字数据进行交换，16 位

        XCHG [SI]，BL；寄存器 BL 的值和以 SI 间址的存储单元的字节数据进行交换，8 位

注意：

    • 操作数 OPRD1 和 OPRD2 不能同时为存储器操作数。

    • 立即数操作数不能参与交换。

    • 段寄存器的内容不能参与交换。

例如：

        XCHG [1000H],[2000H]

        XCHG AX，13H

        XCHG SS,AX

上述 3 条指令是错误指令。

要想实现存储单元与存储单元之间的数据交换，可以借助 CPU 内部的寄存器实现。

例如：

        XCHG [1000H],AX

        XCHG AX,[2000H]

        XCHG [1000H],AX

上述 3 条指令即实现了 1000H 单元与 2000H 单元的字数据交换。

2. 堆栈传送指令

在计算机系统中，堆栈是指一段特殊的内存区域，该区域对数据的存取遵循先进后出（First - In Last - Out，FILO）原则。这段内存区域主要用于存储重要的数据信息，如断点、现场和标志等。堆栈区域只有一个出入口，即堆栈的栈顶，其位置由堆栈段寄存器 SS 和堆栈指针 SP 给定，其中 SS 给出当前堆栈的段地址，SP 给出栈顶在堆栈段的偏移地址。

常用的堆栈传送指令包括以下两种：

1）入栈指令 PUSH

格式：PUSH SRC

功能：将源操作数压入堆栈，不影响标志位。

注意：源操作数必须为字数据，即寄存器操作数或者存储器操作数。也就是说，源操作数既可以是 16 位的通用寄存器、段寄存器操作数，也可以是 16 位的存储器操作数。

指令的执行过程：

（1）修改堆栈指针 SP，(SP)-2→(SP)，形成新的堆栈栈顶。

（2）将源操作数送至新的堆栈栈顶存放。即源操作数的低 8 位送至 SP 指向的存储单元，高 8 位送至(SP)+1 指向的存储单元。

例如：

　　　PUSH AX

假设指令执行前(AX)=1122H，(SP)=1000H

图 3-15 给出了入栈指令执行过程的示意图。

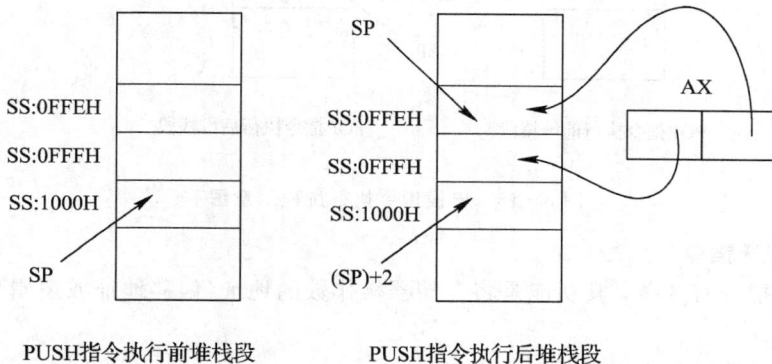

PUSH指令执行前堆栈段　　　　PUSH指令执行后堆栈段

图 3-15　PUSH AX 指令执行过程示意图

指令执行结果：(SP)=0FFEH，(SS:0FFEH)=22H，(SS:0FFFH)=11H

注意：不能将立即数压入堆栈。

例如，

　　　PUSH 1000H；错误指令，试图将立即数压入堆栈

2）出栈指令 POP

格式：POP DST

功能：将当前堆栈栈顶的字数据弹出到目的操作数，不影响标志位。

注意：目的操作数的类型必须为字类型，即寄存器操作数或者存储器操作数。也就是说，目的操作数既可以是 16 位的通用寄存器、段寄存器操作数，也可以是 16 位的存储器操作数。

由于 POP 指令中给定的操作数为目的操作数，因此代码段寄存器 CS 不能作为 POP 指令的操作数。POP CS 是错误指令。

指令的执行过程：

（1）将堆栈栈顶的字数据弹出到目的操作数给定的存储单元或者是寄存器，即将 SP 指向的存储单元的内容送至目的操作数的低 8 位，(SP)+1 指向的存储单元的内容送至目的操作数的高 8 位。

（2）修改堆栈指针 SP，(SP)+2→(SP)，形成新的堆栈栈顶。

例如：

POP BX；((SP))→BL，((SP)+1)→BH，(SP)+2→SP

假设指令执行前(BX)=1122H，(SP)=1000H，(SS:1000H)=6AH，(SS:1001H)=30H

出栈指令的执行过程如图 3-16 所示。

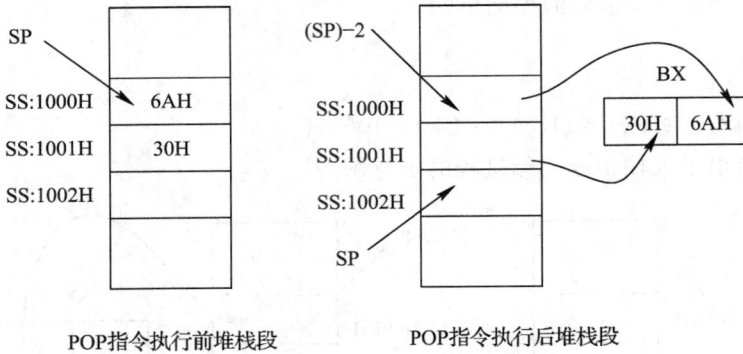

图 3-16　出栈指令执行过程示意图

3. 地址传送指令

地址传送指令有 3 条，其功能是将存储器操作数的地址（偏移地址或逻辑地址）传送到指定的寄存器。

常用的地址传送指令主要有以下三种：

1）取有效地址指令 LEA

格式：LEA REG16，MEM；

功能：将源操作数的 16 位偏移地址传送至目的操作数。指令中要求源操作数必须是存储器操作数，目的操作数必须是一个 16 位的寄存器操作数。

例如：

已知(DI)=0500H，(DS:0610H)=75H，(DS:0611H)=12H

LEA BX，[DI+110H]；指令执行后(BX)=0610H

将 LEA 指令换为 MOV 指令

MOV BX，[DI+110H]；指令执行后(BX)=1275H

LEA 指令与 MOV 指令完全不同。MOV 指令传送的是操作数，LEA 传送的是操作数的地址。LEA 指令一般用于在表格处理、串操作处理、批量数据处理中设定表首或者首个数据的地址指针。

2）地址指针装入 DS 指令

格式：LDS REG16，MEM32

功能：将源操作数地址所对应的 32 位存储器操作数送入到 DS 和指令中指定的寄存

器。32 位的存储器操作数是一个逻辑地址，其高字部分为段地址，低字部分为偏移地址。指令执行时将 32 位存储器操作数的高字（段地址）送入到数据段寄存器 DS，低字（偏移地址）送入到目的操作数给出的 16 位寄存器。

例如：

  LDS BX，[1000H] ;将数据段偏移地址 1000H 中的字数据送入 SI

         ;将数据段偏移地址 1002H 中的字数据送入 DS

已知 DS＝1200H，存储单元（13000H）＝18H，（13001H）＝50H，（13002H）＝00H，（13003H）＝20H。

指令执行结果：（DS）＝2000H，（SI）＝5018H。

3）地址指针装入 ES 指令

格式：LES REG16，MEM32

功能：将源操作数地址所对应的 32 位存储器操作数送入到 ES 和指令中指定的寄存器。32 位的存储器操作数是一个逻辑地址，其高字部分为段地址，低字部分为偏移地址。指令执行时将 32 位存储器操作数的高字（段地址）送入到附加段寄存器 ES，低字（偏移地址）送入到目的操作数给出的 16 位寄存器。

例如：

  LES SI，[BX] ;将 BX 指向的存储单元中的字数据送入 SI

      ;将（BX）＋2 指向的存储单元中的字数据送入 ES

已知（DS）＝2000H，（BX）＝2000H，存储单元（22000H）＝0A0H，（22001H）＝10H，（22002H）＝00H，（22003H）＝18H。

指令执行结果：（ES）＝1800H，（SI）＝10A0H。

4. 输入/输出指令

输入/输出指令实现的是 CPU 与 I/O 端口之间的数据传送。其中输入指令 IN 是将 8 位或 16 位数据从 I/O 端口传送至累加器（AL 或 AX），输出指令是将累加器（AL 或 AX）中的 8 位或 16 位数据输出到 I/O 端口。

在以 8086/8088 CPU 构成的 PC 中，可以提供 64 k 个 8 位端口地址，地址范围为 0000H～FFFFH。对这些 I/O 端口的访问，有直接寻址和间接寻址两种访问方法。

直接寻址：在指令中直接给出 I/O 端口的地址对 I/O 端口进行访问。只有部分 I/O 端口可以直接访问，其地址范围为 00H～FFH。

间接寻址：在访问 I/O 端口时，不直接给出 I/O 端口的地址，而是将 I/O 端口的地址送入到 DX 寄存器，通过 DX 寄存器间接访问 I/O 端口。所有的 I/O 端口都可以采用间接寻址方式进行访问。

1）输入指令 IN

格式：IN ACC，PORT

   IN ACC，DX

功能：将端口中的 8 位或 16 位数据输入至累加器 AL 或 AX，其中传送 8 位数据时累加器用 AL，传送 16 位数据时累加器用 AX。

例如：

  IN AL，80H

```
MOV DX,2100H
IN AL,DX
```

2）输出指令 OUT

格式：OUT PORT,ACC

OUT DX,ACC

功能：将累加器 AL 或 AX 中的 8 位或 16 位数据输出至 I/O 端口，其中传送 8 位数据时累加器用 AL，传送 16 位数据时累加器用 AX。

例如：

```
OUT 78H,AL
MOV DX,183H
OUT DX,AL
```

5. 标志寄存器传送指令

常用的标志寄存器传送指令有以下 4 种：

1）标志寄存器装入 AH 指令

格式：LAHF(load AH with flags)

功能：将标志寄存器的低 8 位送入到 AH 寄存器，不影响标志寄存器中的标志位。

2）AH 写入标志寄存器指令

格式：SAHF(store AH into flags)

功能：将 AH 的数据传送到标志寄存器的低 8 位，会按照传入的值影响标志寄存器的标志位。

3）标志寄存器压入堆栈指令

格式：PUSHF(push the flags)

功能：将标志寄存器 FLAGS 中的内容压入到堆栈。压入堆栈过程参考 PUSH 指令，不影响标志位。

4）标志寄存器出栈指令

格式：POPF(pop the flags)

功能：将堆栈栈顶的字单元数据弹出到标志寄存器 FLAGS。弹出过程参考 POP 指令，按照弹出到标志寄存器的内容影响标志位。

6. 查表指令

格式：XLAT;((BX)+(AL))→AL

功能：完成一个字节的查表转换。要求表格的长度小于 256 B。

例如：利用 XLAT 指令查找数字 0~9 的共阴极七段数码管码值。

```
TABEL DB 3FH,06H,5BH,4FH,66H,6DH,7DH,07H,7FH,6FH
```

TABEL 表中存放了共阴极七段数码管数字 0~9 的段码值，使用查表指令查找数字 7 的段码值并送累加器 AL。

程序代码如下：

```
LEA BX,TABEL
MOV AL,7
XLAT
```

3.3.2　算术运算指令

8086/8088 CPU 提供了加、减、乘、除四种基本的算术运算操作，既可以实现带符号字数据、带符号字节数据、无符号字数据、无符号字节数据的算术运算，也可以实现 BCD 码表示的十进制数的算术运算。

带符号数据和无符号数据的加减运算过程相同，使用相同的加减运算指令。但它们的乘除运算过程不同，所以要采用不同的乘除法指令。

8086/8088 CPU 提供的加减法运算指令在使用时需要注意：

- 源操作数和目的操作数不能同时为存储器操作数。
- 参加运算的数据可根据程序要求同时被约定为带符号数或无符号数。
- 对段寄存器的内容进行加减法运算无意义。

1. 加法运算指令

1）不带进位的加法指令

格式：ADD DST，SRC；(DST) + (SRC)→DST

功能：将目的操作数和源操作数进行加法运算，将运算结果送到目的操作数，按照指令的执行结果影响全部的状态标志位 CF、SF、OF、ZF、PF、AF。

例如：

```
MOV AL,76H
MOV BL,45H
ADD AL,BL
```

指令执行过程：

$$
\begin{array}{r}
0\,1\,1\,1\,0\,1\,1\,0 \\
+\,)\quad 0\,1\,0\,0\,0\,1\,0\,1 \\
\hline
1\,0\,1\,1\,1\,0\,1\,1
\end{array}
$$

指令的执行结果：(AL)=0BBH，SF=1，ZF=0，OF=1，PF=1，AF=0，CF=0

如果参与运算的数据为无符号数且 CF=0，表明运算结果没有溢出，运算结果正确；如果参加运算的数据为带符号数且 OF=1，表明运算结果超出了数据的表示范围。

2）带进位的加法指令

格式：ADC DST，SRC；(DST) + (SRC) + CF→DST

功能：将目的操作数、源操作数、进位标志 CF 进行加法运算，将运算结果送到目的操作数，按照指令的执行结果影响全部的状态标志位 CF、SF、OF、ZF、PF、AF。ADC 指令适用于多字节数据的加法运算。

【例 3 - 1】　已知内存数据区 DATA1 和 DATA2 开始的区域存放有 5 字节数据 36E340FA32H 和 184DA2397EH，要求编程求两个多字节数据的和并保存至 DATA1 开始的存储单元。

解　程序代码如下：

```
MOV CX , 5
MOV SI,0
```

```
        CLC
AGAIN： MOV AL,DATA2[SI]
        ADC DATA1[SI],AL
        INC SI
        DEC CX
        JNZ AGAIN
```

3）加 1 指令

格式：INC DST；DST+1→DST

功能：将目的操作数减 1，结果送回到目的操作数。INC 指令不影响进位标志 CF，按照运算结果影响标志位 PF、AF、SF、ZF 和 OF。

INC 指令中目的操作数可以是 8 位或 16 位的寄存器操作数或者存储器操作数，不能是立即数操作数，并且当操作数为存储器操作数时，需要规定存储器操作数的类型。

例如：

```
INC WORD PTR[2000H]
```

INC 指令一般在循环程序中用于修改地址指针或循环次数。

2．减法运算指令

1）*不带借位的减法指令*

格式：SUB DST，SRC；(DST)-(SRC)→DST

功能：目的操作数减源操作数，差送到目的操作数。按照操作的结果影响标志位 CF、SF、OF、ZF、PF、AF。

例如：

```
MOV AL,76H
MOV BL,45H
SUB AL,BL
```

指令执行过程：

```
      0 1 1 1 0 1 1 0
  + ) 1 0 1 1 1 0 1 1
  ───────────────────
      0 0 1 1 0 0 0 1
```

指令执行结果：(AL)=31H，SF=0，ZF=0，OF=0，PF=0，AF=0，CF=0

2）*带借位的减法指令*

格式：SBB DST，SRC；(DST)-(SRC)-CF→DST

功能：目的操作数减源操作数再减低位借位，结果送到目的操作数，同时按照运行结果影响标志位 CF、SF、OF、ZF、PF、AF。SBB 指令一般用于多字节减法运算中。

【例 3-2】 在 8086 系统中，实现 32 位整数（双字数据）的减法运算，其中被减数 1A24E308H 的高字存放在 DX 寄存器，低字存放在 AX；减数 730D28E3H 的高字存放在 BX，低字存放在 CX；要求差的高字存放在 DX，低字存放到 AX。

解 分析：多位字节减法运算中，要求先减低位，高位相减时考虑低位的借位。

程序代码为：

      SUB AX，CX

      SBB DX，BX

3）减 1 指令

格式：DEC DST；(DST)-1→DST

功能：目的操作数减 1，结果送回到目的操作数。DEC 指令不影响进位标志 CF，按照运算结果影响标志位 PF，AF，SF，ZF 和 OF。

DEC 指令中目的操作数可以是 8 位或 16 位的寄存器操作数或者存储器操作数，不能是立即数操作数；并且当操作数为存储器操作数时，需要规定存储器操作数的类型。

DEC 指令一般在循环程序中用于修改地址指针或循环次数。

4）求补指令

格式：NEG DST；0-(DST)→DST

功能：改变目的操作数的符号，即将正数变为负数或将负数变为正数，并保持其绝对值不变。

NEG 指令中目的操作数可以是 8 位或 16 位的寄存器操作数或者存储器操作数，不能是立即数操作数。当操作数为存储器操作数时，需要规定存储器操作数的类型。NEG 指令一般用于对负数求绝对值。

注意：

· NEG 指令的操作对象为带符号数。

· NEG 指令按照操作结果影响所有标志位。当操作数是字节数据-128 或者字数据-32 768 时，执行 NEG 指令后，操作数无变化，溢出标志 OF＝1。当操作数为 0 时，进位标志 CF＝0；当操作时不为 0 时，CF＝1。

【例 3-3】 内存数据段存放了 10 个带符号数，数据的首地址为 DATA1。将数据取绝对值后存入以 DATA2 为首地址的内存区。

解 分析：正数和零的绝对值为其本身，负数的绝对值是其相反数。所以编写程序时要解决两个主要问题，一个是正数和零与负数的划分问题，另一个是负数求绝对值问题。

程序代码：

```
            LEA  SI，DATA1
            LEA  DI,DATA2
            MOV CX，10
CHECK：MOV AL,[SI]
            CMP AL,0
            JGE POSIZERO
            NEG AL
POSIZERO:MOV [DI]，AL
            INC SI
            INC DI
            LOOP CHECK
            HLT
```

5）比较指令

格式：CMP DST，SRC；(DST)-(SRC)

功能：目的操作数减源操作数，差不送回到目的操作数，但是会按照差值影响标志位 CF、SF、OF、ZF、PF、AF。

下面给出利用标志位比较两个操作数的大小的方法：

(1) 比较两个带符号数或者两个无符号数是否相等可以通过 ZF 标志位进行判断。若 ZF=1，则(DST)=(SRC)；若 ZF=0，则(DST)≠(SRC)。

(2) 无符号数大小的比较可以根据进位标志 CF 进行判断，当 CF=0 时，(DST)≥(SRC)；当 CF=1 时，(DST)<(SRC)。

(3) 带符号数大小的比较，不能通过进位标志 CF 判断两数的大小，可以根据 OF 和 SF 的关系进行判断。若 OF⊕SF=0，则(DST)≥(SRC)；若 OF⊕SF=1，则(DST)<(SRC)。

【例 3-4】 在内存数据段从 DATA 开始的两个单元分别存放了两个 8 位无符号数。试比较它们的大小，并将其中较大的数送至数据区 1000H 单元。

解 程序代码如下：

```
     LEA BX,DATA
     MOV AL,[BX]
     INC BX
     CMP AL,[BX]
     JNC NEXT
     MOV AL,[BX]
NEXT: MOV [1000H],AL
```

3. 乘法运算指令

无符号数乘法指令格式：

MUL SRC ;(SRC)×(AL)→(AX) 字节乘法

　　　　 ;(SRC)×(AX)→DX:AX 字乘法

带符号数乘法指令格式：

IMUL SRC ;(SRC)×(AL)→(AX)字节乘法

　　　　　;(SRC)×(AX)→DX:AX 字乘法

功能：乘法运算中隐含了一个操作数累加器。当指令中给定的源操作数为字节数据时，隐含的操作数为 AL，其功能是将 AL 的内容与源操作数相乘，乘积送到 AX；当指令中给定的源操作数是字数据时，隐含的操作数为 AX，其功能是将 AX 的内容与源操作数相乘，乘积送到 DX:AX。

注意：

· 指令中的源操作数只能是寄存器操作数或者存储器操作数，不能为立即数操作数，当操作数为存储器操作数时，需要规定存储单元的属性。

· 乘法指令影响标志位 CF、OF。

无符号乘法 MUL 对 CF、OF 的影响：乘积的高半部分(字节乘法时为 AH，字乘法时为 DX)为 0，则 CF=OF=0，表示乘积的高半部分不包含有效数字；乘积的高半部分(字节乘法时为 AH，字乘法时为 DX)不为 0，则 CF=OF=1，表示乘积的高半部分中包含有效数字。

带符号乘法 IMUL 对 CF、OF 的影响：如果乘积的高半部分仅仅是符号位的扩展，即 AH＝0 或 0FFH，DX＝0 或 0FFFFH，则 CF＝OF＝0；如果乘积的高半部分不仅仅是符号位的扩展，还包含有效数字，即 AH≠0 且 AH≠0FFH 或 DX≠0 且 DX≠0FFFFH，则 CF＝OF＝1。

例如：

    MOV AL,87H
    MOV BL,35H
    MUL BL

执行结果：（AX）＝1BF3H，CF＝OF＝1，表明乘积 AH 中包含有效数字。

例如：

    MOV AX,35E3H
    MOV BX,2487H
    IMUL BX

执行结果：（DX）＝07B0H，（AX）＝56B5H，CF＝OF＝1，表明 DX 中包含有效数字，而不仅仅是符号位的扩展。

4. 除法运算指令

无符号数除法指令：

    DIV SRC ；(AX)/(SRC)→AL
            ；(AX)%(SRC)→AH   }字节除法
            ；(DX:AX)/(SRC)→AX
            ；(DX:AX)%(SRC)→DX }字除法

带符号数除法指令：

    IDIV SRC ；(AX)/(SRC)→AL
             ；(AX)%(SRC)→AH   }字节除法
             ；(DX:AX)/(SRC)→AX
             ；(DX:AX)%(SRC)→DX }字除法

功能：除法指令中隐含了目的操作数，即被除数。当指令中的源操作数为字节数据时，被除数为 AX 中的值，其功能是将 AX 的值除以指令中给出的操作数，商送到 AL 寄存器，余数送到 AH 寄存器；当指令中的源操作数为字数据时，被除数为 DX:AX 中的值，即被除数的高 16 位是 DX 的值，低 16 位是 AX 的值，其功能是将被除数除以指令中给出的操作数，商送到 AX 寄存器，余数送到 DX 寄存器。

注意：

· 指令中的源操作数只能是寄存器操作数或者存储器操作数，不能为立即数操作数，当操作数为存储器操作数时，需要规定存储单元的属性。

· 除法指令对标志位的影响无定义。

· 除法指令中要求被除数为除数长度的 2 倍。在使用除法指令进行除法运算时，如果被除数和除数长度相同，需要使用符号扩展指令对被除数的长度进行扩展。

· 在使用除法运算指令时，必须考虑除法的溢出问题。商超出 AL（AX）表示范围时会发生溢出，发生溢出的情形主要有以下两种：

──▷ 除数为 0。

被除数较大，除数较小，商超出了 AL 或 AX 的表示范围。执行无符号字节（字）除法时，商大于 0FFH（0FFFFH）；执行带符号字节（字）除法时，商超出了 −128～127（−32 768～32 767）的范围，会产生一个中断类型号为 0 的除法出错中断，此时商和余数为不确定值。

• 在执行带符号数除法指令时，余数的符号与被除数相同。

例如：

```
MOV AX,87
MOV CL,10
DIV CL
```

执行结果：（AL）=8　（AH）=7

例如：

```
MOV AX,−87
MOV CL,10
IDIV CL
```

执行结果：（AL）=0F8H（−8）　（AH）=0F9H（−7）

5. 符号扩展指令

字节扩展成字指令 CBW（Convert Byte to Word）

格式：CBW；将 AL 中的数据符号位扩展到 AH 中，形成字数据（AX）

字扩展成双字指令 CWD（Convert Word to Double Word）

格式：CWD；将 AX 中数据的符号位扩展到 DX 中，形成双字数据（DX：AX）

【例 3-5】 编程实现（−2000）÷（−421）。

解 分析：由于被除数和除数都是带符号数，其中除数是带符号字数据。要求被除数为双字数据，需要将被除数从字数据扩展成为双字数据。程序代码如下：

```
MOV AX，−2000
CWD
MOV BX，−421
IDIV BX
```

执行结果：（AX）=4，（DX）=0FEC4H

3.3.3　逻辑运算与移位类指令

1. 逻辑运算指令

逻辑运算指令可以对字节操作数和字操作数进行按位逻辑运算，主要包括以下 5 种：

1）逻辑非指令 NOT

格式：NOT DST ;0FFFFH−DST→DST 字运算

　　　　　　　　;0FFH−DST→DST 字节运算

功能：目的操作数的每一位按位取反后，结果送目的操作数。

注意：逻辑非指令中的操作数只能是寄存器操作数或存储器操作数，不能为立即数。当操作数为存储器操作数时，应规定存储器操作数的类型属性。逻辑非指令执行后对标志位没有影响。

例如：

　　　　MOV AL, 0FH

　　　　NOT AL

执行结果：（AL）=0F0H

2）逻辑与指令 AND

格式：AND DST，SRC；（DST）∧（SRC）→DST

功能：将目的操作数和源操作数进行按位与操作，结果送目的操作数，按照运算结果影响标志位 ZF、SF 和 PF，CF 和 OF 清为 0，对 AF 的影响未定义。

逻辑与运算指令通常用于对目的操作数的某一位或多位进行清 0 操作，其他位保留不变。进行清 0 处理的位与 0 进行逻辑与操作，保留位与 1 进行逻辑与操作。

例如：

　　　　MOV AL,0FFH

　　　　AND AL, 0FH

对 AL 的高 4 位进行清 0 操作，低 4 位保留不变。

执行结果：（AL）=0FH，CF=0，OF=0，ZF=0，PF=1，SF=0

3）逻辑或指令 OR

格式：OR DST，SRC；（DST）∨（SRC）→DST

功能：将目的操作数和源操作数进行按位或操作，结果送目的操作数，按照运算结果影响标志位 ZF、SF 和 PF，CF 和 OF 清为 0，对 AF 的影响未定义。

逻辑或运算指令通常用于对目的操作数的某一位或多位进行置位操作，其他位保留不变，进行置位的位与 1 进行逻辑或运算，保留位与 0 进行逻辑或运算。

例如：

　　　　MOV AX, 1038H

　　　　OR AX, 2300H

对 AX 中的 D_8、D_9、D_{13} 位进行了置位操作，其余位保留不变。

执行结果：（AX）=3338H，CF=0，OF=0，ZF=0，PF=0，SF=0

4）逻辑异或指令 XOR

格式：XOR DST，SRC；（DST）⊕（SRC）→DST

功能：将目的操作数和源操作数进行按位异或操作，结果送目的操作数，按照运算结果影响标志位 ZF、SF 和 PF，CF 和 OF 清为 0，对 AF 的影响未定义。

逻辑异或运算指令通常用于对目的操作数的某一位或多位进行取反操作，其他位保留不变，进行取反的位与 1 进行逻辑异或运算，保留位与 0 进行逻辑异或运算。

例如：

　　　　MOV AL, 55H

　　　　XOR AL,0FFH

对 AL 中的每一位都进行了取反操作。

执行结果：（AL）=0AAH，CF=0，OF=0，ZF=0，PF=1，SF=1

5）逻辑测试指令 TEST

格式：TEST DST，SRC；（DST）∧（SRC）

功能：将目的操作数和源操作数进行按位与操作，结果不送回目的操作数，但是按照运算结果影响标志位 ZF、SF 和 PF，CF 和 OF 清为 0，对 AF 的影响未定义。

逻辑测试运算指令通常用于测试目的操作数的某一位是否为 1。测试方法是将被测试位与 1 进行逻辑测试运算，其余位与 0 进行逻辑测试运算，根据标志位 ZF 或 PF 判定被测试位的值。如果 ZF=1，则被测试位为 0，否则被测试位为 1。对于最高位的测试也可以通过 SF 标志位的值进行判断。

【例 3 - 6】 检测 **CL** 寄存器中数据的 **D_2** 位。

解 程序代码如下：

    TEST CL，4

方法：CL 中的 D_2 和 1 进行测试操作，其余位与 0 进行测试操作。

判别方法：如果 ZF=1 则 D_2=0；如果 ZF=0，则 D_2=1。

2. 移位类指令

移位类指令可以将操作数按照指定的方式左移和右移。移位指令的操作对象可以是寄存器操作数或者存储器操作数。对操作数左移和右移一位时，在指令中直接指定移位位数 1；对操作数左移和右移多位时，移位位数必须存放在寄存器 CL 中。移位类指令会按照操作的结果影响 SF、ZF、PF，对 AF 的影响不确定，对 CF 的影响总是等于最后移入 CF 的值。当移位位数是一位时，根据移位的情况影响 OF 的值；当移位位数是多位时，对 OF 的影响不确定。

常用的移位类指令主要有以下两种：

1）一般移位类指令

（1）逻辑/算术左移指令。

格式：SHL/SAL DST,1/CL

功能：将目的操作数逻辑左移/算术左移一位或者 CL 寄存器中指定的位数。

逻辑/算术移位指令左移一位时，目的操作数的每一位左移一位，最高位进入进位标志 CF，最低位补 0。逻辑/算术左移指令的执行过程如图 3-17 所示。

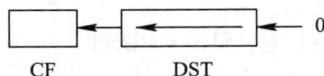

图 3-17 逻辑/算术左移执行过程

当目的操作数左移位数为一位时，移位完成后目的操作数的最高位与 CF 相等，则 OF=0；移位完成后目的操作数的最高位与 CF 不相等，则 OF=1。逻辑左移一位相当于无符号数乘以 2，算术左移一位相当于带符号数乘以 2。由于移位指令的执行速度远远快于乘除法指令的执行速度，因此在程序设计中可以使用移位指令代替乘除法指令，以提高程序的执行速度。

以下是逻辑/算术左移指令的实例：

    SHL AL，1
    SAL BX，CL
    SHL WORD PTR [BX],1

SAL BYTE PTR [BX+SI],CL

注意：在移位指令中，源操作数指明是移位位数。当目的操作数为存储器操作数时，需要指明存储器操作数的类型属性。

【例 3-7】 已知(BX)=75ACH，写出下面指令的执行结果。

解 由题意可知：

SAL BX,1

指令执行结果：(BX)=0EB58H，CF=0，SF=1，ZF=0，PF=0，OF=1

（2）逻辑右移指令。

格式：SHR DST,1/CL

功能：将目的操作数逻辑右移一位或者 CL 寄存器中指定的位数。

逻辑右移一位时，目的操作数的每一位右移一位，最低位进入进位标志 CF，最高位补 0。逻辑右移指令的操作图如图 3-18 所示。

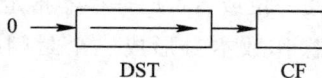

图 3-18 逻辑右移执行过程

当目的操作数右移位数为一位时，移位完成后目的操作数的最高位与次高位相等，则 OF=0；移位完成后目的操作数的最高位与次高位不相等，则 OF=1。逻辑右移一位相当于无符号数除以 2。

以下是逻辑右移指令的实例：

SHR AL,CL

SHR DX,1

SHR BYTE PTR [SI],1

SHR WORD PTR [1000H],CL

【例 3-8】 已知(AL)=5CH，写出下面指令的执行结果。

解 由题意可知：

SHR AL,1

指令执行结果：(AL)=2EH，CF=0，SF=0，ZF=0，PF=1，OF=0

（3）算术右移指令。

格式：SAR DST,1/CL

功能：将目的操作数算术右移一位或者 CL 寄存器中指定的位数。

算术右移一位时，目的操作数的每一位右移一位，最低位进入进位标志 CF，最高位补原来的最高位。算术右移指令的操作图如图 3-19 所示。

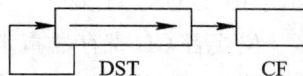

图 3-19 算术右移指令执行过程

当目的操作数右移位数为一位时，将 OF 清 0。算术右移一位相当于带符号数除以 2。

【例 3 - 9】 已知(AL)=5CH，利用移位指令将 AL 中的数据除以 8。

解 程序代码如下：

```
MOV CL,3
SAR AL,CL
```

程序执行结果：(AL)=0BH，CF=1，SF=0，ZF=0，PF=0，舍掉了余数 4。

2) 循环移位指令

在算术/逻辑移位指令执行过程中，有些数位会移出操作数，而循环移位指令可以把操作数低位移出的数位补至高位或者将操作数高位移出的数据补至低位，使操作数中移出的数位不会丢失。

(1) 循环左移指令和循环右移指令。

循环左移指令格式：ROL DST,1/CL

功能：将目的操作数循环左移一位或者 CL 寄存器指定的位数，最高位移至 CF，最低位补原来操作数的最高位，目的操作数本身形成一个封闭循环。指令执行的示意图如图 3-20 所示。

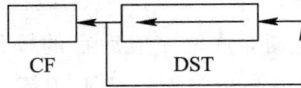

图 3 - 20 循环左移指令执行过程

循环右移指令格式：ROR DST,1/CL

功能：将目的操作数循环右移一位或者 CL 寄存器指定的位数，最低位移至 CF，最高位补原来操作数的最低位，目的操作数本身形成一个封闭循环。指令执行的示意图如图 3-21 所示。

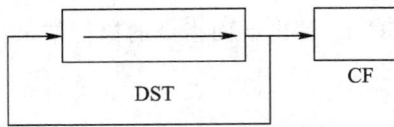

图 3 - 21 循环右移指令执行过程

注意：循环移位指令影响标志位 CF 和 OF。当循环左移指令移位位数为一位时，移位完成后目的操作数的最高位和 CF 相等，则 OF=0，否则 OF=1；当循环右移指令移位位数为一位时，移位完成后目的操作数的最高位和次高位相等，则 OF=0，否则 OF=1。CF 总是等于最后移入到 CF 的值。

(2) 带进位循环左移指令和带进位循环右移指令。

带进位循环左移指令 RCL 格式：RCL DST,1/CL

功能：将目的操作数循环左移一位或者 CL 寄存器指定的位数，最高位移至 CF，最低位补指令执行前 CF 的值，目的操作数和 CF 共同形成一个封闭循环。指令执行的示意图如图 3-22 所示。

带进位循环右移指令 RCR 格式：RCR DST,1/CL

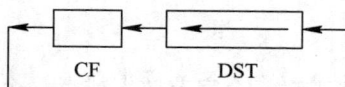

图 3 - 22　带进位循环左移指令

功能：将目的操作数循环右移一位或者 CL 寄存器指定的位数，最低位移至 CF，最高位补指令执行前 CF 的值，目的操作数和 CF 共同形成一个封闭循环。指令执行的示意图如图 3 - 23 所示。

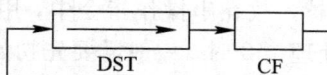

图 3 - 23　带进位循环右移指令执行过程

注意：带进位循环移位指令影响标志位 CF 和 OF。当循环左移指令移位位数为一位时，移位完成后目的操作数的最高位和 CF 相等，则 OF＝0，否则 OF＝1；当循环右移指令移位位数为一位时，移位完成后目的操作数的最高位和次高位相等，则 OF＝0，否则 OF＝1。CF 总是等于最后移入到 CF 的值。

试分析下面程序段中移位指令执行后 CF 和 OF 的值。

```
MOV AL,0A5H
ROL AL,1;(AL)＝4BH,CF＝1,OF＝1
RCL AL,1;(AL)＝97H,CF＝0,OF＝1
ROR AL,1;(AL)＝0CBH,CF＝1,OF＝0
RCR AL,1;(AL)＝0E5H,CF＝1,OF＝0
```

【例 3 - 10】　将存放于 DX：AX 中 32 位数乘以 8。

解　分析：32 位数据的低 16 位 $D_0 \sim D_{15}$ 存放在 AX 中，高 16 位 $D_{16} \sim D_{31}$ 存放在 DX 中，原始数据和处理后的数据示意图如图 3 - 24 所示。

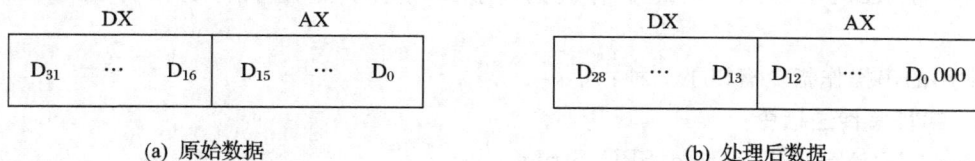

(a) 原始数据　　　　　　　　(b) 处理后数据

图 3 - 24　原始数据与处理后数据示意图

程序代码如下：

```
        MOV CX,3
AGAIN:  SAL AX,1
        RCL DX,1
        DEC CX
        JNZ AGAIN
```

3.3.4 串操作指令

前面介绍的几类指令可以实现对一个字节数据或者一个字数据的处理,但是在实际应用中,要处理的数据可能是存放于内存中的连续的字节数据和字数据,即一组数据或一串数据。处理一组或者一串数据时可以使用串操作指令。

串操作指令具有如下共同特点:

· 源操作数的偏移地址存放于源变址寄存器 SI,其默认的段地址为当前的数据段,即 DS 的值,允许段超越;目的操作数的偏移地址存放于目的变址寄存器 DI,其默认的段地址为当前的附加段,不允许段超越。故在串操作指令中,用 DS:SI 表示源操作数,用 ES:DI 表示目的操作数。在使用串处理指令时,一般需要先初始化地址指针 SI 和 DI。

· 串操作指令执行后,会根据情况修改地址指针。当 DF=0 时,按照地址递增的顺序处理数据,每执行一次字节串操作指令,地址指针加 1,每执行一次字串操作指令,地址指针加 2;当 DF=1 时,按照地址递减的顺序处理数据,每执行一次字节串操作指令,地址指针减 1,每执行一次字串操作指令,地址指针减 2。

· 有些串操作指令前面可以加重复前缀,加入重复前缀的指令将按照规定重复执行。重复前缀有 REP、REPE/REPZ、REPNE/REPNZ

加入重复前缀 REP 的串操作指令执行过程如下:

(1) 检查 CX,若(CX)=0,则退出串操作指令;(CX)≠0,则转入 2。

(2) 执行串操作指令。

(3) 根据 DF 和操作数据类型(字节或字)修改地址指针。

(4) (CX)=(CX)-1。

(5) 转至第一步。

加入重复前缀 REPE/REPZ 和 REPNE/REPNZ 的串操作指令的执行过程和加入重复前缀 REP 指令的执行过程类似,只是串操作重复执行的条件除了满足(CX)≠0 之外还要看 ZF 的取值。带 REPE/REPZ 重复前缀的串操作指令,重复执行的条件是(CX)≠0 且 ZF=1;带 REPNE/REPNZ 重复前缀的串操作指令,重复执行的条件是(CX)≠0 且 ZF=0。

常用的串操作指令有以下 5 种:

1. 字符串传送指令

格式:MOVS DST_String,SRC_String

一般形式:

    MOVSB;字节串数据传送

    MOVSW;字串数据传送

指令的功能:将 DS:SI 指向的存储单元中的一个字节数据或一个字数据传送至 ES:DI 指定的存储单元,并按照 DF 的值和指令修改地址 SI 和 DI。字符串传送指令不影响标志位。

在字符串处理指令的一般形式中,助记符后面会加一个字母 B 或 W,其中 B 表示字节串的处理,W 表示字串的处理。其余的字符串处理指令也是相同的表示方法,不再赘述。

地址指针修改情况说明:当 DF=0 时,执行 MOVSB 指令,则(SI)=(SI)+1,(DI)=

（DI）+1，执行 MOVSW 指令，则（SI）=（SI）+2，（DI）=（DI）+2；当 DF=1 时，执行 MOVSB 指令，则（SI）=（SI）-1，（DI）=（DI）-1，执行 MOVSW 指令，则（SI）=（SI）-2，（DI）=（DI）-2；

【例 3-11】 将内存数据区自 2000H 开始的 20 个字节数据，传送至内存数据区自 6000H 开始的存储区。

解 分析：20 个字节数据的传送可以使用字符串传送指令实现，源串的位置由 DS:SI 确定，目的串的位置由 ES:DI 确定。

程序代码如下：

方法一：

```
        MOV AX, DS
        MOV ES, AX      ;将 DS 的值赋予 ES，使得当前附加段和数据段重叠
        MOV SI, 2000H
        MOV DI, 6000H
        CLD             ;DF=0
        MOV CX, 20      ;传送的字节数
AGAIN:  MOVSB           ;字节串传送
        DEC CX          ;循环次数减 1
        JNZ AGAIN       ;循环次数不为 0，跳至 AGAIN
```

例 3-11 中要求传送 20 个字节数据，可以在字符串传送指令前加重复前缀使程序更加简洁。

方法二：

```
        MOV AX, DS
        MOV ES, AX      ;将 DS 的值赋予 ES，使得当前附加段和数据段重叠
        MOV SI, 2000H
        MOV DI, 6000H
        CLD             ;DF=0
        MOV CX, 20      ;传送的字节数
        REP   MOVSB     ;字节串传送
```

2. 字符串比较指令

格式：CMPS SRC_String, DST_String

一般形式：

```
    CMPSB   ;字节串比较
    CMPSW   ;字串比较
```

指令功能：将目的字符串和源字符串进行比较，即 ES:DI 指向的存储单元存放的字节/字数据减 DS:SI 指向的存储单元存放的字节/字数据，结果不送回目的串。字符串比较指令影响标志位，两者相同，ZF=1；两者不同，ZF=0，同时根据 DF 和处理的串数据类型修改地址指针 SI 和 DI。

【例 3-12】 比较两个长度相等的字符串 STR1 和 STR2 是否相等。如果两个字符串相等，将 RESULT 单元清 0；如果两个字符串不相等，则将 RESULT 单元置 1。

解 程序代码如下：

方法一：

```
            STR1 DB'COMPUTER'           ;定义字符串 STR1
            STR2 DB'COMPUTER'           ;定义字符串 STR2
            RESULT   DB?                ;定义变量 RESULT，预留保存结果的存储单元
            MOV SI,OFFSET STR1          ;将字符串 STR1 的偏移地址送至 SI
            MOV DI,OFFSET STR2          ;将字符串 STR2 的偏移地址送至 DI
            MOV CX,8                    ;将字符串的长度送至 CX
            CLD                         ;将 DF 清 0
    CHECK： CMPSB                       ;将字符串 STR1 和 STR2 对应的字符进行比较
            JNZ NEXT                    ;字符不相等，跳至 NEXT
            DEC CX                      ;循环次数减 1
            JNZ CHECK                   ;循环次数不为 0，跳至 CHECK
            MOV AL,0
            JMP OUTPUT
    NEXT：   MOV AL,1
    OUTPUT：MOV RESULT,AL               ;将结果送至 RESULT 单元
```

比较两个字符串相等使用字符串比较指令时，可以使用重复前缀 REPNE/REPNZ 使程序更加简洁。

方法二：

```
            STR1 DB'COMPUTER'           ;定义字符串 STR1
            STR2 DB'COMPUTER'           ;定义字符串 STR2
            RESULT DB?                  ;定义变量 RESULT，预留保存结果的存储单元
            MOV SI,OFFSET STR1          ;将字符串 STR1 的偏移地址送至 SI
            MOV DI,OFFSET STR2          ;将字符串 STR2 的偏移地址送至 DI
            MOV CX,8                    ;将字符串的长度送至 CX
            CLD                         ;将 DF 清 0
            REPE    CMPSB               ;将字符串 STR1 和 STR2 对应的字符进行比较
            JNZ NEXT                    ;字符串不相等，跳至 NEXT
            MOV AL,0
            JMP OUTPUT
    NEXT：   MOV AL,1
    OUTPUT：MOV RESULT,AL               ;将结果送至 RESULT 单元
```

3. 字符串扫描指令

格式：SCAS DST_String

一般形式：

　　SCASB;字节串扫描

　　SCASW;字串扫描

指令功能：将目的字符串和累加器（AL 或 AX）进行比较，即 AL 或 AX 中存放的字节/字数据减 ES:DI 指向的存储单元存放的字节/字数据。按照结果影响标志位，两者相同，ZF＝1；两者不同，ZF＝0，同时根据 DF 和处理的串数据类型修改地址指针 DI。

串扫描指令可用于在一串字符中搜索是否含有某个字符。字符串的起始地址由 ES:DI 确定，被搜索的字符必须放在累加器 AL 或 AX 中。

注意：字符串扫描指令按照结果影响标志位 SF、ZF、PF、CF、OF 和 AF。

【例 3 - 13】　查找长度为 50 的字符串 STR 中是否含有字符'*'。如果有字符'*'，则将字符'Y'送至 DL，否则将字符'N'送至 DL。

解　程序代码如下：

方法一：

```
            MOV DI,OFFSET STR      ;字符串首地址送至 DI
            MOV AX,SEG STR
            MOV ES,AX              ;字符串段地址送至 ES
            MOV AL,'*'             ;被搜索的字符送至 AL
            MOV CX,50             ;字符串长度送至 CX
            CLD                    ;DF=0
CHECK：     SCASB                  ;字符串扫描
            JZ FIND                ;找到字符'*'，跳转至 FIND
            DEC CX                 ;(CX)-1→CX
            JNZ CHECK              ;字符串没有搜索完，跳至 CHECK
            MOV DL,'N'             ;没有搜索到'*'，'N'→DL
            JMP OUTPUT
FIND：      MOV DL,'Y'             ;搜索到'*'，'Y'→DL
OUTPUT：HLT
```

由于字符串扫描指令影响标志位 ZF，因此当在目的串中搜索到与累加器相等的元素时，ZF=1，否则 ZF=0。字符串扫描指令前可以加重复前缀 REPNZ/REPNE，表示在字符串没有搜索完并且没有搜索到给定字符的情况下继续搜索，字符串搜索完或者搜索到给定字符的情况下结束搜索。

上述程序段可以使用带重复前缀的字符串扫描指令实现。

方法二：

```
            MOV DI,OFFSET STR      ;字符串首地址送至 DI
            MOV AX,SEG STR
            MOV ES,AX              ;字符串段地址送至 ES
            MOV AL,'*'             ;被搜索的字符送至 AL
            MOV CX,50             ;字符串长度送至 CX
            CLD                    ;DF=0
            REPNE  SCASB           ;字符串扫描
            JZ FIND                ;找到字符'*'，跳转至 FIND
            MOV DL,'N'             ;没有搜索到'*'，'N'→DL
            JMP OUTPUT
FIND：      MOV DL,'Y'             ;搜索到'*'，'Y'→DL
OUTPUT：HLT
```

4. 字符串装入指令

格式：LODS SRC_String

一般形式：

```
    LODSB        ;字节串装入    ((DS):(SI))→AL
    LODSW        ;字串装入      ((DS):(SI))→AX
```

32 位微机原理及接口技术

指令功能：将(DS):(SI)指向的源串数据装入到累加器 AL 或 AX 中，同时根据 DF 和装入数据的类型修改地址指针 SI，不影响标志位。

【例 3-14】 要求将内存数据区 1000H 开始的 10 个字数据装入到累加器，求其绝对值后送回到内存数据区 1000H 开始的存储区。

解 程序代码如下：

```
          CLD                  ;DF＝0
          MOV DI,1000H         ;设置目的存储区地址指针
          MOV SI,1000H         ;设置源存储区地址指针
          MOV CX,10            ;设置循环次数
AGAIN：    LODSW                ;((DS):(SI))→AX
          AND AX,AX            ;检测累加器中数据是非负数还是负数
          JNS NNEG             ;累加器中数据非负转至 NNEG
          NEG AX               ;负数求绝对值
NNEG：     MOV [DI],AX          ;求绝对值后的数据送至目的存储区
          INC DI
          INC DI               ;修改目的存储区地址指针
          DEC CX
          JNZ AGAIN            ;数据未处理完，跳转至 AGAIN
          HLT
```

5. 字符串送存指令

格式：STOS DST_String

一般形式：

```
STOSB       ;字节串送存        AL→((ES):(DI))
STOSW       ;字串送存          AX←((ES):(DI))
```

指令功能：将累加器 AL 或 AX 中存放的字节数据或者字数据送至 (ES):(DI)指向的存储单元，同时根据 DF 和装入数据的类型修改地址指针 DI，不影响标志位。

【例 3-15】 内存数据区自 1000H 开始存放了长度未知的字符串，字符串中包含大写字母、小写字母和其他字符，字符串以 '$' 结束。要求将字符串中的大写字母转换成对应的小写字母后将字符串传送至内存数据区自 2000H 开始的存储区。

解 程序代码如下：

```
          MOV AX,DS
          MOV ES,AX
          MOV SI,1000H         ;设置源数据地址指针
          MOV DI,2000H         ;设置目标地址指针
          CLD                  ;DF＝0
AGAIN：    LODSB                ;从源串取一个字符送至 AL
          CMP AL,'$'           ;判断是否是字符串结束字符'$'
          JZ OUTPUT            ;是字符串结束字符，跳至 OUTPUT，程序结束
          CMP AL,'A'           ;判断是否为大写字母
          JB TRANS            ;不是大写字母，跳转至 TRANS
          CMP AL,'Z'           ;判断是否为大写字母
```

```
        JA TRANS                    ;不是大写字母，跳转至 TRANS
        ADD AL,20H                  ;大写字母转换为小写字母
TRANS： STOSB                       ;将字符送至目的存储区存储
        JMP AGAIN                   ;跳转至 AGAIN
OUTPUT：HLT
```

表 3-6 列出了串操作指令的地址指针和重复前缀。

表 3-6　串操作指令的地址指针和重复前缀

字符串处理指令	地址指针	重复前缀
MOVS	(DS)：(SI)，(ES)：(DI)	REP
CMPS	(DS)：(SI)，(ES)：(DI)	REPE/REPZ,REPNE/REPNZ
SCAS	(ES)：(DI)	REPE/REPZ,REPNE/REPNZ
LODS	(DS)：(SI)	无
STOS	(ES)：(DI)	REP

3.3.5　控制转移指令

80X86 实模式下，下一条要执行的指令的地址是由 CS 和 IP 提供的。程序在内存中按编写顺序进行顺序存放，当程序顺序执行时，每取一条指令后 IP 自动加指令的字节数，指向下一条指令；当程序不按照编写顺序执行时，如遇到分支结构或循环结构时，IP 自动加指令长度无法指向下一条指令，此时需要改变 IP 的值或者 CS 和 IP 的值方能指向下一条要执行的指令。使用传送指令无法改变 CS 和 IP 的值，因此 8086/8088 的 CPU 提供了控制转移类指令。该类指令的功能是将目标指令的地址送至 CS 和 IP，帮助程序实现跳转。8086/8088 提供的控制转移类指令包括转移指令、循环转移指令、子程序调用和返回指令、中断指令和中断返回指令。

1. 转移指令

转移指令的功能是改变程序执行的顺序，分为无条件改变和满足指定条件改变两种情况，即转移指令分为无条件转移指令和条件转移指令。

1）无条件转移指令 JMP

格式：JMP　DST

功能：程序在不需要满足任何条件的情况下转移到目的操作数指定的地址去执行指令。

注意：目的操作数可以是标号、立即数操作数，也可以是寄存器操作数或者存储器操作数。

根据转移目标地址和转移指令的地址关系，如果转移目标地址和转移指令位于同一个逻辑段，改变程序执行顺序只需要修改 IP 即可实现，这种转移称为段内转移；如果转移目标地址和转移指令不在同一个逻辑段，改变程序执行顺序要同时修改 CS 和 IP 才可实现，这种转移称为段间转移。根据转移目标地址给出的方式，如果直接给出转移目标地址，称为直接转移；如果未直接给出转移目标地址，而是给出转移目标地址在内存的地址，称为间接转移。综上，无条件转移指令分为段内直接转移、段内间接转移、段间直接转移和段

间间接转移 4 种。

(1) 段内直接转移。

转移目标地址在转移指令的操作数部分直接给出，并且转移目标地址和转移指令地址位于同一个逻辑段，这种转移称为段内直接转移。根据转移的范围，可分为段内直接短转移和段内直接近转移两种。

A. 段内直接短转移。

格式：JMP SHORT LABEL

功能：程序无条件转移到 LABEL 标号处执行程序。

段内直接短转移是指目标指令的地址与转移指令地址之间的相对偏移量范围在 $-128 \sim 127$ 之间，此时目标指令的标号是一个短标号，用关键字 SHORT 标示。指令汇编后，计算出目标指令地址和转移指令之间的 8 位相对偏移量。指令执行时，将当前 IP 值加上一个 8 位偏移量形成新的 IP 值，即可实现程序的转移。

执行的操作：$(IP)+8disp \longrightarrow (IP)$

B. 段内直接近转移。

格式：JMP NEAR PTR LABEL

　　　　JMP 偏移地址

功能：程序无条件转移到 LABEL 标号处执行程序或者程序转移到指令中给定的偏移地址处执行。

段内直接近转移是指目标指令的地址与转移指令地址之间的相对偏移量范围在 $-32\ 768 \sim 32\ 767$ 之间。指令汇编后，计算出目标指令地址和转移指令之间的 16 位相对偏移量。指令执行时，将当前 IP 值加上一个 16 位偏移量形成新的 IP 值，即可实现程序的转移。

执行的操作：$(IP)+16disp \longrightarrow (IP)$

(2) 段内间接转移。

格式：JMP REG16

　　　　JMP MEM16

操作数说明：指令中的操作数可以是 16 位的寄存器操作数（寄存器寻址），也可以是 16 位的存储器操作数（除立即寻址和寄存器寻址以外的其他寻址方式）。

功能：程序无条件转移到操作数指定的目标地址。

执行的操作：16 位寄存器的值 $\longrightarrow$ (IP) 或者 16 位的存储器操作数 $\longrightarrow$ (IP)。

例如：

　　JMP SI；将 SI 的值作为目标地址，程序转移到目标地址执行

　　JMP WORD PTR [BX]

　　；以 BX 指向的字存储单元的字数据作为目标地址，程序转移到目标地址执行

(3) 段间直接转移。

格式：JMP FAR PTR LABEL

　　　　JMP 段地址：偏移地址

功能：指令无条件转移到 LABEL 标号处执行，LABEL 标号是一个属性为 FAR 的标号；或者程序转移到指令指定的逻辑地址处执行。

执行的操作：将标号的偏移地址送至 IP，段地址送至 CS；或者将指令中给定的偏移地址送至 IP，段地址送至 CS，使程序的执行顺序发生改变。

例如：

    JMP 1300H:2000H   ;段间直接转移，目标指令的逻辑地址是 1300H:2000H

(4) 段间间接转移。

格式：JMP MEM32

功能：指令无条件转移到操作数指定的地址执行。

执行的操作：指令的操作数是一个 32 位的存储器操作数，其高字部分为段地址，低字部分为偏移地址。将操作数低字送至 IP，将操作数高字送至 CS，使程序的执行顺序发生改变。

例如：

    JMP DWORD PTR [2000H]   ;段间间接转移

                              ;目标指令的逻辑地址是 2000H 处存放的双字数据

2) 条件转移指令

条件转移指令是指转移指令执行时，需要先进行条件(通常多指标志寄存器中的状态标志)测试，条件满足时，程序转移至目标地址；条件不满足，则程序顺序执行。条件转移指令是一个段内短转移，即条件转移的目标地址必须与转移指令在同一个逻辑段，并且以条件转移指令为基准，在 $-128\sim127$ 范围内进行转移。

指令格式：JCC Short_Label

8086 CPU 提供了丰富的条件转移指令，可以根据一个标志位的状态形成转移条件，也可以根据多个标志位的状态形成转移条件。根据通用用法，条件转移指令可以分为根据两个数比较形成的条件转移指令和根据一个标志位形成的条件转移指令两类。

(1) 根据两个操作数比较形成的条件转移指令。

这类指令通常跟在比较指令和减法指令之后，根据比较指令或减法指令中比较或相减的结果设置的标志确定程序的流程。表 3-7 列出了 8 条两数比较形成的条件转移指令。

表 3-7　两数比较形成的条件转移指令

助记符	测试条件	转移条件	备 注
JA/JNBE	CF＝0 且 ZF＝0	高于/不低于等于转移	无符号数
JAE/JNB	CF＝0	高于等于/不低于转移	
JB/JNAE	CF＝1	低于/不高于等于转移	
JBE/JNA	CF＝1 或 ZF＝1	低于等于/不高于转移	
JG/JNLE	SF⊕OF＝0 且 ZF＝0	大于/不小于等于转移	带符号数
JGE/JNL	SF⊕OF＝0	大于等于/不小于转移	
JL/JNGE	SF⊕OF＝1 且 ZF＝0	小于/不大于等于转移	
JLE/JNG	SF⊕OF＝1 或 ZF＝1	小于等于/不大于转移	

(2) 根据一个标志位形成的条件转移指令。

以状态标志位 CF、ZF、SF、PF、OF 的状态作为测试条件，形成 10 条条件转移指令。

表 3-8 列出了以标志位状态作为条件的条件转移指令。

表 3-8 以状态标志位状态作为测试条件的条件转移指令

助记符	测试条件	转移条件
JZ/JE	ZF＝1	结果为 0 或相等转移
JNZ/JNE	ZF＝0	结果不为 0 或不相等转移
JC	CF＝1	有进位时转移
JNC	CF＝0	无进位时转移
JS	SF＝1	结果为负时转移
JNS	SF＝0	结果为非负时转移
JP/JPE	PF＝1	结果中 1 的个数为偶数时转移
JNP	PF＝0	结果中 1 的个数为奇数时转移
JO	OF＝1	结果溢出时转移
JNO	OF＝0	结果不溢出时转移

【例 3-16】 已知寄存器 AX 和 DX 中各存放了一个带符号字数据，现要求将较大的字数据存放在 AX 中，较小者存放在 DX 中。

解 程序代码如下：

```
        CMP AX,DX
        JGE NEXT
        MOV BX,AX
        MOV AX,DX
        MOV DX,BX
NEXT: HLT
```

【例 3-17】 已知内存数据区自 2000H 开始存放着 10 个带符号字节数据，统计其中正数、负数和零的个数，并分别放入 BL,DL 和 DH 中。

解 程序代码如下：

```
        MOV SI,2000H
        MOV DX,0
        MOV BL,0
        MOV CX,10
CHECK: MOV AL,[SI]
        AND AL, AL
        JS NEG
        JZ ZERO
        INC BL
        JMP NEXT
NEG:   INC DL
        JMP NEXT
```

```
ZERO： INC DH
NEXT： INC SI
       DEC CX
       JNZ CHECK
       HLT
```

2. 循环转移指令

对于事先知道循环次数的循环结构，可以使用循环转移指令控制循环的执行过程。8086 CPU 设计了以计数寄存器 CX 作为计数器的循环转移指令，该循环转移指令是短转移，转移范围为 $-128 \sim 127$。表 3 - 9 给出了 8086 CPU 的循环转移指令的格式和跳转条件。

表 3 - 9　循环转移指令的格式和跳转条件

指令助记符	测试条件	指令功能
LOOP	$CX \neq 0$	$(CX) - 1 \rightarrow (CX)$，$CX \neq 0$ 转移到标号
LOOPZ/LOOPE	$CX \neq 0$ 且 $ZF = 1$	$(CX) - 1 \rightarrow (CX)$，$CX \neq 0$ 且 $ZF = 1$ 转移到标号
LOOPNZ/LOOPNE	$CX \neq 0$ 且 $ZF = 0$	$(CX) - 1 \rightarrow (CX)$，$CX \neq 0$ 且 $ZF = 0$ 转移到标号
JCXZ	$CX = 0$	$CX = 0$ 转移到标号

1) LOOP

格式：LOOP Short Label

功能：将 CX 的内容减 1，然后判断 CX 的值。如果 $CX \neq 0$，则转移到标号处执行（循环）；如果 $CX = 0$，则执行下一条指令，退出循环。

2) LOOPZ/LOOPE

格式：LOOPZ/LOOPE Short Label

功能：将 CX 的内容减 1，然后进行判断。如果 $CX \neq 0$ 且 $ZF = 1$，则转移到标号处执行（循环），否则执行下一条指令，退出循环。不影响标志位。

LOOPE 和 LOOPZ 两条指令的功能完全相同，LOOPE 指相等时循环，LOOPZ 是结果为 0 时循环。LOOPZ/LOOPE 指令对标志位无影响。

3) LOOPNZ/LOOPNE

格式：LOOPNZ/LOOPNE Short Label

功能：将 CX 的内容减 1，然后进行判断。如果 $CX \neq 0$ 且 $ZF = 0$，则转移到标号处执行（循环），否则执行下一条指令，退出循环。不影响标志位。

LOOPNE 和 LOOPNZ 两条指令的功能完全相同，LOOPNE 指不相等时循环，LOOPNZ 是结果不为 0 时循环。LOOPNZ/LOOPNE 指令对标志位无影响。

4) JCXZ

格式：JCXZ　Short Label

功能：检测 CX 的内容并进行判断。如果 $CX = 0$，则转移到标号处执行（循环），否则执行下一条指令，退出循环。不影响标志位。

3. 过程调用和返回指令

对于具有特定功能又会在程序中被反复使用的程序片段,可以将其设计为过程。在程序中需要使用该过程时,使用调用指令调用该过程,使用结束后返回主调程序。这样设计可以使程序更加简洁,易于编程和维护,同时也增强了程序的模块化和独立性。

在主调程序中调用过程时,程序不再顺序执行,而是从主调程序切换到过程,过程执行结束后,又会从过程切换到主调程序。在主调程序和过程间进行切换时,程序发生了转移。调用和返回过程如图 3 - 25 所示。

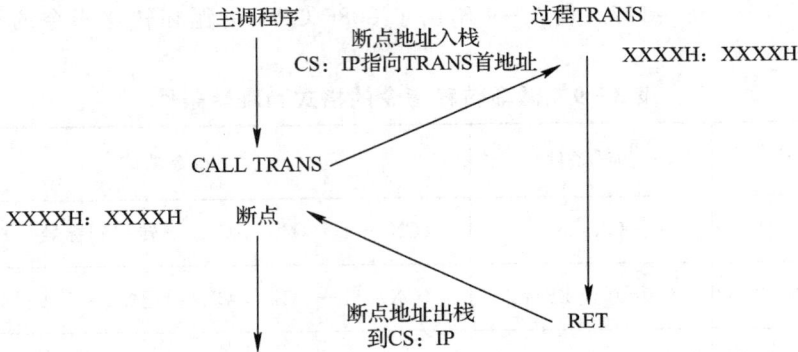

图 3 - 25　过程调用和返回执行过程示意图

如果调用指令和过程在同一个逻辑段中,当从主调程序转到过程时,只需要改变 IP 即可实现程序的切换,这种调用称为段内调用;如果调用指令和过程不在同一个逻辑段中,当从主调程序转到过程时,需要同时改变 CS 和 IP 方可实现程序的切换,这种调用称为段间调用。在调用过程的过程中,如果过程地址直接给出,称之为直接调用;如果过程地址使用间接地方式给出,称之为间接调用。

1) 过程调用指令

过程调用指令 CALL(Call Procedure)分为段内直接调用、段内间接调用、段间直接调用和段间间接调用 4 种。

(1) 段内直接调用。

格式:CALL Near_Proc　　　;$(SP)-2\rightarrow(SP)$,$(IP)\rightarrow((SP))$,$(IP)+16disp\rightarrow(IP)$

功能:调用过程 Near_Proc。

指令执行过程:指令的操作数是一个近过程,和调用指令 CALL 在同一个逻辑段。指令经过汇编后,将得到断点与过程入口地址之间的 16 位位移量 16disp。首先将断点偏移地址(即 IP 的值)压入堆栈,然后将 IP 加上计算出的 16 位位移量,即可实现从主调程序到过程的切换。

(2) 段内间接调用。

格式:CALL REG16/MEM16　　　;$(SP)-2\rightarrow(SP)$,$(IP)\rightarrow((SP))$,$(REG16)/(MEM16)\rightarrow(IP)$

功能:调用寄存器操作数或者存储器操作数指向的过程。

指令执行过程:指令的操作数是一个 16 位的寄存器操作数或 16 位的存储器操作数,寄存器或存储器的值是过程的入口地址,过程和调用指令 CALL 在同一个逻辑段。指令执行时，先将断点偏移地址(即 IP 的值)压入堆栈，然后将寄存器或者存储器的值传送到 IP，即可实现从主调程序到过程的切换。

(3) 段间直接调用。

格式：CALL Far_Proc　　;(SP)-2→(SP)，(CS)→((SP))，SEG Far_Proc→(CS)

　　　　　　　　　　　　;(SP)-2→(SP)，(IP)→((SP))，OFFSET Far_Proc→(IP)

功能：调用过程 Far_Proc。

指令执行过程：指令的操作数是一个远过程，和调用指令 CALL 不在同一个逻辑段。指令执行时，首先将断点段地址(即 CS 的值)压入堆栈，并将远过程的段地址送入 CS，然后将断点偏移地址(即 IP 的值)压入堆栈，将远过程首指令的偏移地址送入 IP，即可实现从主调程序到过程的切换。

(4) 段间间接调用。

格式：CALL MEM32　　;(SP)-2→(SP)，(CS)→((SP))，(MEM32+2)→(CS)

　　　　　　　　　　　　;(SP)-2→(SP)，(IP)→((SP))，(MEM32)→(IP)

功能：调用存储器操作数指向的过程。

指令执行过程：指令的操作数是一个 32 位存储器操作数指向的过程，和调用指令 CALL 不在同一个逻辑段。指令执行时，首先将断点段地址(即 CS 的值)压入堆栈，并将 32 位存储器操作数的高字(过程的段地址)送入 CS，然后将断点偏移地址(即 IP 的值)压入堆栈，将 32 位存储器操作数的低字(即过程的偏移地址)送入 IP，即可实现从主调程序到过程的切换。

2) 返回指令

返回指令 RET(Return from a Procedure)是过程的最后一条可执行指令，分为段内返回和段间返回。RET 指令的类型是隐含的，无法通过指令确定其返回类型，它自动与过程定义时的类型匹配，即过程为远过程时，汇编为段间返回；过程为近过程时，汇编为段内返回。根据是否带有参数，可将返回指令分为带参数返回和不带参数返回。

(1) 段内返回。

格式 1：RET　　　　;(SP)→(IP)，(SP)+2→(SP)

格式 2：RET n　　　;(SP)→(IP)，(SP)+2→(SP)，(SP)+n→(SP)

当调用的过程为近过程时，返回指令为段内返回。对于格式 1 的返回，其功能是将栈顶的内容(断点偏移地址)送至 IP，然后堆栈指针加 2；格式 2 的返回为带参数的返回，其功能是先将栈顶的内容(断点偏移地址)送至 IP，然后堆栈指针加 2，最后堆栈指针再加 n，即舍弃堆栈中的 n 个字节数据，这些字节数据一般是通过堆栈向过程传递的参数。其中 n 是一个范围在 0~64 KB 的偶数。

(2) 段间返回。

格式 1：RET　　　　;(SP)→(IP)，(SP)+2→(SP)

　　　　　　　　　　;(SP)→(CS)，(SP)+2→(SP)

格式 2：RET n　　　;(SP)→(IP)，(SP)+2→(SP)

　　　　　　　　　　;(SP)→(CS)，(SP)+2→(SP)，(SP)+n→(SP)

当调用的过程为远过程时，返回指令为段间返回。对于格式 1 的返回，其功能是将栈顶的内容(断点偏移地址)送至 IP，然后堆栈指针加 2；接着将栈顶的内容(断点段地址)送至 CS,堆栈指针加 2。格式 2 的返回为带参数的返回,其功能是先将栈顶的内容(断点偏移地址)送至 IP,然后堆栈指针加 2,接着将栈顶的内容(断点段地址)送至 CS,堆栈指针加 2,最后堆栈指针再加 n,n 和段内返回 RET n 中的 n 含义相同。

4. 中断指令和中断返回指令

由于某种随机事件的产生使 CPU 暂停正在执行的程序,转去为随机事件服务(执行中断服务程序),服务完成再返回原来暂停的程序继续执行,这个过程称为中断。关于中断会在后面章节进行详细介绍。8086 CPU 中与中断相关的指令有以下三条。

1) 中断指令

格式:INT n　　　;(SP)-2→(SP),(FLAGS)→(SP),0→(IF),0→(TF)

　　　　　　　　　;(SP)-2→(SP),(CS)→(SP),$(n\times4+2)$→(CS)

　　　　　　　　　;(SP)→2→(SP),(IP)→(SP),$(n\times4)$→(IP)

功能:转去中断类型号 n 对应的中断服务程序。

n 为中断类型码,其值在 $0\sim255$ 之间,中断服务程序入口地址的地址为 $n\times4$。

指令的执行过程:先将堆栈指针减 2,把标志寄存器 FLAGS 的值压入堆栈,清标志位 IF 和 TF;然后堆栈指针再减 2,将 CS 的内容压入堆栈,把 0000H:$n\times4$ 中双字数据的高字送至 CS;最后堆栈指针再减 2,将 IP 的内容压入堆栈,把 0000H:$n\times4$ 中双字数据的低字送至 IP。程序从主程序切换至中断服务程序。

2) 溢出中断指令

格式:INTO　　　　;无操作数,隐含的 n 值为 4

功能:检测 OF,如果 OF=1,启动中断类型号为 4 的中断服务程序;如果 OF=0,不执行任何操作。

指令的执行过程:如果 OF=1,先将堆栈指针减 2,把标志寄存器 FLAGS 的值压入堆栈,清标志位 IF 和 TF;然后堆栈指针再减 2,将 CS 的内容压入堆栈,把 0000H:4×4 中双字数据的高字送至 CS;最后堆栈指针再减 2,将 IP 的内容压入堆栈,把 0000H:4×4 中双字数据的低字送至 IP。程序从主程序切换至中断类型号 4 对应的中断服务程序。

3) 中断返回指令

中断返回指令 IRET 是中断服务程序最后一条可执行指令。

格式:IRET　　　;(SP)→(IP),(SP)$+2$→(SP)

　　　　　　　;(SP)→(CS),(SP)$+2$→(SP)

　　　　　　　;(SP)→(FLAGS),(SP)$+2$→(SP)

功能:结束中断,从中断服务程序返回断点。

指令的执行过程:把堆栈栈顶的双字(断点地址)弹出至 CS 和 IP,从中断服务程序返回至断点,即产生中断的断点位置,然后恢复至标志寄存器的内容。

3.3.6　处理器控制指令

处理器控制类指令可以对 CPU 进行控制。按照其对 CPU 的控制功能,可将处理器控制指令分为标志位操作指令、外部同步指令和空操作指令三类,如表 3-10 所示。

表 3 - 10　处理器控制类指令

类		助记符	指令功能
标志位操作指令	进位标志 CF	CLC	进位标志清 0
		STC	进位标志置位
		CMC	进位标志取反
	方向标志 DF	CLD	方向标志清 0
		STD	方向标志置位
	中断标志 IF	CLI	中断标志清 0
		STI	中断标志置位
外部同步指令		WAIT	处理器等待，与外部硬件同步
		ESC	处理器交权，将控制权交给其他处理器
		LOCK	总线锁定，禁止其他处理器访问总线
		HLT	处理器暂停
空操作指令		NOP	CPU 不执行任何操作，IP 改变

1. 标志位操作指令

标志位操作指令主要用于对标志寄存器 FLAGS 中的标志位 CF、DF 和 IF 进行控制，主要包括以下 7 种：

1) CLC

格式：CLC　　;0→CF

功能：将进位标志 CF 清 0。

2) STC

格式：STC　　;1→CF

功能：将进位标志 CF 置 1。

3) CMC

格式：CMC　　;$\overline{CF}$→CF

功能：将进位标志 CF 取反。

4) CLD

格式：CLD　　;0→DF

功能：将进位标志 DF 清 0。

5) STD

格式：STD　　;1→DF

功能：将进位标志 DF 置 1。

6）CLI

格式：CLI　　 ;0→IF

功能：将中断标志 IF 清 0。

7）STI

格式：STI　　 ;1→IF

功能：将中断标志 IF 置 1。

2. 外部同步指令

外部同步指令用来使 CPU 与外部事件同步，主要包括以下 4 种。

1）等待指令 WAIT

WAIT 指令用于使 CPU 与外部硬件同步，不影响标志位。

如果 CPU 的 $\overline{\text{TEST}}$ 引脚无效（高电平），WAIT 指令将使 CPU 进入等待状态。CPU 处于等待状态时，会每隔 5 个时钟周期测试 $\overline{\text{TEST}}$ 引脚状态，如果 $\overline{\text{TEST}}=0$，CPU 退出等待状态，执行下一条指令。在下一条指令过程中，不允许再次有外部中断。CPU 处于等待状态时，在中断允许的情况下，当有外部可屏蔽中断请求时，CPU 结束等待状态，转入中断服务程序，此时被压入堆栈保护的断点地址是 WAIT 指令的地址。因此中断返回时，CPU 会重新进入等待状态。

2）交权指令 ESC

格式：ESC Ex_Oprd,src

指令中的目的操作数 Ex_Oprd 是其他处理器的一个操作码（外操作码），源操作数是一个存储器操作数。

ESC 指令执行时，8086 CPU 访问一个存储器操作数并将其放在数据总线上，供其他处理器使用。ESC 指令不影响标志位。

ESC 指令在 8086 CPU 工作在最大模式时使用。例如，系统中包含 8086 和 8087 两个处理器时，由于 8087 所有指令机器码的高 5 位都是 11011，而 8086 ESC 指令的第一个字节恰好是 11011XXXB，因此对于 8087 的指令，8086 会将其视为 ESC 指令，将指令中的源操作数放在数据总线上，由 8087 来执行指令并使用总线上的数据。

3）封锁指令 LOCK

LOCK 是一个单字节前缀，可以放在任何指令的前面。

在 CPU 处于最大模式时，执行带有 LOCK 前缀的指令时，CPU 的总线锁定信号 $\overline{\text{LOCK}}$ 保持低电平，外部硬件可接收此 $\overline{\text{LOCK}}$ 信号。在 $\overline{\text{LOCK}}$ 信号有效期间，禁止其他处理器访问总线。

4）暂停指令 HLT

该指令的功能是使 CPU 进入暂停状态，不影响标志位。

当 CPU 的 RESET 引脚上有复位信号或者 CPU 的 NMI 引脚上有中断请求信号或者在中断允许的情况下，CPU 的 INTR 引脚上会出现中断请求，CPU 将脱离暂停状态。

当因为中断使 CPU 脱离暂停状态进入中断服务程序时，断点为 HLT 的下一条指令。

3. 空操作指令

空操作指令 NOP(No Operation)执行时，指令指针 IP 的值加 1，CPU 不执行任何操作，但是占用 3 个时钟周期，不影响标志位。一般可以用于软件延时程序中。

习　题

1. 已知如下寄存器的值，指出下列各指令中源操作数和目的操作数的寻址方式，如果操作数为存储器操作数，计算操作数的物理地址。CS=1A00H，DS=803BH，ES=5E0CH，SS=3B50H，SI=1EF3H，SP=191CH，IP=66AAH，DI=1200H，BP=1000H。

(1) MOV [BP+SI]，BX

(2) AND BYTE PTR[DI+100H]，10H

(3) ADD [SI]，AX

(4) MOV AX，[BP+100H]

(5) MOV [1000H]，AL

2. 判断以下指令是否正确，如不正确，请写出原因。

(1) MOV　[DX]，AX

(2) MOV DS，2000H

(3) MOV [BX]，[1000H]

(4) PUSH 1234H

(5) MOV BX，AL

(6) IN AL，1800H

(7) MOV CS，AX

3. 用一条或几条指令实现如下功能：

(1) 将 AL 寄存器中的高 4 位置位，低 4 位不变。

(2) 将 BX 中的内容全部取反。

(3) 将内存数据段偏移地址 2000H 的字单元 D_7、D_4 和 D_2 两位取反，其余位不变。

(4) 将 AX 中的内容清 0，要求不影响标志位。

(5) 如果 CF=0，则程序转移至标号 NEXT。

(6) 将端口地址 1800H 中的字节数据传送至累加器 AL。

4. 写程序段，实现如下操作：

(1) 将 AX 和 BX 的内容进行交换。

(2) 将数据段偏移地址 1000H 和偏移地址 2000H 中的字节数据进行交换。

(3) 将数据段偏移地址 1000H 和偏移地址 2000H 中的字数据进行交换。

5. 写出下述指令分别执行的执行结果（包含标志位的值）。已知 AL=6FH，BL=7DH，CL=2，CF=0。

(1) ADD AL，BL　　(2)SUB AL，BL

(3) SHL AL，CL　　(4) MUL BL

6. 读程序段，写出程序段的执行结果：

(1) 已知下面程序段执行时，DS=233AH，IP=1AF4H，SS=1200H，写出程序的执行结果。

```
        MOV AX,1000H
        MOV SI,1000H
        MOV WORD PTR [SI],13AEH
        MOV SP,2000H
        PUSH AX
        PUSH [SI]
        POP AX
        AX=_____。
```

程序执行后堆栈栈顶的逻辑地址是_____。

DS：1000H 中存放的字数据是_____。

（2）写出下列程序段的执行结果。

```
        MOV BL,3AH
        MOV DL,0
        MOV CX,8
AGAIN:  SHL BL,1
        JNC NEXT
        INC DL
NEXT:   LOOP AGAIN
```

该程序段执行后，(DL)=_____,(BL)=_____。

（3）写出下列程序段的执行结果

```
        MOV BX,2000H
        MOV DL,0
        MOV CX,5
CHECK:  MOV AL,[BX]
        CMP AL,0
        JGE NEXT
        INC DL
NEXT:   INC BX
        LOOP CHECK
```

假设从 2000H 开始的存储单元存放的数据依次为 90H,78H,0A0H,35H,0B3H，则上述指令执行后：

```
        CX=_____H, DL=_____H。
```

7. 编写程序段，将内存数据段偏移地址为 1000H 开始的 10 个字节数据传送至内存数据段偏移地址 2000H 开始的存储单元。

8. 编写程序段，找出内存数据段偏移地址 1000H 开始的 10 个字数据的最大值并将其送至 AX。

9. 编写程序段，将内存数据段偏移地址为 2000H 的字节数据送至 IO 端口，IO 端口的地址为 2100H。

10. 编写程序段，要求将 DX:AX 中存放的双字数据变为原来数据的 16 倍，其中 DX 中存放高字数据，AX 中存放低字数据。

11. 编写程序段，要求计算内存数据段偏移地址 1000H 开始的 10 个带符号字节数据的平均值。

第 *4* 章

汇编语言程序设计

4.1　概　　述

汇编语言程序不是机器指令的简单堆积，在设计中应该遵循相应的语法规范和程序设计方法。本章将对汇编语言程序格式、语句格式、伪指令、宏指令、DOS 和 BIOS 功能调用进行介绍，同时讨论顺序结构程序、分支结构程序、循环结构程序、过程等的设计方法，并在此基础上研究汇编语言和 C 语言的混合编程。

4.1.1　计算机语言的分类

为了利用计算机实现特定的目标或功能，需要利用计算机语言编写程序。按照从低级到高级，计算机语言可以分为机器语言、汇编语言和高级语言。

机器语言是使用二进制编码表示的，计算机可以直接识别和执行，程序的执行速度快，其缺点是难于记忆，编程读程困难，难于维护。由于机器语言是基于机器的语言，不同的机器语言之间不兼容，程序的兼容性和通用性差，因此现在已不直接使用机器语言设计应用程序。

汇编语言是采用了助记符表示指令的语言，助记符和指令一一对应，汇编语言不能直接被机器识别和执行，需要通过汇编程序将其翻译成机器语言后被机器执行。用汇编语言编写的程序执行效率高，占用的存储空间小，运行速度快，能够直接管理和控制硬件设备。但由于汇编语言也是基于机器的语言，因此相对于高级语言，汇编语言程序设计较复杂，其程序的兼容性和通用性较差。

机器语言和汇编语言统称为低级语言。

高级语言是相对于低级语言而言的，它是较接近自然语言的编程语言，基本不依赖机器硬件，因此具有程序设计简单、程序设计的难度较低、程序可读性高、易于维护、程序的兼容性和通用性高等优点。其缺点是不能直接被机器识别和执行，需要编译程序将其翻译成机器语言才能识别和执行，所以相对于机器语言和汇编语言而言，程序的执行速度较慢。常用的高级语言有 BASIC、FORTRAN、C、C++、JAVA 等。

4.1.2　汇编语言程序的格式

通常，汇编语言程序的格式如下：
DATA SEGMENT

```
        ...
        DATA ENDS
        STACK SEGMENT
        ...
        STACK ENDS
        CODE SEGMENT
            ASSUME CS:CODE,DS:DATA,SS:STACK
        START: MOV AX,DATA
            MOV DS,AX
            MOV AX,STACK
            MOV SS,AX
        ...
            MOV AH,4CH
            INT 21H
        CODE ENDS
        END START
```

汇编语言程序采用分段管理和组织,即一个标准程序通常由数据段、代码段和堆栈段 3 个逻辑段构成。微机系统中的内存也是分段管理的,8086 有 4 个段寄存器,80386 及以后的 CPU 有 6 个段寄存器,段寄存器存放段地址,程序的逻辑段和内存的物理段相对应。下面以将一个字符串中的大写字母转换为小写字母为例说明汇编语言源程序的分段结构。

【例 4 - 1】 将字符串 STRR 中的大写字母转换为小写字母。

解 程序代码如下:

```
DATA SEGMENT
        STRR DB 'HELLO WORLD! $'    ;待处理字符串
        LEN EQU $-STRR              ;字符串中包含的字符个数
DATA ENDS
CODE SEGMENT
        ASSUME CS:CODE,DS:DATA      ;告诉汇编程序内存物理段和逻辑段之间的关系
START:   MOV AX,DATA
         MOV DS,AX                  ;初始化 DS
         MOV BX,OFFSET STRR         ;设置地址指针
         MOV CX,LEN                 ;设置循环次数
CHECK:   MOV AL,[BX]                ;检查当前字符是否为大写字母
         CMP AL,'A'
         JB NEXT
         CMP AL,'Z'
         JA NEXT
         ADD AL,20H                 ;大写字母转小写字母
         MOV [BX],AL                ;存储转换后的数据
NEXT:    INC BX                     ;修改地址指针
         DEC CX                     ;修改循环次数
         JNZ CHECK
```

```
        MOV DX,OFFSET STRR        ;字符串输出
        MOV AH,9
        INT 21H
        MOV AH,4CH                ;返回 DOS
        INT 21H
    CODE ENDS                     ;代码段结束
        END START                 ;程序结束
```

由例 4-1 可以看出，汇编语言程序具有如下特点：

1. 分段结构

汇编语言程序采用分段组织的方式。例 4-1 中包含 DATA 和 CODE 两个段，以段定义伪指令 SEGMENT 表示段的开始，ENDS 表示段的结束。

2. 汇编语句

汇编语言程序由汇编语句构成。汇编语句分为指示性语句和指令性语句。指示性语句用于告诉汇编程序如何汇编，在可执行程序中，无可执行指令与其对应；指令性语句是执行语句，汇编语言程序对应的可执行程序有可执行指令与其对应。

3. 汇编语言和 DOS 的接口

为了保证程序执行后正确返回 DOS，汇编语言程序提供了两种汇编语言程序和 DOS 的接口方法：

方法一：将主程序定义成一个属性为 FAR 的过程。在程序的开始将 INT 20H 指令段地址(DS 的值)和偏移地址(0)压入堆栈，在程序结束时用 RET(将压入堆栈的值弹出到 IP 和 CS)结束，相当于执行 INT 20H 指令，使程序正常结束，返回 DOS。

方法二：用 DOS 功能调用。DOS 功能调用中的 4CH 号调用其功能是结束当前程序，返回 DOS。其调用方法是在程序结束前加入以下两条指令：

```
    MOV AH,4CH
    INT 21H
```

例 4-2 将采用方法一提供的方法与 DOS 接口方式。

【例 4-2】 将键盘输入的一个小写字母用大写字母的形式在屏幕上显示出来。

解　程序代码如下：

```
CODE SEGMENT
ASSUME CS:CODE
MAIN PROC FAR
        PUSH DS
        MOV AX,0
        PUSH AX
        MOV   AH,1
        INT 21H
        CMP AL,'a'
        JB OVERFLOW
        CMP AL,'z'
        JA OVERFLOW
        SUB AL,20H
```

```
            MOV DL,AL
            MOV AH,06H
            INT 21H
OVERFLOW： RET
MAIN   ENDP
CODE ENDS
END MAIN                ;指定程序从 MAIN 执行
```

4.2　汇编语言的程序格式及汇编语句的分类与格式

4.2.1　汇编语言的程序格式

【例 4 - 3】　用汇编语言编程实现 C＝A＋B。

解　程序代码如下：

```
DATA SEGMENT
    A DB ?
    B DB ?
    C DB ?
DATA ENDS
STACK SEGMENT
    ST DB 200 DUP(?)
STACK ENDS
CODE SEGMENT
    MAIN PROC FAR
    ASSUME CS:CODE,DS:DATA
    PUSH DS
    XOR AX,AX
    PUSH AX
    MOV AX,DATA
    MOV DS,AX
    MOV A,78
    MOV B,-65
    MOV AL,A
    ADD AL,B
    MOV C,AL
    RET
    MAIN ENDP
CODE ENDS
    END MAIN
```

由例 4 - 3 可以看出，对于汇编语言的程序结构，在写代码时要注意以下几点：

（1）汇编语言的源程序采用分段结构，一个程序可以包含若干个逻辑段，最多 4 种类型，分别为数据段、代码段、堆栈段和附加段。程序中必须包含一个代码段，其他逻辑段可有可无，根据设计需要确定。

（2）对于变量的定义，即对于原始数据的设置和处理结果存储空间的预留，通常在数据段和附加段完成。

（3）堆栈段主要用于存放需要保护的数据，用户可以自己设置堆栈段，也可以由系统自动分配堆栈空间使用。

（4）在代码段中，用 ASSUME 伪指令指明程序逻辑段和存储器物理段之间的对应关系，在代码段的程序部分通过设置段寄存器的值，建立程序逻辑段和存储器物理段之间的对应关系。

（5）用 END 伪指令结束整个源程序。

4.2.2　汇编语句的分类与格式

语句是构成汇编语言程序的基本单位。汇编语言程序是指由汇编语句按照一定规则和算法组织起来的能实现特定功能的语句集合。

1. 汇编语句的分类与格式

按照汇编语句在程序中的功能和作用，汇编语句分为指令性语句和指示性语句。

1）指令性语句

指令性语句是可执行语句，即其翻译成机器语言后，有机器指令与其对应，使 CPU 完成一个基本操作。指令性语句主要是指令系统中的指令。指令性语句的格式是：

　　　　［名字：］［指令前缀］指令助记符［操作数］　　［；注释］

2）指示性语句

伪指令是指示性语句。指示性语句不是可执行语句，即其翻译成机器语言后，没有可执行机器指令与之对应，其功能主要是在汇编过程中告诉汇编程序如何汇编，例如如何给变量分配存储空间，程序的逻辑段与存储器物理段之间的对应关系等。指示性语句的格式是：

　　　　［名字］助记符［操作数］　　　［；注释］

指令性语句与指示性语句中带［］的部分可有可无，根据指令本身和程序设计需求确定。各部分之间以空格作为间隔符号，各组成部分的详细说明见格式说明部分。

2. 格式说明

1）名字

指令性语句中的名字是标号，与指令前缀或者助记符以"："间隔。指示性语句中的名字可以是变量名、段名、过程名等，与助记符之间以空格间隔。名字需符合标识符的命名规则。标识符可以由字母（a～z 或 A～Z）、数字（0～9）以及一些特殊符号（＄，＆，－，＠等）组成，但不能以数字开头；长度不超过 31 个字符（超过 31 个字符时，其超出部分无效）；标识符字符不区分大小写。

变量名和标号是汇编语言程序设计中使用最频繁的名字，它们都与存储器地址有关，具有段属性、偏移属性和类型属性三种属性。

· 段属性：用标号或变量所在段的段地址表征。

• 偏移属性：标号的偏移属性用关联指令所在存储单元的偏移地址表征；变量的偏移属性用变量所分配存储单元中第一个存储单元的偏移地址表征。

• 类型属性：标号的类型属性有 NEAR 和 FAR 两种，NEAR 和 FAR 表示距离。段内引用标号时，其属性为 NEAR；段间引用标号时，其属性为 FAR。变量的类型属性是指其所占存储空间的大小，类型包括 BYTE、WORD 和 DWORD。

2）指令前缀

8086/8088 系统中用到的前缀主要有段超越前缀、锁定前缀和重复前缀。

当指令中的操作数为存储器操作数时，按照寻址方式都有其默认的段寄存器。当不适用默认的段寄存器时，需要加段超越前缀。

串操作指令根据需要可以加重复前缀，使得其后的串操作指令可重复执行。

3）助记符

指令性语句中的助记符是语句的关键字，用于指出指令的功能和操作，是指令中不能省略的部分。指示性语句中的助记符是伪指令的关键字，用于规定汇编程序完成的操作，如变量定义、段定义、过程定义等。

4）操作数

指示性语句中的操作数主要在数据定义时使用，详细使用方法参考伪指令中的数据定义伪指令部分。

指令性语句中的操作数是指令的操作对象，可以是数据、标号、寄存器、由寻址方式形成的存储器操作数、表达式等。操作数的个数可以是一个，也可以是多个。如果是多个，操作数之间以","间隔。下面给出常见的操作数形式。

（1）常数。

常数在指令的地址码字段直接给出，不需要访问寄存器，也不涉及存储器数据段的操作，在指令中只能作为源操作数。常见的常数形式有数字型常数和字符型常数。

数字型常数可以是二进制数、十进制数、八进制数和十六进制数。二进制数是由"0"和"1"组成的序列，以字母 B 结束，如 10110011B。十进制数是由数字 0～9 组成的数字序列，后面跟字母 D 结束或者直接结束，如 123 或 123D。八进制数是由数字 0～7 组成的数字序列，以字母 Q 或 O 结束，如 72Q。十六进制数是由数字 0～9 和字母 A～F 组成的序列，以字母 H 结束。如果数据以字母开头，则前面要加一个数字 0，以区别于标识符，如 1AH、0F3A4H 等。

字符型常数是由单引号开头的一个或一串字符，如′C′、′ABC′等。在汇编时，字符在存储器中以 ASCII 码存放。

（2）标号和变量。

标号可以作为转移指令、过程调用指令等的操作数。标号表征的是关联指令的地址，具有段属性、偏移属性和类型属性三种属性。

变量可以作为大部分指令的操作数，具有段属性、偏移属性和类型属性三种属性。

例如：

    DS1 DB 35H，6FH

```
MOV    AL, DS1                ;变量 DS1 的值 35H 送至 AL
MOV    BX, OFFSET  DS1        ;将变量 DS1 的偏移地址送至 BX,
                             ;即数据 35H 的偏移地址送至 BX
```

（3）由寻址方式给出的寄存器操作数或存储器操作数。

当操作数采用寄存器寻址时，操作数为寄存器操作数。可以存放操作数的寄存器包括 8 位寄存器 AL、AH、BL、BH、CL、CH、DL、DH 和 16 位寄存器 AX、BX、CX、DX、SI、DI、BP、SP、SS、DS、ES、CS。

由直接寻址、寄存器间接寻址、寄存器相对间接寻址、基址变址寻址、相对的基址变址寻址确定的操作数为存储器操作数。

（4）表达式。

表达式是由常数、标号、变量及各种寻址方式表示的操作数经运算符组合而成的。表达式的求值是在汇编过程中进行的。表达式中用到的运算符包括算术运算符、关系运算符、逻辑运算符、分析运算符和属性运算符。表达式可以分为数值表达式和地址表达式，数值表达式的结果是一个数值，只有大小，没有属性；地址表达式的结果具有偏移属性、段属性和类型属性。

算术运算符有"＋"、"－"、"＊"、"/"、MOD（求余）、SHL（左移）和 SHR（右移）7 种。算术运算执行的是整数运算，运算的结果为整数。在数值表达式中，7 种算术运算符都可以使用；而地址表达式只能使用加法运算和减法运算，对同一逻辑段的地址进行加法或减法运算。

例如：

```
MOV AL,26 MOD 4            ;汇编后变为 MOV AL, 2
MOV BH, (35 * 2＋10)/7     ;汇编后变为 MOV BH,11
```

关系运算符有"EQ"（相等）、"NE"（不相等）、"LT"（小于）、"GT"（大于）、"LE"（小于等于）、"GE"（大于等于）6 种。关系运算的操作对象为数值或者同一逻辑段的地址，其运算结果为布尔值。关系成立时，其结果为全 1（8 位为 0FFH，16 位为 0FFFFH）；关系不成立时，其结果为全 0（0）。

例如：

```
MOV    BX, 4 EQ 3     ;汇编后变为 MOV BX,0
MOV    BX, 4 NE 3     ;汇编后变为 MOV BX,0FFFFH
```

逻辑运算符有逻辑非 NOT、逻辑与 AND、逻辑或 OR、逻辑异或 XOR。逻辑运算的操作对象为数值，不能对地址进行逻辑运算。

例如：

```
MOV AL,0D0H   AND   55H    ;汇编后变为 MOV AL,50H
MOV AL,0AEH OR 0AAH        ;汇编后变为 MOV AL,0AEH
```

分析运算符主要用于分析操作对象的属性，操作对象可以是变量或者标号。分析运算符的功能表如表 4 - 1 所示。

表 4-1　分析运算符功能表

运算符	操作对象	功　　能
OFFSET	变量或标号	分析变量或者标号所在逻辑段的偏移地址
SEG	变量或标号	分析变量或者标号所在逻辑段的段地址
TYPE	变量或标号	分析变量或者标号的类型属性
LENGTH	变量	分析变量的长度
SIZE	变量	分析变量的大小

变量和标号的类型及其类型值关系对照见表 4-2。

表 4-2　类型属性值对照表

类型	BYTE（字节）	WORD（字）	DWORD（双字）	QWORD（8 字节）	TBYTE（10 字节）	NEAR	FAR
类型值	1	2	4	8	10	-1	-2

例如：

```
DATA SEGMENT
    VAR   DW 1234H,5678H
    ARRAY DD  12345678H
    STRR   DB  12H,34H,56H,78H
DATA ENDS
CODE SEGMENT
    ...
    MOV DX,OFFSET  ARRAY      ;将 ARRAY 的偏移地址 0004H 送至 DX
    MOV AX , TYPE VAR         ; 2→(AX)
    MOV BX , TYPE ARRAY       ; 4→(BX)
    MOV CX , TYPE STRR        ;1→(CX)
    ...
CODE ENDS
```

用 LENGTH 运算符分析变量时，如果变量定义时使用了 DUP 运算，则获得给变量分配的存储单元数，其单位可以是字节、字、双字；如果变量定义时未使用 DUP 运算，则结果为 1。

例如：

```
DATA SEGMENT
    FEES  DW  100  DUP (0)    ;LENGTH  FEES = 100
    ARRAY  DW  1,2,3          ; LENGTH   ARRAY = 1
DATA ENDS
CODE SEGMENT
    ...
    MOV AX , LENGTH FEES      ;100→(AX)
    MOV BX , LENGTH ARRAY     ;1→(BX)
```

...

```
    CODE ENDS
```

SIZE 运算符用于分析变量所占的存储单元数，其值等于该变量的 TYPE 值与 LENGTH 值的乘积。

【例 4 - 4】 已知变量为上面一段程序中定义的变量，利用 SIZE 运算符分析变量的大小。

解　程序如下所示：

```
    MOV AX , SIZE FEES          ;200→(AX)
    MOV BX , SIZE ARRAY         ;2→(BX)
```

属性运算符包括定义符号类型 PTR、定义新类型 THIS、段超越前缀和短转移 SHORT。

（5）注释。

汇编语言中”;”后的内容为注释部分。注释部分可有可无。在程序设计中，清晰有序的注释可大大增加程序可读性。

4.3　伪　指　令

伪指令又称为指示性语句，它是在汇编的过程中告诉汇编程序如何进行汇编，如变量存储空间的分配、段及过程的定义等。汇编后不产生与伪指令对应的目标代码。

常用的伪指令包括处理器定义伪指令、模式定义伪指令、段定义伪指令、数据定义伪指令、符号定义伪指令、过程定义伪指令、程序计数器与定位伪指令、模块定义与结束伪指令 8 种。

4.3.1　处理器定义伪指令

80X86 系列 CPU 在原低端 CPU 的基础上进行了指令的扩展，即不同型号的 CPU 其指令系统有所不同，因此在编写源程序时应指明 CPU 的类型。处理器定义伪指令用于设置指令系统所属的 CPU 类型。

格式：.微处理器名称

功能：用于设定指令系统所属的 CPU 类型。

常用微处理器及其对应的指令参见表 4 - 3。

表 4 - 3　微处理器及其对应的指令表

微处理器	对应的指令表
.8086	只汇编 8086/8088 的指令系统，可缺省
.286/.286C	可汇编 8086/8088 的指令系统和 286 非保护方式的指令
.286P	可汇编 8086/8088 的指令系统和 286 的指令系统（保护方式和非保护方式）
.386/.386C	可汇编 8086/8088 的指令系统和 286、386 非保护方式的指令
.386P	可汇编 8086/8088 的指令系统和 286、386 的指令系统（保护方式和非保护方式）

微处理器	对应的指令表
.486/.486C	可汇编 8086/8088 的指令系统和 286、386、486 非保护方式的指令
.486P	可汇编 8086/8088 的指令系统和 286、386、486 的指令系统（保护方式和非保护方式）
.586/.586C	可汇编 8086/8088 的指令系统和 286、386、486、Pentium 非保护方式的指令
.586P	可汇编 8086/8088 的指令系统和 286、386、486、Pentium 的指令系统（保护方式和非保护方式）

通常，处理器定义伪指令放在源程序的开始位置，用于规定使用的指令系统。

4.3.2 模式定义伪指令

模式定义可以决定一个程序的规模，也可以确定进行子程序调用、指令转移和数据访问的缺省属性。

格式：.MODEL 存储模式［,语言类型］［,操作系统类型］［,堆栈类型］

功能：定义程序的存储模式。

.MODEL 语句必须位于所有段定义语句之前，共有 7 种不同的存储模式，分别是 TINY、SMALL、COMPACT、MEDIUM、LARGE、HUGE 和 FLAT。模式说明参照表 4-4。

表 4-4 存储模式

模 式	说 明
TINY（微型模式）	只有一个逻辑段，不大于 64 KB
SMALL（小型模式）	可以有一个代码段和一个数据段，每段不大于 64 KB
COMPACT（紧凑模式）	可以有一个代码段（不大于 64 KB），多个数据段（超过 64 KB）
MEDIUM（中型模式）	可以有多个代码段（大于 64 KB），一个数据段（不大于 64 KB）
LARGE（大型模式）	可以有多个代码段（大于 64 KB）和多个数据段（大于 64 KB），静态数据限制在 64 KB 内
HUGE（巨型模式）	可以有多个代码段（大于 64 KB）和多个数据段（大于 64 KB），静态数据不再局限于 64 KB 内
FLAT（平展模式）	用于创建一个 32 位的程序，只能运行在 32 位 X86CPU 上

括号内为任选项，语言类型为 C、PASCAL 等，表示采用指定语言的命名和调用规则，它将对 PUBLIC 和 EXTERN 等伪指令产生影响。操作系统类型只有唯一选项 os_dos，堆栈选项有 NEARSTACK 和 FARSTACK 两种，默认为 NEARSTACK，表示堆栈段寄存器 SS 等于数据段寄存器 DS；堆栈选项为 FARSTACK 时则表示 SS 不等于 DS。

4.3.3 段定义伪指令

段定义伪指令主要用于指示汇编程序如何按段组织程序和存储器的分配，主要包括 SEGMENT/ENDS、ASSUME 和 ORG。

1. SEGMENT/ENDS

格式：

　　段名　SEGMENT [定位类型][,组合类型][,字长选择][,类别]

　　……

　　段名　ENDS

功能：用于定义程序中的一个逻辑段，给该逻辑段赋予一个段名，通过定位类型、组合类型、字长选择、类别等规定逻辑段的特性。段名需符合标识符的命名规则，SEGMENT 前和 ENDS 前的段名是同一个，SEGMENT 和 ENDS 成对出现。

方括号的内容为任选项，可以有，也可以没有，但是不能改变顺序。

定位类型：定位类型用于确定逻辑段的边界，就是逻辑段对段起始地址的要求，有 PARA、BYTE、WORD 和 PAGE 4 种。

• PARA：表明逻辑段从一个节(1 节为 16 个字节)的边界开始，即段的起始地址能够被 16 整除(16 进制地址中最低位为 0，形式如 XXXX0H)。

• BYTE：表明逻辑段从一个字节的边界开始，即段的起始地址可以为任意地址。

• WORD：表明逻辑段从一个字的边界开始，即逻辑段的起始地址必须为偶数。

• PAGE：表示逻辑段从一个页(1 页为 256 个字节)的边界开始，即段的起始地址能够被 256 整除十六进制地址中最低两位为 0，形式如 XXX00H)。

段定义中定位类型未知时，默认为 PARA。

组合类型：组合类型用于定义程序中各逻辑段在装入存储器时的组合方式，有以下 6 种类型。

• NONE：规定该逻辑段与其他逻辑段无联系。即使其他程序中有与该逻辑段同名的逻辑段，装入内存时也要作为不同的逻辑段装入，不进行组合。

• PUBLIC：当其他程序中有与该逻辑段同名的逻辑段时，按出现先后顺序组合成一个逻辑段。

• COMMEN：如果不同的程序中具有同名的逻辑段，则装入内存时从相同的起始地址装入。同名的逻辑段之间将发生重叠，组合后段的长度等于同名逻辑段中最长逻辑段的长度，内存中装入的内容为最后装入内存逻辑段的内容。

• STACK：其功能与 PUBLIC 类似。对于不同程序中具有 STACK 类型的同名逻辑段，装入内存时按照先后顺序连接成一个大的堆栈段，同时将这个段的段地址赋给 SS，将该段的最大偏移地址赋给 SP。

• MEMORY：不同程序的同名逻辑段进行组合时，该逻辑段定位在其他逻辑段之后(即地址最高的位置)。如果多个逻辑段的组合类型为 MEMORY，则在汇编程序将最先汇编的逻辑段作为 MEMORY 段，其余逻辑段作为 COMMEN 段。

• AT 表达式：规定逻辑段装入内存时按照表达式求值结果确定段地址。例如，AT 1800H 表示该逻辑段装入内存时其段地址为 1800H。

字长选择：8086、80286 不需选择，只有 16 位模式。对于 386 以上的微处理器，有以下两种选择：

• USE16：定义该逻辑段为 16 位，即偏移地址为 16 位，逻辑段的最大寻址空间为 64 KB。

• USE32：定义该逻辑段为 32 位，即偏移地址为 32 位，逻辑段的最大寻址空间为 4 GB。

类别：用于规定不同段链接时的连接顺序。

类别名必须用单引号引起。程序进行连接时，会将具有相同分类名的段按先后顺序装入连续的内存区，没有类别名的逻辑段与没有类型名的逻辑段按照先后顺序装入连续的内存。类别属性有‘CODE’、‘DATA’、‘STACK’和‘EXTRA’4 种。

2. ASSUME

格式：ASSUME 段寄存器:段名[,段寄存器:段名[,段寄存器:段名…]]

功能：用于指明程序中的逻辑段和物理段之间的关系。

ASSUME 指令通常放在代码段的开始，即所有指令性指令的前面。需要注意的是，ASSUME 伪指令仅仅指明了程序中的逻辑段和物理段之间的关系，但是并未建立二者之间的真正联系，即没有给段寄存器赋值。

对于 8086 CPU，段寄存器为 CS、DS、ES 和 SS，段名是程序中使用段定义伪指令定义过的逻辑段。

4.3.4 数据定义伪指令

数据定义伪指令主要用于定义变量，指明变量的类型，分配存储空间的大小，给变量在存储器中分配存储空间，也可以为变量赋予初值。

数据定义伪指令的格式：[变量名] 助记符 操作数，[操作数…]；[注释]

变量名：用标识符表示，必须符合标识符的命名规则，可以省略。变量名对应于后面操作数中的第一个数据项，第一个数据项的偏移地址对应变量的偏移属性，段地址对应变量的段属性。

助记符：即数据定义伪指令，用于指明变量的类型，它主要有下面 5 种：

(1) 字节数据定义伪指令 DB(Define Byte)：用于定义字节类型的变量，其后的每一个操作数分配 1 个存储单元，即 1 个字节。

(2) 字数据定义伪指令 DW(Define Word)：用于定义字类型的变量，其后的每一个操作数分配两个存储单元，即两个字节。数据存放时高字节占大地址的存储单元，低字节占小地址的存储单元。

(3) 双字数据定义伪指令 DD(Define DoubleWord)：用于定义双字类型的变量，其后的每一个操作数分配 4 个存储单元，即 4 个字节。数据存放时高字占大地址的两个存储单元，低字占小地址的两个存储单元。低字和高字按照字数据的存放原则存放。

(4) 8 字节数据定义伪指令 DQ(Define Quadword)：用于定义 8 字节类型的变量，其后的每一个操作数分配 8 个存储单元，即 8 个字节。数据存放时，高位双字占大地址的 4 个存储单元，低位双字占小地址的 4 个存储单元。高位双字和低位双字按照双字存放原则存放。

(5) 10 字节数据定义伪指令 DT(Define Tenbytes)：用于定义 10 字节类型的变量，其后的每一个操作数分配 10 个存储单元，即 10 个字节。数据存放时低位字节占小地址存储单元，高位字节占大地址存储单元。

操作数：是变量定义时分配的存储空间中赋予的初值，可以是常数、字符串、表达式、变量和标号等。

(1) 操作数是一个或多个数值常量。

如果是多个操作数,则操作数之间用","间隔。

例如:

```
D1 DB 12H,25H          ;定义字节类型变量 D1,分配两个存储单元,初值为 12H,25H
D2 DW 1234H            ;定义字类型变量 D2,分配两个存储单元,初值为 34H,12H
D3 DD 1A2B3C4DH        ;定义双字类型变量 D3,分配 4 个存储单元,初值为 4DH,3CH
                       ;2BH,1AH
```

(2) 操作数是一个或者多个可求值的数值表达式。

在汇编过程中由汇编程序完成求值运算,程序执行时将计算所得数值送入指定的存储单元。

例如:

```
DA DB 3 * 4,5+6 * 2    ;定义字节类型变量 DA,分配两个存储单元,初值为 12 和 17
```

(3) 操作数是字符串常量。

当操作数是长度超过 2 的字符串常量时,只能用 DB 定义;当操作数的长度小于等于 2 时,可以用 DB、DW 定义。字符串用单引号引起。

例如:

```
D4 DB'12'    ;定义字节类型变量 D4,分配两个存储单元,初值为 31H,32H
D5 DW'12'    ;定义字类型变量 D5,分配两个存储单元,初值为 32H,31H
```

(4) 操作数部分为?。

? 可以用于 DB、DW、DD 类型的变量定义中,其作用是给定义的变量分配存储空间,但是不赋予初值,一般用于定义存放结果的变量。

例如:

```
DA1 DB ?    ;定义字节类型变量 DA1,分配 1 个存储单元,不赋初值
DA2 DD ?    ;定义双字类型变量 DA2,分配 4 个存储单元,不赋初值
```

(5) 操作数部分为带 DUP 的表达式。

DUP 表达式格式:**重复次数 DUP (表达式)**

DUP 表达式功能:**表达式重复预置,预置次数由重复次数确定**

例如:

```
TTA   DB   50   DUP (0)          ;分配 50 个存储单元,预置初值为 0
TTB   DW   100   DUP   (?)        ;分配 200 个存储单元,未预置初值
TTC   DB   10   DUP('ABC',0BH)   ;分配 40 个存储单元,重复预置初值 41H
                                 ;42H,43H,0BH,重复预置 10 次
```

DUP 也可以重叠使用,即表达式部分依然是一个 DUP 表达式

例如:

```
TTD   DB   3   DUP (0,5   DUP (1))
```

相当于

```
TTD   DB   3   DUP (0,1,1,1,1,1)
```

(6) 操作数是地址表达式。

当操作数是地址表达式时,只能用 DW 或 DD 定义变量。操作数可以是变量或者标号

加减常数。

例如：

```
ZERO DB 0
ONE DW 1234H,5678H
TWO DW ZERO              ;将变量 ZERO 的偏移地址赋给变量 TWO
THREE DD TWO            ;将变量 TWO 的段地址和偏移地址赋给变量 THREE
                        ;其中段地址为高字，偏移地址为低字
FOUR DB TWO-ONE        ;将 TWO 和 ONE 变量偏移地址的差值赋给变量 FOUR
```

经过定义的变量具有类型属性，偏移属性和段属性 3 种属性。

- 类型属性：由数据定义伪指令 DB、DW、DD 等决定，类型为字节、字或者双字。
- 偏移属性：分配给该变量的第一个存储单元的偏移地址。
- 段属性：分配给该变量的第一个存储单元的段地址，也是定义该变量的逻辑段的段地址。

4.3.5 符号定义伪指令

符号定义伪指令的功能是给一个表达式、助记符、标号、变量等赋予一个新的符号名，在后续编程过程中可以使用新的符号代替原本的表达式、助记符、标号、变量等。常用的符号定义伪指令包括 EQU、＝和 LABEL。

1. 等值语句 EQU

格式：符号名　EQU　表达式

符号名需符合标识符的命名规则，表达式部分可以是变量、标号、常数、数值表达式，也可以是地址表达式。

功能：给 EQU 后的表达式赋予 EQU 前的符号名。在其后的编程中可以使用符号代替对应的表达式，提高程序的可读性和可维护性。

例如：

```
XX   EQU   2010H      ;给常数 2010H 赋予一个符号名 XX
ADS  EQU   [BX+80H]  ;给地址表达式[BX+80H]赋予一个符号名 ADS
LOD  EQU   MOV       ;给指令 MOV 赋予一个符号名 LOD
```

注意：利用 EQU 定义的符号，在未经解除前不能重复定义。

2. 等号语句＝

格式：符号名　＝　表达式

功能：等号语句的功能与 EQU 语句的功能完全相同，其差别在于使用＝语句定义的符号可以重复定义。

例如：

```
AA=15           ;定义 AA，AA 的值为 15
AA=25+AA        ;重新定义 AA，AA 的值为 40
```

3. LABEL

格式：名字　LABEL 类型

名字需符合标识符的命名规则。变量的类型为 BYTE、WORD、DWORD，标号的类型为 NEAR 或者 FAR。

功能：定义变量或标号的类型。

例如：

DBUFFER1 LABEL WORD

DBUFFER2 DB 20 DUP (0)

定义了 DBUFFER1 的类型为字类型，紧接着定义了字节类型的 DBUFFER2 变量，分配了 20 个存储单元，初值都为 0，相当于对这 20 个存储单元赋予了两个名字。对于 DBUFFER1 和 DBUFFER2，按照字节类型访问时，使用变量名 DBUFFER2；按照字类型访问时，使用变量名 DBUFFER1。因此，这部分内存区域的访问更加灵活。

例如：

XX_FAR　LABEL　FAR

XX：　　　　MOV AX,1234H

标号具有地址属性。在上述两条语句中，XX_FAR 和 XX 的段属性和偏移属性相同，XX_FAR 为远标号，XX 为近标号。在段内调用或者段内转移时用 XX，在段间调用或者段间转移时用 XX_FAR。

4.3.6　过程定义伪指令

过程即子程序。对于具有独立功能的程序模块，可将其定义为过程，它可以被其他程序（主调程序）调用，过程执行完毕后再返回到主调程序。过程的使用具有使程序结构清晰、简化程序源代码、减少目标代码的长度等优点。

格式：

过程名　PROC [NEAR/FAR]

　　　　…

　　　　RET

过程名　ENDP

格式说明：过程定义伪指令的功能是定义一个过程。过程被赋予的名字是伪指令中的过程名，两处过程名需要一致且符合标识符的命名规则。过程名相当于过程入口的符号地址，规定了过程的属性 NEAR 或 FAR。属性为 NEAR 的过程，其调用时为段内调用，即主调程序与过程位于同一个逻辑段；属性为 FAR 的过程，其调用时为段间调用，即主调程序与过程不在同一个逻辑段。缺省属性为 NEAR。

过程定义后，过程名具有类型属性、偏移属性和段属性 3 种属性。过程名的类型属性有 NEAR 和 FAR 两种。过程名的偏移属性由过程所占存储空间的起始偏移地址表征，段属性由过程所占存储空间的段地址表征。

过程可以嵌套调用，即在过程调用的过程中，又进行了过程的调用；过程可以嵌套定义，即在一个过程定义中可以包含另一个过程的定义。

【例 4-5】　过程 XX 的定义示例，过程 XX 与主调程序在同一个逻辑段 MYCODE。

解　程序如下所示：

MYCODE　　SEGMENT

XXP　ROC　　NEAR

```
            DEC   CX
            RET
XX      ENDP
START：     MOV  CX，0FFAH
            …
CALL   XX
            …
MYCODE ENDS
```

由于过程 XX 与主调程序在同一个逻辑段，因此其类型属性定义为 NEAR。

【例 4 - 6】 过程 XX 的定义示例，过程 XX 与主调程序在不在同一个逻辑段。

解 程序如下所示：

```
MYCODE1 SEGMENT
…
XX PROC FAR
…
RET
XX ENDP
…
MYCODE1 ENDS
MYCODE2 SEGMENT
CALL XX
…
MYCODE2 ENDS
```

由于过程 XX 与主调程序不在同一个逻辑段，因此其类型属性定义为 FAR。

4.3.7　程序计数器与定位伪指令

缺省情况下，数据和指令按其定义和编写顺序在存储器中从偏移地址为 0 的存储单元顺序存放。有时程序设计者希望能够对数据和指令的存放位置进行干预，以提高数据访问效率等，这时就需要用到定位伪指令，它可以指定数据或指令的存放位置。

1. 程序计数器 $

"$"表示当前位置的偏移地址。

例如：

```
DATA    SEGMENT
    A   DB  10H,20H,30H ,40H,50H   ;A 的偏移地址为 0000H,占用了 5 个存储单元
    LENGTHA EQU $-A              ; LENGTHA 的值为 0005H - 0000H＝0005H
    DATA    ENDS
```

在上例中，"$"表示当前位置的偏移地址，即 0005H。最终 LENGTHA 的值为 0005H，恰好为 A 对应的数据项的个数。

2. ORG

在程序数据段定义的数据或者在其他段编写的指令，默认都是从偏移地址为 0 的存储

单元顺序存放的。使用 ORG 伪指令可以指定数据或者指令存放的起始偏移地址。

格式：ORG 表达式

功能：将表达式的值作为后续数据或者指令的偏移地址

例如：

```
DATA    SEGMENT
    ORG  200H
ST1  DB  10H,20H,30H  ;给变量 ST1 在偏移地址为 200H 的位置分配存储单元
LENG EQU $-ST1
ST2  DW  ?
    ORG  400H
ST3  DW  123H,456H    ;给变量 ST3 在偏移地址为 400H 的位置分配存储单元
DATA    ENDS
```

3. EVEN

格式：EVEN

功能：规定后续程序或数据从偶地址开始存放。当默认地址为偶数时，不作调整；默认地址为奇数时，则偏移地址加 1，指向后续的偶地址单元。

例如：

```
DATA  SEGMENT
    DA   DB 'A'      ;字符'A'存放在数据段偏移地址为 0000H 的存储单元
    EVEN             ;当前偏移地址为 0001H，调整，偏移地址为 0002H
    DBB  DW 1234H    ;将 1234H 存放在数据段偏移地址为 0002H 和 0003H 的存储单元
DATA ENDS
```

4.3.8 模块定义与结束伪指令

对于大型的汇编语言程序，在设计时会根据功能将其划分成不同的功能模块。每一个功能模块对应一个 .asm 的源文件，经汇编后形成对应的 .obj 目标文件，由链接程序将各功能模块的目标文件进行链接，形成最后的可执行程序。模块定义伪指令可以实现模块的定义以及模块之间的通信。

1. NAME

格式：NAME 模块名

功能：用于给源程序代码赋予一个模块名。源代码文件经汇编后的目标程序将使用 NAME 定义的模块名，以便链接时使用。如果源代码文件没有定义模块名，则将使用源代码文件名进行链接。

2. END

格式：END［标号］

功能：表示源程序到此结束。

源程序的最后必须有一条 END 语句。END 中的标号表示程序执行的开始地址，即第一条可执行指令的地址。如果程序有多个模块连接，则只有主程序中的 END 伪指令使用标号。

3. PUBLIC

格式：PUBLIC 符号[,符号…]

PUBLIC 伪指令用于说明源代码中的某个符号（标号、变量、过程名等）是公共的，可以被其他模块引用，该指令可以放在程序中的任何位置。用 PUBLIC 说明多个符号时，符号之间用","隔开。

4. EXTRN

格式：EXTRN　符号名：类型[,符号名：类型…]

EXTRN 用于说明当前源代码中的某些符号是其他模块中已经用 PUBLIC 声明的符号。

需要注意的是，符号名必须是其他模块中用 PUBLIC 声明的符号，类型必须与其他模块中符号的类型一致。

4.4　宏　指　令

对于汇编语言源程序中反复出现的具有某种特定功能的程序段，可以将其定义成宏指令。源程序中对应的程序段可以用宏指令来代替（也称为宏调用）。使用宏指令的优点是使程序更加简洁。

对于汇编语言源程序中反复出现的具有特定功能的程序段，还可以将其定义成过程，在源程序需要的位置调用过程。这种模块化、结构化的程序设计方法，增加了程序的可读性和可维护性。

宏指令和过程具有相似性，但二者之间还有些本质区别：

· 在汇编过程中，汇编程序会将宏指令替换为其代表的程序段。

· 在汇编过程中，如果宏指令被替换为程序段，那么当多次调用宏指令时，程序段就会被多次汇编，形成的目标代码长度较长；而过程不管在程序中被调用多少次，程序段只汇编了一次，形成的目标代码长度短。

· 过程调用时程序从主调程序切换到过程，为了正确返回，需将断点等压入堆栈，返回时需要将压入堆栈的断点弹出，执行时间较长；而宏调用不涉及程序的切换，不存在保护断点、恢复断点等操作，执行时间短。

· 宏指令中的参数设定可以使其代表不同的程序段，访问更加灵活。过程一经定义，所代表的程序段也就确定了。

1. 宏指令定义

格式：

宏指令名　　MACRO［形参,…］

⋮

　;宏定义体

　　　　ENDM

可以在源程序中调用经过定义的宏指令，调用格式：

宏指令名　　［实参1],［实参2],…

调用时，实参需要与宏指令定义时的形参一一对应。如果实参个数少于形参个数，则多余的形参视为空白；如果实参个数多于形参个数，则多余的实参无效。

在汇编过程中，用程序段替换宏指令的过程称为宏扩展。

【例 4－7】　试编写一个宏定义，对两个带符号字数据进行交换。

解　程序代码如下：

```
EXCHANGE        MACRO        OPRD1,OPRD2
                             PUSH AX
                             PUSH DX
                             MOV AX,OPRD1
                             MOV DX,OPRD2
                             MOV OPRD2 ,AX
                             MOV OPRD1,DX
                             POP DX
                             POP AX
                             ENDM
```

假设程序中有如下宏调用：

```
        EXCHANGE SI,DI
```

在汇编时进行宏扩展，可得如下指令代码：

```
        EXCHANGE SI,DI
+       PUSH AX
+       PUSH DX
+       MOV AX,SI
+       MOV DX,DI
+       MOV DI,AX
+       MOV SI,DX
+       POP DX
+       POP AX
```

在宏指令调用中，常数、寄存器、存储单元、按照寻址方式形成的地址表达式都可以作为实参。除此以外，实参还可以是指令操作码或操作码的一部分，这时用"&"作为分隔符。在宏扩展时，位于"&"两端的符号合并成一个符号。

【例 4－8】　将内存数据区自 1000H 开始的 10 个字节数据传送至 2000H 开始的存储单元。

解　程序代码如下：

```
DATAMOV        MACRO SRC,DST,COUNT,WIDTH
               MOV AX,DS
               MOV ES,AX
               MOV SI,SRC
               MOV DI,DST
               MOV CX,COUNT
               CLD
               REP MOVS&WIDTH
```

```
                    ENDM
```
假设有如下宏调用：
```
    DATAMOV 1000H,2000H,10,B
```
进行宏扩展后，指令代码如下：
```
        DATAMOV 1000H,2000H,10,B
+               MOV AX,DS
+               MOV ES,AX
+               MOV SI,1000H
+               MOV DI,2000H
+               MOV CX,10
+               CLD
+               REP MOVSB
```

2. 取消宏定义

宏定义清除伪指令 PURGE 可以取消用 MACRO 定义的宏指令或者用 EQU 定义的符号。

格式：PURGE 宏指令名 1[,宏指令名 2…]

PURGE 可以同时清除多个宏指令，宏指令之间用","间隔。

宏汇编程序 MASM 允许宏指令名与 CPU 指令或伪指令的助记符同名。当宏指令名与指令（伪指令）同名时，CPU 的指令（伪指令）失效。只有当同名的宏指令名取消后，CPU 的指令（伪指令）恢复原本功能。

例如：
```
LOOP            MACRO       OPRD1,OPRD2
                            PUSH AX
                            PUSH DX
                            MOV AX,OPRD1
                            MOV DX,OPRD2
                            MOV OPRD2,AX
                            MOV OPRD1,DX
                            POP DX
                            POP AX
                            ENDM
```
宏调用：
```
    …
                            LOOP BX,CX
                            …
```
由于 LOOP 宏指令名与 LOOP 指令同名，所以此时 LOOP 指令的原本功能失效。

宏定义取消：
```
    …
                            PURGE LOOP
    …
```
宏指令名 LOOP 取消，此时 LOOP 不再是宏指令名，仅仅是一条指令，指令功能恢复。

4.5　汇编语言程序设计

程序设计不仅仅是编写程序代码。进行汇编语言程序设计的步骤如下：

（1）分析问题，根据实际问题抽象出其数学模型。

要对问题有全面了解，包括原始数据的类型、输入数据的类型、数量和数值、输出数据的类型、数量和数值、运算结果的精度要求、运算结果如何显示和存储、运算速度的要求。在了解问题的基础上，建立数学模型，将问题用数学形式表达。

（2）确定算法。

算法是指对解题方案的准确完整的描述，解决一个问题可以通过多种算法实现。在算法的选择上，要在综合考虑算法实现的复杂程度、算法的时间效率、占用存储空间的大小等的基础上，选择最优算法。

（3）根据算法绘制流程图。

流程图是算法的一种图形描述方法，可以通过一些带方向的线段、矩形框、圆角矩形框和菱形图等绘制。利用流程图表示算法具有简便直观等优点。绘制流程图有助于理清解题思路以及程序的设计、调试、修改和阅读。

（4）分配存储空间和工作单元。

由于 CPU 寄存器数目是有限的，而解决某些大型问题需要用到的寄存器和存储空间较大，因此在编写程序之前先要合理分配存储空间和工作单元，保证存储空间和工作单元的高效合理利用。

（5）编写程序并进行静态检查。

利用汇编语言实现已经确定的算法。在编写程序的过程中，要注意进行结构化、模块化程序设计；要详细了解 CPU 的指令系统、寻址方式及相关的伪指令；在程序设计中选用顺序、分支和循环三种结构；将问题中具有独立功能的小问题及需要重复处理的问题设计成过程。程序编写后，首先在非运行状态下检查程序，为调试程序做好准备。

（6）上机调试。

上机调试是程序设计的最后一步，也是保证程序正确运行的重要一步。调试过程中要进行功能测试，即按照程序的功能对程序进行测试。测试时要考虑测试数据的有效性和完备性。调试过程中注意积累经验，提高调试效率。

下面我们对程序设计方法进行详细介绍。

4.5.1　顺序结构程序设计

顺序结构是程序中最简单、最常用的程序结构。顺序结构的程序执行时按照其书写顺序执行。

【例 4-9】　在内存数据区 2100H 单元存有 2 位组合 BCD 码，将其变成分离 BCD 码，低位存于 2100H 单元，高位存于 2101H 单元。

解 分析：对于 2100H 单元存放的 2 位 BCD 码，首先将 2 位数分离。分离出低 4 位的方法，就是数据与 0FH 进行逻辑与运算；分离出高 4 位的方法，是将数据右移 4 位。

程序代码如下：

```
        DATA  SEGMENT
        ORG 2100H
            ZBCD   DB 56H
            FBCD   DB ?
        DATA   ENDS
        CODE SEGMENT
            ASSUME CS:CODE,DS:DATA
            MAIN   PROC FAR
        START:
            MOV AX,DATA
            MOV DS,AX
            LEA BX,ZBCD
            MOV   AL,[BX]
            AND ZBCD,0FH              ;分离低 4 位
            MOV CL,4
            SHR   AL,CL               ;分离高 4 位
            MOV [BX+1],AL
            MOV   AH,4CH
            INT 21H
        CODE ENDS
        END    START
```

【例 4 - 10】 已知某班微机原理课程的成绩按照学号从小到大的顺序排列在 SCOCE 表格中，要查的学生学号存放在变量 NO 中。试查找学生的成绩，并将成绩存放到 RESULT 单元。

解 程序代码如下：

```
DATA   SEGMENT
        SCORE DB 85,76,67,57,82,74,92,95,83,68
        NO DB 7
        RESULT DB ?
DATA   ENDS
CODE   SEGMENT
        ASSUME CS:CODE,DS:DATA
START: MOV AX,DATA
        MOV DS,AX
        LEA BX,SCORE
        MOV AL,NO
        DEC AL            ;初始化
```

```
        XLAT                    ;查表
        MOV RESULT,AL
        MOV AH,4CH
        INT 21H
    CODE    ENDS
        END START
```

4.5.2　分支结构程序设计

分支结构程序是指程序在执行过程中,根据程序执行的中间结果判断下一步执行的程序段。分支结构程序有单分支结构、双分支结构和多分支结构 3 种。

【例 4 - 11】　将键盘输入的一个小写字母用大写字母形式在屏幕上显示出来。

解　程序代码如下:

```
CODE SEGMENT
ASSUME CS:CODE
MAIN PROC FAR
START:  PUSH DS
    MOV AX,0
    PUSH AX
    MOV AH,1
    INT 21H
    CMP AL,'a'              ;1 号调用
    JB OVERFLOW            ;小写字母判断
    CMP AL,'z'
    JA OVERFLOW
    SUB  AL,20H            ;小写转大写
    MOV DL,AL             ;6 号调用
    MOV AH,06H
    INT 21H
OVERFLOW:RET
MAIN   ENDP
CODE ENDS
END MAIN
```

【例 4 - 12】　内存数据区自 1000H 开始存放了 3 个带符号字节数据,将其中的最大值送至其后的 RESULT 单元。

解　程序代码如下:

```
DATA SEGMENT
    ORG 1000H
    BUF DB 13H,89H,76H
    RESULT DB ?
DATA ENDS
```

```
CODE SEGMENT
      ASSUME CS:CODE,DS:DATA
START:MOV AX,DATA
      MOV DS,AX
      MOV BX, 1000H                ;初始化
      MOV AL,[BX]
      INC BX
      CMP AL,[BX]                  ;字节数据比较
      JGE NEXT
      MOV AL,[BX]                  ;替换设定最大值
NEXT: INC BX                       ;地址变更
      CMP AL,[BX]                  ;字节数据比较
      JGE EXIT
      MOV AL,[BX]                  ;替换设定最大值
EXIT: MOV RESULT,AL
      MOV AH,4CH
      INT 21H
CODE ENDS
      END START
```

【**例 4 - 13**】 编写程序实现符号函数的功能。

符号函数：

$$Y = \begin{cases} 1 & x>0 \\ 0 & x=0 \\ -1 & x<0 \end{cases}$$

解 程序代码如下：

```
DATA SEGMENT
      X DB -8
      Y DB ?
DATA ENDS
CODE SEGMENT
      ASSUME CS:CODE,DS:DATA
      MAIN PROC FAR
START: MOV AX,DATA
      MOV DS,AX
      MOV AL,X            ;初始化
      AND AL,AL
      JS NEGA             ;负数
      JZ ZERO             ;零
      MOV Y,1             ;正数
      JMP EXIT
```

```
NEGA:MOV Y,－1              ;负数情况处理
    JMP EXIT
ZERO：MOV Y,0               ;0 情况处理
EXIT:MOV AH,4CH
    INT 21H
MAIN ENDP
CODE ENDS
    END MAIN
```

4.5.3　循环程序设计

在程序设计过程中,对于需要反复执行的程序代码部分,可以将其设计为循环结构,避免程序代码的反复书写,简化程序代码和结构。

循环结构程序通常包含循环初始条件、循环体和循环结束条件 3 部分。

(1) 循环初始条件:是指循环体执行前的初始状态,通常通过初始化寄存器和存储单元来完成。

(2) 循环体:循环体是循环程序的核心部分,包括循环工作部分和循环控制部分。循环工作部分是为了实现程序功能设计的主要程序段。循环控制部分有两个功能:一是使程序趋于结束,如修改循环次数或者修改一些变量、寄存器、存储单元的值;二是为下一次循环做准备,通常通过修改变量、寄存器、存储单元的值来实现。

(3) 循环结束条件:在循环程序设计中必须给出循环结束条件,以控制循环的结束,不能结束的循环为死循环。结束循环的方式通常有两种:一种是事先知道循环次数的循环,在循环次数达到时循环结束,这种循环叫做 LOOP 型循环,流程图如图 4－1 所示,另一种是事先不知道循环次数,在循环过程中通过中间变量值来确定循环是继续还是结束。根据循环体和循环条件判断的先后顺序,这种循环分为 WHILE 型循环和 UNTIL 型循环,流程图如图 4－2 所示。

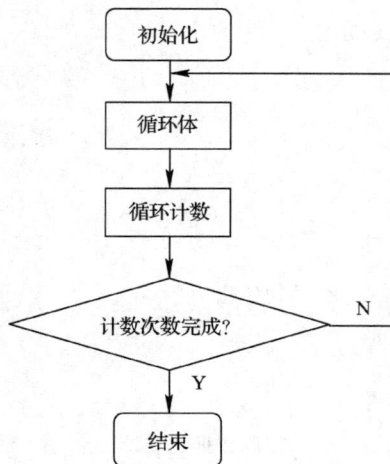

图 4－1　LOOP 型循环执行过程

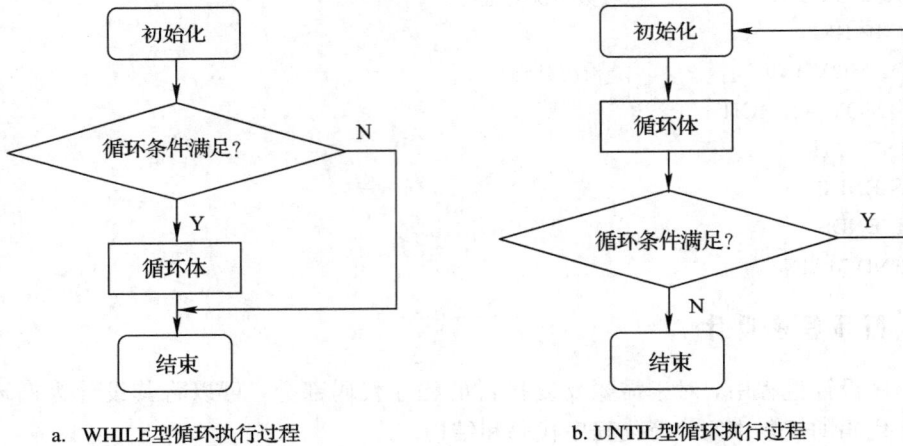

a. **WHILE 型循环执行过程**　　　　　　b. **UNTIL 型循环执行过程**

图 4-2　WHILE 型和 UNTIL 型循环

【**例 4-14**】　内存数据区自 1000H 单元开始的 10 个存储单元存储的 10 个带符号字节数据。编程统计其中正数、负数和零的个数，并存放在其后的 POSINUM、NEGNUM 和 ZERONUM 单元中。

解　程序代码如下：

```
DATA SEGMENT
    ORG 1000H
    BUF DB 10H,23H,97H,0F3H,78H,94H,48H,0A0H,98H,54H
    COUNT EQU $-BUF
    POSINUM DB ?
    NEGNUM DB ?
    ZERONUM  DB ?
DATA ENDS
CODE SEGMENT
    ASSUME DS:DATA,CS:CODE
    MAIN PROC FAR
START:  PUSH DS
    MOV AX, 0
    PUSH AX
    MOV AX,DATA
    MOV DS,AX
    MOV BX,OFFSET BUF        ;初始化
    MOV CX,COUNT
    MOV AH,0
    MOV DX,0
AGAIN: MOV AL,[BX]           ;被测数据送 AL
    AND AL,AL                ;被测数据处理
    JZ  ZERO                 ;零
    JS  NEGTIVE              ;负数
```

```
        INC AH                          ;正数数据个数加 1
        JMP NEXT
NEGTIVE:    INC DL                      ;负数数据个数加 1
        JMP NEXT
ZERO：INC DH                            ;零数据个数加 1
NEXT：INC BX
        LOOP AGAIN
        MOV POSINUM ,AH                 ;存储结果
        MOV NEGNUM,DL
        MOV ZERONUM ,DH
        RET
MAIN ENDP
CODE ENDS
        END MAIN
```

【例 4 – 15】　在一串给定个数的带符号字数据中寻找最大值，将最大值和最大值地址分别存放至 MAX 和 MAXADDR 存储单元。

解　程序代码如下：

```
DATA SEGMENT
        BUF   DW 12H,253AH,9036H,548AH,8778H,503BH,9388H,318CH,0FA43H,655BH
        LEN EQU $ – BUF
        MAX   DW   ?
        MAXADDR   DW ?
DATA ENDS
CODE SEGMENT
        ASSUME CS;CODE,DS;DATA
START;MOV AX,DATA
        MOV DS,AX
        LEA BX,BUF                      ;初始化
        MOV CX,LEN
        SHR   CX,1
        MOV AX,[BX]                     ;AX 设置为假定的最大值
        MOV SI,BX                       ;SI 设置为最大值的地址
        INC BX
        INC BX
        DEC CX
AGAIN：CMP AX,[BX]                      ;数据与设定最大值比较
        JGE NEXT
        MOV AX,[BX]                     ;替换设定最大值
        MOV SI,BX                       ;替换设定最大值地址
NEXT;INC BX
        INC BX
        LOOP AGAIN
```

```
        MOV MAX,AX                  ;存储最大值
        MOV MAXADDR,SI              ;存储最大值地址
        MOV AH,4CH
        INT 21H
CODE ENDS
        END START
```

【例 4-16】 假设内存数据区自 3000H 开始存有一串以'$'结束的字符串,编程统计其中的'#'的个数并显示。

解 程序代码如下:

```
DATA SEGMENT
        ORG 3000H
        STRR DB 'INV0&FAL2V#J76LH###TT$'
DATA ENDS
CODE SEGMENT
        ASSUME DS:DATA,CS:CODE
START: MOV AX,DATA
        MOV DS,AX
        LEA SI,STRR                 ;初始化
        MOV BX,0
CHECK: CMP BYTE PTR[SI],'$'         ;检测当前字符是否为'$'
        JNE NEXT                    ;未列最后一个字符
        JMP OUTPUT                  ;列最后一个字符
NEXT: CMP BYTE PTR[SI],'#'          ;检测当前字符是否为'#'
        JNE NEE                     ;不是'#'
        INC BX                      ;是'#','#'个数加 1
NEE: INC SI
        JMP CHECK
OUTPUT: CMP BX,10                   ;检测'#'个数与 10 的关系
        JB OP_DIGIT                 ;小于 10 个
        MOV AX,BX                   ;大于 10 个,分离十位与个位
        MOV CL,10
        DIV CL
        MOV BX,AX
        ADD AL,30H                  ;显示十位
        MOV DL,AL
        MOV AH,6
        INT 21H
        ADD BH,30H                  ;显示个位
        MOV DL,BH
        MOV AH,6
        INT 21H
        JMP EXIT
```

```
OP_DIGIT: ADD BL,30H                        ;显示结果
    MOV DL,BL
    MOV AH,6
    INT 21H
EXIT: MOV AH,4CH
    INT 21H
CODE ENDS
    END START
```

4.5.4　过程设计与调用

对于程序中反复被执行的程序片段及具有独立功能的程序片段,可以将其设计为过程(子程序),然后在需要执行该程序片段的位置调用过程实现其功能。过程设计可以实现程序设计的模块化和结构化,简化了程序结构。

过程设计中要解决的主要问题包括过程的定义、主调程序与过程间的参数传递及过程的调用和返回。

过程的定义在过程定义伪指令中进行了详述,以 PROC/ENDP 进行定义,详见过程定义伪指令。

主调程序与过程间的参数传递包括两种:一种是主调程序调用过程时,向过程提供的数据,对于过程而言,这些数据为输入数据,也称为入口参数;另一种是从过程返回主调程序时,过程返回主调程序的数据,这些数据为输出数据,也称为出口参数。主调程序和过程之间可以通过寄存器、变量或者堆栈进行参数的传递。

过程调用时程序从主调程序切换到过程执行,为了正确返回,需要保护断点和标志寄存器的内容,返回时从过程切换到主调程序断点执行。主调程序和过程中可能会出现寄存器使用冲突问题。对于出现使用冲突的寄存器,需在过程调用时,对寄存器的内容进行保护,即压入堆栈;返回时,将保护的寄存器内容弹出,恢复寄存器的原内容,保证寄存器内容的准确使用。

参数传递方法主要有以下 3 种:

1. 用寄存器传递参数

用寄存器进行参数传递就是把参数存放于约定的寄存器中,对于带有出口参数的寄存器不能进行保护。用寄存器传递参数的方法使用方便,是一种常用的参数传递方法。

【例 4-17】　将例 4-16 中数字字符的显示部分设计为过程。

解　程序代码如下:

```
DATA SEGMENT
    ORG 3000H
    STRR DB 'INV0&FAL2V#J76LH# # #TT$'
DATA ENDS
CODE SEGMENT
    ASSUME DS:DATA,CS:CODE
START: MOV AX,DATA
    MOV DS,AX
```

```
        LEA SI,STRR                          ;初始化
        MOV BX,0
CHECK: CMP BYTE PTR[SI],'$'                  ;检测当前字符是否为'$'
        JNE NEXT                             ;不是'$'
        JMP OUTPUT                           ;是'$'
NEXT: CMP BYTE PTR[SI],'#'                   ;检测当前字符是否为'#'
        JNE NEE                              ;不是'#'
        INC BX                               ;'#'个数加 1
NEE: INC SI
        JMP CHECK
OUTPUT: MOV AX,BX
        CMP AX,10                            ;比较'#'个数与 10 的关系
        JB ONENUM                            ;小于 10 个
        MOV AX,BX                            ;大于 10 个,分离十位与个位
        MOV CL,10
        DIV CL
        MOV BX,AX
        CALL OP_DIGIT                        ;调用显示单个数字过程,显示十位
        MOV AL,BH
ONENUM:CALL OP_DIGIT                         ;调用显示单个数字过程,显示结果
        MOV AH,4CH
        INT 21H
OP_DIGIT PROC NEAR                           ;显示单个十进制数字的过程
        ADD AL,30H
        MOV DL,AL
        MOV AH,6
        INT 21H
        RET
OP_DIGIT ENDP
CODE ENDS
        END START
```

2. 用变量传递参数

对于处在同一个源文件中的主调程序和过程,可以共享一个变量,实现参数的传递;对于不在一个源文件中的主调程序和过程,利用 PUBLIC/EXTRN 声明后,也可以利用变量传递参数。

【例 4-18】 已知某小组 10 个同学的成绩,计算 10 个同学的平均成绩,并将其存入 AVER 单元。

解 程序代码如下:

```
DATA SEGMENT
        SCORE DB 75,87,68,93,84,79,65,77,92,83
        COUNT EQU $-SCORE
        AVER DB ?
```

```
DATA ENDS
CODE SEGMENT
    ASSUME CS:CODE,DS:DATA
START: MOV AX,DATA
    MOV DS,AX
    CALL AVER_FUNC
    MOV AH,4CH
    INT 21H
AVER_FUNC PROC NEAR                 ;求平均值的过程
    PUSH AX
    PUSH BX
    PUSH CX
    LEA BX,SCORE                    ;初始化
    MOV CL,COUNT
    MOV CH,0
    XOR AX,AX
SCORE_ADD: ADD AL,[BX]              ;求和
    ADC AH,0
    INC BX
    LOOP SCORE_ADD
    MOV CL,COUNT
    DIV CL                          ;求平均值
    MOV AVER,AL                     ;存储平均值
    POP CX
    POP BX
    POP AX
    RET
AVER_FUNC ENDP
CODE ENDS
    END START
```

3. 用堆栈传递参数

在主调程序与过程间进行参数传递时，可以将要传递的参数放在堆栈中。由主调程序将入口参数压入堆栈，在过程中将数据从堆栈弹出，实现入口参数的传递；过程将出口参数压入堆栈，在主调程序中将数据从堆栈弹出，实现出口参数的传递。

【例 4 - 19】 已知某小组 10 个同学的成绩，计算 10 个同学的平均成绩，并将其存入 AVER 单元，要求参数利用堆栈传递。

　解　程序代码如下：

```
DATA SEGMENT
    SCORE DB 75,87,68,93,84,79,65,77,92,83
    COUNT EQU $ - SCORE
    AVER DB ?
DATA ENDS
```

```
CODE SEGMENT
    ASSUME CS:CODE,DS:DATA
START: MOV AX,DATA
    MOV DS,AX
    MOV AX,OFFSET SCORE                ;分数起始地址压入堆栈
    PUSH AX
    MOV AX,COUNT                       ;分数个数压入堆栈
    PUSH AX
    CALL SCORE_AVER
    JMP EXIT
SCORE_AVER PROC NEAR
    PUSH BP
    MOV BP,SP
    MOV BX,[BP+6]                      ;获取分数起始偏移地址
    MOV CX,[BP+4]                      ;获取分数的个数
    XOR AX,AX
SCORE_ADD: ADD AL,[BX]                 ;分数求和
    ADC AH,0
    INC BX
    LOOP SCORE_ADD
    MOV CL,COUNT
    DIV CL                             ;求分数平均值
    MOV AVER,AL                        ;存储平均分
    POP BP
    RET
SCORE_AVER ENDP
EXIT: MOV AH,4CH
    INT 21H
CODE ENDS
    END START
```

4.6 DOS 和 BIOS 系统功能调用

微型计算机系统为汇编用户提供了 DOS(Disk Operation System)系统功能调用和 BIOS(Basic Input Output System)系统功能调用两种控制硬件的程序接口。

4.6.1 DOS 系统功能调用

DOS 是 IBM PC 微机系统的磁盘操作系统。用户有两种使用 DOS 的方式：低级用户可以通过从键盘输入 DOS 命令，由系统的 COMAND.COM 模块接收、识别和处理后对硬件进行操作；高级用户可以通过用户程序去调用 DOS 功能程序对硬件进行操作。DOS 系统中提供了一组子程序，共 87 个，子程序编号为 1~57H。这些子程序按其实现的功能，

主要分为设备管理类、目录管理类、文件管理类和其他类 4 类。设备管理类的子程序可以实现键盘输入、显示器输出等功能；目录管理类子程序主要实现文件的查找、改名等功能；文件管理类子程序可以对文件进行操作，如文件的打开、关闭、读写操作等；其他类子程序是除上述 3 类之外的其他子程序，可实现内存分配、获取或设置日期和时间等。

进行 DOS 系统功能调用一般遵循如下 3 个步骤：

（1）按照 DOS 系统功能调用的入口参数要求送入口参数，无入口参数的忽略该步骤；

（2）将 DOS 系统功能调用的子程序编号送至 AH；

（3）给出 DOS 子程序请求中断指令，即 INT 21H。

下面介绍常用的设备管理类的 DOS 系统功能调用。

1. 从键盘输入一个字符并回显（1 号调用）

功能：等待从键盘输入一个字符，直到有键按下。有键按下后，在显示器上显示该字符，同时将该键的 ASCII 码送至 AL。

入口参数：无

出口参数：将键盘上按下键的 ASCII 码送至 AL，并在显示器上显示该字符。

例如：

```
MOV AH,1      ;功能号送 AH
INT 21H       ;DOS 功能调用
```

上述指令执行后，等待从键盘输入一个字符。假设此时按下′0′，则将′0′的 ASCII 码 30H 送至 AL，同时在显示器显示字符′0′。

2. 从键盘输入一个字符不回显（7 号调用）

功能：等待从键盘输入一个字符，直到有键按下。有键按下后，将该键的 ASCII 码送至 AL。和 1 号调用基本相同，差别就是 7 号调用键入的字符不在显示终端显示。

入口参数：无

出口参数：将键盘上按下键的 ASCII 码送至 AL，不在显示器上显示该字符。

例如：

```
MOV AH,7      ;功能号送 AH
INT 21H       ;DOS 功能调用
```

3. 从键盘输入一个字符串（10 号调用）

功能：将从键盘输入的以回车结束的一串字符送至指定的存储区域。

入口参数：DS:DX 指向接收字符串的存储区的首存储单元，接收字符串的存储区的第一个字节存入用户设置的接收存储区可接收的最大字符数（含回车）。

出口参数：将实际输入的字符串的字符个数（不含回车）存放到接收字符串存储区的第二个字节存储单元，实际输入的字符串从接收字符串存储区的第三个存储单元开始存放。

例如：

```
DATA SEGMENT
    BUF DB 20           ;用户设置的接收字符数
    DB ?                ;预留单元，接收实际输入的字符数
    DB 20 DUP(?)        ;预留单元，接收输入的字符串
DATA ENDS
CODE SEGMENT
```

```
        …
        MOV AX,DATA
        MOV DS,AX              ;DS 指向字符串首字符对应的存储单元的段地址
        MOV DX,OFFSET BUF  ;DX 指向字符串首字符对应的存储单元的偏移地址
        MOV AH,10             ;子程序编号送至 AH
        INT 21H               ;DOS 功能调用
        …
    CODE ENDS
```

4. 在显示器上显示一个字符(2 号调用)

功能：在显示器上显示一个字符。

入口参数：将要显示的字符的 ASCII 码送至 DL。

出口参数：无。

例如：

```
        MOV DL,'$'            ;入口参数设置，'$'的 ASCII 码送至 DL
        MOV AH,2             ;子程序编号送至 AH
        INT 21H              ;DOS 功能调用
```

5. 在显示器上显示一个字符串(9 号调用)

功能：在显示器上显示一个字符串(字符串必须以'$'结束，'$'不显示)。

入口参数：DS:DX 指向以'$'结尾的字符串的首字符对应的存储单元。

出口参数：无。

例如：

```
DATA SEGMENT
        STR DB'Hello World! $'      ;以'$'结束的字符串
DATA ENDS
CODE SEGMENT
        …
        MOV AX,DATA
        MOV DS,AX              ;DS 指向字符串首字符对应的存储单元的段地址
        MOV DX,OFFSET STR    ;DX 指向字符串首字符对应的存储单元的偏移地址
        MOV AH,9             ;子程序编号送至 AH
        INT 21H               ;DOS 功能调用
        …
    CODE ENDS
```

6. 键盘输入字符/显示器输出字符(6 号调用)

功能：从键盘输入一个字符或者在显示器上输出一个字符。

输入功能时：

入口参数：将 0FFH 送至 DL，表示从键盘输入一个字符。

出口参数：如果有键按下，则 ZF＝0，按下字符的 ASCII 码送至 AL 寄存器；如果没有键按下，则 ZF＝1。

输出功能时：

入口参数：将要输出字符的 ASCII 码送至 DL(不能为 0FFH)。

出口参数：无。

【例 4 - 20】　6 号调用从键盘输入一个字符。

解　程序代码如下：

```
MOV DL,0FFH              ;入口参数 0FFH 送至 DL，表示输入功能
MOV AH,6                 ;子程序编号送 AH
INT 21H                  ;DOS 功能调用
```

【例 4 - 21】　6 号调用在显示器上输出一个字符。

解　程序代码如下：

```
MOV DL,'A'               ;入口参数设置，'A'的 ASCII 码送至 DL
MOV AH,6                 ;子程序编号送至 AH
INT 21H                  ;DOS 功能调用
```

【例 4 - 22】　从键盘输入一串小写字母，将其改为大写字母后输出。

解　程序代码如下：

```
DATAS SEGMENT
  STRING1 DB 'Please input some small letters $'
  STRING DB 13,10,'THE CONVERTED LETTER: $'
BUFF    DB   100                         ;13 和 10 分别为"回车"和"换行"的 ASCII 码
        DB ?
        DB 100 DUP (?)
DATAS ENDS
CODES SEGMENT
    ASSUME CS:CODES,DS:DATAS
START:
    MOV AX,DATAS
    MOV DS,AX
    MOV DX,OFFSET STRING1                ;9 号调用，显示 STRING 1 字符串
    MOV AH,09H
    INT 21H
    MOV DX,OFFSET BUFF                   ;10 号调用，从键盘输入一串字符
    MOV AH,0AH
    INT 21H
    MOV DX,OFFSET STRING                 ;9 号调用，显示 STRING 字符串
    MOV AH,09H
    INT 21H
    MOV AH,06H
    XOR SI,SI
    MOV CL,BUFF[1]                       ;字符串长度送 CL
L1:MOV DL,BUFF[SI+2]                     ;当前字符串送至 DL
    CMP DL,'a'                           ;检测当前字符是否为小写字母
    JB L2
    CMP DL,'z'
    JA L2
```

```
        SUB DL,20H                    ;小写变大写
    L2:INT 21H                        ;6 号调用,输出一个字符
        INC SI
        DEC CL
        JNZ L1
        MOV AH,4CH
        INT 21H
CODES ENDS
    END START
```

4.6.2　BIOS 系统功能调用

BIOS(Basic Input and Output System,基本输入输出系统)是固化在计算机主板上 ROM 芯片中的一组程序,可以实现基本输入/输出操作、开机自检操作、系统自启动操作、从 CMOS 中读写系统设置等操作。BIOS 的主要功能是为计算机提供最底层的、最直接的硬件设置和控制,例如输入/输出设备的控制、时间和日期的设置、磁盘的读写等。

BIOS 功能调用的方法和 DOS 功能调用的方法类似。

(1) 如果有入口参数,可设置入口参数;

(3) BIOS 系统功能调用的功能号送到寄存器 AH;

(3) 执行 INT n。

下面介绍几种常用的 BIOS 调用。

1. 键盘输入中断调用(INT 16H)

1) 0 号功能调用

功能:执行时,等待从键盘输入一个字符。

入口参数:无。

出口参数:如果有标准 ASCII 码按键按下,按下字符的 ASCII 码会送入到 AL,AH 中为接通扫描码;如果有扩展按键按下(组合键、F1～F10 功能键、光标控制键等),则 AL=0,AH 中为键扩展码;如果按下的按键为 Alt+小键盘数字键,则 AL 中为 ASCII 码,AH 中为 0。

例如:

```
    MOV AH,0
    INT 16H
```

2) 1 号功能调用

功能:查询键盘缓冲区的字符,对键盘进行扫描但是不等待,同时设置 ZF 标志。

入口参数:无。

出口参数:无键按下时,标志 ZF=1;有键按下时,与 0 号调用功能相同。

例如:

```
    MOV AH,1
    INT 16H
```

3) 2 号功能调用

功能:读取当前 8 个特殊键的状态。

入口参数：无。

出口参数：AL 中的内容为 8 个特殊按键的状态，AL 中从高位到低位对应的按键为 Ins、Caps Lock、Num Lock、Scroll Look、Alt、Ctrl、左 Shift 键、右 Shift 键。相应位为 1 时，表示按键按下；为 0 时，表示按键未按下。

2. 显示器输出中断调用（INT 10H）

1）0 号调用

功能：设置显示方式。

入口参数：AL 中的内容为显示模式。

出口参数：无。

表 4-5 给出了 0 号调用入口参数对照表。

表 4-5　显示器输出 0 号调用入口参数对照表

AL 的内容	显示方式	AL 的内容	显示方式
00	40×25 黑白方式	01	40×25 彩色方式
02	80×25 黑白方式	03	80×25 彩色方式
04	320×200 彩色图形	05	320×200 黑白图形
06	640×200 黑白图形	07	80×25 单色文本方式
08	160×200 16 色图形	09	320×200 16 色图形
0A	640×200 16 色图形	0B	保留
0C	保留	0D	320×200 彩色图形（EGA）
0E	640×200 彩色图形（EGA）	0F	640×350 单色图形（EGA）
10	640×350 彩色图形（EGA）	11	640×480 单色图形（EGA）
12	640×480 16 色图形（EGA）	13	320×200 256 色图形（EGA）
40	80×30 彩色文本（CGE400）	41	80×50 彩色文本（CGE400）
42	640×400 彩色文本（CGE400）		

2）6 号调用

功能：清屏。

入口参数：AH=06H，AL=0（清窗口）。

　　　　　CH——窗口的左上角位置 Y 坐标，CL——窗口的左上角位置 X 坐标。

　　　　　DH——窗口的右下角位置 Y 坐标，DL——窗口的右下角位置 X 坐标。

出口参数：无。

3）9 号调用

功能：在当前光标处按指定属性显示字符。

入口参数：AH=09H，AL——要显示字符的 ASCII 码。

　　　　　BH——显示页码。

　　　　　BL——属性（文本模式）或颜色（图形模式）。

　　　　　CX——重复输出字符的次数。

出口参数：无。

4.7　汇编语言与C＋＋语言混合编程

　　汇编语言编程具有占用存储空间小、执行速度快、可方便进行硬件控制等优点。相比于高级语言，汇编语言是依赖于硬件的编程语言。程序设计者进行汇编语言程序设计的首要条件是需要掌握硬件结构，了解计算机硬件，对程序设计者的要求较高。此外，汇编语言编写的程序可移植性较差。因此在程序设计时，为了提高程序设计的效率，增强程序的可移植性，同时保留灵活控制硬件等优点，可以进行汇编语言和高级语言联合编程，对于直接控制硬件的程序部分以及对于运行速度要求较高的程序部分等可采用汇编语言编程；对于其他部分，可以采用高级语言编程。

　　汇编语言与C、C＋＋联合编程有嵌入汇编和模块连接两种方法可以实现。当汇编代码较短时，可以在C/C＋＋源文件中采用嵌入汇编的方式编程；当汇编代码较长时，可以将汇编语言单独写成汇编文件，采用模块连接方式编程。

4.7.1　嵌入汇编

　　在C和C＋＋源代码中直接加入汇编语言程序的方法叫做嵌入汇编。嵌入汇编时使用的关键字为＿＿asm，其使用格式如下：

```
…    /＊C 或 C＋＋代码＊/
＿＿asm
{
…/＊汇编语言代码＊/
}
…    /＊C 或 C＋＋代码＊/
```

内嵌汇编时应注意如下几个问题：

（1）小心使用物理寄存器，避免物理寄存器冲突。

（2）对于嵌入汇编中使用的寄存器，用户不需要进行保存和恢复，编译器在编译时会自动保存和恢复这些寄存器。

（3）嵌入式汇编代码部分，可以使用汇编语言格式表示整数，也可以使用C＋＋格式表示整数。

　　【例 4-23】　利用嵌入汇编计算 10 个同学高等数学成绩的最高成绩。

　　解　方法一：汇编语言方案。程序代码如下：

```
DATA SEGMENT
    SCORE DB 87,65,78,77,84,56,93,90,66,85
    COUNT EQU $-SCORE
    MAX DB ?
DATA ENDS
CODE SEGMENT
    ASSUME CS:CODE,DS:DATA
START:MOV AX,DATA
```

```
        MOV DS,AX
        CALL MAX_FUNC                    ;调用求最大值的过程
        CALL DISP_FUNC                   ;调用显示过程
        MOV AH,4CH
        INT 21H
MAX_FUNC PROC NEAR                       ;求最大值的过程
        PUSH AX
        PUSH BX
        PUSH CX
        LEA BX,SCORE                     ;初始化
        MOV CL,COUNT
        MOV CH,0
        MOV AL,[BX]                      ;设定最大值送 AL
SCORE_CHECK:CMP AL,[BX]                  ;当前数据与设定最大值进行比较
        JAE NEXT
        MOV AL,[BX]                      ;替换设定最大值
NEXT:
        INC BX
        LOOP SCORE_CHECK
        MOV MAX,AL                       ;存储最大值
        POP CX
        POP BX
        POP AX
        RET
MAX_FUNC ENDP
DISP_FUNC PROC NEAR                      ;显示过程
        PUSH AX
        PUSH BX
        PUSH CX
        LEA BX,MAX                       ;取最大值
        MOV AL,[BX]
        CMP AL,100                       ;比较最大值与 100 的关系
        JNZ NEXTT                        ;不等于 100
        MOV DL,31H                       ;等于 100 时显示 100
        MOV AH,6
        INT 21H
        MOV DL,30H
        INT 21H
        MOV DL,30H
        INT 21H
        JMP EXIT
NEXTT:CMP AL,10                          ;比较最大值与 10 的关系
```

```
            JB SING                          ;小于 10
            MOV CL,10
            MOV AH,0
            DIV CL                           ;分数十位与个位
            MOV BX,AX
            MOV DL,AL                         ;显示十位
            ADD DL,30H
            MOV AH,6
            INT 21H
            MOV DL,BH                         ;显示个位
            ADD DL,30H
            INT 21H
            JMP EXIT
    SING: ADD AL,30H                          ;显示小于 10 的十进制数
            MOV DL,AL
            MOV AH,6
            INT 21H
    EXIT: POP CX
            POP BX
            POP AX
            RET
            DISP_FUNC ENDP
        CODE ENDS
            END START
```

方法二：混合编程方案。程序代码如下：

```cpp
#include <iostream.h>
int main()
{
int max(int arr[],int num)
    int score[10]={67,83,69,76,92,65,87,90,84,78};
    coun<<"The highest score is"<<max(score,10)<<endl;
return 0;
}
int max(int arr[],int num)                   ;求最大值的函数
{
int score_max;
    _ _asm{
mov bx,arr                                   ;初始化
mov cx,num
mov al,[bx]
check: cmp al,[bx]                           ;当前数据与设定最大值进行比较
jae next
```

```
mov al,[bx]                              ;替换设定最大值
next: inc bx
dec cx
jnz check
mov score_max,al                         ;存储最大值
    }
return (score_max);
}
```

4.7.2　C 语言调用汇编子程序

在 C 语言程序中调用汇编语言子程序时,需要解决如下问题。

1. 汇编语言子程序的声明

在 C 语言程序中调用汇编子程序时,应在汇编语言子程序中用 Public 进行声明,汇编语言子程序名前加"_"。在 C 语言中用 extern 对被调用的汇编语言子程序进行声明。

2. 参数的传递

C 语言程序和汇编语言子程序之间的参数传递是通过堆栈实现的,并且参数入栈的顺序是从右往左。假设调用的汇编语言程序的参数从左往右依次为参数 1,参数 2,……,参数 n,则参数入栈的顺序为参数 n,……,参数 2,参数 1。在 C 语言程序中调用汇编语言子程序实现了从 C 语言程序到汇编语言子程序的切换。当汇编语言子程序执行完毕时,需要从汇编语言子程序切换到 C 语言程序。为了正确返回,在调用汇编语言子程序前需要将断点地址压入堆栈(近调用将偏移地址压入堆栈,远调用将偏移地址和段地址压入堆栈)。另外,C 语言程序的参数是按照从右到左的顺序压入堆栈。

当汇编语言子程序要使用 C 语言程序中传入的参数时,需要到堆栈的相应位置将参数取出然后使用。具体方法是用基址指针寄存器 BP 加上相应的偏移量对堆栈中的参数进行存取,首先将 BP 的值压入堆栈,将堆栈指针 SP 的值赋给 BP。当调用为段内调用时,参数 n 在堆栈区的偏移地址为 $BP+4+2*(n-1)$;当调用为段间调用时,参数 n 在堆栈区的偏移地址为 $BP+6+2*(n-1)$。可以使用 MOV REG,[EA]来获取相关参数,EA 为参数 n 在堆栈区的偏移地址。

在返回 C 程序之前,还需要恢复寄存器 BP 的值,指令如下:

```
POP BP
RET
```

3. 子程序的返回值

汇编语言子程序的返回值是通过寄存器 DX 和 AX 传递的。当返回值为字数据时,返回值存放于 AX;当返回值为双字数据时,高字存放在 DX 中,低字存放在 AX 中;当返回值的位数多于双字数据时,返回值存放在存储器中,DX 中存放该存储区的段地址,AX 中存放该存储区的偏移地址。

4. 汇编子程序的退出

由于在子程序调用过程中会涉及断点及现场的保护和恢复,所以在子程序退出前要仔细计算 SP 值的变化,以免造成不可预知的错误。

【例 4 - 24】 检测内存单元中 0 的个数并显示。

方案一：汇编语言方案。程序代码如下：

```
DATA SEGMENT
    BUF DB 79
    RESULT DB ?
DATA ENDS
CODE SEGMENT
    ASSUME CS:CODE,DS:DATA
START:MOV AX,DATA
    MOV DS,AX
    CALL NUM_FUNC              ;调用统计 0 个数的过程
    CALL DISP_FUNC             ;调用显示过程
    MOV AH,4CH
    INT 21H
NUM_FUNC PROC NEAR            ;统计数字中 0 个数的过程
    PUSH AX
    PUSH BX
    PUSH CX
    PUSH DX
    LEA BX,BUF                 ;初始化
    MOV AL,[BX]
    MOV CL,8
    MOV CH,0
    MOV DL,0
CHECK: SHL AL,1               ;检测 0 的个数
    JC NEXT                    ;当前数位数字不为 0
    INC DL                     ;0 的个数加 1
NEXT: LOOP CHECK
    MOV BX,OFFSET RESULT
    MOV [BX],DL                ;存储统计结果
    POP DX
    POP CX
    POP BX
    POP AX
    RET
NUM_FUNC ENDP
DISP_FUNC PROC NEAR           ;显示过程
    MOV BX,OFFSET RESULT
    MOV DL,[BX]
    ADD DL,30H
    MOV AH,6
```

```
    INT 21H
DISP_FUNC ENDP
CODE ENDS
    END START
```

方法二：混合汇编方案。程序代码如下：

主程序：

```
/ *  check. c * /
#include⟨stdio. h⟩
int extern checkzero(int data)
void main( )
{
int num;
num＝checkzero(79);
    printf("被测数据中包含的 0 的个数是%d",num);          //调用检测 0 个数的函数
}
```

汇编语言子程序：

```
/ * test. asm * /
public _checkzero
_checkzero proc near
push bp
mov bp,sp
push cx
push dx
mov cx,16              ;初始化循环次数
mov dx,0               ;初始化统计结果
mov ax,[bp＋6]         ;获取被检测数据
check：shl ax,1
jc next               ;当前数位不为 0
inc dx                ;0 的个数加 1
next：  dec cx
jnz check
mov ax,dx             ;存储统计结果
pop dx
pop cx
pop bp
ret
_checkzero endp
```

上述程序的编译和链接过程如下：

(1) 在 DOS 环境下，用 MASM 将汇编语言子程序 checkzero. asm 汇编生成目标 checkzero. obj。

(2) 建立一个扩展名为 prj 的工程文件，在工程文件中加入要编译的 C 语言主程序

check. c 和汇编语言子程序的目标文件 checkzero. obj。

（3）编译链接工程文件，生成扩展名为 exe 的可执行文件。

（4）执行扩展名为 exe 的可执行文件。

习　题

1. 用示意图说明下述变量在内存中的分配情况。

（1）STR DB′ABC $ ′

（2）ONE DW′12′,−5,127,−128

（3）TWO DB′12′,−128,−5,127

（4）THREE DB 5,6,−10

（5）FOUR DB 2DUP(1,′0′)

2. 某程序中数据段定义如下所示：

```
DATA SEGMENT
STR DB′BOY′
BUF DB 10H,20H,30H
DATA ENDS
```

要求：

（1）用一条指令将 STR 的偏移地址送 BX。

（2）用一条指令将 BUF 中第二个字节的内容送入 AL。

（3）在空格处补写一条伪指令，将 BUF 变量占用的存储单元数送 LEN。

3. 写出下述程序执行结果以及程序的功能。

```
DATA SEGMENT
BUFFER DB 10H,56 H,83H,69H,0,0A3H,9FH,77H,0F6H,46H
LEN EQU $ − BUFFER
D DB?
B DB?
C DB?
DATA ENDS
CODE SEGMENT
ASSUME CS：CODE, DS：DATA
START：
        MOV AX, DATA
        MOV DS, AX
        LEA SI, BUFFER
        MOV CX, LEN
        MOV AL, 0
        MOV B, AL
        MOV C, AL
```

```
        MOV D，AL
        CLD
CHECK：LODSB
        AND AL，AL
        JS   X2
        JZ X1
        INC B
        JMP NEXT
   X1：INC C
        JMP NEXT
   X2：INC D
   NEXT：DEC CX
        JNZ CHECK
        MOV AH，4CH
        INT 21H
CODE ENDS
END START
B=_____，C=_____，D=_____。
```

该程序的功能是_____。

4. 写出下述程序的执行结果以及程序的功能。

```
DATA SEGMENT
   TAB DB 5,73,82,84,69,93,56,77,38,96,81
   LEN EQU $-TAB
DATA ENDS
CODE SEGMENT
   ASSUME CS:CODE,DS:DATA
START：MOV AX,DATA
   MOV DS,AX
   LEA SI,TAB
   MOV CX,LEN
   MOV DL,0
AGAIN：  MOV AL,[SI]
        TEST AL,1
        JNZ L0
        INC DL
        CMP DL,1
        JA L1
        MOV BL,AL
        JMP L0
   L1：   CMP BL,AL
        JGE L0
        MOV BL,AL
   L0：   INC SI
```

```
        LOOP AGAIN
        MOV AH,4CH
        INT 21H
    CODE ENDS
    END START
```

该程序运行后：

(1) CX=_____H。　　(2) BL=_____H。　　(3) DL=_____H。

(4) 写出该程序的功能。

5. 编写完整的汇编语言程序，要求将键盘输入的一串小写字母转换为大写字母并在显示器上输出显示。

6. 编写完整的汇编语言程序，要求从键盘输入一串字符，统计其中数字字符的个数并输出。

7. 已知某小组 10 个同学的成绩分别为 93、87、65、79、84、88、72、95、68、70。要求统计其中成绩为优秀的学生个数，计算该小组的平均成绩，并统计低于平均分的同学个数。（要求写出完整的汇编语言程序）

第 5 章

存　储　器

　　存储器(memory)是计算机系统中必不可少的组成部分，是计算机的记忆设备。计算机中全部的信息，包括输入的原始数据、程序、中间运行结果和最终运行结果都保存在存储器中。微处理器控制着存储器的存取操作，包括从存储器中取出数据，对数据进行处理，并将处理的结果(数据)写入存储器。而微处理器也依据存储器中所存储的程序的规定自动完成各项工作。

　　现代高性能微型计算机的存储器系统采用多层次结构。本章主要介绍构成微机系统主存储器的半导体存储器及其使用，包括存储器分类、性能指标、基本构成、典型芯片以及接口技术，并介绍 32 位微机的存储器接口、高速缓冲存储器以及虚拟存储器管理技术。

5.1　存储器概述

　　存储器的存储介质主要采用半导体芯片和磁性材料。一个双稳态半导体电路、一个 MOS 晶体管或磁性材料的存储元，均可以存储一位二进制数。这一位二进制数是存储器中最小的存储单位，称为一个存储位或存储元。由若干个存储元组成一个存储单元，再由许多存储单元组成一个存储器。在微机系统中，存储器按照 8 位二进制数编址，即每 8 个存储元组成一个存储单元，并由一个唯一的物理地址加以识别。存储单元是 CPU 能够访问的最基本的存储单位。

　　本节概要介绍现代微型计算机系统中存储器的层次结构、存储器芯片的引脚定义以及主存储器的性能指标。

5.1.1　存储器的层次化结构

　　计算机系统对存储器的要求是容量大、速度快、成本低，但单一类型的存储器很难同时满足三方面的要求。例如，半导体存储器速度快，但价格高，容量不宜做得很大；磁盘存储器价格较便宜，可以把容量做得很大，但存取速度较慢。为了解决容量、速度、价格三者之间的矛盾，计算机的存储系统通常采用层次化结构。

　　在早期的计算机中，如 8086/80286 微型计算机系统，存储器由主存储器和外存储器组成二级存储器结构，把容量不大、存取速度较快的存储器作为主存储器(Main Memory)，把容量大但速度较慢的存储器作为辅助存储器(Auxiliary Memory)。而现代微型计算机在主存和 CPU 之间增加了高速缓冲存储器(Cache)，形成了由高速缓冲存储器、主存储器和外存储器组成的三级存储器结构，如图 5-1 所示。

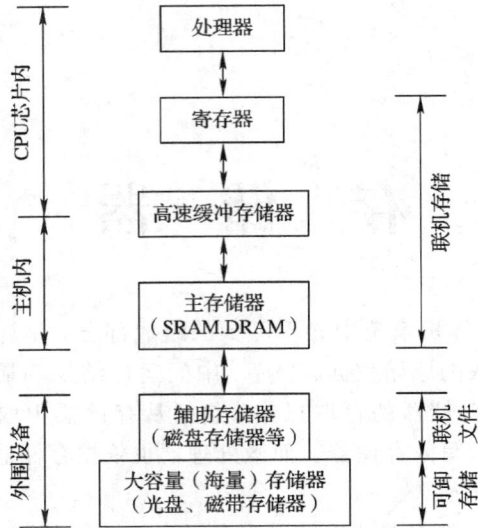

图 5-1 微机存储系统的层次结构

从图 5-1 可见，CPU 中的寄存器组可以看作最高层次的存储芯片，它位于 CPU 芯片内部，由高速逻辑电路构成，工作速度与 CPU 相同，CPU 能以极高的速度访问这些寄存器。CPU 对寄存器的访问不按存储地址进行，而按寄存器名称，这是寄存器与存储器的最大区别。CPU 内部的寄存器越多，就越能减少 CPU 访问外部存储器的次数，从而提高 CPU 的效率。但受芯片面积、功耗、管理等方面的限制，CPU 内部的寄存器数量有限。

高速缓冲存储器位于 CPU 和主存之间，通常由半导体静态存储芯片（SRAM）组成，容量比较小，但速度比主存快得多，接近 CPU 的工作速度。在计算机运行过程中，CPU 首先访问高速缓冲存储器取得所需信息，只有当所需的信息不在高速缓冲存储器时才访问主存。不断更新高速缓冲存储器的信息可使计算机尽量减少对慢速主存的访问，从而提高 CPU 的效率。现代微型计算机是从 80386 开始引入 Cache 技术的。最初的 Cache 只有 4 KB，位于 CPU 芯片外部，设置在主机板上。从 80486 开始，为了进一步提高工作速度，将 Cache 集成到了 CPU 内部，称为一级缓存或片内缓存（L1 Cache）；而将位于 CPU 外部的高速缓存称为二级缓存或片外 Cache。多核 core 微处理器普遍采用三级缓存结构，每个 CPU 核有单独的 L1 和 L2 缓存，所有 CPU 核共享一个 L3 Cache，其中 L3 高速缓存的容量为数兆字节。

主存储器是计算机的主要存储器，简称主存或内存，用于存放当前计算机正在执行或经常要使用的程序和数据。主存的存储空间分成只读存储器 ROM 区域和可以随机读写的存储器 RAM 区域。主存的 ROM 区域用于保存开机后执行的启动程序以及某些固定程序和数据（如 BIOS 程序）。这些只读存储器常由可编程只读存储器 EPROM 构成，现代微型计算机则使用闪存（Flash Memory），可以方便地实现系统的更新和升级。主存的 RAM 区域用于存放计算机运行过程中经常用到的程序和数据，如操作系统、应用程序以及相关的数据等，断电后信息会丢失，需要启动后从辅助存储器调入。主存的速度比 Cache 慢，容量较大，价格较便宜，通常采用半导体动态存储芯片（DRAM）构成。主存储器和高速缓冲存储器都是 CPU 可以直接访问的存储器，组成了微机系统的内存储器。

外存储器又常称为辅助存储器(简称外存和辅存),属于外部设备。CPU 不能像访问内存那样直接访问外存。CPU 要访问外存,必须通过专门的设备,将外存中的信息先传送到内存中,然后再由 CPU 访问。外存多使用存储容量大、价格便宜、速度较慢的磁盘存储器。光盘存储器和 U 盘也经常作为辅助外存使用。

从上述的层次结构可以看出,在计算机的存储系统中,越接近 CPU 的存储器,其存储容量越小,速度越快,价格也越高;越远离 CPU 的存储器,其存储容量越大,速度越慢,价格越低。计算机对不同层次的存储器的要求也不同。对于高速缓冲存储器,主要强调快速存取,以便存储器访问速度与 CPU 的工作速度相匹配;外存储器主要强调大的存储容量,以满足计算机大容量存储的要求;而主存储器介于 Cache 和外存之间,要求选取适当的存储容量和存取速度,使它能够容纳系统的核心软件和较多的用户程序。

5.1.2　半导体存储器的引脚定义

微机系统内部的主要存储器是由半导体存储器构成的。半导体存储芯片通用的引脚有地址输入引脚、数据输出或数据输入/输出引脚、芯片选择引脚以及至少一个用于选择读或写操作的控制引脚。图 5-2 所示为 RAM 和 ROM 的通用存储器外部引脚示意图。

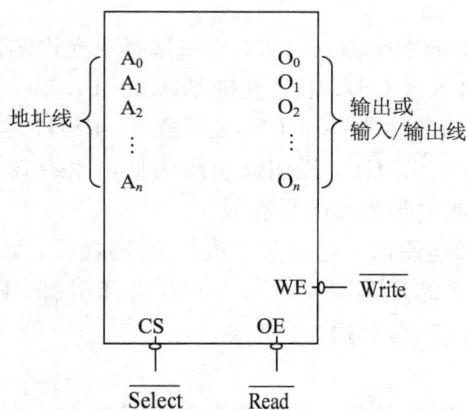

图 5-2　通用的半导体存储器外部引脚示意图

1. 地址线

所有的存储芯片都有地址输入引脚,用于选择芯片中的一个存储单元。地址线通常标示为 $A_0 \sim A_n$,其中 A_0 表示有效地址的最低位,n 为数值大小比地址引脚总数小 1 的任意值。例如,某个存储芯片有 10 个地址输入端,则它的地址引脚标为 $A_0 \sim A_9$。

存储芯片地址输入引脚的个数由它内部存储单元的数目决定。例如,某存储芯片有 1 K 个存储单元,则需要 10 个地址引脚($A_0 \sim A_9$),由一个 10 位二进制数产生 1024 种不同的组合(000H~3FFH),用于选择 1024 个存储单元中的一个单元。因此,存储芯片中存储单元的数目可由地址引脚的数目来推断,通常 2^n 个存储单元需要有 n 个地址引脚,反之亦然。例如,2 K 存储芯片有 11 个地址引脚,8 K 存储芯片有 13 个地址引脚。

2. 数据线

所有的存储芯片都有一组数据输出引脚或者数据输入/输出引脚。对于 ROM 芯片,通常设置数据输出引脚。而对于 RAM 和 EEPROM 芯片,数据引脚为输入/输出双向引脚。

数据信息通过数据线输入到存储单元中进行保存或从存储单元中取出。数据线的数量由存储芯片中一个存储单元存储的二进制数的位数决定。如果存储单元为 8 位，则通常配置 8 个数据引脚，标为 $D_0 \sim D_7$。因为数据传输方向的不同，也有一些 ROM 芯片将数据引脚标为 $O_0 \sim O_7$，部分 RAM 芯片将数据引脚标为 $IO_0 \sim IO_7$。目前，大部分存储芯片是 8 位的，也有部分存储芯片的位数为 1 位、4 位或 16 位。

半导体存储芯片在表示存储容量时，经常同时给出存储单元的数目和存储单元的位数，即

$$存储芯片容量 = 存储单元数 \times 存储单元位数$$

许多制造商以存储芯片存储二进制数的总位数（bit，b）来表示存储容量，如 1024b/片、512 Kb/片。例如，Intel 6116 芯片容量为 2 K×8，有时写为 16 Kb；Intel 62256 芯片容量为 32 K×8，有时写为 256 Kb。各制造商对存储容量的表示方法可能不同。

【例 5-1】 存储容量为 1 K×8 的半导体存储芯片中存储单元的个数、位数以及地址线、数据线的位数分别是多少？

解 存储容量为 1 K×8 的半导体存储芯片有 1024 个存储单元，每个存储单元可存储 8 位二进制数据，通常配置有 10 条地址线和 8 条数据线。

3. 芯片选择线

每个存储芯片都有一个或多个输入引脚，用来选择或允许芯片工作。这种输入引脚常称为片选端（Chip Select，$\overline{CS}$ 或 CS）、芯片使能端（Chip Enable，$\overline{CE}$ 或 CE）或简称选择端（Select，$\overline{S}$）。RAM 芯片一般至少有一个 $\overline{CS}$ 或 $\overline{S}$ 输入，ROM 芯片至少有一个 $\overline{CE}$。如果引脚名称上带有上划线，如 $\overline{CS}$、$\overline{CE}$，说明此引脚为低电平有效；如果引脚名称上没有上划线，如 CS、CE，则说明此引脚为高电平有效。

当芯片选择线输入有效电平时，允许芯片执行读/写操作；如果输入为无效电平，则禁止芯片执行读/写操作；如果芯片存在不止一个芯片选择引脚，则只有当所有选择线均输入有效电平时，才允许芯片读/写数据。

4. 控制线

所有存储芯片均有控制输入引脚，用于控制数据传输的方向。ROM 通常仅有一个控制引脚，而 RAM 通常有一个或两个控制引脚。

ROM 的控制引脚通常称为输出允许端（Output Enable，$\overline{OE}$ 或 OE）或输出选通端（gate，$\overline{G}$ 或 G），它允许数据从 ROM 的数据线上输出。若 $\overline{OE}$ 与芯片使能端 $\overline{CE}$ 同时有效，则输出被使能，允许对 ROM 芯片进行读操作；若 $\overline{OE}$ 无效，则输出被禁止，芯片的数据输出线为高阻状态。$\overline{OE}$ 允许和禁止存储芯片内的一组三态缓冲器，在读数据时 $\overline{OE}$ 必须有效。

RAM 有一个或两个控制输入引脚。如果只有一个控制输入端，通常被称为读写选择端（R/$\overline{W}$）。当片选端 $\overline{CS}$ 有效时，如 R/$\overline{W}$ 的输入为高电平（逻辑 1），则 RAM 芯片进行一次读操作（数据输出）；如 R/$\overline{W}$ 的输入为低电平（逻辑 0），则 RAM 芯片进行一次写操作（数据输入）。

若 RAM 有两个控制输入端，通常命名为输出允许端或输出选通端（$\overline{OE}$ 或 $\overline{G}$）和写允许端（Write Enable，$\overline{WE}$ 或 $\overline{W}$）。在片选端 $\overline{CS}$ 有效的条件下，当 $\overline{WE}$ 有效（输入低电平）时，允许芯片执行一次写操作；当 $\overline{OE}$ 有效（输入低电平）时，允许芯片执行一次读操作。

请注意，当这两个控制输入（$\overline{WE}$ 和 $\overline{OE}$）都存在时，它们不能同时有效；如两个控制输入均无效，则芯片既不能读也不能写，数据线处于高阻状态。

5.1.3　主存储器的性能指标

主存储器的性能指标主要是存储容量、存取时间和存储周期。

存储一个机器字的存储单元，通常称为字存储单元，相应的单元地址称为字地址。存储一个字节的单元，称为字节单元，相应的地址称为字节地址。Intel 系列微处理器采用字节编址，即使机器字的字长为 16 位、32 位或者 64 位，其内存仍然以字节为单位，即一个存储单元存放一个 8 位二进制数。16 位二进制数需要占用 2 个存储单元，32 位数需要占用 4 个存储单元，64 位数需要占用 8 个存储单元，高性能微型计算机可以一次同时访问 2、4 或 8 个存储单元，从而完成对 1/4 字长、半字长及单字长数据的存取。

存储器中可以容纳的存储单元的总数称为该存储器的容量。存储容量越大，能存储的信息就越多。主存储器的存储容量通常用字节数（byte，B）来表示，如 64 KB、1 MB、4 GB。而外存则用 GB、TB 等单位以表示更大的存储容量。其中 1 KB＝2^{10} B，1 MB＝2^{20} B，1 GB＝2^{30} B，1 TB＝2^{40} B。

存取时间又称存储器访问时间，是指从启动一次存储器操作到完成该操作所经历的时间，也就是从 CPU 给出有效的存储器地址到该操作完成，将数据读入数据缓冲寄存器为止所经历的时间。存取时间越短，存储器的工作速度越快。存储器的存取时间一般为几纳秒（ns）到几百纳秒。

存储周期是指连续启动两次独立的存储器操作（如两次读操作）所需间隔的最小时间。通常，存储周期略大于存取时间。

存取时间和存储周期反映了主存储器的速度指标。存储器的速度应尽可能与 CPU 的速度匹配，以免影响计算机系统的整体性能。

5.2　半导体存储器

半导体存储器是组成微机系统存储器的主要存储器件。本节举例介绍典型半导体存储器器件的结构、工作原理及应用。

按照信息存储方式，半导体存储器分为随机读写存储器（RAM）和只读存储器（ROM）。

5.2.1　半导体随机读写存储器 RAM

半导体随机读写存储器（RAM）是易失性存储器，断电后信息会丢失。因为其存取速度快且具有可读可写的特性，在计算机系统中用于存放 CPU 当前正在运行的程序和数据，是构成计算机主存、Cache 的重要器件。

根据存储电路的基本结构，RAM 存储器可分为静态 RAM（Static RAM，SRAM）和动态 RAM（Dynamic RAM，DRAM）。

1. SRAM

SRAM 以触发器为基本存储单元，只要不掉电，信息就不会丢失。SRAM 芯片的集成度低于 DRAM，功耗、价格也较 DRAM 高，但速度快，不需要刷新电路，多用于存储容量不大、速度要求较高的场合，如高速缓冲存储器。

SRAM 的芯片有很多种规格，常用的有 Intel 2114（1 K×4 位）、4118（1 K×8 位）、6116（2 K×8 位）、6264（8 K×8 位）和 62 256（32 K×8 位）等。随着大规模集成电路的发展，SRAM 的集成度也在不断地增大。下面以 Intel2114 芯片为例，说明 SRAM 的具体组成及工作过程。

【例 5 - 2】 SRAM Intel 2114 芯片的结构框图、引脚排列和逻辑符号如图 5 - 3 所示。

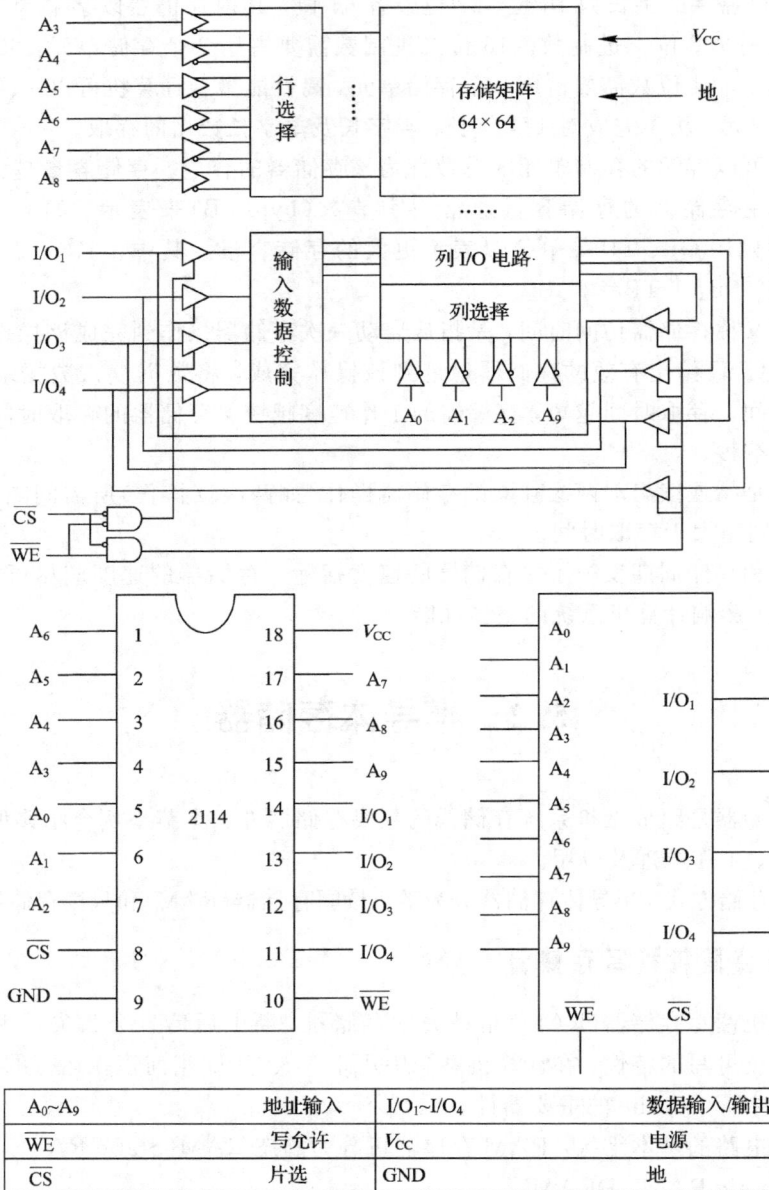

$A_0 \sim A_9$	地址输入	$I/O_1 \sim I/O_4$	数据输入/输出
$\overline{WE}$	写允许	V_{CC}	电源
$\overline{CS}$	片选	GND	地

图 5 - 3　Intel 2114SRAM

　　解　Intel 2114 芯片采用 NMOS 工艺，容量为 1 K×4 位，共有 4096 个基本存储单元，组成 64×64 的存储矩阵，有 18 个引脚，采用双列直插式封装。地址线共有 10 根，其中 $A_8 \sim A_3$ 用于行地址译码，产生 64 个行译码信号；$A_2 \sim A_0$ 和 A_9 用于列地址译码，产生 16 个列译码信号，且每个列译码信号控制 4 位。I/O 控制电路分为输入数据控制电路和列 I/O 电路，用于对信息进行缓冲和控制。2114 只有片选端 $\overline{CS}$ 和写允许端 $\overline{WE}$ 2 个控制引脚。当 $\overline{CS}$ 和 $\overline{WE}$ 同时输入有效低电平时，输入三态门打开，数据由外部总线经输入数据控制电路写入到选中的存储单元中；当 $\overline{CS}$ 为有效低电平而 $\overline{WE}$ 输入高电平时，输出三态门打开，被选中单元的 8 位数据经列 I/O 控制电路输出到外部总线；当片选端 $\overline{CS}$ 为无效的高电平，则无论 $\overline{WE}$ 为何种状态，存储器芯片既不能读出也不能写入，其输入输出三态门呈现为高阻状态，从而使存储器芯片与外部系统总线隔离。

　　其他 SRAM 的结构与 2114 类似，只是地址线数量不同，控制引脚的数量和定义稍有区别。常用的型号，如 Intel 6264、62256，均为 28 个引脚的双列直插式封装，使用单一 +5 V 电源，其中 6264 有 13 根地址线，62256 有 15 根地址线，它们与同样容量的 EPROM 引脚相互兼容，从而使接口电路的连线更加方便。

2. DRAM

　　DRAM 利用 MOS 场效应晶体管栅极分布电容的充放电来保存数据信息，具有集成度高、功耗小、价格低等特点，但速度比 SRAM 慢，多用于大容量存储系统中，如作为微型计算机的主存储器使用。由于电容存在漏电现象，DRAM 所存储的数据信息不能长久保存，因此需要专门的动态刷新电路，定期给电容补充电荷，以避免存储数据的丢失。

　　所谓刷新，就是每隔一定时间(一般为 2 ms)对 DRAM 的所有单元进行读出，经读出放大器放大后再重新写入原电路，以维持存储电容上的电荷，从而使所存信息保持不变。虽然每次进行的正常读/写操作也相当于刷新，但是由于 CPU 对存储器的读/写操作是随机的，并不能保证在规定时间内对内存中所有单元都进行一次读/写操作，因此必须设置专门的外部控制电路和刷新周期来系统地对 DRAM 进行刷新操作。

　　【例 5 - 3】　DRAM Intel 2164A 的内部结构、引脚排列及逻辑符号如图 5 - 4 所示。

　　解　Intel 2164A 的存储容量为 64 K×1 位，基本存储单元采用单管动态存储电路，片内共有 65 536 个基本存储单元，每个存储单元存放一位二进制信息。要寻址 64 K 个基本存储单元，需要 16 条地址线。为了减少引脚数目，缩小封装面积，2164A 只有 8 条地址线，采用行地址线和列地址线分时工作的方式。外部地址分两次传送，由行地址选通信号 $\overline{RAS}$，把先送来的 8 位地址锁存在行地址锁存器中；再由列地址选通信号 $\overline{CAS}$，将后送来的 8 位地址锁存在列地址锁存器中，然后由读/写控制信号控制数据的读/写。

　　2164A 有数据输入引脚 D_{IN} 和数据输出引脚 D_{OUT} 两条数据线，数据的读出和写入是分开的，由 $\overline{WE}$ 控制。当 $\overline{WE}$ 为低电平时，执行写操作；当 $\overline{WE}$ 为高电平时，执行读操作。2164A 没有片选端，由 CAS 和 RAS 完成片选功能。

5.2.2　高集成度 SDRAM

1. SDRAM

　　在传统的 DRAM 中，CPU 向存储器输出地址和控制信号，需要经过一段时间之后才能够进行数据的读出和写入，降低存取速度。随着 CPU 工作频率的提高以及多媒体技术

(a) 结构框图

(b) 引脚排列及逻辑符号

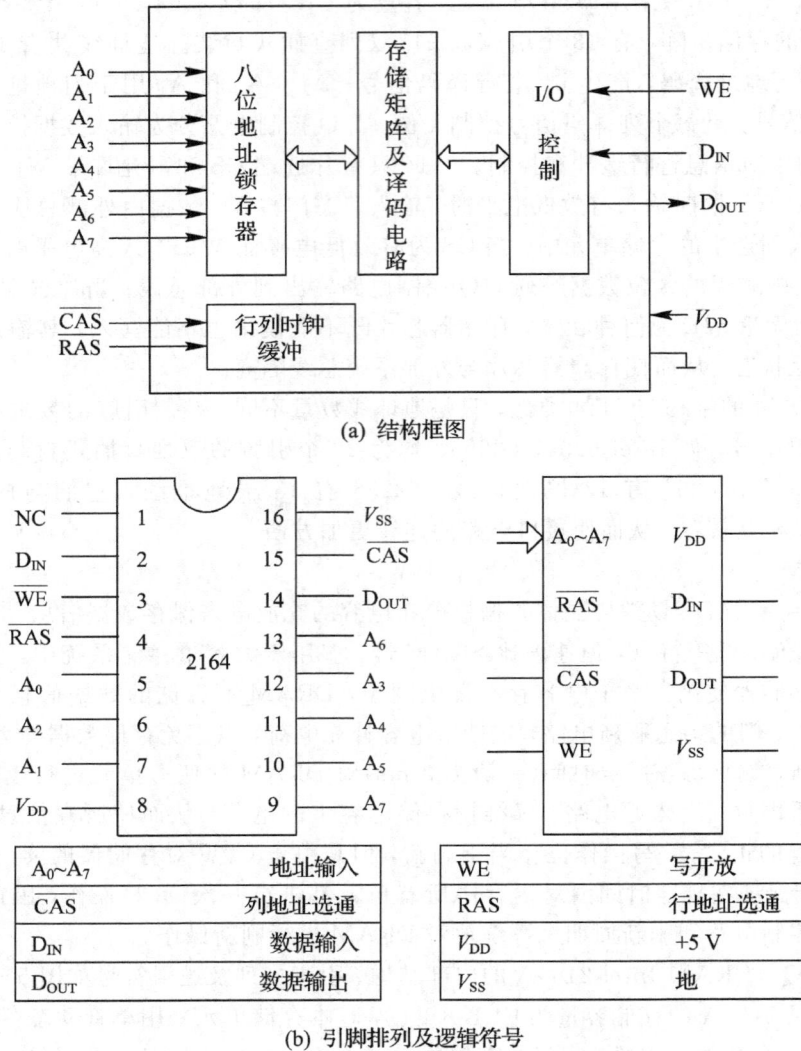

图 5 - 4　Intel 2164A DRAM

的广泛应用，传统的 DRAM 已经无法满足要求，于是同步 DRAM(Synchronous Dynamic RAM，SDRAM)便应运而生，目前已经广泛应用于微型计算机系统中。

SDRAM 与系统时钟同步，存储器内部的许多操作在系统时钟的控制下工作，CPU 可以确定下一个动作的时间，因此可以在此期间执行其他任务，无须插入等待周期，减少了数据存取时间。例如，CPU 在锁存列地址和行地址后去执行其他任务，此时 SDRAM 在时钟信号控制下进行读/写操作。在连续存取时，SDRAM 用一个 CPU 周期即可完成一次数据访问和刷新操作，大大提高了数据传输速度。

2. DDR SDRAM

DDR(Double Data Rate) SDRAM，即双倍数据速率 SDRAM，简称 DDR。DDR 最早由三星公司于 1996 年推出，它是在 SDRAM 的基础上发展起来的。SDRAM 仅在时钟的上升沿进行数据传输，而 DDR 在时钟的下降沿也传输数据，因此传输速度是 SDRAM 的 2

倍。经过多次改进，DDR 已先后推出 DDR2、DDR3、DDR4 等多种技术标准，并成为市场上占主流地位的内存产品。目前主流产品的规格是 DDR3 和 DDR4。

不同品种的 DDR 在技术上具有许多共同特点。例如，它们均采用双倍数据速率技术，即在时钟的上升沿和下降沿两次进行数据传输来提高数据传输率；为保证数据锁存的精确定时，它们均采用延时锁定环（Delay-locked Loop）技术，当数据有效时，存储控制器可使用数据滤波信号来精确定位数据；均采用流水线操作方式中的"预取"概念，在 I/O 缓冲器向外部传送数据的同时，从内部存储矩阵中预取相继的多个存储字到 I/O 缓冲器中，并以几倍于内部存储矩阵工作频率的外部时钟频率将 I/O 缓冲器中的数据选通输出，从而有效地提高存储器的数据传输率。

从 DDR 到 DDR4，存储器的存储矩阵工作频率、外部时钟频率（即 I/O 工作频率）、预取操作的数据位数以及数据传输率等各项技术指标不断得到提高。例如，DDR 内部存储矩阵的工作频率与外部时钟频率相同，最高工作频率为 200 MHz，可预取 2 位数据，最高数据传输率为 400 Mb/s（即每秒传送 400 M 位），是外部时钟频率的 2 倍；DDR2 支持预取 4 位数据，外部时钟频率是内部存储矩阵频率的 2 倍，因此 DDR2 能够以 4 倍于外部总线的速度读/写数据，最高数据传输率为 1200 Mb/s；DDR3 能够预取 8 位数据，最高数据传输率为 2400 Mb/s；DDR4 则能够预取 16 位数据，数据传输率最高可达 4266 Mb/s。DDR 存储器在不断提高数据传输率的同时，功耗却在不断降低，DDR 的工作电压为 2.5 V，DDR2 工作电压为 1.8 V，DDR3 工作电压为 1.5 V，而 DDR4 的工作电压则降低到了 1.2 V，功耗更低。

【例 5-4】　MT41J128M8 系列 DDR3 SDRAM 芯片的引脚排列及结构框图分别如图 5-5 和图 5-6 所示。

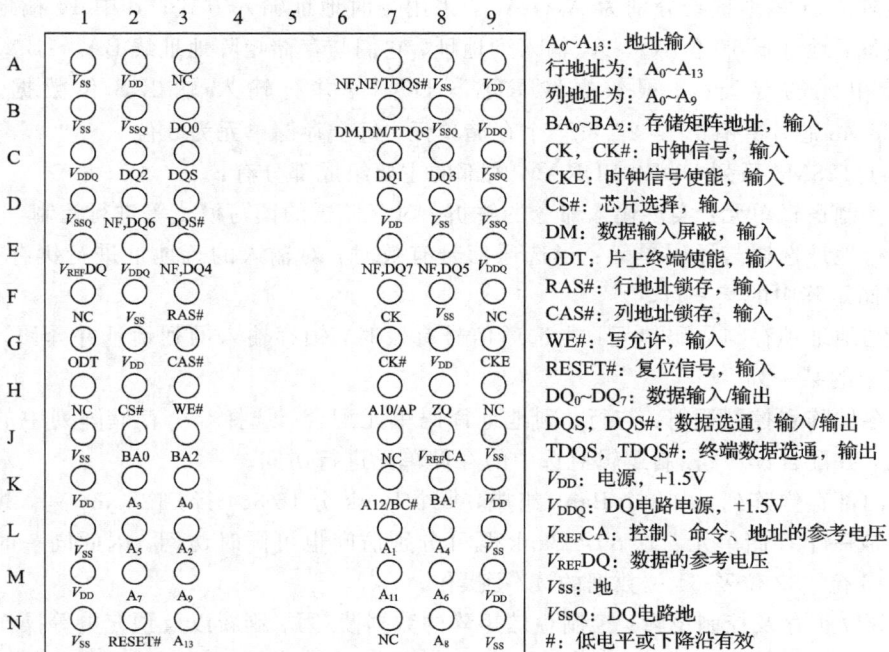

图 5-5　MT41J128M8 系列引脚封装图

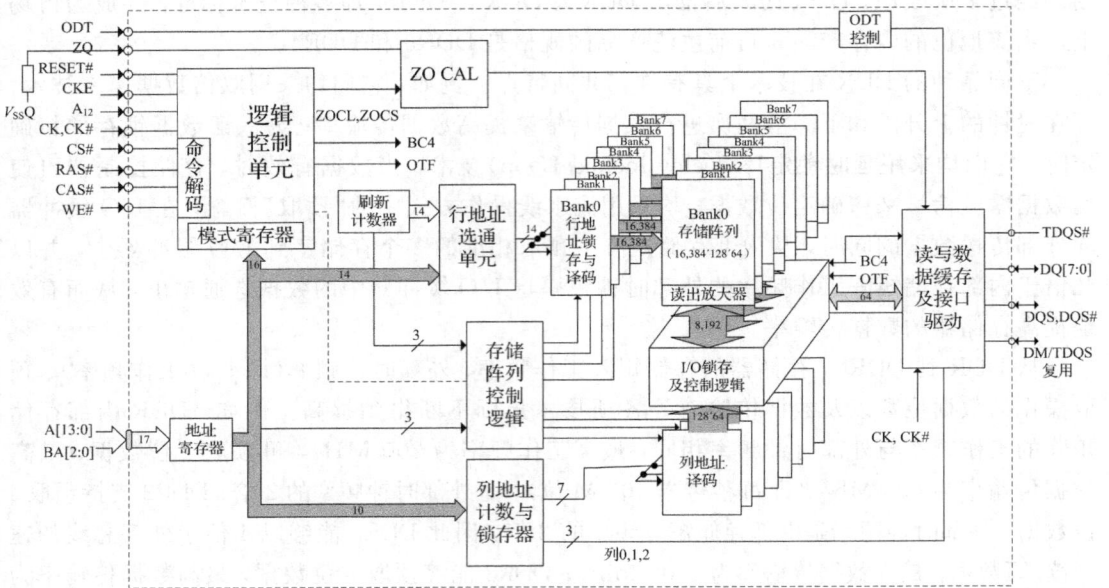

图 5-6 MT41J128M8 系列 DDR3 SDRAM 内部结构图

解 MT41J128M8 系列是美国 Micron 公司生产的 DDR3 SDRAM 芯片，采用 FBGA (Fine-Pitch Ball Grid Array，细间距球栅阵列)封装。根据产品型号不同，有 78 球和 86 球两种封装方式，图 5-5 所示为 78 球封装的引脚排列。芯片存储容量为 128 MB，内部有 8 个存储矩阵。14 根地址线分别为 $A_0 \sim A_{13}$，采用分时地址输入方式；其中 14 根地址线均输入行地址，地址低 10 位 $A_0 \sim A_9$ 输入列地址，它们与存储矩阵地址线 $BA_0 \sim BA_2$ 配合实现对存储单元的寻址；8 根数据线 $DQ_0 \sim DQ_7$ 可并行输入/输出 8 位数据。因此，MT41J128M8 芯片共有 $2^{14} \times 2^{10} \times 2^3$ 个存储单元，每个存储单元为 8 位。

MT41J128M8 系列 DDR3 SDRAM 内部的主要组成部分有：

(1) 控制逻辑单元：实现输入命令的解析，对存储器的读写模式等进行控制。

(2) 行地址选通与译码单元：当选通信号有效时，对输入的行地址进行锁存并译码，以选择存储矩阵中的某一行。

(3) 列地址锁存与译码单元：当选通信号有效时，锁存输入的列地址并译码，以选择存储矩阵中的某一列。

(4) 存储阵列控制逻辑：与行、列地址译码单元配合，选择 8 个存储阵列中的某一个存储阵列，并配合读/写控制逻辑对选中的存储单元进行访问。

(5) 内部存储阵列：由 8 个 Bank 组成，每个 Bank 分 16 384 行，128 ×64 列，共 2^{29} 位，每 8 位组成一个存储单元。这 8 个 Bank 既可分别访问也可同时访问，因此同一时刻可进行 8 位、16 位、32 位及 64 位数据的读/写操作。

(6) I/O 锁存及控制逻辑：控制存储矩阵的数据读/写、刷新以及预充电等操作。

(7) 读/写数据缓存及接口驱动：为读/写操作提供缓冲区以及驱动电路，并对内外数据的位宽进行转换。

3. 内存条(Memory Module)

微机系统所需要的主存储器容量远远大于单片半导体存储器芯片所能提供的存储容量。如果将存储器芯片排列在主板上，主板面积将会变得非常庞大，而且无法拆卸更换，因此从 IBM PC/AT(286)开始，微机系统的主存就采用内存条的形式。内存条就是将多个存储器芯片组装在一个条形印刷电路板上，通过连接器(即内存插槽)连接到计算机主板。一个内存插槽可以插上 512 MB、1 GB、4 GB、8 GB、16 GB 甚至 32 GB 的内存条。一个计算机主板上可以配置多个内存插槽，用户可以根据需要选择、更改内存条以及主存的容量，并且便于维修和替换。

内存条的存储容量、存取速度等技术指标必须满足计算机系统的要求，因此随着计算机技术的不断发展，内存条的技术标准也在不断发展。最早出现的内存条是配合 80286 微处理器工作的，采用 SIMM(Single Inline Memory Modules，单列直插式存储模块)接口，有 30 个引脚，存储容量为 256 KB。72 引脚的 DRAM – SIMM、168 引脚的 SDRAM – DIMM(Double Inline Memory Modules，双列直插式存储模块)、184 引脚的 DDR SDRAM – DIMM 都曾广泛应用于个人计算机系统中。目前市场上常用的 DDR3 DIMM 工作电压为 1.5 V，有用于台式机的 240 引脚和用于笔记本电脑的 204 引脚两种规格，如图 5 – 7 所示。

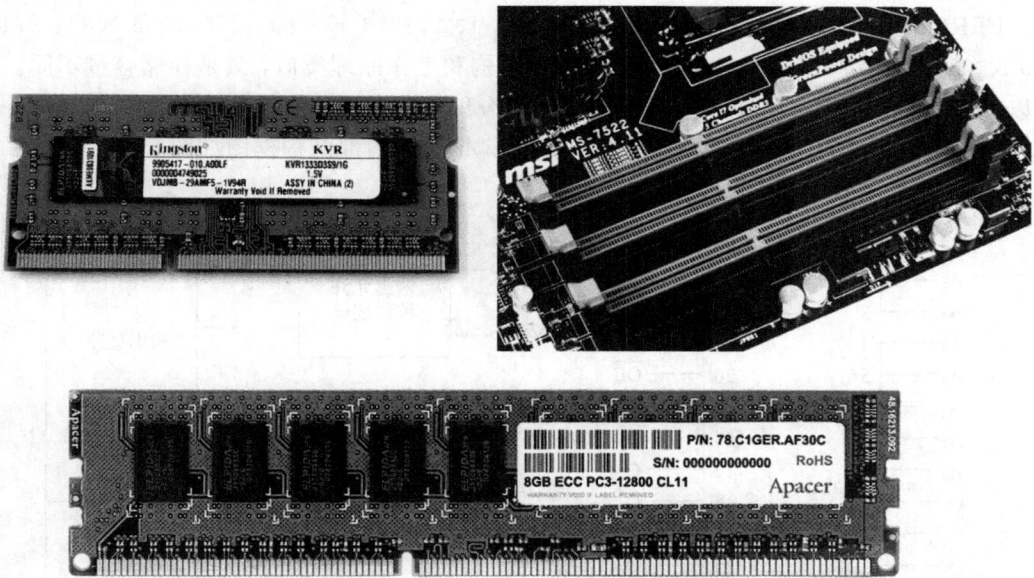

图 5 – 7　内存条和内存插槽

5.2.3　半导体只读存储器 ROM

半导体只读存储器 ROM 也称固定存储器(Fixed Memory)或永久存储器(Permanent Memory)。ROM 中各基本存储电路所存的信息是固定的、非易失性的，因此微机系统运行期间只能读出不能写入，并且在断电或故障停机之后所存信息也不会改变和消失。

ROM 芯片集成度高,价格便宜,但工作速度比 DRAM 慢,一般用来保存固定的程序或数据。ROM 中信息的写入通常是在脱机或非正常工作的情况下用人工方式或电气方式写入的。向 ROM 写入信息的操作常称为编程,对 ROM 进行编程的设备称为编程器。

根据编程方法不同,ROM 可分为 ROM、PROM、EPROM、EEPROM 及 Flash Memory。

1. ROM

掩膜式只读存储器(通常简称 ROM)在工厂内通过掩膜工艺进行制作编程。一旦制作完成,用户只能读出,不能更改。ROM 成本低,集成度高,适用于大批量的定型产品。

2. PROM

一次性可编程只读存储器全称为 One – Time Programmable ROM,简称 OTP – ROM 或 PROM,通常采用熔丝工艺制作,在出厂时存储的信息为全"1",用户可自行写入信息(即编程),但一经写入后不能再次更改;主要用于批量不大的产品。

3. EPROM

可擦除可编程 ROM 全称为 Erasable Programmable ROM,简称 EPROM,一般指保存的信息可以用紫外线擦除并可重复多次编程的 ROM,也称为 UV – EPROM。芯片上通常有一个石英窗口,可以通过紫外光的照射擦除信息,正常工作状态下应使用遮光物遮挡窗口,避免丢失写入的信息。UV – EPROM 主要用于科研试制和小批量生产。

EPROM 芯片有多种型号,如 2716(2 K×8)、2732(4 K×8)、2764(8 K×8)、27128(16 K×8)、27256(32 K×8)等,它们的内部结构和工作原理类似,只是存储容量不同。下面以 Intel 2716 为例,介绍 EPROM 的基本结构和工作原理。

【例 5 – 5】 EPROM 芯片 Intel 2716 的引脚排列和内部结构框图如图 5 – 8 所示。

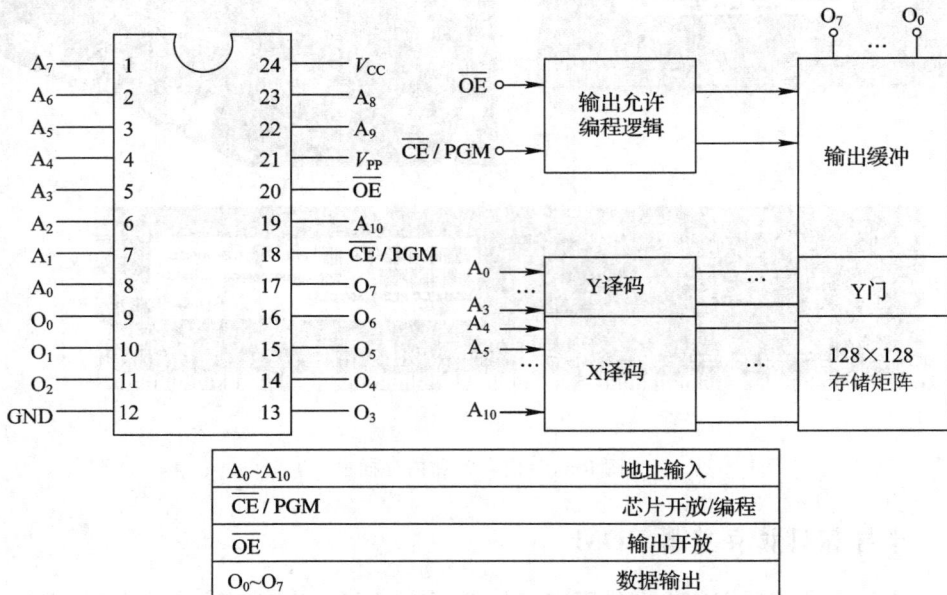

图 5 – 8 2716 的引脚排列和结构框图

解　Intel 2716 是存储容量为 2 K×8 的 UVEPROM 存储器芯片，采用双列直插式封装，有 24 个引脚；电源电压为单一+5 V，编程电压 V_{pp} 在编程时为 25 V，其余时间保持+5 V；16 K 位的基本存储电路排列成 128×128 的阵列；11 位地址线分成两组，其中高位地址 $A_4 \sim A_{10}$ 用来选择 128 行中的一行，低位地址 $A_0 \sim A_3$ 用于列选择，它们的组合可同时选中 8 个基本存储电路，形成一个存储单元的 8 位二进制数。

Intel 2716 有多种工作方式，如表 5-1 所示。当芯片允许端 $\overline{CE}$ 和输出允许端 $\overline{OE}$ 低电平有效时，若 V_{PP}=+5 V，则 2716 处于读出工作状态，被选中的存储单元将信息送到数据输出端上；当 $\overline{CE}$ 为高电平无效，V_{PP}=+5 V 时，不管 $\overline{OE}$ 状态如何，2716 将处于后备（低功耗）状态，数据输出端为高阻状态，此时芯片功耗可由 525 mW 下降到 132 mW。当 V_{PP}=+25 V，$\overline{OE}$ 为高电平，且编程脉冲输入端 PGM 输入周期为 50 ms 的正脉冲时，出现在数据输出端上的数据（由外界加入）将被写入到选中的存储单元中；当 V_{PP}=+25 V，$\overline{CE}$ 和 $\overline{OE}$ 均为低电平时，可对被写入信息进行核实（亦称程序核实）。当 $\overline{CE}$ 低电平有效，$\overline{OE}$ 高电平无效，V_{PP}=+25 V 时，2716 处于编程禁止状态。

表 5-1　2716 的工作方式选择

方式　　　引脚	$\overline{CE}$/PGM	$\overline{OE}$	V_{PP}/V	V_{cc}/V	数据端功能
读	低	低	+5	+5	数据输出
后备	高	×	+5	+5	高阻
编程	50 ms 正脉冲	高	+25	+5	数据输入
程序核实	低	低	+25	+5	数据输出
程序禁止	低	高	+25	+5	高阻

4. EEPROM

电擦除可编程 ROM 全称为 Electrically Erasable Programmable ROM，简称 EEPROM，又称 E^2PROM，其信息的擦除和编程（统称"擦写"）均通过加电的方法进行。其编程工作可以由编程器完成，也可以采用"在线编程"（不需要将它从系统中取下）和"在应用编程"（通过系统中运行的程序自行擦写）。请注意，EEPROM 芯片虽然可以在线擦写，但它们的擦除速度远远低于普通 RAM 的读/写速度，且允许的擦写次数是有限的，当前的 EEPROM 的擦写次数可达数十万次。早期产品在擦写时还需要外加高电压，但目前产品多将电压提升电路集成到芯片内部，所以只需+5 V 的单电源即可完成擦写操作。不同品种的 EEPROM 芯片提供不同的擦写操作方法，如字节擦除、块擦除和整片擦除等。因为 EEPROM 芯片编程方便，所以在很多场合获得了广泛的应用，如 IC 卡、智能仪表等，为应用系统提供可在线读/写的非易失性存储芯片。

目前，市场上常见的有两类 EEPROM 芯片，一类为并行 EEPROM，采用并行方式传送地址和数据。引脚定义与 EPROM 芯片类似，引脚较多，传输速率较高，代表产品有

2817(2 K×8)、2864(8 K×8)、28256(32 K×8)等。另一类为串行 EEPROM，地址、数据和控制信息均采用串行方式传送，芯片引脚很少，体积也很小。串行 EEPROM 常用的总线接口标准有二线制的 I^2C(Inter Integrated Circuit)总线接口和三线制的 SPI(Serial Peripheral Interface)总线接口两种。I^2C 总线是 PHILIPS 公司推出的一种串行总线，其代表产品有 24C01/02/04 等，采用 CMOS 工艺制作，容量为 128/256/512×8 位；SPI 总线是 Motorola 公司推出的串行总线接口，代表产品有 93C46/56/66 等，采用 CMOS 工艺制作，容量为 64/128/256×16 位或 128/256/512×8 位。

5. Flash Memory

闪速存储器简称"闪存"，也称 FLASH - ROM。FLASH - ROM 是一种新型的 EEPROM 芯片，它的功能与 EEPROM 类似，但存储单元结构以及操作方法等工作机制不同于常规的 EEPROM，擦除速度、擦除次数也低于 EEPROM。但它具有集成度高、功耗低、价钱便宜等特点，因此在各个领域得到了越来越广泛的应用。

闪存器件一般采用单一＋5 V 或＋3.3 V 供电，编程和擦除所需的高电压由内部升压电路提供。与 EEPROM 相比，它的使用寿命较短，擦写次数在 1～100 万次之间；闪存的存储矩阵内设有 SRAM 页面缓冲器，支持以"页"为单位的读/写操作，可按字节、页面或整片进行擦除和编程操作，擦除时间约需几毫秒；片内设有命令寄存器和状态寄存器，因而具有内部编程控制逻辑，擦除和编程操作可由内部逻辑控制。

生产闪存的厂家很多，由于各自技术架构的不同分为多种类型，其中 NOR Flash 和 NAND Flash 是目前两种主要的闪存技术。NOR Flash 技术是由 Intel 公司推出的，它源于传统的 EPROM 器件，读写操作与 SRAM 器件近似，具有可靠性高、读取速度快的特点，适用于存储可执行程序，如 BIOS 固件、引导程序、操作系统等。

NAND Flash 技术由东芝公司最早推出，其特点是集成度高、擦写速度快，块擦除时间为 2 ms。因为芯片尺寸小，引脚少，只能采用串行访问方式，所以读取速度较慢，适合于存储数据，常用在 MMC(多媒体存储卡)、SD 卡、TF 卡等中，作为数码相机、MP3、手机等的存储装置，以及移动硬盘和 U 盘等移动存储设备中。此外，在 PC 机中应用日趋广泛的 SSD(Solid State Drives)固态硬盘也大多基于 NAND 闪存。

5.3　半导体存储器接口

微机系统中的主存储器是由半导体存储器组成的。本节介绍半导体存储器与 CPU 连接时的接口技术，包括接口设计原则、存储芯片的扩展、地址译码的方式，并举例介绍 8086 存储器的组织以及 CPU 与 DRAM 芯片的接口电路。

5.3.1　存储器与 CPU 的连接

CPU 对存储器进行读/写操作时，首先由地址总线发出地址信号，选择要进行读/写操作的存储单元，然后通过控制总线发出相应的读/写控制信号，最后通过数据总线进行数据交换。存储器与 CPU 连接时，原则上是将存储器的地址线、数据线和控制线分别与 CPU 的地址总线、数据总线与控制总线对应相连。在连接时，应注意以下 5 个问题：

1. CPU 总线的驱动能力

CPU 总线的驱动能力有限，一般可驱动 1 到数个 TTL 负载。现在的存储器多采用 MOS 存储器，直流负载很小，主要是电容负载，因此在小规模系统中，CPU 可以与存储器直接相连。但在较大规模的存储系统中，需要连接的芯片数量较多，就需要增加缓冲器或总线驱动器，提高总线的驱动能力。

2. CPU 时序与存储器芯片存取速度的配合

CPU 在取指令或对存储器执行读/写操作时，均按照固定的时序进行，并由此确定对存储器存取速度的要求。如果存储器速度较慢，无法在限定的时间内给出有效数据（读操作）或者将数据写入到存储单元（写操作），就要更换速度更快的存储芯片，或者在 CPU 的总线周期内插入等待状态，来适当延长总线时序，使两者速度匹配。一般情况下会采用第一种方法。

3. 存储器的地址分配及片选问题

微机中的主存储器通常分为 RAM 区和 ROM 区，RAM 区又划分为系统区和用户区，因此需要对存储器的地址进行合理分配，并选择适当的存储器芯片。

由于单片存储器芯片的容量有限，因此需要由多个芯片组合构成主存储器。CPU 访问主存时，首先要选择存储器芯片，即片选。存储器芯片只有被选中后，才能根据地址码选择相应的存储单元，并按照控制信号的要求进行数据的存取操作。

4. DRAM 控制器的选择

DRAM 控制器是 CPU 和 DRAM 芯片之间的接口电路，它将 CPU 信号转换成 DRAM 芯片所需要的信号，如产生行地址和列地址、提供刷新电路和刷新信号等。目前 DRAM 控制器多为集成芯片，有多种不同型号，可按需要选择。

5. 存储器结构的选定

存储器结构的选定是指 CPU 与存储器连接时，存储器采用单体结构还是多体结构。

存储器一般为字节型，即每个存储单元可以存放 8 位二进制数。因此对于 8 位数据总线的微机系统（如 Intel 8088），存储器可以采用单体结构；对于外部数据总线为 16 位、32 位或 64 位的微机系统，则采用多体结构。例如，8086 微机系统的主存储器由奇地址存储体和偶地址存储体两个存储体组成，分别连接 16 位数据总线的高 8 位和低 8 位。对于 32 位外部数据总线的 80386/80486 CPU，为了支持 8 位、16 位以及 32 位字长数据的操作，可将主存储器分为四个存储体。相应地，64 位外部数据总线的 Pentium CPU，其主存储器由 8 个存储体组成。

5.3.2　存储芯片的扩展

由于半导体存储器芯片容量有限，在组成实际需要的主存储器时，单个半导体芯片无法满足存储器字数（存储单元数）和位数（数据线位数）的要求，需要将若干芯片连接到一起，在字向和位向上进行扩展，构成主存储器所需要的存储容量。扩展方法包括位并联法、字扩展法和字位扩展法 3 种，下面分别加以介绍。

1. 位并联法

位并联法是在主存储器的字数与存储器芯片的字数相同的情况下，对存储单元的位数进行扩展，即由 $M \times N$ 芯片 → $M \times 8$ 主存储器。例如 256 K×1 芯片、256 K×4 芯片，若需分别用其组成 256 K×8 位的主存储器,则均需进行位数的扩充,方法如下。

(1) 所需芯片数=8/N,其中 N 是芯片中存储单元的位数。

(2) 扩展方法:把所有芯片的地址线、片选线、读/写控制线各自并接到一起。

例如,将 8 片 16 K×1 的存储器芯片组成 16 K×8 的存储器,结构如图 5-9 所示。

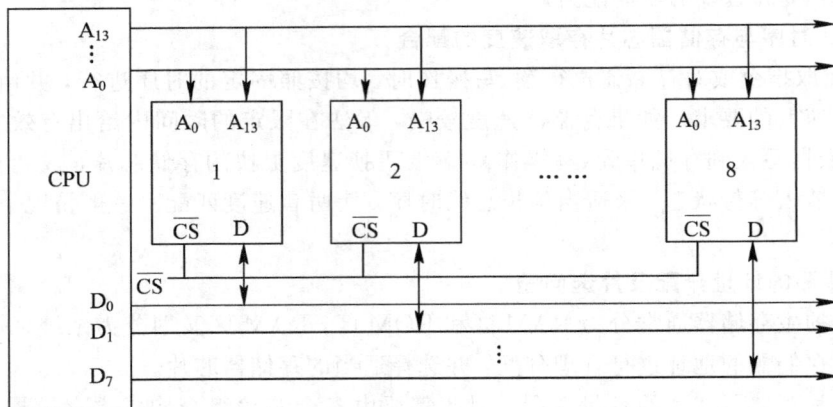

图 5-9　位并联法组成 16 K×8 位存储器

2. 字扩展法

字扩展法是位数不变,而在字向进行扩充。

例如,用 16 K×8 位的存储器芯片组成 64 K×8 位存储器。需要用 4 片 16 K×8 位的存储器芯片,将它们的地址线、数据线、读/写控制线各自并联,片选信号则单独引出以区分各片地址,其结构如图 5-10 所示。

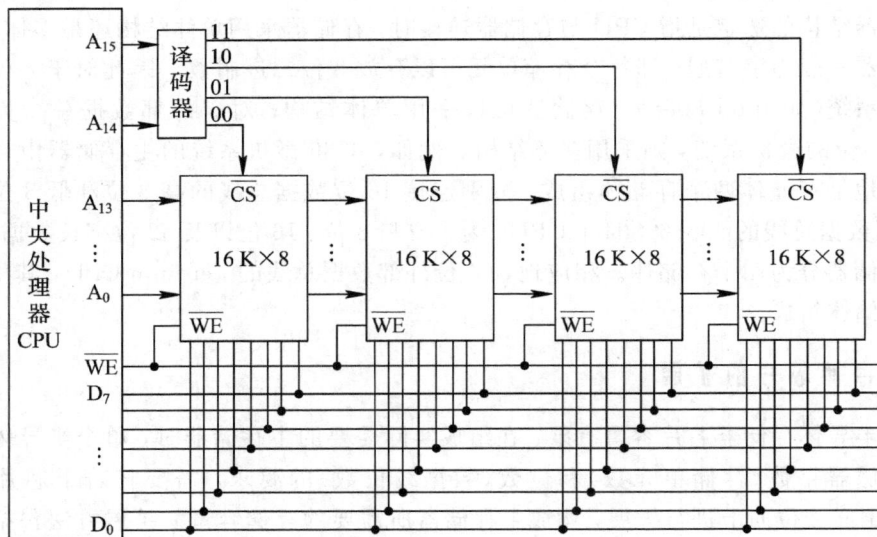

图 5-10　字扩展法组成 64 K×8 位存储器

3. 字位扩展法

实际工作的主存储器，通常在字向和位向都要进行扩展。例如一个存储容量为 $M \times N$ 位存储器，若用 $L \times K$ 位的存储芯片组成，这个存储器总共需要 $M/L \times N/K$ 个存储器芯片。进行字位扩展时，通常先在位向上进行扩展，按存储器字长要求构成芯片组，再对芯片组进行字向扩展，使总的存储容量满足要求。

【例 5 - 6】 使用 $2\,\text{K} \times 4$ 位存储器芯片组成 $8\,\text{K} \times 8$ 位的存储器，其组成结构如图 5 - 11 所示。

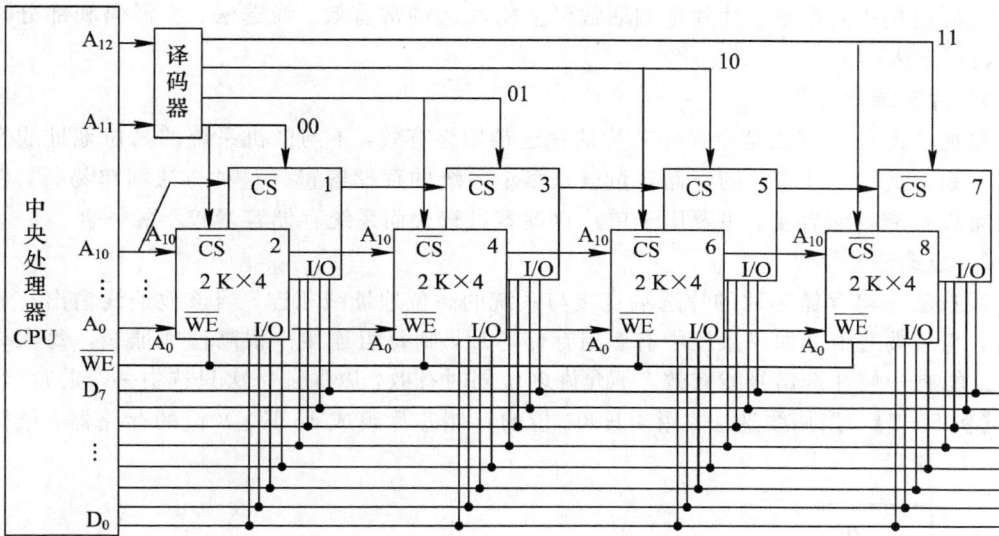

图 5 - 11　字位扩展法组成 $8\,\text{K} \times 8$ 位存储器

解　组成存储器需要用的芯片数量为

$$\left(\frac{8}{2}\right) \times \left(\frac{8}{4}\right) = 8 \text{ 片}$$

扩展时，先在位向上扩展，采用位并联法，每两片为一组，即一页；然后在字向上扩展，采用字扩展法，共四组。图 5 - 11 中，每一片存储芯片容量为 2048×4 位，故需要 11 根片内地址线，即 $A_{10} \sim A_0$，经译码实现片内 2048 个存储单元的寻址。

存储器的总存储容量为 8192 个单元，分成 4 组，需要 2 根片选地址线。由地址码高位 A_{12}、A_{11} 译码输出选择 8 KB 的不同页：00 选择第一页，01 选择第二页，10 选择第三页，11 选择第四页，从而实现片选寻址。因为每一片上有 4 位数据，因而有 4 条数据线，由两片组成一页，每根片选线同时接在两个芯片的片选信号端。

一页内有两片，每片的四条数据线并联进行输入/输出。其中，奇数片接数据总线 $D_7 \sim D_4$ 作为高 4 位，偶数片接数据总线 $D_3 \sim D_0$ 作为低 4 位。这种连接方法中，地址线 $A_{10} \sim A_0$ 每根线各带 8 个负载，而 A_{12}、A_{11} 的负载比较轻，只带一个译码器。数据总线上的每条数据线带有 4 个负载。

5.3.3 存储器的地址译码

当存储器与 CPU 连接时，通常需要两种地址选择信号，一种用来选择特定的存储芯片(组)，称为"片选寻址"或"片选"；一种用来选择芯片(组)内的存储单元，称为"片内寻址"或"字选"。通常，存储芯片的地址线与系统的低位地址总线对应相连，由存储芯片的地址译码器对系统提供的低位地址进行译码，实现片内寻址；而系统的高位地址线则连接到存储芯片(组)的片选端，或经过译码器产生译码信号，再与片选端相连，实现片选寻址。

实际应用中，存储芯片片选端通常可采用片选端常有效、线选法、全译码和部分译码 4 种处理方法。

1. 片选端常有效

最简单的处理方法是令存储芯片的片选端始终有效，不与微机系统的高位地址线发生任何联系。此时，该芯片的存储容量就是整个系统的存储容量。这种方法简单易行，但缺点是难以扩充存储容量，主要用于单片存储容量较大而系统存储容量较小的场合。

2. 线选法

线选法是将存储芯片的片选端直接与系统的高位地址线相连，当该地址线输出有效电平时，芯片被选中。如果系统中有多组存储芯片，则每组连接一根高位地址线。每次寻址时，只能有一位片选信号线有效，不允许多位同时有效，以保证每次只选中一个芯片(组)。

【例 5 - 7】 采用线选法，用 4 K×1 位的存储芯片组成 16 K×8 位的存储器，结构如图 5 - 12 所示。

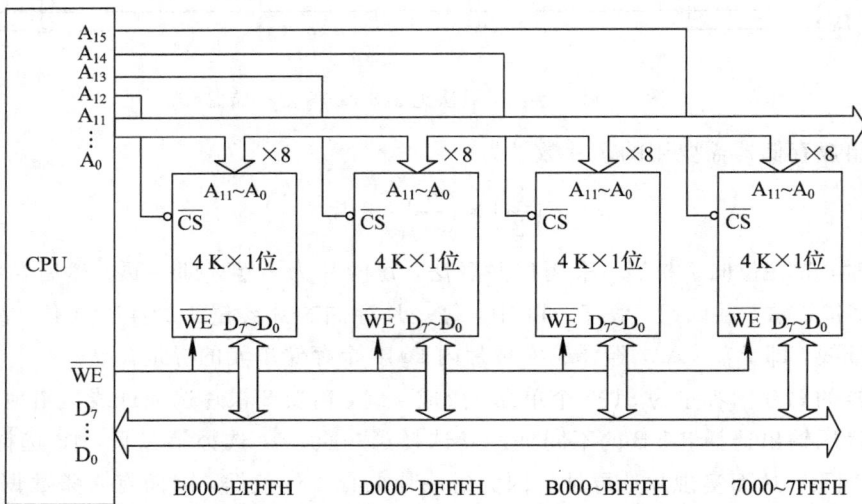

图 5 - 12 线选法组成的 16 K×8 位存储器

解 图中用 4 K×1 位的存储芯片组成 16 K×8 位的存储器，共需要 $16/4 \times 8/1 =$ 32 片存储芯片。每 8 个芯片组成一组，芯片组内各芯片的地址线和片选端并联在一起。用 $A_0 \sim A_{11}$ 低 12 位地址线作为片内寻址，连接到所有芯片的地址输入端上；用高位地址线 $A_{12} \sim A_{15}$ 作为片选，依次连接到各芯片组的片选端。各芯片组的地址范围如表 5 - 2 所示。

表 5 - 2 线选法的地址分配

芯片组	片选地址	片内地址	地址范围
	$A_{15} \sim A_{12}$	$A_{11} \cdots A_1 \ A_0$	
1#	1110	0000 0000 0000	E000H 最低地址
		1111 1111 1111	EFFFH 最高地址
2#	1101	0000 0000 0000	D000H 最低地址
		1111 1111 1111	DFFFH 最高地址
3#	1011	0000 0000 0000	B000H 最低地址
		1111 1111 1111	BFFFH 最高地址
4#	0111	0000 0000 0000	7000H 最低地址
		1111 1111 1111	7FFFH 最高地址

线选法的优点是结构简单，不需要复杂的逻辑电路；缺点是地址空间浪费大。由于部分地址线未参与译码，存在地址重叠，还可能会出现地址空间不连续的情况。

3. 全译码

全译码就是让系统的全部地址线均参与对存储器的译码寻址。其中，高位地址线参与片选译码，低位地址线用作片内寻址。采用全译码后，存储芯片中的每个存储单元都有一个唯一的地址，不存在地址重复的现象；但译码电路比较复杂，连线也较多。

全译码电路可以采用基本逻辑门电路，也可以采用译码器芯片，常用的译码器芯片有74LS138、74LS139 等。

【例 5 - 8】 采用译码器全译码方式的存储器电路如图 5 - 13 所示。

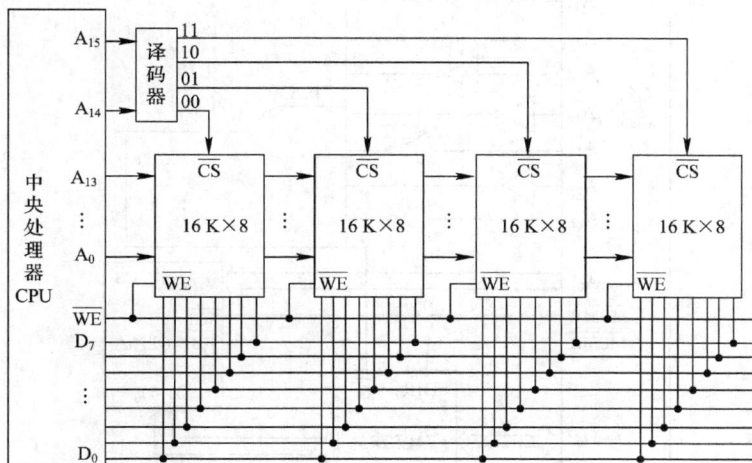

图 5 - 13 采用译码器的全译码存储器

解 用 4 片 16 K×8 位的存储器芯片组成 64 K×8 位存储器，将它们的地址线、数据线、读/写控制线各自并联。地址总线的低 14 位 $A_{13} \sim A_0$ 与芯片地址端相连，用作片内寻址；地址总线的高位 A_{15}、A_{14} 作为片选，经过译码器后分别与 4 个芯片的片选端相连。各芯片地址范围列于表 5 - 3 中。

表 5 - 3　全译码方式的地址分配

芯片	片选地址		片内地址	地址范围
	A_{15}	A_{14}	$A_{13}\cdots A_1\ A_0$	
第一片	0	0	00 0000 0000 0000	0000H 最低地址
	0	0	11 1111 1111 1111	3FFFH 最高地址
第二片	0	1	00 0000 0000 0000	4000H 最低地址
	0	1	11 1111 1111 1111	7FFFH 最高地址
第三片	1	0	00 0000 0000 0000	8000H 最低地址
	1	0	11 1111 1111 1111	BFFFH　最高地址
第四片	1	1	00 0000 0000 0000	C000H 最低地址
	1	1	11 1111 1111 1111	FFFFH　最高地址

4. 部分译码

部分译码就是系统地址总线的一部分参与译码,还有一些地址线没有参与译码。通常是高位地址线的一部分作为译码器的输入,经译码产生片选信号。没有参与译码的地址线可以为 0,也可以为 1,都不影响对存储芯片的寻址。因此,采用部分译码可以简化电路,但每个存储单元会对应多个地址,出现"地址重叠"的现象,造成系统地址空间资源的浪费。

例如,采用部分译码组成存储器的连接电路如图 5-14 所示。

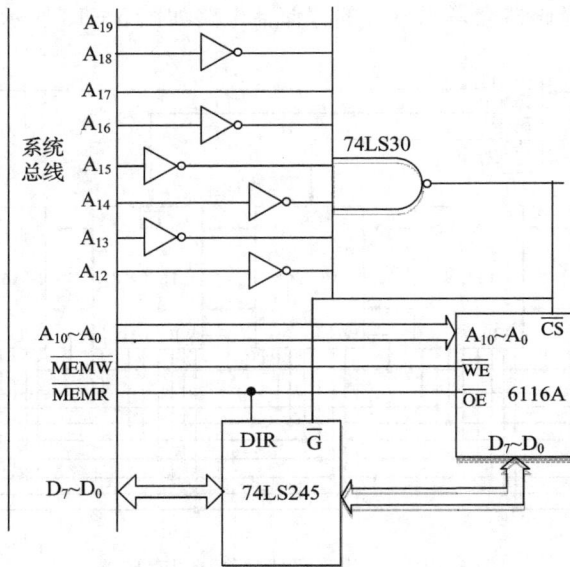

图 5 - 14　IBM PC/XT 与 6116A 的连接

图 5 - 14 为 IBM PC/XT 计算机扩展内存的连接电路,扩展的存储器芯片是一片 6116A(SRAM,2 K ×8 位)。6116A 的 $\overline{CS}$ 接在与非门 74LS30 的输出端上,$\overline{WE}$ 接总线引

脚 $\overline{\text{MEMW}}$（存储器写），$\overline{\text{OE}}$ 接总线引脚 $\overline{\text{MEMR}}$（存储器读），6116A 的数据线经总线收发器 74LS245 与数据总线的 $D_7 \sim D_0$ 相连。6116A 的地址范围是 A0000H～A07FFH，因为 A_{11} 地址线未用，还有一个地址重叠区 A0800H～A0FFFH。

5.3.4 8086 的存储器组织

微机系统的存储单元是 8 位的，因此访问一次存储器只能进行 8 位数据的存取操作。8086 CPU 的数据总线为 16 位，可执行 8 位字节操作和 16 位字操作，因此存储器与 8086 连接时，将 1 MB 的存储空间分为偶地址存储体和奇地址存储体两个存储体，如图 5-15 所示。两个存储体的存储容量相同，宽度均为 8 位。

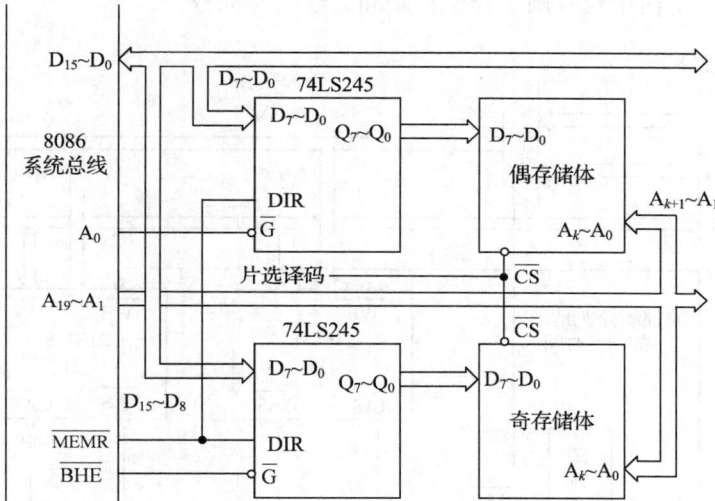

图 5-15 8086 CPU 与存储器连接框图

偶存储体与 8086 CPU 的低 8 位数据总线（$D_7 \sim D_0$）相连，奇存储体与高 8 位地址总线（$D_{15} \sim D_8$）相连；系统地址总线的 $A_1 \sim A_{19}$ 连接到两个存储体从 A_0 开始的地址输入端，存储芯片的片选端与系统高位地址相连。系统地址线 A_0 和高 8 位数据总线允许信号 $\overline{\text{BHE}}$ 分别作为偶、奇存储体的选通信号，A_0 和 $\overline{\text{BHE}}$ 对存储体的选择如表 5-4 所示。

表 5-4 存储体的选择

A_0	$\overline{\text{BHE}}$	数 据 传 送
0	0	偶、奇存储体同时工作，传送 16 位字数据
0	1	偶存储体工作，低 8 位字节数据
1	0	奇存储体工作，高 8 位字节数据
1	1	两存储体均不工作

表 5-4 列出了 A_0 和 $\overline{\text{BHE}}$ 对存储体的选择。可以看出，8086 CPU 既可以同时访问两个存储体，进行字数据的操作；也可以只访问一个存储体，进行字节数据的操作。需要注意的是，如果一个 16 位字数据存放在偶地址（低 8 位存放在偶地址单元，高 8 位存放在奇地址单元，称为规则字）上，8086 只需启动一次总线操作即可访问这 16 位数据；如果存放

在奇地址(非规则字)上,则需要启动两次总线操作,先访问奇存储体内的低位字节,再访问偶存储体内的高位字节。因此,16 位字数据应尽量按照规则字格式,从偶地址开始存放,否则访问时间会加倍,降低 CPU 的工作效率。

5.3.5 动态 RAM 的连接

DRAM 芯片具有集成度高、价格低、功耗低、速度较快的优点,同时又具有连接复杂和需要刷新的缺点,因此主要用于构成微机系统的大容量存储器系统,如微机主板上的主存储器和显卡上的显存。

【例 5 - 9】 IBM PC/XT 中使用两组 2164 DRAM(64 K×1)作为主存储器,连接示意图如图 5 - 16 所示,图中没有画出存储校验和总线缓冲部分。

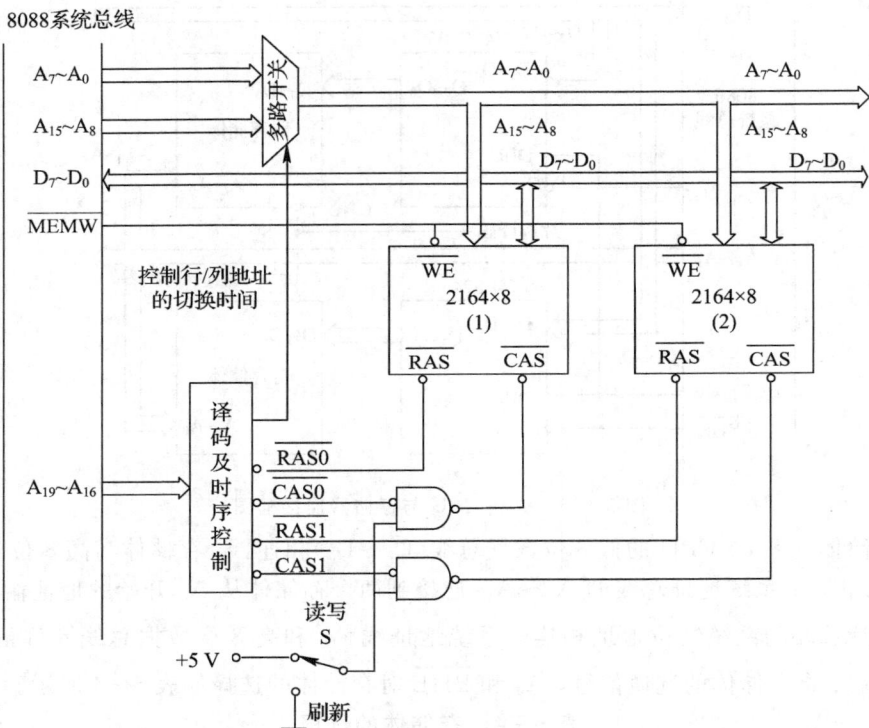

图 5 - 16   DRAM 芯片连接示意图

解 该电路具有以下特点:

(1) 2164 的两根单向数据线 D_{IN} 和 D_{OUT} 通过缓冲器连接到一起,组成一根双向数据线。每 8 片 2164 经过位扩充组成一组 8 位存储器。

(2) 2164 有 8 根地址线,采用分时方式输入 16 位地址。当行地址选通信号 $\overline{RAS}$ 下降沿时,2164 输入并锁存行地址 $A_7 \sim A_0$;当列地址选通信号 $\overline{CAS}$ 下降沿时,2164 输入并锁存列地址 $A_{15} \sim A_8$。图 5 - 16 中,行列地址由多路开关负责切换,切换的时间控制由译码及时序控制电路来提供。

(3) 对 2164 的访问分为读/写和刷新两种,由开关 S 对这两种访问方式进行切换。当开关位于读/写位置时,$\overline{CAS}$ 信号可正常送入 2164,此时可对 2164 进行读/写操作;当开关切换为刷新时，$\overline{CAS}$ 信号无效，这时将采用"仅行地址有效"的方法对 2164 芯片进行刷新。刷新操作只需要系统提供 7 位行地址 $A_6 \sim A_0$，128 次后就可将所有芯片的所有行全部刷新一遍。

(4) 2164 没有片选端 $\overline{CS}$ 或 $\overline{CE}$，提供选通功能的是一对地址选通信号 $\overline{RAS}/\overline{CAS}$。当这对地址选通信号先后有效时，该 2164 将被访问。如果系统中有多个 2164 芯片组，那么译码器应提供多对 $\overline{RAS}/\overline{CAS}$ 信号，并且在某个时间段只能有一对 $\overline{RAS}/\overline{CAS}$ 信号先后有效，其他对始终无效。如图 5-16 所示，如果电路处于读/写状态，当 $\overline{RAS0}/\overline{CAS0}$ 先后有效时，2164 芯片组(1)将被访问；当 $\overline{RAS1}/\overline{CAS1}$ 先后有效时，2164 芯片组(2)将被访问。

(5) 2164 的读/写控制只使用一个控制线。当它为低电平时，控制向芯片写入数据，否则将从芯片内读取数据。

5.4　32 位微型计算机存储技术

本节介绍 32 位微型计算机存储器的先进技术，包括交叉存储器的组织及其接口、高速缓冲存储器以及虚拟存储器的基本概念和工作原理。

5.4.1　32 位微型计算机的存储器接口

微机系统里的存储器由多个存储模块组成，各存储模块内存储单元的编址采用顺序方式和交叉方式两种方式。

对于采用顺序编址方式的存储器，每个存储模块内相邻存储单元的地址是连续的。顺序方式的优点是，某个模块进行存取时，其他模块不工作；某一模块出现故障时，其他模块可以照常工作，因此通过增添模块来扩充存储器容量比较方便。但由于各模块串行工作，因此存储器的带宽受到了限制。特别是当 CPU 数据总线宽度大于存储单元位数时，无法充分利用总线带宽，造成了资源的浪费。

对于采用交叉编址方式的存储器，连续地址分布在相邻的不同模块内，同一个模块内的地址都是不连续的。低位地址总线经过译码选择不同的模块，高位地址用于选择相应模块内的存储单元。交叉存储器可充分利用数据总线的宽度，一次总线操作可以访问多个连续存储单元，可实现多模块流水式并行存取，大大提高了存储器的带宽。8086 存储器就是由两个存储体组成的交叉存储器结构。

由于 32 位微处理器要与 8086 等微处理器保持兼容，访问存储器时必须能够执行单字节、双字节和 4 字节(即 8 位、16 位和 32 位)等不同字长数据的操作。因此，32 位微机的存储系统采用交叉存储器结构，将主存储器分为 4 个存储容量相同的存储体。例如，80486 CPU 有 32 位地址总线，可寻址的主存容量为 4 GB，单个存储体的容量为 1 GB，存储器组织如图 5-17 所示。80486 CPU 的 32 位地址总线中，外部输出的地址线只有 $A_{31} \sim A_2$，低 2 位 $A_1 \sim A_0$ 由内部编码产生 4 个存储体选择信号 $\overline{BE_3} \sim \overline{BE_0}$，以控制不同数据的访问。

$\overline{BE_3} \sim \overline{BE_0}$ 由 CPU 根据指令产生，需要访问 8 位字节数据时，仅有一个选择信号有效；访问 16 位字数据时，存储体 0 和 1 或者存储体 2 和 3 同时有效；访问 32 位双字数据时，4 个存储体同时有效。

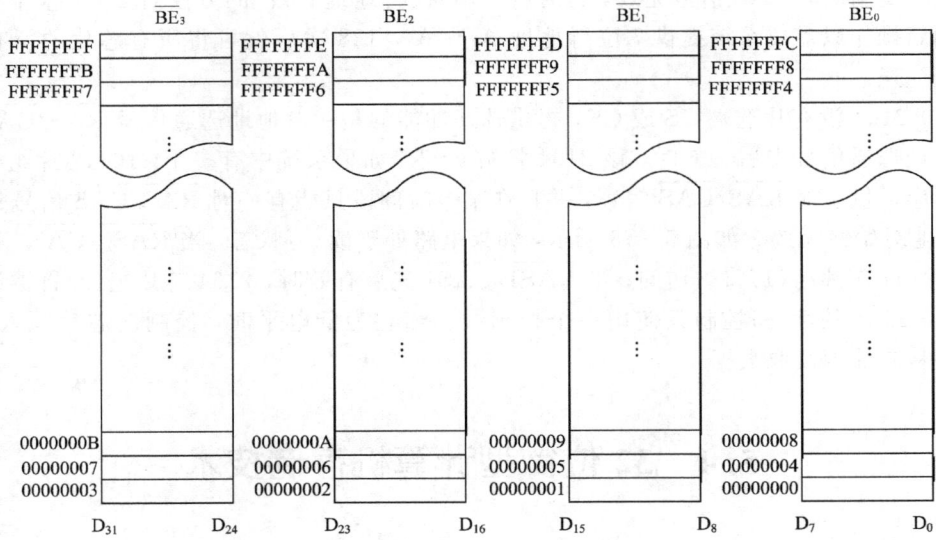

图 5-17 80486 微处理器的存储器组织

【例 5-10】 32 位微处理器与交叉存储器接口构成 32 位存储器系统。

解 如图 5-17 所示，各存储体存放 32 位数据的不同字节。各存储体的 8 位数据线依次并行连接到外部数据线 $D_{31} \sim D_0$ 上，便可组成 32 位存储器系统，如图 5-18 所示。

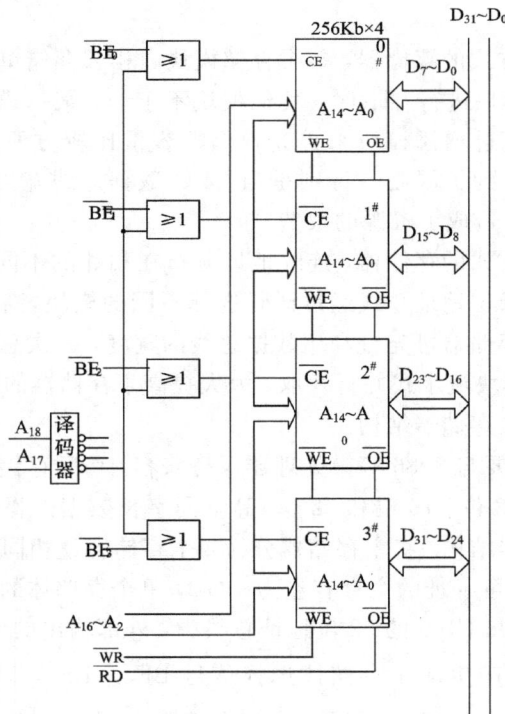

图 5-18 32 位存储器接口

图 5-18 中，每个存储体的 15 位地址 $A_{14} \sim A_0$ 连接 CPU 的地址总线 $A_{16} \sim A_2$，片选信号 $\overline{CE}$ 由高位地址线的译码结果和 $\overline{BE_3} \sim \overline{BE_0}$ 相"或"后产生。当高位地址确定后，$A_{31} \sim A_2$ 选中各存储体中的相同地址单元，然后由 $\overline{BE_3} \sim \overline{BE_0}$ 决定对其中 1 个或几个字节单元进行读/写操作。

5.4.2　高速缓冲存储器 Cache

1. Cache 的功能及工作原理

在计算机发展过程中，由于 CPU 的速度不断提高，由 DRAM 构成的主存储器已经难以满足 CPU 快速读/写的要求。常规的处理方法是在 CPU 总线周期中插入等待周期，以达到 CPU 和主存速度的同步，但这种处理方式是对 CPU 高性能的一种浪费。因此，为了解决 CPU 和主存之间速度不匹配的问题，微型计算机普遍采用了 Cache-主存这样的存储体系，在 CPU 和主存之间增加一级或多级速度与 CPU 速度匹配的高速缓冲器，向 CPU 高速提供指令和数据，从而加快程序执行的速度，提高存储系统的性能价格比。在 Pentium 系统中，Cache 为两级结构，其中 L1 Cache 集成在 CPU 内部，L2 Cache 在主板上，介于 CPU 与主存之间。带有两级 Cache 的存储器系统如图 5-19 所示。Cache 通常由高速的双极型半导体存储器或 SRAM 组成，其功能全部由硬件实现，即由 Cache 控制器对 Cache 的操作进行控制，并对程序员透明。

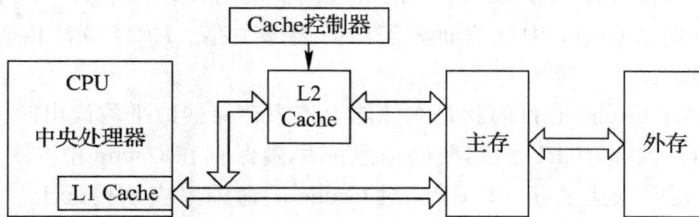

图 5-19　CPU 与存储器系统的关系

对大量典型程序的运行情况的分析结果表明，程序对存储器的访问表现出时间和空间相对集中的特征，即在一个较短的时间间隔内，程序要访问的存储单元大多集中在存储器的某个局部区域。通常，大部分程序都是顺序执行的，指令的地址往往是连续的，循环程序段和子程序段往往需要重复执行；子程序调用之后会有相应数量的返回，在短时间内，指令的执行趋向于局限在几个子程序中；数据分布的集中性不及指令明显，但对数组、顺序记录等之类的数据进行处理时，这类数据在存储器内的存放也是相对集中的。这种对局部范围的存储地址频繁访问而对此范围以外的地址访问很少的现象，称为程序访问的局部性。程序访问的局部性是设置 Cache 的技术基础。

图 5-20 所示为 Cache 的工作原理。Cache 存储系统采用模块化结构，主存和 Cache 等分为若干个相同大小的块（或行），每一个块由若干个字（或字节组成）。主存的每个 8 K 模块有一个 16 个字的 Cache 与它相联系。Cache 分为 4 行，每行 4 个字。分配给 Cache 的地址存放在一个相联存储图表 CAM 中，CAM 是按内容寻址的存储器。

在 Cache 存储系统中，主存中保存着机器运行时的全部现行程序和数据，而 Cache 在开机时没有任何内容。当 CPU 第一次执行一个程序段时，在访问主存读取指令并执行的

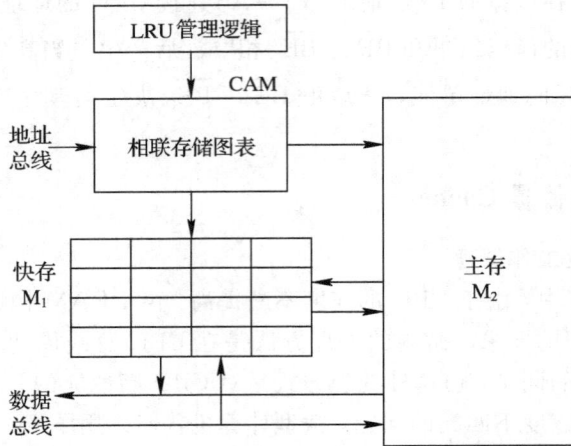

图 5-20　Cache 的工作原理

同时，将取出的指令及其前后相继 4 个字组成的行自动保存在 Cache 中，并将该内容所在的主存地址登记到相联存储图表 CAM 中。此后，当 CPU 需要再次读取存储器时，首先在 CAM 中查找所要访问的主存地址，如果找到了（即命中），则直接从 Cache 中快速读取指令或数据；如果要读取的内容不在 Cache 中，则从主存中读取指令或数据，并将相应的行复制到 Cache 中，替换掉原来在 Cache 中的最近最少使用（LRU）的行。之后，再访问这些内容时，就可以直接从 Cache 中读取而无需访问慢速主存。LRU 算法由管理 Cache 的专用逻辑线路来实现。

在计算机中增加 Cache 的目的就是在性能上使主存储器的平均读出时间尽可能接近于 Cache 的读出时间。因此，CPU 所需要的信息应尽量保存在 Cache 中，使 CPU 可以只访问 Cache，而不必访问低速主存，即 CPU 对 Cache 的命中率应该接近于"1"。由于程序访问的局部性，程序中使用的代码、数据、字符串等往往是被顺序查找或者被重复访问的项，因此经过多次替换更新后，Cache 的命中率将被有效提高。

Cache 的命中率与 Cache 的容量大小、组织方式以及更新算法有关，在设计和组织很好的情况下，Cache 的命中率很高。在 80386 系统中，一个组织很好的 Cache 系统的命中率可达 90% 以上；对于设置有 2 级 Cache 的微机系统，其 L1 和 L2 Cache 命中率均为 80% 左右，只有 5% 左右的数据需要从主存中调用。

2. Cache 存储器的地址映像

为了把信息放到 Cache 存储器中，必须应用某种函数把主存地址映像到 Cache 中定位，这称作地址映像，这些函数通常称作映像函数。在信息按这种映像关系装入 Cache 后，执行程序时，应将主存地址变成 Cache 地址，这个变换过程叫做地址变换。地址映像和变换是密切相关的。地址映像有直接映像、全相连映像和组相联映像三种映像方式。

1）直接映像方式

在直接映像方式中，主存的每一块只能映像到 Cache 中唯一一个特定位置，相当于把主存空间按照 Cache 的大小分成区，每区内的各块只能按位置一一对应到 Cache 中的相应位置上。

假如主存空间被分为 2^m 行（行号分别为 $0, 1, \cdots, i, \cdots, 2^m - 1$），每行的大小为 2^b 个

字；Cache 存储空间被分为 2^c 行（行号为 0，1，…，j，…，2^c-1），每行大小同样为 2^b 个字。

在直接映像方式中，主存和 Cache 中行号的对应关系如图 5-21 所示。直接映像函数可定义为

$$j = i\bmod 2^c$$

其中，j 是 Cache 的行号；i 是主存的行号。

显然，主存的第 0 行、第 2^c 行、第 2^{c+1} 行、只能映像到 Cache 的第 0 行；而主存的第 1 行、第 2^c+1 行、第 $2^{c+1}+1$ 行只能映像到 Cache 的第 1 行。

直接映像函数的优点是实现简单，只需要利用主存地址按某些字段直接判断，就可以确定所需的存储行是否已在 Cache 中。如图 5-21 所示，主存地址中 b 位是行内存储单元地址；中间 c 位是 Cache 的行地址；高 $t(t=m-c)$ 位是内存行的标记，它表明主存对应 Cache 中某行的 2^t 个存储行中究竟哪一行已经在 Cache 中。地址变换部件在收到 CPU 送来的主存地址后，只需根据中间 c 位字段找到 Cache 存储行的行号，然后检查标记是否与主存地址高 t 位符合：如果符合，则可根据行地址和低 b 位地址访问 Cache 存储器；如果不符合，就要从主存读入新的存储行来代替旧的存储行，同时修改 Cache 标记。

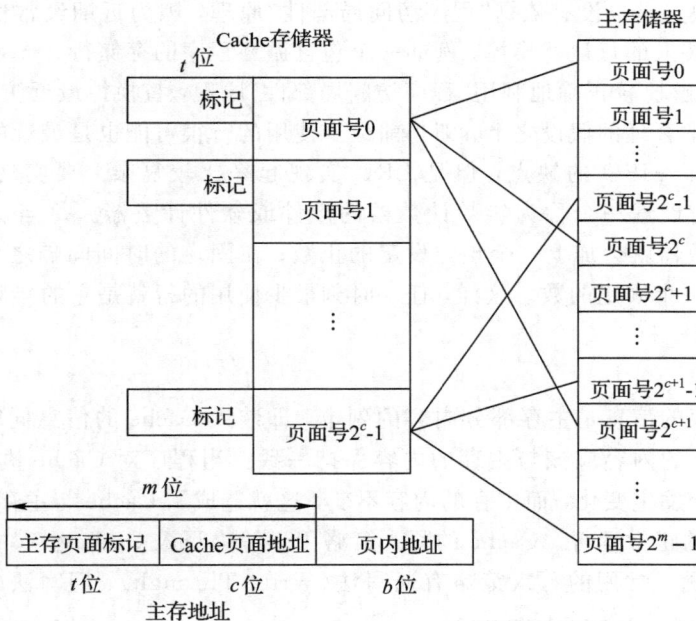

图 5-21　直接映像方式

直接映像方式的缺点是不够灵活。因为主存的 2^t 个存储行只能对应唯一的 Cache 存储行，即使 Cache 中其他的地址空着也不能占用，所以 Cache 存储空间得不到充分的利用。

2) 全相连映像方式和组相连映像方式

全相连映像方式允许主存中的每一个存储行映像到 Cache 的任何位置上，也允许采用任何替换算法从已占满的 Cache 中替换出任何一个旧存储行。虽然这种映像方式非常灵活，但是由于速度太慢且成本太高，因此无法使用。还有一种映像方式叫组相连映像，它是直接映像与全相联映像的折中方案。组相连映像是把 Cache 存储器分为若干个组，每组

包含若干个存储行；组间采用直接映像，而组内的各行为全相联映像。

3. 替换策略

当需要将新的主存信息写入到 Cache，而 Cache 的存储空间已被占满时，就需要替换掉 Cache 中原有的内容。在直接映像方式下，是将主存信息写入到对应的存储行中。但在全相连映像和组相连映像方式下，主存信息可以写入到 Cache 中的多个存储行中，此时就需要选择替换掉哪一行，这就是 Cache 的替换策略。

在 Cache 系统中，选择替换策略的主要目标是获得最高命中率，换句话说，就是要使访问的存储内容不在 Cache 中的次数为最少。常用的替换策略(也称替换算法)有随机算法(RANDom，RAND)、先进先出算法(First-In-First-Out，FIFO)和最近最少使用算法(Least Recently Used，LRU)等。

随机算法是随机选择替换的页面。随机算法的算法比较简单，容易实现，但没有依据"程序访问局部性"原理，所以不能提高系统的 Cache 命中率。

FIFO 算法选择最早装入 Cache 的行作为被替换的行。Cache 中已占用空间的每一行都与一个"装入顺序数"相联系，每当一个存储行送入 Cache 或从 Cache 取走时，系统就会更新"装入顺序数"。通过检查这些数，就能够确定最早装入的行。FIFO 的优点是算法简单，容易实现；缺点是也没有依据"程序访问局部性"原理，因为近期经常使用的存储行也有可能作为最早装入的行被替换掉，例如一个包含循环程序的存储行。

LRU 算法能够比较正确地利用"程序访问局部性"原理，替换掉最近访问最少的 Cache 行。它建立在非常合理的假设之上，即当前最少使用的行很可能也是最近的将来最少访问的行，从而避免了 FIFO 的缺点，但是 LRU 实现起来比较复杂。要实现 LRU，需要对 Cache 内的每一行设置一个称为年龄计数器的硬件或软件计数器。每当访问一个存储行时，它的年龄计数器就会加上一个预先设定的正数；在固定的时间间隔之后，所有页的年龄计数器都减去一个固定的数。这样，任一时刻最少使用的行就是它的年龄计数器中数值最小的行。

4. 更新方式

Cache 中所存的信息是主存部分内容的副本，即装入 Cache 的信息同时保存在 Cache 和主存中，Cache 的内容应该与主存的内容保持一致。当程序对 Cache 执行写入操作时，Cache 的内容将会发生变化，而主存的内容不变，这就造成了 Cache 与主存内容的不一致，从而影响到程序的正常运行。Cache 的写入策略用于解决写入 Cache 引起的 Cache 和主存内容不一致的问题。常用的写入策略有通写法(Write Through)、回写法(Write Back)和缓冲通写法(Buffered Write Through)。

1) 通写法

通写法也称写贯穿。当 CPU 把数据写入到 Cache 中时，Cache 控制器会同时把数据写入到主存的对应位置，使主存中的原本和 Cache 中的副本同时被修改。主存随时跟踪Cache 的内容，不会出现 Cache 已修改而主存未更新的情况。通写法将写 Cache 和写主存同时进行，优点是控制简单；缺点是 CPU 每次写 Cache 时都要同时写主存，从而造成总线操作频繁，影响系统的性能。

2) 回写法

采用回写法时，当 CPU 对 Cache 写命中时，只修改 Cache 的内容，并不立即写入主存。Cache 的每一行都要设置一个更新位，当 CPU 对某一行执行写入操作后，其更新位被置 1。当 Cache 中的某一行要被新的主存行替换时，如果此行的更新位为 1，Cache 控制器先把该行的内容写入到主存中，并将更新位清零，然后再执行替换操作。

当 CPU 对 Cache 写未命中时，Cache 控制器将欲写入的主存块在 Cache 中分配一行，将对应的主存内容复制到 Cache 行中，并在 Cache 中进行修改，但不修改该主存块。此时写回的是被替换掉的 Cache 行所对应的主存，只有新的 Cache 行需要被替换时，才将该 Cache 行的内容写入到主存中相应的位置。

使用回写法时，只要某 Cache 行不被替换，就不需要写入主存。与通写法相比，回写法不需要频繁访问内存，减少了 CPU 对总线的操作，提高了系统的运行速度。但采用回写法仍然存在主存和 Cache 之间内容不一致的问题，控制器的结构也比较复杂。

3）缓冲通写法

缓冲通写法是在主存和 Cache 之间设置一些缓冲寄存器，在写入 Cache 的同时，把欲写入的数据和地址送入缓冲器，在 CPU 进入下一操作时，再由这些缓冲器将数据写入主存，避免了 CPU 访问慢速主存引起的时间延迟。但采用这种方法，缓冲器只能保存一次写入的数据和地址。如果需要进行连续两次写操作，CPU 还是需要等待。

5.4.3　虚拟存储器

1. 虚拟存储器简介

虚拟存储器（Virtual Memory）是为满足用户对存储空间不断扩大的需求而推出的，由 CPU 中的存储管理部件、计算机的主存、辅存以及操作系统共同组成，通过系统软件的管理，把主存和辅存关联在一起，使存储器系统具有接近于主存的速度以及接近于辅存的存储容量。

在虚拟存储器中，"主存—辅存"与"Cache—主存"虽然是两种不同层次的体系结构，但它们在概念和工作原理上具有很多相似之处。它们都以程序访问的局部性为基础，将程序划分为信息块，运行时能够把信息从慢的存储器向快的存储器调度，调度采用的地址变换、映像方式和替换策略具有相同的工作原理，因此主存内容也是辅存内容的一个子集。它们之间也存在着很多不同之处，Cache 的地址变换、映像方式、替换策略等功能全部由硬件实现，对程序员是完全透明的；而虚拟存储器是由操作系统中的存储器管理软件及辅助硬件（存储器管理部件 MMU）共同实现的，它对系统程序员（特别是操作系统设计人员）不是透明的。此外，两者信息块的大小不同，CPU 对它们访问的速度差别也很大。Cache 的信息块只有几个到几十个字节，而虚拟存储器的信息块长度通常为几十千字节左右；CPU 访问 Cache 的速度比访问主存快 5～10 倍，而虚拟存储器中主存的速度比辅存快 100 倍以上。

虚拟存储器对应用程序设计者是透明的。编程人员在写程序时，不必考虑计算机实际的存储容量，也不必考虑信息的实际保存位置是在内存还是辅存。程序运行时，操作系统中的存储器管理软件会将要用到的程序和数据从辅存调入到主存，使应用程序可以访问比实际主存大很多的存储空间，即虚拟地址空间。

在计算机系统中，物理存储器（即主存）的最大容量取决于 CPU 地址总线的数量，如 Pentium 微处理器的地址总线是 36 根，能够访问的最大物理存储空间为 64 GB（主存中存储单元的实际地址称为物理地址或实存地址）。虚拟存储器是指程序使用的逻辑存储空间，其大小取决于程序使用的逻辑地址。逻辑地址也称为虚地址，从虚地址到物理地址的转换由存储器管理部件 MMU 自动完成。当程序访问虚拟存储器时，给出的是虚地址，存储器管理部件首先查看该虚地址对应的内容是否在主存中。如果有，就自动将虚地址转换为物理地址，对主存进行访问；如果不在主存中，就通过操作系统中的存储器管理软件将辅存中的程序和数据调入到主存，然后再由 CPU 访问或调入到 Cache 中。

为了实现虚地址到物理地址的转换以及主存—辅存之间的信息交换，虚拟存储器采用二维和三维的虚地址格式。二维虚地址格式将地址空间分为若干段或页，每个段或页由连续的存储单元组成；三维虚地址格式则将地址空间分为若干段，每段又分为若干页，每页由连续的存储单元组成。虚地址格式共分三种，如下所示：

段式虚地址格式：

段号	段内地址

页式虚地址格式：

页号	页内地址

段页式虚地址格式：

段号	页号	页内地址

2. 保护模式下的虚拟存储器寻址

32 位计算机系统采用虚拟存储器技术的目的是为了更有效地使用有限的主存储器资源。虚拟存储器技术仍然基于"程序访问的局部性"原理，操作系统不需要将程序的所有页面一次全部调入内存，而是将大部分页面保留在辅存中，仅将近期使用的页面调入，主存中仅保存程序的少量页面。在保护模式下，主存中可以同时保存多个正在执行的程序（即进程），操作系统进程及多个应用程序的进程共享主存，而且每个进程均拥有一个非常大的虚拟存储空间。各进程之间都要进行存储保护，不能互相干扰或修改另一进程的数据。

实模式下，主存的存储空间被分成若干个段，代码和数据等被存放在不同的段中。用户程序和系统程序均直接访问物理空间，对存储单元进行修改，这种修改会直接影响到访问相同存储空间的其他程序。如果用户程序不慎修改了系统程序的代码和数据，将对计算机系统的运行造成灾难性的破坏。

在保护模式下，程序使用的是虚地址，要经过分段和分页的地址转换过程才能产生物理地址。由于程序有严格的边界以及程序特权级的限制等，任何程序都不能访问不属于自己的内存区域，从而避免了进程之间的相互干扰。

32 位微处理器的保护功能包括两个方面：一是任务间的保护，给每个任务分配不同的虚地址空间，使不同的任务彼此隔离；二是任务内的保护，通过设置特权级别，保护操作系统不被应用程序破坏。

启动计算机时，CPU 工作在实模式，之后转换到保护模式。以 Pentium 微处理器为例，Pentium CPU 的存储器管理部件 MMU 由段管理部件 SU 和页管理部件 PU 组成。在保护模式下，Pentium CPU 可采用三种方式访问存储器：

1）只分段不分页

分段不分页方式下，虚地址由段号和段内偏移地址组成，虚地址到实际主存地址的变换通过段表实现。每个程序设置一个段表，段表的每一个表项对应一个段。程序给出的逻辑地址由 16 位的段选择符和 32 位的偏移地址组成，段选择符的低 2 位用于保护，高 14 位用于指示段，因此一个正在运行的程序可允许的最大虚拟空间为 $2^{14+32}=64$ TB。

保护模式下，Pentium CPU 的段寄存器中存储的不再是 16 位的段基址，而是段选择符，用来选择两个"段描述符表"，即全局描述符表 GDT 或局部描述符表 LDT 中的段描述符。系统中所有的程序都有同一个 GDT，而每一个正在运行的程序各有一个 LDT。段管理部件 SU 由段选择符从段描述符表中得到段基地址，再与 32 位的偏移地址相加形成 32 位线性地址，此线性地址即为最终的 32 位主存物理地址。虚地址到物理地址的转换过程如图 5-22 所示。

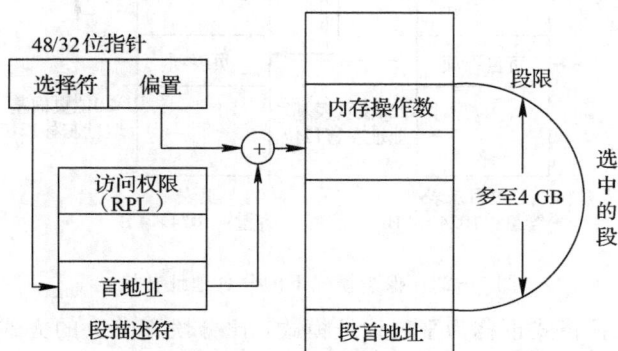

图 5-22　保护模式下的分段地址转换

分段方式不需要分页，无需经过页目录表和页表的转换，地址转换速度快。但需要段的频繁调入调出，耗时多，主存管理性能较差。

2）只分页不分段

分页方式下，虚地址空间被分成等长大小的页，称为逻辑页；主存空间也被分成同样大小的页，称为物理页。相应地，虚地址分为两个字段：高字段为逻辑页号，低字段为页内地址（偏移量）；实存地址也分两个字段：高字段为物理页号，低字段为页内地址。通过页表将虚地址（逻辑地址）转换成物理地址。

在控制寄存器 CR_4 中页面长度控制位 PSE 的控制下，Pentium CPU 可以采用 4 KB 和 4 MB 两种分页方式，由分页部件（PU）将 32 位的线性地址转换成 32 位物理地址。4 KB 分页方式下，Pentium CPU 采用两级页表管理方式，将物理主存按 4 KB 划分为一页，页表存放页面起始地址的高 20 位（页面基地址），每个页表可管理 1024 页；页目录表对 1024 个页表进行管理，存放页表起始地址的高 20 位，即页表基地址，共计有 1024 个页表项。

Pentium 4 KB 分页方式的地址转换过程如图 5-23 所示，将 32 位线性地址定义为 3 个字段，分别为 10 位的页目录（号）、10 位的页表（号）和 12 位的页内偏移量。当只分页不分段时，程序不提供段选择符，将指令提供的 32 位虚地址作为线性地址，由 32 位控制寄存器 CR_3 指向页目录表的起始地址；线性地址中的 10 位页目录（号）×4，就是页目录表中的偏移地址，与 CR_3 相加，指向一个 4 B 的页目录项；将选中目录项中的 20 位页表基地址的低 12 位补 0，得到页表的起始地址；将线性地址中的页表（号）×4 得到页表项的 12 位偏移地址，与页表的 32 位起始地址相加，指向某一页表项；同样，将选中页表项中的高 20 位页面基地址的低 12 位补 0，作为物理主存页的起始地址，加上线性地址中的低 12 位偏移量，即可得到要寻址的 32 位物理地址，完成线性地址到物理地址的转换。

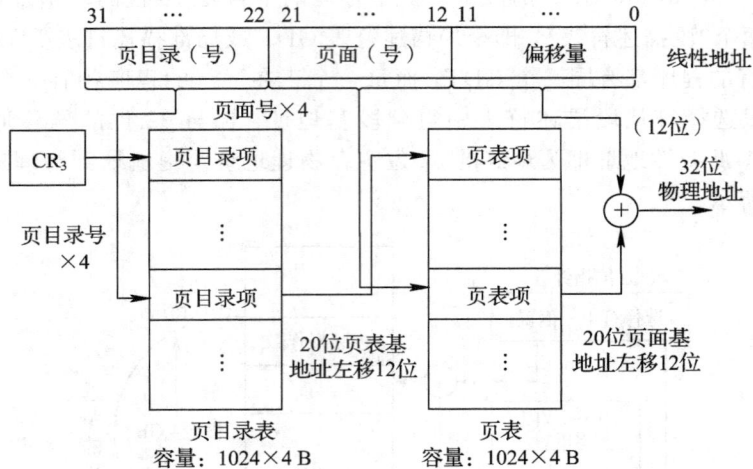

图 5-23　保护模式下的分页地址转换

分页不分段的保护模式也称为平展地址模式，比分段不分页的方式灵活，进程所拥有的最大虚拟存储空间为 4 GB。Windows NT 和 Windows XP 操作系统均采用这种模式。

3）既分段又分页

分段分页的工作方式是先分段后分页，分段形成的 32 位线性地址不是主存的物理地址，而是提供给分页部件（PU），作为页目录（号）、页表（号）和页内偏移量，按 4 K 大小分页。一个进程的最大虚地址空间与只分段的虚地址模式相同，也是 $2^{14+32}=64$ TB。既分段又分页方式兼有分段与分页的优点。

$$习\quad题$$

1. 什么叫存储元？什么叫存储单元？CPU 能够访问的最基本的存储单位是＿＿＿＿＿。
2. 半导体存储器分为哪几类？各自的特点是什么？
3. DRAM 为什么需要刷新？刷新与正常的读/写操作有何不同？
4. 简述 ROM 芯片的分类、特点及应用场合。
5. 现代计算机系统为什么要采用层次结构？存储器系统主要有哪些层次？各层次的作用是什么？
6. 主存储器主要有哪些性能指标？其含义是什么？
7. 某 32 位微处理器有 36 根地址总线，其主存容量最大为＿＿＿＿，一个存储单元可存储_____位二进制数。

8. 1 TB=____GB, 1 GB=____ MB, 1 MB=____KB。

9. 设 SRAM 芯片的容量为 16 K×8 位，它有_____根地址线，_____根数据线。

10. 用 8 KB 的 SRAM 芯片构成 256 KB 的存储器，需要多少片芯片？共需要多少根地址线？其中片内地址线多少根？如采用全译码方式，需要多少根片选地址线？

11. 8086 存储系统的地址译码电路如图 5-24 所示。问片选控制采用的是什么译码方式？图中 EPROM 芯片的存储容量和地址范围是多少？是否有地址重叠？重叠的地址范围是多少？

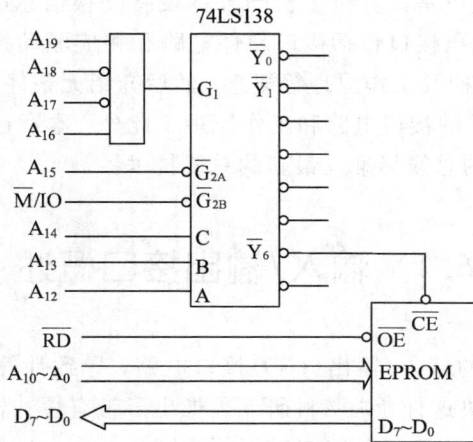

图 5-24　8086 存储系统的地址译码电路

12. 采用 3:8 译码器 74LS138 和 2764 芯片（EPROM，8 K×8 位），通过全译码方式在 8088 系统的地址最高端组成 32 KB 的 ROM 区，请画出各 2764 芯片与 8088 最大组态下形成的系统总线的连接图。

13. 8086 存储器中对规则字和非规则字的访问有何区别？

14. 简述高速缓冲存储器 Cache 的主要工作原理。

15. 什么是虚拟存储器？虚拟存储器位于计算机系统的什么位置？怎样实现？

第 6 章

微型计算机接口与总线技术

计算机的输入/输出接口是计算机主机与外部设备交换信息的关键部分，具有多样性和复杂性的特点。输入/输出接口包括接口硬件电路和相应驱动控制程序。本章首先介绍输入/输出接口的功能、结构及工作原理等概念，然后介绍无条件传送方式、查询式传送方式、中断方式和 DMA 方式的接口电路和工作原理。此外，本章还将详细介绍总线的概念和技术，并介绍几种常见的总线标准及最新的总线技术。

6.1 输入/输出接口概述

早期计算机没有单独的输入/输出(I/O)接口电路，导致计算机的运行速度被低速的 I/O 操作所限制。为了解决这种矛盾，科研人员推出了带有缓冲器的 I/O 接口，实现了主机与外设之间的数据传送，提高了计算机的运行速度。

6.1.1 I/O 接口的基本功能

计算机中，把介于 CPU 与外设之间、实现硬件连接与软件通讯的部件称为 I/O 接口。I/O 接口通常是定型产品，多数为可编程通用接口芯片，可用软件编程控制其工作方式。例如，键盘与主机间的接口可以采用可编程的通用接口芯片 8255A。

I/O 接口的基本作用就是使主机与外设能够协调地完成 I/O 操作，具有如下 4 方面的功能：

1) 数据缓冲和锁存功能

接口电路中通常都有数据缓冲寄存器，用以匹配快速的处理器与相对慢速的外设之间的数据交换，避免因速度差异而造成数据传送不同步，从而造成的数据丢失。

外设与总线连接时需要遵循一定的原则，才能满足各种数据交换的需要。

·输入要三态：系统总线是设备间的公共通道，任何设备都不能长期占用总线；仅允许被选中的设备使用系统总线；设备需要通过三态门连接到总线上，CPU 访问此外设时，打开三态门，其他时间与总线呈高阻状态；实现一个 CPU 连接多个外设；系统总线是独木桥，I/O 设备分时复用。

·输出要锁存：输出数据在写周期传送，时间非常短。被传送数据只在短暂时间内呈现在总线上，并传送给外设。对于慢速的外设，这么短的时间不能驱动外部设备。因此在外设和总线之间要添加数据锁存器，将数据锁存到接口电路中，解决 CPU 与外设间的速度不匹配。

2) 提供状态和控制信息

为使主机与外设之间的数据交换达到协调与同步，接口电路应提供数据传输联络用的状态信息和控制信息。

状态信息反映了当前外设的工作状态，是外设通过接口输入给 CPU 的。输入设备用"准备好"（READY）信号来表明待输入数据是否准备就绪。输出设备用"忙"（BUSY）信号来表示输出设备是否处于空闲状态，如为空闲状态，则可接收 CPU 送来的信息；否则 CPU 要等待。

控制信息是 CPU 通过接口输出给外设的。CPU 通过发送控制信息控制外设的工作，如外设的启动信号和停止信号就是常见的控制信息。控制信息往往随外设的具体工作原理不同而含义不同。

3）信号变换

数字计算机处理的信号是数字量和开关量。而外设所使用的信号多种多样，可能完全不同。所以，I/O 接口需要把信号转换为适合对方的形式，通常包括模/数（A/D）、数/模（D/A）转换、串/并、并/串转换以及电平转换等。

4）I/O 设备选择

计算机一般带有多台外设，而 CPU 在同一时间内只能与一台外设交换信息，因此每次 I/O 传送数据时，都用地址指明具体的设备。I/O 接口电路接收地址并译码，用于选中具体的 I/O 设备。

6.1.2　I/O 接口的基本结构

I/O 接口电路可能很复杂，与传输数据的类型对应，可以将其归结为 3 种可编程的寄存器，基本结构如图 6-1 所示。

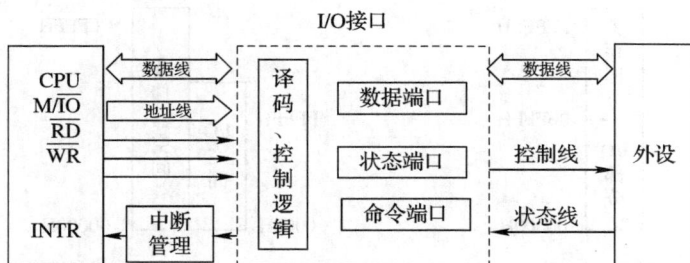

图 6-1　I/O 接口的基本结构

由图 6-1 可以看出，每个 I/O 接口内部都包括一组寄存器，通常有数据输入/输出寄存器、状态寄存器和控制寄存器。此外，I/O 接口还包括中断控制逻辑电路。这些寄存器也被称为 I/O 端口，每个端口都有一个端口地址（也称端口号）。主机通过这些端口与外设之间进行数据交换。

数据输入寄存器用于暂存外设送往主机的数据；数据输出寄存器用于暂存主机送往外设的数据；状态寄存器用于保存 I/O 接口的状态信息。CPU 通过对状态寄存器内容的读取和检测，可以确定 I/O 接口的当前工作状态，如上一次的处理是否完毕，是否可以发送或接收数据等，以便 CPU 能够根据设备的状态，确定是否可以向外设发送数据或从外设接收数据。控制寄存器用于存放 CPU 发出的控制命令字，以控制接口和设备所执行的动作，如对数据传输方式、速率等参数的设定，数据传输的启动、停止等；中断控制逻辑电路用于实现外设准备就绪时，向 CPU 发出中断请求信号、接收来自 CPU 的中断响应信号以及提供相应的中断类型码等功能。

I/O 接口连接了计算机总线与外设。I/O 接口一方面应与所连接的外设的信号格式相一致，包括信号电平的规定、时序关系以及信号的功能定义等。外设种类繁多，接口信号格式多样，所以通常采用可编程 I/O 接口芯片，满足与不同类型的外设连接的需要。另一方面，I/O 接口应与所连接的总线标准一致。为了满足不同类型的总线格式，应尽量选择具有通用性的 I/O 接口电路，以易于实现与计算机系统的连接。

6.1.3　I/O 端口的编址方式

I/O 接口由一组寄存器(I/O 端口)组成。为了使 CPU 能够正确访问 I/O 端口，每个 I/O 端口都需要设置相应的端口地址(或端口号)。在一个计算机系统中，如何编排这些 I/O 端口的地址，就是所谓 I/O 端口的编址方式。

常见的 I/O 端口编址方式有两种，一种是 I/O 端口和存储器统一编址，也称存储器映像的 I/O(Memory-Mapped I/O)方式；另一种是 I/O 端口和存储器分开单独编址，也称为 I/O 映像的 I/O(I/O-Mapped I/O)方式。

1) I/O 端口和存储器统一编址

统一编址是指将 I/O 端口与存储器地址统一编排，共享一个地址空间，如图 6-2(a)所示。这种编址方式是把整个存储地址空间的一部分作为 I/O 设备的地址空间，给每个 I/O 端口分配一个存储器地址，也即把每个 I/O 端口看成一个存储器单元，纳入统一的存储器地址空间。CPU 可以利用访问存储器的指令来访问 I/O 端口，因而不需要设置专门的 I/O 指令。

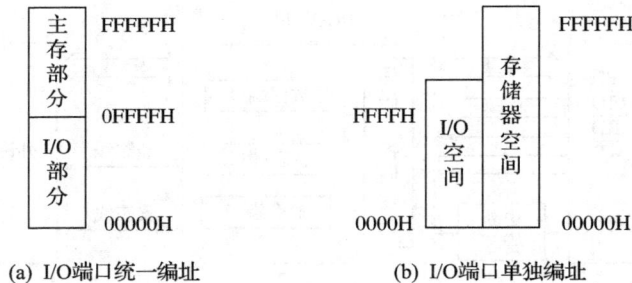

(a) I/O端口统一编址　　　　(b) I/O端口单独编址

图 6-2　I/O 端口和存储器编址方式

统一编址方式的优点是：由于 CPU 对 I/O 端口的访问是使用存储器的访问指令，因此可以直接对 I/O 端口内的数据进行处理，而不必采取先把数据送入 CPU 寄存器等步骤。这样，可以使访问 I/O 端口进行输入/输出的操作更加灵活、方便，有利于改善程序效率，提高总的 I/O 处理速度；另外，这种编址方式还可以减少 CPU 的引脚数目。

这种编址方式的缺点是：由于 I/O 端口占用了一部分存储器地址空间，因此使用户的存储地址空间相对减少；另外，由于利用访问存储器的指令来进行 I/O 操作，指令的长度通常比单独 I/O 指令要长，因此指令的执行时间也较长。

2) I/O 端口和存储器单独编址

单独编址方式是指将 I/O 端口地址和存储器地址分开单独编址，各自形成独立的地址空间(两者的地址虽然重叠，但是指向不同的空间)，如图 6-2(b)所示。CPU 指令系统中分别设置了存储器操作指令和 I/O 指令(IN 指令和 OUT 指令),使用专门的 I/O 指令来访问 I/O 端口。

微型计算机中地址总线由存储器和 I/O 端口所共享,使用单独编址方式时,地址总线上的地址信息需要区分出是给存储器的还是给 I/O 端口的,所以 CPU 芯片上设置专门的控制信号线来进行区分。典型的方法是用 M/$\overline{\text{IO}}$ 控制线加以标识,M/$\overline{\text{IO}}$ 是低电平时表示 I/O 操作,高电平时表示存储器操作。例如,8086 CPU 使用地址总线的低 16 位对 I/O 端口进行寻址,则可以提供 $2^{16}=65\ 536(64\ \text{K})$ 个 I/O 端口地址。

单独编址方式的优点是:第一,I/O 端口不占用存储器地址,故不会减少用户的存储器地址空间;第二,单独 I/O 指令的地址码较短,地址译码方便,I/O 指令短,执行速度快;第三,由于采用单独的 I/O 指令,所以在编制程序和阅读程序时,容易与访问存储器类型指令加以区别,使程序中 I/O 操作和其他操作层次清晰,便于理解。

这种编址方式的缺点是:第一,单独 I/O 指令的功能有限,只能对端口数据进行 I/O 操作,不能直接进行移位、比较等其他操作;第二,由于采用了专门的 I/O 操作时序及 I/O 控制信号线,因此增加了微处理器本身控制逻辑的复杂性。例如,Intel 80X86 系列就采用了这种编址方式。

6.1.4　I/O 端口的地址译码

在一个微机系统中,通常具有多台外设。当 CPU 与外设进行通信时,需要对各个设备所对应的接口芯片进行逻辑选择,从而实现与相应的设备进行数据交换。这种逻辑选择功能是由 I/O 接口电路中的地址译码器实现的。地址译码器是 I/O 接口电路的基本组成部分之一。

I/O 接口与处理器的连接类似于存储器与处理器的连接,主要是处理好高位地址的译码。I/O 地址译码的原理与存储器地址译码原理完全相同。但是 I/O 地址多采用部分译码方式,这样可以节省译码的硬件开销。在进行部分译码时,用高位地址总线参与接口电路芯片的片选译码,用低位地址总线参与片内译码;有时中间部分地址总线不参与译码,有时部分最低地址总线不参与译码。

例如,在 IBM-PC/XT 微机中,其系统板上有数片 I/O 接口芯片,其中包括 DMA 控制器 8237、中断控制器 8259A、并行接口 8255A、计数器/定时器 8253 等。这些接口芯片必须是在相应的片选信号有效时才能工作。图 6-3 所示的就是该微机系统中片选信号的译码电路。

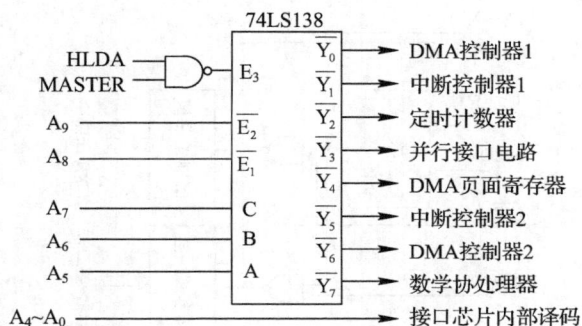

图 6-3　片选信号的译码

由图 6-3 可以看到,接口芯片的片选信号是由一块"3-8 译码器"电路(74LS138)产生的。当 CPU 控制系统总线时,若此时地址信号 $A_9 = A_8 = 0$,则 74LS138 的 3 个控制端(E_3、$\overline{E_2}$、$\overline{E_1}$)均处于有效电平,于是该译码器电路处于允许状态;并根据 3 位地址输入信号 A_7、A_6、A_5 进行译码,在 8 个输出端($Y_7 \sim Y_0$)的某一端引脚产生低电平的片选信号,而其他 7 个输出端均处于高电平。对于地址信号 A_7、A_6、A_5 的 8 种代码组合,可以得到相应的 8 个低电平译码输出信号,用来作为 8 个片选信号,分别接到各接口芯片的片选输入端,从而实现对接口电路的逻辑选择。地址信号的低 5 位($A_4 \sim A_0$)作为接口电路内部寄存器的选择,其具体分配情况依各个接口芯片内部寄存器的结构及数量等不同而有所不同。

6.1.5 I/O 指令

前面已经指出,对于采用 I/O 端口与存储器单独编址的计算机,指令系统中设有专门的 I/O 指令(IN 指令和 OUT 指令),CPU 通过执行这样的 I/O 指令来实现与 I/O 接口之间的通信。在介绍指令系统时,已经具体介绍了 IN 指令和 OUT 指令的格式与功能,这里不再作专门介绍。

6.2 I/O 接口的数据传送方式

在计算机中,主机与外设之间的数据传送控制方式(即 I/O 控制方式)通常有无条件传送方式、查询式传送方式、中断式控制方式和直接存储器存取(DMA)方式 4 种。本节将分别予以介绍。

6.2.1 无条件传送方式

无条件传送方式也叫同步传送。这种情况下,外设总是准备就绪,不必查询外设的状态,在需要输入/输出的地方直接使用 IN、OUT 指令与外设传送数据即可,如图 6-4 所示。这种传送方式的优点是控制程序简单,但它必须是在外设已准备好的情况下才能使用,否则传送就会出错。所以在实际应用中无条件传送方式使用较少,只用于对一些简单外设的操作,如对开关信号的输入、对 LED 显示器的输出等。

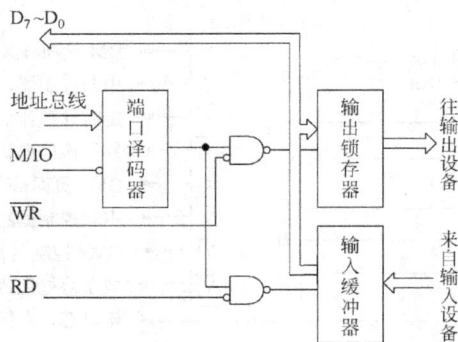

图 6-4　无条件传送方式

6.2.2　查询式传送方式

程序查询传送方式也称条件传送方式。采用这种传送方式时，CPU 通过执行程序不断读取并检测外设的状态，只有在外设确实已经准备就绪的情况下，才进行数据传送，否则需要继续查询外设的状态，这会占用 CPU 大量的时间，而真正用于传送数据的时间却很少。例如用查询方式实现从终端键盘输入字符信息时，由于输入字符的流量是非常不规则的，CPU 无法预测下一个字符何时到达，这就迫使 CPU 必须频繁地检查键盘输入端口是否有进入的字符，否则就有可能造成字符的丢失。实际上，CPU 浪费在查询字符是否输入的时间达到 90% 以上。查询式输入接口如图 6-5，查询式输出接口如图 6-6。

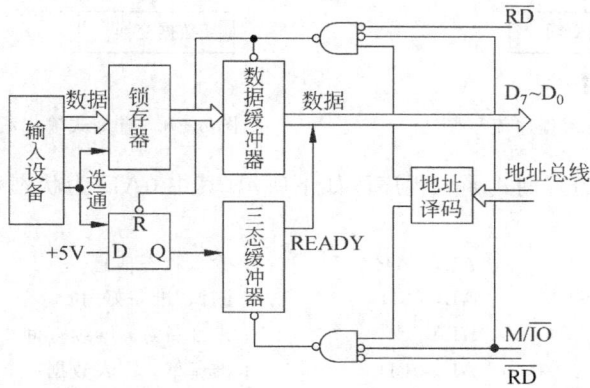

图 6-5　查询式输入

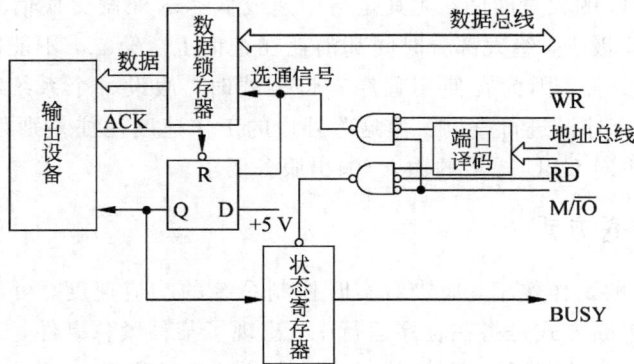

图 6-6　查询式输出

对于程序查询传送方式来说，一个数据传送过程可由下述 3 步完成：

(1) CPU 从状态端口中读取状态信息；

(2) CPU 检测状态字的对应位是否满足"就绪"条件，如果不满足，则返回到第一步继续读取状态信息；

(3) 如果状态字表明外设已处于"就绪"状态，则传送数据。

因此，接口电路中除了有数据端口外，还需要有状态端口。对于输入过程来说，如果"数据输入寄存器"中已准备好新数据供 CPU 读取，则使状态端口中的"准备好"标志位置

1；对于输出过程来说，外设取走一个数据后，接口就将状态端口中的对应标志位置 1，表示"数据输出寄存器"已经处于"空"状态，可以从 CPU 接受下一个输出数据。程序查询传送方式的程序流程图如图 6-7 和图 6-8 所示。

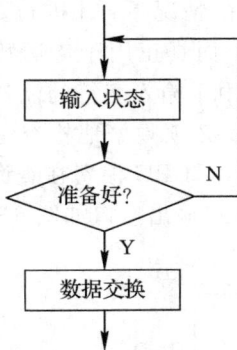

图 6-7　查询式输入程序流程图　　　　图 6-8　查询式输出程序流程图

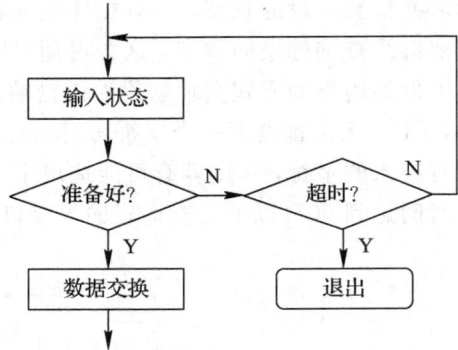

例如，一个典型的查询式输入程序段如下所示(其中 0AH 为状态端口号，0BH 为数据端口号)：

```
STATE:    IN      AL, 0AH        ;输入状态信息
          TEST    AL, 02H        ;测试"准备好"位
          JZ      STATE          ;未准备好，继续查询
          IN      AL, 0BH        ;准备好，输入数据
```

程序查询方式有两个明显的缺点：第一，CPU 的利用效率低。因为 CPU 要不断地读取状态字和检测状态字，如果状态字表明外设未准备好，则 CPU 还要继续查询等待。这样的过程占用了 CPU 的大量时间，尤其是与中速或低速的外设交换信息时，CPU 真正花费于传送数据的时间极少，绝大部分时间都消耗在查询上。第二，不能同时满足实时控制系统对 I/O 处理的要求。因为在使用程序查询方式时，假设一个系统有多个外设，那么 CPU 只能轮流对每个外设进行查询。但这些外设的工作速度往往差别很大，这时 CPU 很难满足各个外设随机对 CPU 提出的输入/输出服务要求。

6.2.3　中断式传送方式

为了提高 CPU 的工作效率，加快对实时控制系统的响应速度，可以采用中断控制方式进行信息交换。中断方式是指在程序运行中，出现了某种紧急事件，CPU 必须中止现在正在执行的程序而转去处理紧急事件(执行一段中断处理子程序)，并在处理完毕后，再正确返回原运行程序的过程。

一个完整的中断处理过程包括中断请求、中断响应、中断处理和中断返回。中断请求是指中断源(引起中断的事件或设备)在何时或何种条件下，以何种方式向 CPU 发出的中断请求信号；中断响应是指 CPU 根据中断优先级判别后获准的中断请求，中止正在执行的程序(也称主程序)，转而去执行中断服务程序的过程；中断处理就是 CPU 执行中断服务程序；中断服务程序结束后，返回到原先被中断的程序称为中断返回。为了能正确返回到原来程序被中断的地方(也称断点，即主程序中当前指令下面一条指令的地址)，在中断服务程序末尾应专门安排一条中断返回指令。

另外，为了使中断服务程序不影响主程序的运行，即让主程序在返回后仍能从断点处继续正确运行，需要把主程序运行至断点处时有关寄存器的内容保存起来，称之为保护现场。通常采用程序指令保存现场，在中断服务程序的开头把有关寄存器（即在中断服务程序中可能被破坏的寄存器）的内容用 PUSH（压入）指令压入堆栈来实现现场保护；在中断服务程序操作完成后要把所保存寄存器的内容送回 CPU 中的原来位置，称之为恢复现场。通常在中断服务程序的末尾处，用几条 POP（弹出）指令，按照堆栈的"先进后出"的规则，将所保存的现场信息弹出到对应寄存器。

采用中断传送方式进行数据交换，当外设处于就绪状态时，例如，当输入设备已将数据准备好或者输出设备可以接收数据时，便可以向 CPU 发出中断请求，CPU 暂时停止当前执行的程序，和外设进行一次数据交换。当输入操作或输出操作完成后，CPU 再继续执行原来的程序。采用中断传送方式时，CPU 不必总是去检测或查询外设的状态，因为当外设就绪时，会主动向 CPU 发送中断请求信号。CPU 在执行每一条机器指令的 T4 周期，会检查外设是否有中断请求信号。如果有，并且在中断允许的情况下，CPU 将保存下一条要执行的指令地址（断点）和当前标志寄存器的内容，转去执行中断服务程序；执行完中断服务程序后，CPU 会自动恢复断点地址和标志寄存器的内容，回到主程序继续执行。

总之，与程序查询方式相比，中断控制方式的数据交换具有如下特点：

(1) 提高了 CPU 的工作效率；

(2) 外设具有申请服务的主动权；

(3) CPU 可以和外设并行工作；

(4) 可满足实时系统对 I/O 处理的要求。

关于中断控制方式的更具体的知识，将在后面章节进行讨论。

6.2.4　直接存储器存取（DMA）方式

1. DMA 的基本概念

基于上面知识的介绍可以看到，采用程序控制方式或者中断方式进行数据传送时，都需要依靠 CPU 执行程序指令来实现数据的输入/输出。具体地说，CPU 要通过取指令、对指令进行译码然后发出读/写信号，从而完成数据传输。另外，在中断方式下，每进行一次数据传送，CPU 都要暂停现行程序的执行，转去执行中断服务程序。在中断服务程序中，还需要有保护现场及恢复现场的操作，这些额外操作和数据传送没有直接关系，但是会浪费 CPU 的许多时间。

因此，采用程序控制方式及中断方式时，数据的传输率不会很高。对于高速外设，如高速磁盘装置或高速数据采集系统等，采用这样的传送方式，往往满足不了其数据传输率的要求。例如，对于磁盘装置，其数据传输率通常在 20 万字节/秒以上，即传输一个字节的时间要小于 5 μs。对于通常的 PC 来说，采用程序控制或中断方式不能满足这种高速外设的要求。

所以希望用硬件在外设与内存之间直接进行数据交换而不通过 CPU，这样数据传送的速度上限就取决于存储器和外设的工作速度。这种在专门硬件控制电路控制之下进行的外设与存储器间直接数据传送的方式，称为直接存储器访问（Direct Memory Access，DMA）方式，这种专门的硬件控制电路称为 DMA 控制器（DMAC）。

在 DMA 方式下实现的外设与存储器间的数据传送方式和 CPU 执行程序指令的数据传送方式不同。采用 DMA 方式的数据传送不需要经过 CPU，而且数据传送是在硬件控制之下完成的。由于传送数据时不用 CPU 执行指令，而通过专门的硬件电路发出地址及读/写控制信号，因此，DMA 方式比程序指令传送方式的速度快得多。

2. DMA 传送过程

在微机系统中，DMA 控制器有双重身份：在处理器掌管总线时，它是总线的被控设备（I/O 设备），处理器可以对它进行 I/O 读/写操作；在 DMA 控制器接管总线后，它是总线的主控设备，通过系统总线来控制存储器和外设直接进行数据交换。因此，DMA 控制器也会产生总线周期，因为使用同一个系统总线，所以其总线周期与处理器的总线周期类似。

图 6-9 是 DMA 传送的示意图，其工作过程是：

1）DMA 预处理

DMA 控制器作为主控设备前，处理器要将有关参数（工作方式、存储单元首地址、传送字节数等）预先写到 DMA 控制器中。

2）DMA 请求和应答

外设需要进行 DMA 传送时，首先向 DMA 控制器发出 DMA 请求信号（DMAREQ），该信号应维持到 DMA 控制器响应为止；DMA 控制器收到请求后，需向处理器发总线请求信号（HOLD），申请接管总线，该信号在整个传送过程中应一直维持有效；处理器在当前总线周期结束时，将响应该请求并向 DMA 控制器应答总线响应信号（HLDA），表示已放弃总线控制权；此时，DMA 控制器向外设回答 DMA 响应信号（DMAACK），DMA 传送即可开始。

3）DMA 数据交换

DMA 传送有以下两种类型：

DMA 读——存储器的数据被读出并传送给外设。DMA 控制器提供存储器地址和存储器读控制（MEMR）信号，使被寻址的存储单元的数据放到数据总线上；同时向提出 DMA 请求的外设提供响应信号和 I/O 写控制信号（IOW），将数据总线上的数据送入外设。

DMA 写——外设的数据被写入存储器。DMA 控制器向提出 DMA 请求的外设提供响应信号和 I/O 读控制信号（IOR），令其将数据放到数据总线上；同时提供存储器地址和存储器写控制信号（MEMW），将数据总线上的数据送入所寻址的存储单元。

4）DMA 控制器

DMA 控制器对存储器地址进行增量和减量，并对传送次数进行计数，据此判断数据块传送是否完成。如果传送尚未完成，它会不断重复以上的步骤；如果传送完成，DMA 控制器发往 CPU 的总线请求信号将转为无效，表示传送结束并将总线交还给处理器。此时，处理器将重新接管对总线的控制权。

在 DMAC 的控制之下，可以实现外设与内存之间、内存与内存之间以及与外设之间的高速数据传送，如图 6-9 所示。

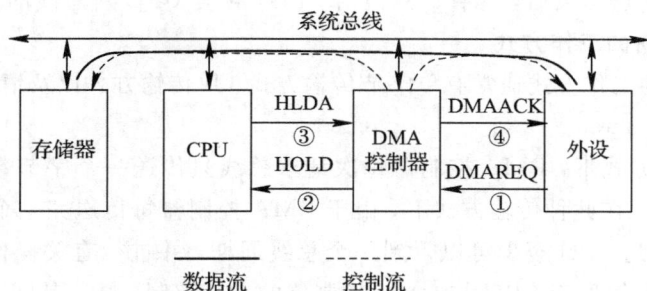

图 6-9　DMA 传送过程

3. DMA 控制器的基本功能

通过系统总线传送一个字节或字所涉及的全部活动时间称为一个总线周期。在任何给定的总线周期内，允许接在系统总线上的系统部件之一来控制总线，通常称这个控制系统总线的部件为主部件，而称与其通信的其他部件为从部件。CPU 及其总线控制逻辑通常是主部件，其他部件可通过向 CPU 发出"总线请求"信号来获得对总线的控制权。CPU 在完成现行总线周期后，将向发出总线请求信号的部件发出"总线回答"信号，从而使该部件成为主部件。主部件负责指挥总线的活动与操作，包括把地址放到地址总线上以及发出读/写控制信号等。能够称为主部件的部分，除了 CPU 以外，常见的还有 DMA 控制器（DMAC）。

DMA 控制器是用于实现以 DMA 方式进行数据传送的专门的硬件电路。传送数据时，除了要用到 DMA 控制器外，还要使用地址总线、数据总线和控制总线。但如上所述，系统总线通常是由 CPU 及其总线控制逻辑所管理的，所以，DMA 控制器要想得到总线控制权，必须要向 CPU 发出"总线请求"信号；CPU 在接到这一信号后，如果同意出让总线控制权，则会在完成现行总线周期后，向 DMA 控制器发出"总线回答"信号，并将 CPU 自己的总线输出信号处于高阻状态，从而把总线控制权交给 DMA 控制器。从此时开始，DMA 控制器将对系统总线实施有效的控制，包括发出地址信号及读/写控制信号等，以完成 DMA 方式的数据传送。在 DMA 操作过程结束时，DMA 控制器向 CPU 发出撤销总线请求信号，将总线控制权交还给 CPU。

另外，DMA 控制器还要与相应的 I/O 接口结合在一起工作，I/O 接口与外设相连。在外设及 I/O 接口准备好的情况下，I/O 接口将向 DMA 控制器发出 DMA 请求信号；DMA 控制器收到此信号后，再向 CPU 发出总线请求信号，接着将按前述的工作过程完成 DMA 方式的数据传送。

归纳起来，DMA 控制器通常应具备如下 6 方面功能：

（1）能接受 I/O 接口的 DMA 请求，并向 CPU 发出总线请求信号；

（2）当 CPU 发出总线回答信号后，接管对总线的控制，进入 DMA 传送过程；

（3）能实现有效的寻址，即能输出地址信息并在数据传送过程中自动修改地址；

（4）能向存储器和 I/O 接口发出相应的读/写控制信号；

（5）能控制数据传送的字节数，控制 DMA 传送是否结束；

（6）在 DMA 传送结束后，能释放总线给 CPU，恢复 CPU 对总线的控制。

4. DMA 控制器的工作方式

DMA 控制器的工作方式通常有单字节传输方式、块传输方式以及请求传输方式等。

1）单字节传输方式

在单字节传输方式下，DMA 控制器每次请求总线只传送一个字节数据，传送完成后即释放总线控制权。在此种传输方式下，由于 DMA 控制器每传送完一个字节即交还总线控制权给 CPU，因此 CPU 至少可以得到一个总线周期，并进行有关操作。也就是说，在此方式下，总线控制权处于 CPU 与 DMA 控制器的交替控制之中，其间，总线控制权经过多次交换。因此这种方式适用于相对来说速度较慢的 I/O 设备与内存之间的数据传输。

2）块传输方式

块传输方式也称为组传输方式，是指 DMA 控制器每次请求总线连续传送一个数据块，待整个数据块全部传送完成后再释放总线控制权。

在块传输方式中，由于 DMA 控制器在获得总线控制权后连续传输数据字节，所以可实现比单字节方式更高的传输率。但此期间，CPU 无法进行任何系统总线的操作，只能保持空闲。

3）请求传输方式

请求传输方式与块传输方式基本类似，不同的是每传输完一个字节，DMA 控制器都要检测从 I/O 接口发来的 DMA 请求信号是否仍然有效，如果该信号仍有效，则继续进行 DMA 传输；否则就暂停传输，并把总线控制权还给 CPU，直至 DMA 请求信号再次变为有效，数据块传输则从刚才暂停的那一点继续进行下去。这样，就允许 I/O 接口的数据来不及提供时暂停传输。换句话说，采用请求传输方式，通过控制 DMA 请求信号的有效性，可以把一个数据块分成几次传输，在接口的数据没准备好时暂时停止传送。

6.3　微型计算机总线概念

微型计算机总线是连接计算机各个部件之间的共享公共线路，是计算机系统中 CPU、存储器模块和输入/输出模块之间传输各种信息的公共通道。在计算机的发展过程中，早期冯·诺依曼结构的计算机并不包含总线，直到近代，随着微型计算机的出现和发展，才正式采用总线结构。总线是连接计算机各个部件之间的公共桥梁和数据通道，因此总线性能的指标是影响计算机总体性能的重要因素。计算机内部各部件之间的信息交换非常频繁和复杂，采用总线结构之后，计算机内部各个部件之间一对多的复杂关系就转变为各个部件面对总线的单一关系。

6.3.1　总线的定义

总线是连接计算机内部各个部件之间的一组信息传输线，是各个部件交换信息的共享传输介质。形象地比喻，总线就好比是独木桥，计算机的各个部件都挂接到总线上（独木桥）。在任一瞬间，只允许有一个部件向总线发送信号，而其他部件可以同时从总线上接收相同的信息。总线技术不仅定义了信号传输的电平和时序等电气特性，还规定了一组管理信息传输的规则（协议）。因此在计算机系统中，总线可以看成是一个具有独立功能的组成部件。

总线由多根传输线路组成，每根线可传输一位二进制代码，若干根传输线路可以同时传输若干位二进制代码。例如，十六根传输线组成的总线可同时传输十六位二进制代码，这就是并行总线。

总线信号的逻辑特性包括逻辑 0、逻辑 1 和高阻状态三种逻辑状态，即数字电路的三态特性。当某个部件的输出部分与总线相连的状态处于"高阻态"时，表示该部件与总线之间呈现极高的阻抗，等同于该部件与总线之间的连接处于断开状态。利用总线的这三种逻辑状态，CPU 可以非常灵活和方便地管理计算机各部件之间的信息交换和信号传输。

计算机总线采用标准化的结构设计，不同厂家的产品只要遵守统一的总线标准就可以接入到计算机系统中。许多微型计算机制造厂家以插件方式向用户提供各种产品，用户根据自己的需要选用不同厂家的产品来构成相应的计算机系统。标准化总线结构大大简化了计算机系统硬件的设计过程，缩短了研制周期，降低了系统的成本，有力地推动了微型计算机技术及产品的普及和应用，其所带来的应用意义是巨大的。

6.3.2 总线特性及性能指标

总线技术是随着微型计算机的出现而发展起来的。作为微型计算机的重要组成部分，与传统的信号交换线路相比，总线具有自己的特性。

1）总线连接多个信号源

总线不是将两个部件点对点连接起来，而是将多个电路的输入端和多个电路的输出端用一组导线相连接。多个电路的输入同时接收一个信号源的输出符合常见的电路规则。电路连线方式一般不允许多个电路的输出端相接，但总线利用高阻状态可以将多个电路的输出端相连。

2）总线采用分时复用方法

计算机的多个部件都连接到总线上，总线好比是独木桥，因此多个部件之间交换信息不能同时进行，否则就会在总线（独木桥）上造成冲突。解决问题的方式就是总线上连接的多个部件分时复用总线，任何时候只允许其中一个部件的输出信号连通到总线上，其他电路的输出保持高阻态。高阻态相当于断开，因此不会影响总线上其他电路输出的逻辑 0 或 1 信号。总线不仅是简单的导线连接，而且包括三态缓冲器和双向三态缓冲器等器件。

3）总线由主设备控制

利用总线交换信息的部件有十几到几十个，那么什么时候、哪个部件输出信号到总线上，哪个部件从总线上接收信号，所有信息交换的过程和时序都由谁来控制呢？不受控制一定是混乱的，因此所有过程都受到主设备（Master）的控制。任何时候，计算机中只能有一个主设备控制总线，其他挂在总线上的部件都作为从设备（Slave）。计算机中可以存在多个主设备（Master），总线的控制权可以按一定的方式从一个主设备转移到另一个主设备。

总线的性能指标如下所示：

总线宽度：通常是指数据总线的根数，用 bit(位)表示，如 8 位、16 位、32 位、64 位，即总线宽度有 8 根、16 根、32 根、64 根。

总线带宽：是指总线所能达到的最高数据传输速率，即单位时间内总线上传输数据的字节数。通常用每秒传输信息的字节数来表示，单位可用 MB/s(兆字节每秒)表示。例如，总线的时钟频率是 66 MHz，一个总线周期中可以并行传输 64 位数据，则总线的带宽即为 $66 \times (64/8) = 528$ MB/s。

6.3.3 总线的分类

作为计算机内交换信息的通路，根据在计算机中所处的位置，总线所起到的作用可以分为不同的类别：

1) 片内总线

片内总线存在于 CPU 内部，是 CPU 内各寄存器之间寄存器和算术逻辑单元(ALU)之间传送数据的总线。片内总线可以大大提高 CPU 的集成度，减小芯片上导线所占面积，简化芯片的设计。

2) 设备总线(外部总线)

连接计算机主机和各种外部 I/O 设备，如键盘、显示器之间的连接总线称为设备总线。设备总线也叫通讯总线，常见的有串行接口总线标准 EIA RS-232、USB 接口总线标准等。设备总线使计算机可以连接各种外部设备，极大地扩展了计算机的应用范围。

3) 系统总线

系统总线在微型计算机中的地位，如同人的神经中枢系统。系统总线指计算机主机上各个部件之间及板卡之间交换信息的总线。系统总线在主板上以多个并列的扩展插槽形式提供给用户。板卡制造厂家需按统一的总线标准生产各种功能的插卡和部件。计算机生产厂家则可以根据不同需要挑选各种板卡组装成各种型号的计算机系统，以满足不同用户的需求。最终用户也可以随时购买新的板卡升级扩展计算机的功能。系统总线的采用使计算机具有开放体系结构，实现了技术的兼容和共享。

上述 3 类总线在微机系统中的地位及相互关系如图 6-10 所示。

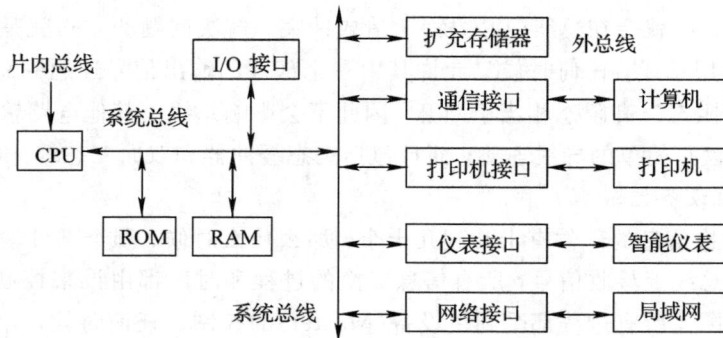

图 6-10　三类总线在微机系统中的相互关系

CPU 通过系统总线对存储器和外设的内容进行读/写。系统总线上传送的信息包括数据信息、地址信息、控制信息，因此，系统总线包含有三种不同功能的总线，即数据总线

DB(Data Bus)、地址总线 AB(Address Bus)和控制总线 CB(Control Bus)。

数据总线 DB：用于实现 CPU、存储器和 I/O 接口电路之间的数据交换。数据总线是双向三态传输方式。数据总线的位数称为数据总线的宽度，是衡量微型计算机性能的一个重要指标，通常与 CPU 的字长相等，一般有 8 位、16 位、32 位、64 位。例如 Intel 8086 微处理器字长 16 位，其数据总线宽度也是 16 位。

地址总线 AB：是用来传送地址信息的。地址总线上的数据用来指明 CPU 访问的存储器单元和 I/O 端口的地址。由于地址信息是从 CPU 单向输出给外部存储器或 I/O 端口以驱动各种门电路的打开和关闭的，所以地址总线是单向三态的。地址总线的位数决定了 CPU 可直接寻址的内存空间大小，比如 8086 微处理器的地址总线是 20 位，则其可寻址空间为 $2^{20} = 1$ MB。一般来说，若地址总线为 n 位，则可寻址空间为 2^n（2 的 n 次方）个存储单元的地址空间。

控制总线 CB：用来传送控制信号和时序信号，并通过传输各种控制信号使微机的各个部件协同工作。控制信号中有的是微处理器送往存储器和 I/O 接口电路的，如读/写信号、片选信号、中断响应信号等；有的是其他部件反馈给 CPU 的，如中断申请信号、复位信号、总线请求信号、设备就绪信号等。因此，控制总线的传送方向由具体控制信号而定，既有双向的，也有单向的。控制总线的根数由 CPU 的具体型号决定。

6.3.4　总线的结构

1) 单总线结构

早期的计算机采用单总线结构，将 CPU、主存储器和 I/O 设备都挂到单一的一组总线上，形成单总线结构的计算机，如图 6 - 11 所示。CPU 与存储器、CPU 与外部设备之间可以直接进行信息交换，存储器与外部设备、外部设备与外部设备之间也可以直接进行信息交换，而不需要 CPU 的控制。单总线结构提高了 CPU 的工作效率，而且连接方式灵活，易于扩展。由于所有部件都挂接到同一组总线上，为了解决总线冲突的问题，总线采用分时复用方式工作，因此同一时刻只允许一对设备（或部件）之间进行数据传输。

2) 以 CPU 为中心的双总线结构

在单总线结构中，所有部件挂接到同一总线上，总线采用分时复用的工作方式，信息传输的吞吐量受到限制，因此出现了双总线结构。在这种结构中，存储总线用来连接 CPU 和主存，输入/输出总线用来建立 CPU 和各 I/O 设备之间交换信息的通道。各种 I/O 设备通过 I/O 接口挂到 I/O 总线上，如图 6 - 12 所示。这种结构在 I/O 设备与主存交换信息时仍然要占用 CPU，因此会影响 CPU 的工作效率。

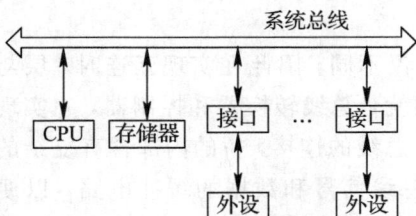

图 6 - 11　单总线结构　　　　　　　图 6 - 12　双总线结构

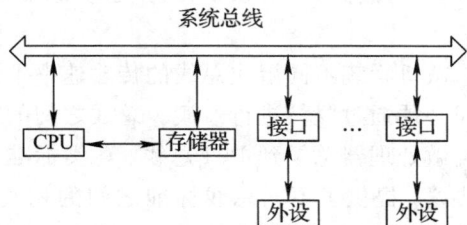

3) 三总线结构

三总线结构是在双总线结构的基础上增加了 I/O 总线形成的。其中，系统总线是 CPU、存储器和总线桥接器之间进行数据传送的公共通道，I/O 总线是多个 I/O 设备与通道在之间进行数据传送的公共通道，如图 6-13 所示。

桥接器分担了 CPU 的功能，从而提高了 CPU 的效率，实现了对 I/O 设备的统一管理及 I/O 设备与存储器之间的数据传送。

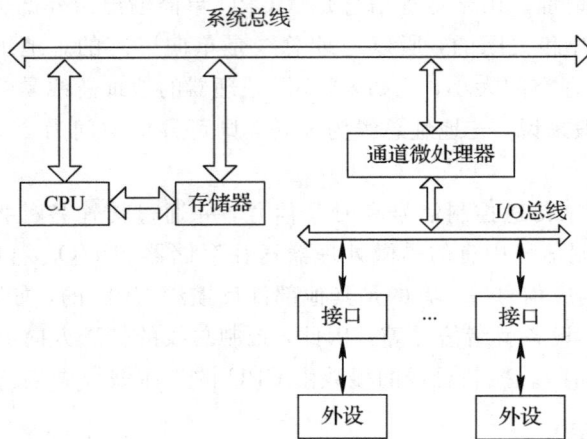

图 6-13　三总线结构

6.3.5　层次化的 PC 总线结构及总线桥

随着 PCI 总线以及 PCI Express(简称 PCI-E)总线等多种新型总线标准的推出，计算机系统中存在着多种总线共同工作，因此现代微机系统采用层次化的总线结构。图 6-14 所示为一个 PC 系统的多层次总线结构示意图，采用三层次的总线结构使各个功能模块互连。总线的三个层次分别是微处理器总线(或称 Host BUS)、局部总线(如 PCI 总线)、系统总线(如 ISA 总线)。微处理器总线提供系统原始的控制、命令等信号以及与系统中各功能部件信息传送的最高速度的通路，以印刷电路的形式分布在微处理器周围；局部总线和系统总线均是作为输入/输出设备接口与系统互连的扩展总线，其终端为各种不同标准的接触型插座，扩展设备通过将标准接口卡插入对应的插座实现与系统的互连。按照传统的概念，PCI 及 PCI Express 总线离微处理器较"近"，习惯称之为"局部总线"，但它实际上是连接高速 I/O 设备的总线层次；因为 PCI 及 PCI-E 无法兼容传统的总线标准，所以微机系统中仍然保留了习惯上称为"系统总线"的 ISA 总线层次，以便与传统的低速 I/O 设备接口。

微机系统不同层次总线的传输速率不同，控制协议不同，因此在实现互连时，层与层之间必须通过"桥"进行过渡。总线之间的"桥"的作用就是总线转换器和控制器，它实现了各类微处理器总线到 PCI 总线、各类标准总线到 PCI 总线的连接，桥的内部含有复杂的兼容协议，提供了不同总线标准之间的相互转换以及总线信号和数据的缓冲电路，以便把一条总线映射到另一条总线上。现代微机系统中，总线桥接功能是由一片或几片大规模集成专用电路来实现的，称为芯片组(Chipset)。

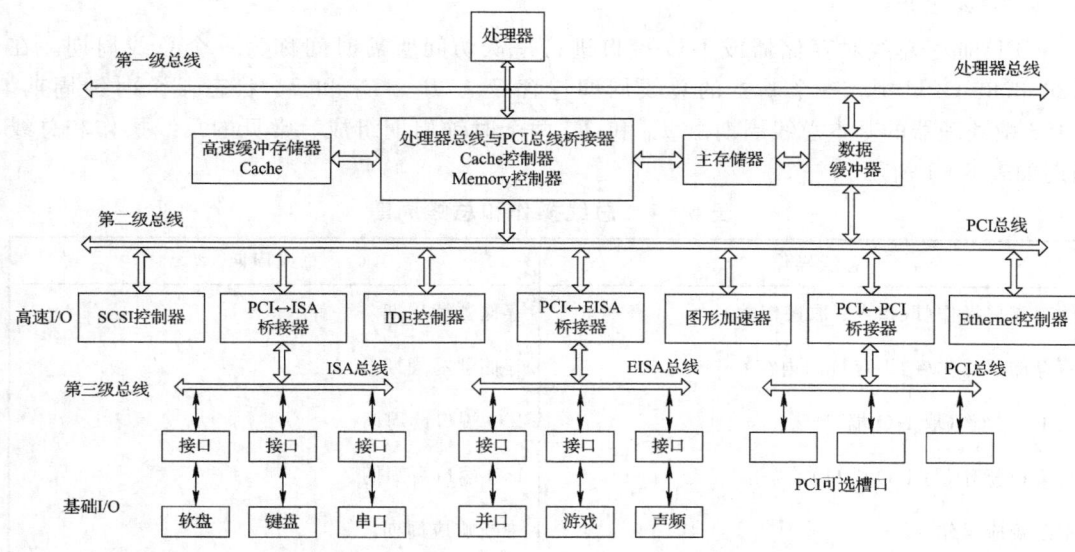

图 6 - 14　PC 总线的层次化结构

6.4　微型计算机总线的时序

微型计算机系统中，CPU 在时钟信号的控制下，按照程序顺序执行各种指令操作。计算机的各种操作以时钟周期为基准，按照时钟信号的节拍进行，各种操作执行的时间顺序称为时序。时序是计算机操作运行的时间顺序，也是信号高低电平变化和相互之间的时间顺序关系。

计算机程序的执行最终会转换为总线信号的变化，然后去驱动各种硬件的动作。总线信号不是相互独立发挥作用，而是相互配合实现总线操作。

微处理器执行一条指令包括取指令、指令译码和指令执行整个过程，所经历的时间称为指令周期。一个指令周期由若干个总线周期组成。处理器完成一次存储器读或者存储器写会占用一个总线周期。此外，处理器响应外部中断时会产生中断响应周期。当处理器执行内部操作而没有对外部操作时，总线操作进入空闲状态。

总线周期由计算机最基本的时钟周期构成，通常由 4 个时钟周期组成，一个时钟周期通常叫做一个 T 状态，是处理器工作的基本节拍。在每个时钟周期，CPU 完成一种特定的操作，如存储器读操作，包括 CPU 送地址操作和取数据操作，两者组合起来就是一次存储器读操作。

6.4.1　总线操作相关概念

1）时钟周期

时钟周期又称为 T 状态（T 周期），是 CPU 的基本时间计量单位，也是 CPU 主频的倒数。在一个时钟周期内，CPU 仅完成一个最基本的动作。CPU 按照严格的时间标准发出地址和控制信号，存储器和外部接口也按照严格的时间标准发送和接收数据。

2) 总线周期

CPU通过总线对存储器或I/O接口进行一次访问所需时间称为一个总线周期。在8086/8088 CPU中，一个基本的总线周期包含 T_1、T_2、T_3 和 T_4 状态4个时钟周期。80486微处理器的基本总线周期由 T_1 和 T_2 两个时钟周期组成。常见的总线操作和总线周期如表6-1所示。

表 6-1   总线操作和总线周期

总线操作	总线周期
读存储器操作(取指令、取操作数)	存储器读周期
写存储器操作(结果存放回内存)	存储器写周期
读 I/O 操作(取 I/O 端口)	I/O 端口读周期
写 I/O 操作(写 I/O 端口)	I/O 端口写周期
中断响应操作	中断响应周期

3) 指令周期

指令周期是指CPU取出并执行一条指令所需的时间，用所包含的机器周期数来表示。对于不同类型的CPU，指令周期可能相同，也可能不相同。在指令执行过程中，若需要对存储器或I/O端口进行操作，指令周期通常包括若干个总线周期。例如8086 CPU会执行如下指令：

MOV	AX,	BX;	2个总线周期
MOV	CX,	100H;	4个总线周期
MUL	BX;		70～77个总线周期

4) 时序图

时序图用于描述CPU某一操作过程中，芯片/总线上的相关引脚信号随时间变化的关系图。时序图以时钟脉冲信号为基准，CPU各个引脚信号随时钟信号发生变化的关系图如图6-15所示。

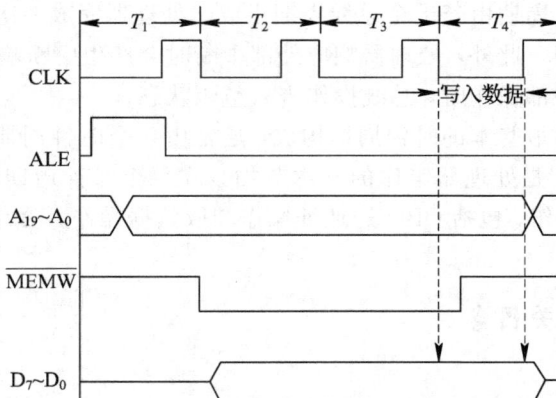

图 6-15   总线时序图

6.4.2 存储器写操作时序

存储器写周期完成一次 CPU 将数据写入存储器单元的操作过程，通常由 4 个 T 状态组成，时钟周期编号为 $T_1 \sim T_4$，如图 6-16 所示。必要时，可在 T_3 和 T_4 之间插入若干个等待状态 T_w。

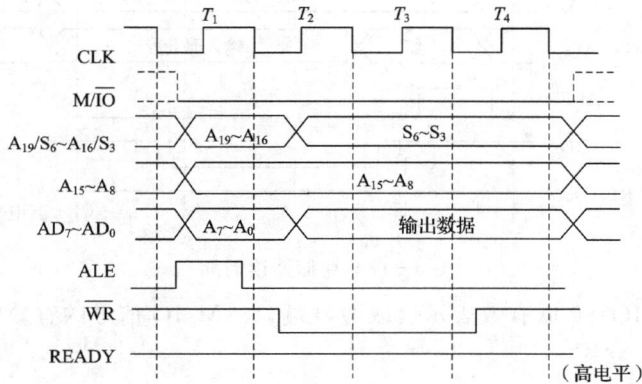

图 6-16 存储器写周期

在 T_1 状态，CPU 输出 20 位存储器地址 $A_{19} \sim A_0$。存储器或 I/O 选择信号 $M/\overline{IO}$ 输出高电平，并一直保持到下一个总线周期开始，表示存储器操作。8086 CPU 采用总线复用技术，地址信息只在 T_1 状态出现，利用地址锁存信号 ALE 在 T_1 状态输出一个有效的正脉冲，利用其后沿将地址锁存到锁存器的输出端，以便在整个总线周期对存储器的端口都保持有效。因为每次进行数据交换的总线周期 ALE 信号都有效，因此这个信号可以被看做总线周期开始的标志。

在存储器写周期，T_2 状态时，写控制信号 $\overline{WR}$ 低有效（读控制信号 $\overline{RD}$ 高无效），表明数据从处理器 CPU 输出到存储器。同时，所有分时复用总线上的地址信号被撤销，CPU 从 $AD_{15} \sim AD_0$ 上输出真正的数据，$\overline{BHE}/S_7$、$A_{19}/S_6 \sim A_{16}/S_3$ 上呈现处理器输出状态。

在 T_3 状态，CPU 输出地址信息，经过总线进入到存储器的地址端口，并通过存储器内部逻辑选中具体的存储器单元。在写总线周期 T_3 状态，锁存器上锁存的地址信息、CPU 输出的控制信号和输出数据都保持有效，保证将数据写入存储器单元。如果存储器按时完成了数据交换，则保持准备好信号 READY 为高有效。8086 处理器将在 T_2 后沿对 READY 引脚进行检查，如果有效，则总线周期进入到 T_4 状态。

在 T_4 状态，处理器和存储器继续完成数据传送，并准备好进入到下一个总线周期；然后控制信号转为无效，数据在下一个周期开始从数据总线上消失。

6.4.3 存储器读总线周期

存储器读总线周期完成一次从存储器单元读取数据的过程，也是由 $T_1 \sim T_4$ 4 个 T 状态组成，如图 6-17 所示。

T_1 状态时，在 8086 读总线周期，首先通过多路复用总线 $A_{19}/S_6 \sim A_{16}/S_3$ 和 $AD_{15} \sim AD_0$ 输出地址信息。为了区分是读取存储器单元还是 I/O 端口，$M/\overline{IO}$ 信号高有效表示访

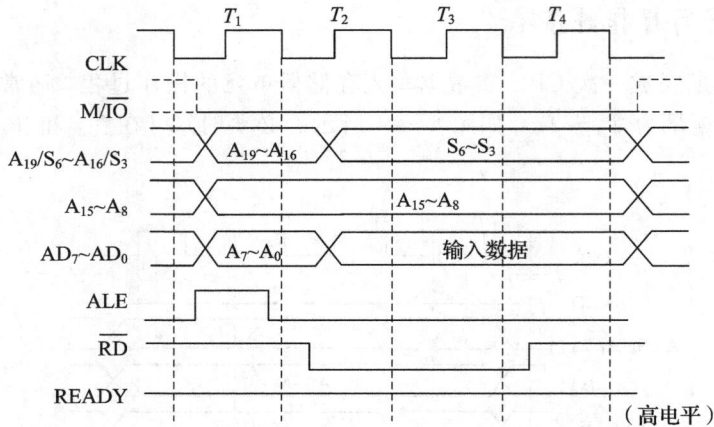

图 6-17　存储器读周期

问存储器单元，M/$\overline{\text{IO}}$＝0 低有效表示读取 I/O 端口。M/$\overline{\text{IO}}$ 信号的有效电平会一直保持到总线周期结束的 T_4 状态。

同时 ALE 地址锁存引脚输出一个正脉冲信号，在 ALE 的下降沿将复用总线 $A_{19}/S_6 \sim A_{16}/S_3$ 和 $AD_{15} \sim AD_0$ 输出的 20 位地址信息锁存到锁存器 8282 的输出端口，保证在整个总线周期地址信息都是有效。

在 T_2 状态，地址总线信号消失，$AD_{15} \sim AD_0$ 进入高阻状态。为读取数据做准备，CPU 的 $\overline{\text{RD}}$ 引脚会输出低有效信号，并送入存储器或 I/O 接口芯片；被地址信号选中的存储单元或 I/O 端口则输出数据到数据总线上。

在 T_3 状态状态前沿（下降沿处），CPU 对引脚 REDAY 进行采样，如果 READY＝1，则 CPU 在 T_3 状态后沿（上升沿处）通过 $AD_{15} \sim AD_0$ 获取数据；如果 READY＝0，将插入等待状态 T_w，直到 READY 信号变为高电平。

在 T_4 状态，总线操作结束，相关系统总线变为无效电平。

6.5　微型计算机的总线标准及最新总线技术

总线标准是国际组织或机构正式公布或推荐的互联计算机各个模块的标准，是把各种不同的模块组成计算机系统时必须遵守的规范。总线标准为计算机系统中各模块的互联提供了一个标准界面，与该界面连接的任一方只需要根据总线标准的要求来实现接口功能，而不需考虑另一方的接口方式。采用总线标准，可使各个模块接口芯片的设计相对独立，给计算机接口的软硬件设计带来方便。

为了充分发挥总线的作用，每个总线标准都必须具备明确的规范说明，通常包括如下 4 个方面的技术规范或特性：

（1）机械特性：规定模块插件的机械尺寸以及总线插头、插座的规格和位置等。

（2）电气特性：规定总线信号的逻辑电平、噪声容限及负载能力等。

（3）功能特性：给出各总线信号的名称及功能定义。

（4）规范性特性：对各总线信号的动作过程及时序关系进行说明。

总线标准的产生通常有两种途径：一是某计算机制造厂家（或公司）在研制本公司的微机系统时所采用的一种总线，由于其性能优越，得到用户普遍接受，逐渐形成一种被业界广泛支持和承认的事实上的总线标准；二是在国际标准组织或机构主持下开发和指定的总线标准，公布后由厂家和用户使用。

在微型计算机总线标准方面，推出比较早的是 S－100 总线。有趣的是，它是由业余计算机爱好者为早期的 PC 设计的，后来被工业界所承认，经 IEEE 修改后成为总线标准 IEEE 696。由于 S－100 总线是较早出现的用于 PC 的总线，没有其他总线标准或技术可供借鉴，因此在设计上存在一定的缺点。如布线不够合理，时钟信号线位于 9 条控制信号线之间，容易造成串扰；在 100 条引线中，只规定了两条地线，接地点太少，容易造成底线干扰；对 DMA 传送虽然作了考虑，但对所需引脚未作明确定义；没有总线仲裁机构，因此不适于多处理器系统等。这些缺点已在 IEEE 696 标准中得到克服和改进，并为后来的总线标准的制定提供经验。

在总线标准的发展、演变历程中，其他比较有名或曾产生一定影响的总线标准还有：

- Intel　Multi Bus（IEEE 796）
- Zilog　Z－Bus（122 根引线）
- IBM　PC/XT 总线
- IBM　PC/AT 总线
- ISA 总线
- EISA 总线
- PCI 总线
- USB 总线
- PCI Express 总线

随着微处理器及微机技术的发展，总线技术和总线标准也在不断发展和完善，原先的一些总线标准已经或正在被淘汰，新的性能优越的总线标准及技术也在不断产生，新的总线标准以高带宽（即高数据传输率）、实用性和开放性为特点。

6.5.1　ISA 总线

ISA（Industry Standard Architecture）总线是 IBM 为了采用全 16 位的 CPU 而推出的，又称 AT 总线，是在 IBM PC/XT 总线基础上发展起来的。ISA 使用独立于 CPU 的总线时钟，因此 CPU 可以采用比总线频率更高的时钟，有利于 CPU 性能的提高。其缺点主要是，ISA 总线没有支持总线仲裁的硬件逻辑，因此它不能支持多台主设备系统；而且 ISA 上所有数据的传输必须通过 CPU 或 DMA 接口来管理，因此占用了 CPU 的大量资源。

ISA 总线时钟频率为 8 MHz，最大传输率为 16 Mb/s，数据线为 16 位，地址线为 24 位，还包括中断线、16 位 DMA 通道信号线、等待状态发生信号线及电源线。

ISA 总线共有 98 根线，均连接到主板的 ISA 总线插槽上。ISA 的插槽是长度为 138.5 mm 的黑色插槽，其总线接口信号分为地址线、数据线、控制线、时钟线和电源线 5 类。ISA 插槽如图 6－18 所示，ISA 总线的结构框图如图 6－19 所示。

图 6-18 ISA 插槽

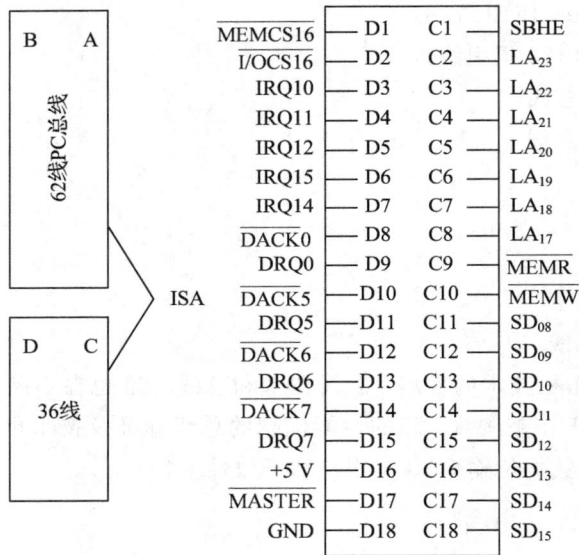

图 6-19 ISA 总线结构

1. 地址线

地址线为 $SA_0 \sim SA_{19}$ 和 $LA_{17} \sim LA_{23}$，其中 $SA_0 \sim SA_{19}$ 是可锁存的地址信号，$LA_{17} \sim LA_{23}$ 为非锁存地址信号，可以给 ISA 板卡提供一条快捷途径。$SA_0 \sim SA_{19}$ 和 $LA_{17} \sim LA_{23}$ 可以实现 16 MB 空间寻址。

2. 数据线

$SD_0 \sim SD_{15}$ 是 16 位数据线，按照从低到高的顺序排列，分为低 8 位数据线和高 8 位数据线。

3. 控制线

AEN：地址允许信号，输出线，高电平有效。

$\overline{\text{BALE}}$：允许地址锁存，输出线，由总线控制器 8288 提供，作为 CPU 地址的有效标志。

$\overline{\text{IOR}}$：I/O 读命令，输出线，低电平有效，用于将选中的 I/O 设备的数据读到数据总线上。

$\overline{\text{IOW}}$：I/O 写命令，输出线，低电平有效，用于将选中的 I/O 设备的数据写入到被选中的 I/O 端口。

$\overline{\text{SMEMR}}$ 和 $\overline{\text{SMEMW}}$：存储器读/写命令，低电平有效，用于对 20 根地址寻址的 1 MB 内存空间的读/写操作。

$\overline{\text{MEMR}}$ 和 $\overline{\text{MEMW}}$：低电平有效，存储器读/写命令，用于对 24 位地址线全部内部空间的读/写操作。

$\overline{\text{MEMCS16}}$ 和 $\overline{\text{I/OCS16}}$：存储器 16 位片选信号和 I/O 16 位片选信号，分别用于指明当前数据传送是 16 位存储器周期和 I/O 周期。

$\overline{\text{SBHE}}$：总线高字节允许信号，信号有效表示数据总线上传送的是高位字节数据。

$\text{IRQ}_3 \sim \text{IRQ}_7$ 和 $\text{IRQ}_{10} \sim \text{IRQ}_{15}$：用于作为来自外部设备的中断请求输入线，分别连到主片 8259A 和从片 8259A 中断控制器的输入端。

$\text{DRQ}_0 \sim \text{DRQ}_3$ 和 $\text{DRQ}_5 \sim \text{DRQ}_7$：来自外部设备的 DMA 请求输入线，高电平有效，分别连到主片 8237A 和从片 8237A DMA 控制器的输入端。

$\overline{\text{DACK}_0} \sim \overline{\text{DACK}_3}$ 和 $\overline{\text{DACK}_5} \sim \overline{\text{DACK}_7}$：DMA 应答信号，低电平有效。

T/C：DMA 终止/计数结束，输出线。

$\overline{\text{MASTER}}$：输入信号，低电平有效。

RESET：系统复位信号，输出线，高电平有效。

$\overline{\text{I/O CHCK}}$：I/O 通道检测，输出线，低电平有效。

I/O CHRDY：通道就绪，输入线，高电平表示就绪。该信号可供低速 I/O 设备或存储器请求延长总线周期之用。

$\overline{\text{OWS}}$：零等待状态信号，输入线。

6.5.2　EISA 总线

EISA(Extended Industry Standard Architecture)总线是一种在 ISA 总线上扩展而成的总线标准，与 ISA 完全兼容。EISA 总线从 CPU 中分离出了总线控制权，是智能化总线，能支持多个总线控制器和猝发方式的传输，对多达 6 个总线主控设备实行智能管理，有自动配置功能，无需 DIP 开关。EISA 总线的时钟频率为 8 MHz，最大传输率可达 33 MB/s，数据总线为 32 位，地址总线 32 位，可寻址 4 GB 空间。

6.5.3　PCI 总线

随着图形用户接口和多媒体技术在 PC 机中的广泛应用，以前的总线由于受到带宽的限制，已不能适应系统工作的要求，成为信息交换的主要瓶颈。因此对总线性能提出了更高要求，这些要求也促进了总线技术的极大发展。

PCI 总线(Peripheral Component Interconnect，外围部件互连总线)于 1991 年由 Intel 公司首先提出，并由 PCI SIG(Special Interest Group)进行了发展和推广。PCI SIG 是一个包括 Intel、IBM、Compaq、Apple 和 DEC 等 100 多家公司在内的组织集体。1992 年 6 月

推出了 PCI 1.0 版，1995 年 6 月又推出了支持 64 位数据通路、66 MHz 工作频率的 PCI 2. 1 版。因其先进的结构特性和优异的性能，PCI 总线已成为现代微机系统总线结构中的佼佼者，并被多数现代高性能微机系统所广泛采用。

1. PCI 总线的结构及特点

从结构上看，PCI 是在 CPU 和原来的系统总线之间插入的一级总线，具体由一个桥接电路实现对这一层的管理，并实现上下之间的接口以及协调数据的传送；其位宽为 32 位或 64 位，工作频率为 33 MHz，最大数据传输率为 133 MB/s(32 位)和 266 MB/s(64 位)；可插接显卡、声卡、网卡、内置 Modem、内置 ADSL Modem、USB2.0 卡、IEEE1394 卡、IDE 接口卡、RAID 卡、电视卡、视频采集卡以及其他种类繁多的扩展卡。PCI 总线的结构如图 6-20 所示。

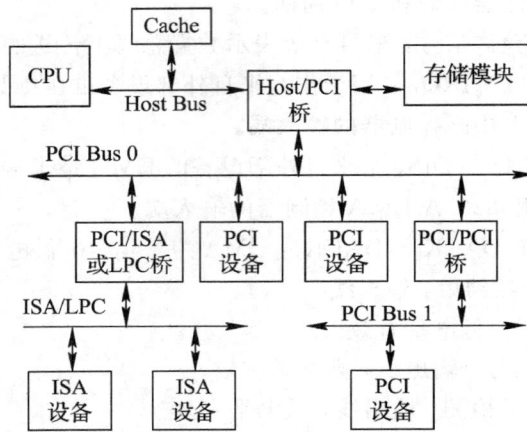

图 6-20　PCI 总线结构

由图 6-20 可见，这是一个由 CPU 总线、PCI 总线及 ISA 总线组成的三层总线结构。CPU 总线也称 CPU-主存总线或微处理器局部总线，CPU 是该总线的控制者。此总线实际上是 CPU 引脚信号的延伸。

PCI 总线用于连接高速的 I/O 设备模块，如高速图形显示适配器(显卡)、网络接口控制器(网卡)、硬盘控制器等。通过桥接芯片(北桥和南桥)，上边与高速的 CPU 总线相连，下边与各种不同类型的实用总线(如 ISA 总线、USB 总线等)相连，桥接芯片起到信号缓冲、电平转换和控制协议转换的作用。PCI 总线是一个 32 位/64 位总线，并且其地址线和数据线是同一组线，分时复用。在现代 PC(如 Pentium 系统)主板上，一般都有 2～3 个 PCI 总线扩充槽。

人们通常称 CPU 总线/PCI 总线桥为北桥，称 PCI 总线/ISA 总线桥为南桥。这种以"桥"的方式将两类不同结构的总线"黏合"在一起的技术特别能够适应系统的升级换代。因为每当微处理器改变时，只需改变 CPU 总线和"北桥"芯片，而全部原有外围设备及接口适配器仍可保留下来继续使用，从而较好地实现了总线结构的兼容性及可扩展性，并极大地保护了用户的设备投资。概括地说，PCI 总线有如下几个方面突出的特点：

1) 高性能

PCI 总线的数据宽度为 32 位/64 位，时钟频率为 33 MHz/66 MHz，且独立于 CPU 时钟频率，其数据传输率可从 132 MB/s(33 MHz 时钟，32 位数据通路)升级至 528 MB/s(66 MHz 时钟，66 位数据通路)，可满足相当一段时期内 PC 传输速率的要求。此外，PCI 总线还支持猝发式传输(Burst Transfer Mode)，即如果被传送的数据在内存中是连续存放的，则在访问这组数据时，只在传送第一数据时需要两个时钟周期(第一个时钟周期给出地址，第二个时钟周期传送数据)，而传送其后的连续数据时，传送一个数据只需一个时钟周期。因为后续地址是隐含知道的，所以不必每次传送都给出地址。这种传送方式称为猝发式传输或成组传送，它可极大地提高数据传输率。

2) 兼容性好且易于扩展

由于 PCI 总线是独立于处理器的，因而易于适应各种型号的 CPU。当 CPU 更新换代时，只需改变 CPU 总线及 CPU 总线/PCI 总线桥(北桥)芯片设计，而无需改变 PCI 总线本身的结构及其设备接口，全部原有外围设备及接口适配器可继续工作。另外，PCI 总线可以从 32 位数据宽度扩展到 64 位，工作电压有 5 V 和 3.3 V 两种规格。这些特点保证了 PCI 总线的通用性，并且在一个较长时间内都适用。

3) 支持"即插即用"

PCI 总线定义了存储地址空间、I/O 地址空间和配置地址空间 3 种地址空间，其配置地址空间为 256 字节，用来存放 PCI 设备的设备标志、厂商标志、设备类型码、状态字、控制字及扩展 ROM 基地址等信息。当 PCI 卡插入扩展槽时，系统 BIOS 及操作软件便会根据配置空间的信息自动进行 PCI 卡的识别和配置工作，保证系统资源的合理分配，而无需用户的干预，即完全支持即插即用(Plug & Play，PnP)功能。这是 PCI 总线得以在现代 PC 中广泛流行的重要原因之一。

4) 低成本

PCI 总线采用数据总线和地址总线多路复用技术，大大减少了引脚个数，降低了设备成本。

5) 规范严格

PCI 总线标准对协议、时序、负载、机械特性及电气特性等都作了严格规定，这是 ISA、EISA、VL-Bus 等总线所不及的，这也保证了它的可靠性及兼容性。

基于上述优点，PCI 总线得到了广泛应用。不同厂家的台式 PC、笔记本式 PC 及服务器上纷纷采用 PCI 总线，甚至在高性能工作站上也开始采用。

2. PCI 总线的引脚原理

PCI 总线独立于处理器，不仅适用于 IA-32 处理器，也适用于其他处理器。32 位 PCI 总线只使用 1~62 引脚，64 位 PCI 总线才使用所有 94 个引脚，如图 6-21 所示。

1) 地址引脚和数据引脚

$AD_{0~31}$：32 位地址和数据复用信号，扩展到 64 位时还有高 32 位地址和数据信号 $AD_{32~63}$。

$C/\overline{BE}_{0~3}$：总线命令和低 4 位字节有效复用信号，扩展到 64 位还有高 4 字节信号 $C/\overline{BE}_{4~7}$。

PAR：奇偶校验信号，对 $AD_{0~31}$ 和 $C/\overline{BE}_{0~3}$ 进行奇偶校验。

$\overline{REQ}64$：请求 64 位传送信号。

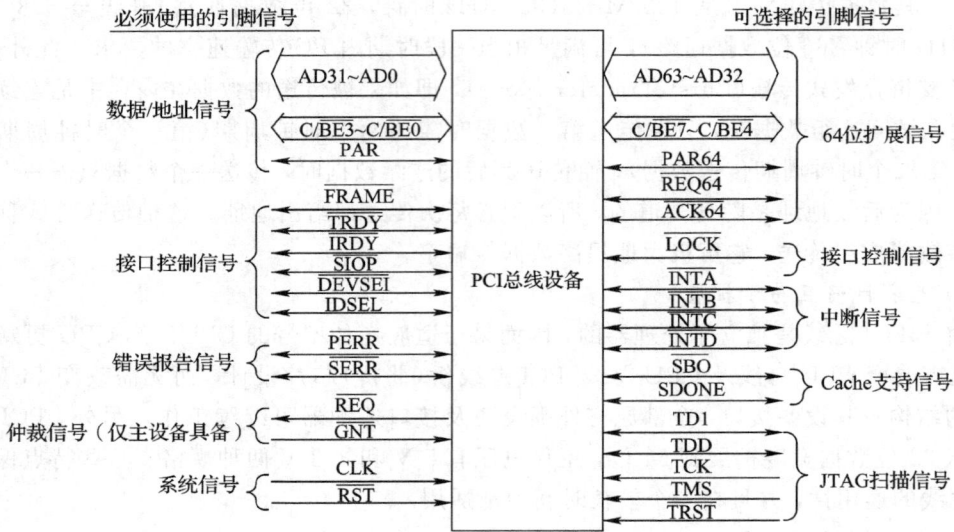

图 6-21　PCI 引脚连线

$\overline{ACK64}$：允许 64 位传送信号。

$\overline{PAR64}$：奇偶校验信号，对扩展的 $AD_{32\sim63}$ 和 $C/\overline{BE}_{4\sim7}$ 进行奇偶校验。

由于使用高集成度的 PCI 芯片组，所以 PCI 卡的面积大大减小，降低了制造成本。

2）接口控制引脚

$\overline{FRAME}$：帧周期信号，由当前的主设备驱动，表示当前主设备一次交易的开始和持续时间。$\overline{FRAME}$ 信号有效预示着总线传输的开始；在 $\overline{FRAME}$ 信号存在期间，意味着数据传输的继续进行；$\overline{FRAME}$ 失效后，是总线传输的最后一个周期。

$\overline{IRDY}$：主设备已准备好信号，由当前主设备驱动，该信号的有效表明发起本次传输的设备能够完成交易的当前数据期。它要与 $\overline{TRDY}$ 配合使用，二者同时有效，数据方能完整传输。在读周期，该信号有效时，表示主设备已作好接收数据的准备；在写周期，该信号有效时，表明数据已提交到 AD 总线上。如果 $\overline{IRDY}$ 和 $\overline{TRDY}$ 有一个无效，将插入等待周期。

$\overline{TRDY}$：目标设备已准备好信号，由当前被寻址的目标设备驱动，该信号有效表示目标设备已经作好完成当前数据传输的准备工作。同样，该信号要与 $\overline{IRDY}$ 配合使用，二者同时有效，数据方能完整传输。在写周期，该信号有效，表示从设备已作好接收数据的准备；在读周期，该信号有效，表明数据已提交到 AD 总线上。同理，$\overline{TRDY}$ 和 $\overline{IRDY}$ 任一个无效，都将插入等待周期。

$\overline{STOP}$：停止数据传送信号，由目标设备驱动。当该信号有效时，表示目标设备要求主设备中止当前的数据传送。

$\overline{DEVSEL}$：设备选择信号，该信号有效时，表示驱动它的设备已成为当前访问的目标设备。换言之，该信号的有效说明总线上某一设备已被选中。如果一个主设备启动一个交易并且在 6 个 CLK 周期内没有检测到 $\overline{DEVSEL}$ 有效，它必须假定目标设备没有反应或者地址不存在，从而实施主设备缺省。

IDSEL：初始化设备选择信号。在参数配置读和配置写期间，用作片选信号。

$\overline{\text{LOCK}}$：锁定信号（可选）。当该信号有效时，表示对桥的原始操作可能需要多个传输才能完成，也就是说，对此设备的操作是排他性的，锁定只能由主桥、PCI - PCI 桥和扩展总线桥发起。

3）总线仲裁引脚

$\overline{\text{REQ}}$：总线占用请求信号。该信号一旦有效，即表明驱动它的设备向仲裁器要求使用总线。它是一个点到点的信号线，任何主设备都有其 $\overline{\text{REQ}}$ 信号。当 $\overline{\text{RST}}$ 有效时，$\overline{\text{REQ}}$ 必须为三态。

$\overline{\text{GNT}}$：总线占用允许信号，用来向申请总线占用的设备表示其请求已获得批准。这也是一个点到点的信号线，任何主设备都有自己的 $\overline{\text{GNT}}$ 信号。当 $\overline{\text{RST}}$ 有效时，必须忽略 $\overline{\text{GNT}}$。

每一个 PCI 主设备都有一对仲裁线直接连接到 PCI 仲裁器上。当一个主设备请求使用总线时，它会使连接到仲裁器上的 $\overline{\text{REQ}}$ 有效；当仲裁器决定正在请求的主设备应该授权控制总线时，它会使对应的 $\overline{\text{GNT}}$ 有效。在 PCI 环境中，总线仲裁器在同时有另一个主设备仍控制总线时起作用，这称为隐式仲裁。当主设备接受来自仲裁器的授权时，必须等待当前的主设备完成其传送，直到采样到 $\overline{\text{FRAME}}$ 和 $\overline{\text{IRDY}}$ 均无效时，它才认为自己取得总线授权。

4）错误报告信号

$\overline{\text{PERR}}$：数据奇偶校验错误信号，由数据的接收端驱动，同时设置其状态寄存器中的奇偶校验错误位。一个交易的主设备负责给软件报告奇偶校验错误，为此在写数据期，它必须检测 PERR♯ 信号。

$\overline{\text{SERR}}$：系统错误报告信号，它的作用是报告地址奇偶错误及特殊周期命令的数据错误。$\overline{\text{SERR}}$ 是一个 OD（漏极开路）信号，它通常会引起一个 NMI 中断，Power PC 中会引起机器核查中断。

5）中断信号

中断在 PCI 中是可选项，属于电平敏感型，低电平有效，OD 信号，与时钟异步。其中 $\overline{\text{INTB}} \sim \overline{\text{INTD}}$ 只能用于多功能设备。中断线和多功能设备之间的最终对应关系是由中断引脚寄存器来定义的。

6.5.4　PCI Express 总线

PCI Express 是新一代的总线接口，如图 6 - 22 所示。早在 2001 年的春季，Intel 公司就提出了要用新一代的技术取代 PCI 总线和多种芯片的内部连接，并称之为第三代 I/O 总线技术。随后在 2001 年底，包括 Intel、AMD、DELL、IBM 在内的 20 多家业界主导公司开始起草新技术的规范，并在 2002 年完成，将其正式命名为 PCI Express。它采用了目前业内流行的点对点串行连接，比起 PCI 以及更早期的计算机总线的共享并行架构，每个设备都有自己的专用连接，不需要向整个总线请求带宽，而且可以大幅度提高数据传输率，达到 PCI 所不能提供的高带宽。

PCI Express 的接口根据总线位宽不同而有所差异，包括 X1、X4、X8 以及 X16。较短的 PCI Express 卡可以插入到较长的 PCI Express 插槽中使用。PCI Express 接口能够支持热拔插，这也是个不小的飞跃。PCI Express 卡支持的三种电压分别为 ＋3.3 V、

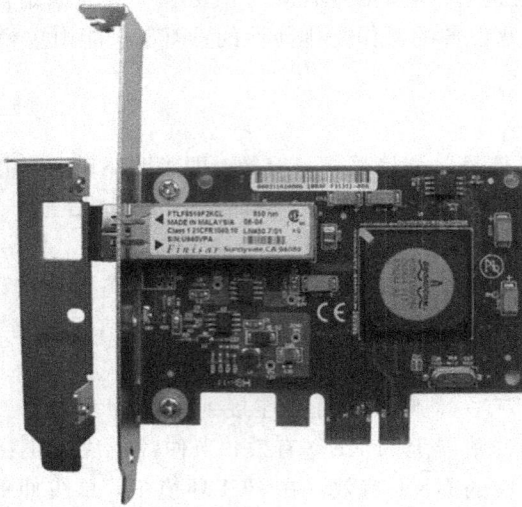

图 6-22 PCI Express 总线

3.3 V aux 以及 +12 V。用于取代 AGP 接口的 PCI Express 接口位宽为 X16，能够提供 5 GB/s 的带宽，即便有编码上的损耗但仍能够提供 4 GB/s 左右的实际带宽，远远超过 AGP 8X 的 2.1 GB/s 的带宽。

PCI Express 规格从 1 条通道连接到 32 条通道连接，有非常强的伸缩性，可满足不同系统设备对数据传输带宽不同的需求。例如，PCI Express X1 规格支持双向数据传输，每向数据传输带宽为 250 MB/s，已经可以满足主流声效芯片、网卡芯片和存储设备对数据传输带宽的需求，但是远远无法满足图形芯片对数据传输带宽的需求。因此，必须采用 PCI Express X16，即 16 条点对点数据传输通道连接来取代传统的 AGP 总线。PCI Express X16 也支持双向数据传输，每向数据传输带宽高达 4 GB/s，双向数据传输带宽高达 8 GB/s，相比之下，广泛采用的 AGP 8X 只提供 2.1 GB/s 的数据传输带宽。

尽管 PCI Express 技术规格允许实现 X1(250 MB/秒)、X2、X4、X8、X12、X16 和 X32 通道规格，但是按照形式来看，PCI Express X1 和 PCI Express X16 将成为 PCI Express 主流规格，同时芯片组厂商将在南桥芯片当中添加对 PCI Express X1 的支持，在北桥芯片当中添加对 PCI Express X16 的支持。除去提供极高数据的传输带宽之外，因为采用串行数据包方式传递数据，所以 PCI Express 接口每个针脚可以获得比传统 I/O 标准更多的带宽，这样就可以降低 PCI Express 设备的生产成本和体积。另外，PCI Express 也支持高阶电源管理，支持热插拔，支持数据同步传输，为优先传输数据进行了带宽优化。

在兼容性方面，PCI Express 在软件层面上兼容 PCI 技术和设备，支持 PCI 设备和内存模组的初始化，也就是说驱动程序、操作系统无需推倒重来，就可以支持 PCI Express 设备。PCI Express 是新一代能够提供大量带宽和丰富功能以实现令人激动的全新架构的图形应用的总线。PCI Express 可以为带宽渴求型应用分配相应的带宽，大幅提高中央处理器(CPU)和图形处理器(GPU)之间的带宽。对最终用户而言，他们可以感受影院级图像效果，并获得无缝多媒体体验。

PCI Express 的主要优势就是数据传输速率高，目前最高的 16X 2.0 版本可达到

10 GB/s，而且还有相当大的发展潜力。PCI Express 也有多种规格，从 PCI Express 1X 到 PCI Express 16X，能满足一定时间内出现的低速设备和高速设备的需求。PCI Express 最新的接口是 PCIe 3.0 接口，其比特率为 8 GT/s，约为上一代产品带宽的两倍，并且包含发射器和接收器均衡、PLL 改善以及时钟数据恢复等一系列重要的新功能，用以改善数据传输和数据保护性能。Intel、IBM、LSI、OCZ、三星、SanDisk、STEC、Super Talent 和东芝等公司，针对海量的数据增长，为了满足用户对规模更大、可扩展性更强的系统应用的需求，PCIe 3.0 技术加入了最新的 LSI Mega RAID 控制器，再加上 HBA 产品的出色性能，就可以实现更大的系统设计灵活性。

PCI Express 采用串行方式传输数据。和原有的 ISA、PCI 和 AGP 总线不同。这种传输方式不必因为某个硬件的频率而影响到整个系统性能的发挥。当然，整个系统依然是一个整体，但是我们可以方便地满足不同频率需求的硬件，以便系统在没有瓶颈的环境下使用。以串行方式提升频率增加效能，关键的限制在于采用什么样的物理传输介质。之前，人们普遍采用铜线路，而理论上铜导线可以提供的传输极限是 10 Gb/s，这也是 PCI Express 的极限传输速度。因为 PCI Express 工作模式是一种称之为"差动电压传输"的方式。两条铜线通过相互间的电压差来表示逻辑符号 0 和 1，以这种方式进行资料传输，可以支持极高的运行频率。所以在速度达到 10 Gb/s 后，只需换用光纤(Fiber Channel)就可以使之效能倍增。

PCI Express 是下一阶段的主要传输总线带宽技术。然而，GPU 对总线带宽的需求是子系统中最高的，显而易见，视频传输在 PCI Express 应用中占有相当的分量。

PCI Express 是最新的总线和接口标准，它原来的名称为"3 GI/O"，是由 Intel 提出的。很明显，Intel 的意思是它代表着下一代的 I/O 接口标准，交由 PCI-SIG 认证发布后才改名为"PCI Express"。这个新标准将全面取代现行的 PCI 和 AGP，最终实现总线标准的统一。它的主要优势就是数据传输速率高，目前最高可达到 10 GB/s 以上，而且还有相当大的发展潜力。当然要实现全面取代 PCI 和 AGP 也需要一个相当长的过程，像当初 PCI 取代 ISA 一样，都会有个过渡的过程。

6.5.5　AGP 总线

随着多媒体计算机的普及，对三维技术的应用也越来越广泛。处理三维数据不但要求有惊人的数据量，而且要求有更宽广的数据传输带宽。例如，对 640×480 像素的分辨率，以每秒 75 次画面更新率计算，要求全部的数据带宽达 370 MB/s；若分辨率提高到 800×600 像素时，总带宽高达 580 MB/s。因此 PCI 总线已成为传输瓶颈。为了解决此问题，Intel 于 1996 年 7 月推出了 AGP(Accelerated Graphics Port，加速图形端口)，这是显示卡专用的局部总线，基于 PCI 2.1 规范并进行扩充修改而成。它采用点对点通道方式，以 66.7 MHz 的频率直接与主存联系，以主存作为帧缓冲器，实现了高速存取；最大数据传输率(数据宽度为 32 位)为 266 MB/s，是传统 PCI 总线带宽的 2 倍。

6.5.6　USB 总线

1) USB 概述

早期的 PC 机，为了连接显示器、键盘、鼠标及打印机等外围设备，在计算机的外部接口方面扩展了键盘接口、鼠标接口、并行打印机接口、串行总线接口等，这些接口相互不兼容，不支持带电插拔，性能低下，满足不了新型外设的需求，给 PC 机的设计生产、软件系统安装带来极大的不便。为了安装一个新的外设，除需要关掉机器电源外，还需安装专门的设备驱动程序，否则系统不能正常地工作，这也给用户使用 PC 机带来极大不便。在这种情况下，USB 总线应运而生。

USB 总线(Universal Serial Bus，通用串行总线)是 PC 与各种外围设备连接和通信的标准接口，可以取代传统 PC 上连接外围设备的所有端口(包括串行端口和并行端口)，用户几乎可以将所有外设装置，包括键盘、鼠标、显示器、调制解调器、打印机、扫描仪以及各种数字音影设备，通过 USB 总线与主机相接。同时，它还可为外部设备(如数码相机、扫描仪等)提供电源。

USB 是 1995 年由称为 USB 实现者论坛(USB Implementer Forum)的组织联合开发的新型计算机串行接口标准。之后许多著名计算机公司，如 Intel、IBM、Compaq、HP、NEC 及 Microsoft 等均是该联合组织的重要成员。1996 年 1 月，该联合组织颁布了 USB 1.0 版本规范。

随着技术的进步和应用需求的推动，USB 总线的性能也在不断改进和提高，新版本的技术规范相继推出。2001 年，联合组织推出了 USB 2.0 规范，传输速率由原来 USB 1.0/1.1/1.2 的 12 Mb/s 增加到 480 Mb/s，可以支持宽带数字摄像设备、新型扫描仪、打印机及存储设备等。

2008 年，联合组织推出了 USB 3.0 规范，其理论带宽(即数据传输率)为 5 Gb/s，充裕的带宽为移动设备读/写性能的提升留下了更大的发展空间。USB 3.0 接口比 USB 2.0 多出了 4 条线路，多出的线路主要用来进行数据传输。实际上，USB 3.0 接口的针脚数量为 9，而 USB 2.0 针脚数量为 4，这些物理层面的变化极大地提升了 USB 3.0 的数据传输率。此外，在信号传输的模式上，USB 3.0 引入了全新的异步传输方式，在支持原有的同步传输的基础上，可以进行双向数据传输。USB 3.0 有两条线路来专门负责接收数据，两条线路专门负责发送数据，通过主控芯片的协调，减少了数据等待的时间，提高了 USB 总线的整体带宽。

USB 总线特点如下：

(1) 使用方便，即插即用。USB 总线连接外部设备时，操作系统可以自动检测和安装配置驱动程序，实现热插拔；具有自动配置能力，用户只要简单地将外设插入到 PC 的 USB 接口中，PC 就能自动识别和配置 USB 设备。

(2) 速度快。在遵循 USB 1.1 规范的基础上，USB 接口最高传输速度可达 12 Mb/s；在 USB 2.0 规范下，更可以达到 480 Mb/s。多种传输速率不仅可以满足不同速度的外部设备如键盘和鼠标等低速外部设备的需要，也可以满足音频和视频等外部设备和大容量存储设备的需求。

(3) 连接灵活，易扩展。USB 接口支持多个不同设备的串列连接，一个 USB 口理论上可以连接 127 个 USB 设备。连接的方式也十分灵活，既可以使用串行连接，也可以使用中枢转接头(Hub)把多个设备连接在一起，再同 PC 机的 USB 口相接。在 USB 方式下，所有的外设都在机箱外连接，连接外设不必再打开机箱；允许外设热插拔，而不必关闭主机电源。USB 采用"级联"方式，即每个 USB 设备用一个 USB 插头连接到一个外设的 USB

插座上；而其本身又提供一个 USB 插座，供下一个 USB 外设连接使用。通过这种类似菊花链式的连接，一个 USB 控制器可以连接多达 127 个外设，每个外设间的距离（线缆长度）可达 5 m。

（4）能够采用总线供电。USB 总线提供＋5 V 电压，大部分 USB 外设无需单独的供电系统即可以工作。

2）USB 的拓扑结构

主机与 USB 设备连接的拓扑结构从整体上看是一种树状结构，可利用集线器级联的方式来延长连接距离，还可将几个功能部件（例如键盘和鼠标）组装在一起构成一个复合型设备。复合型设备通过其内部的 USB Hub 与主机相连，主机中的 USB Hub 成为"根 Hub"。USB 总线的拓扑结构如图 6-23 所示。由图 6-23 可见，整个拓扑结构由主机（Host）、集线器（Hub）和功能设备 3 个基本部分组成。

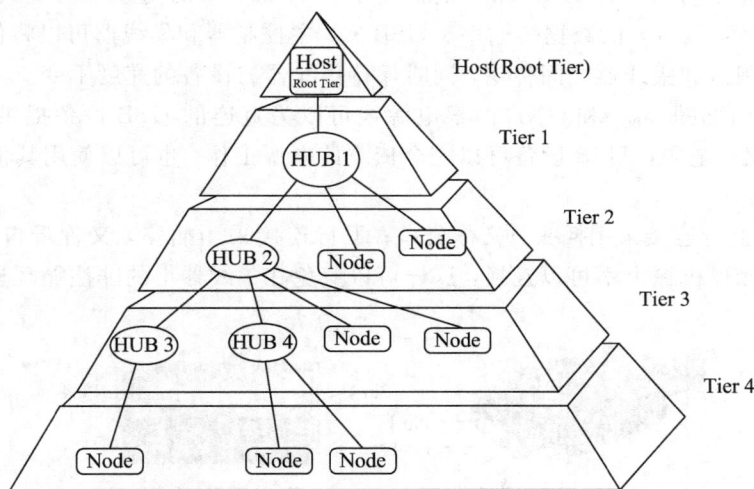

图 6-23　USB 总线拓扑结构

USB 需要主机硬件、操作系统和外设三个方面的支持才能工作。USB 接口还可以通过专门的 USB 连机线实现双机互连，并可以通过 HUB 扩展出更多的接口。USB 连接了 USB 设备和 USB 主机，其物理连接是有层次性的星型结构。每个网络集线器都是在星型的中心，每条线段都是点点连接，可以从主机到集线器或其功能部件，也可以从集线器到集线器或其功能部件。

为了防止环状接入，USB 总线的拓扑结构进行了层次排序，最多可分为五层：第一层是主机，第二、三、四层是外设或 USB Hub，第五层只能是外设。层与层之间的线缆长度不得超过 5 米。

目前 PC 主板配有两个内建的 USB 连接器，这两个 USB 连接器可以连接两个 USB 设备，也可以一个连接 USB 外设，另一个链接 USB HUB。USB HUB 可以串接另一个 USB HUB，但是转接最多不能超过 3 个。USB HUB 自身也是 USB 设备，它主要由信号中继器和控制器组成，中继器完成信号的整形、驱动并使之沿正确方向传递，控制器理解协议并管理和控制数据的传输。

3）USB 总线及连接器

USB 传送数据信号和电源是通过一种四线的电缆完成的。如图 6-24 所示，D＋和 D－两根差分信号线用于传送串行数据，V_{BUS} 和 GND 两根线用于传送电源。这 4 根导线采用不同颜色进行区别：D＋为绿色，D－为白色，采用双绞线方式提高抗干扰性；V_{BUS} 为红色，GND 为黑色，是一对非双绞线电源线。

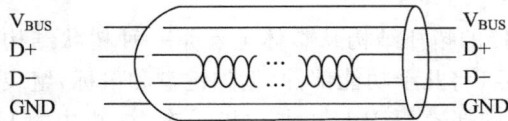

图 6-24　USB 电缆连接图

USB 1.0 总线协议支持 1.5 MB/s 的低速率和 12 MB/s 的高速率两种数据传输速度；USB 2.0 支持 480 MB/s 的数据传输率。USB 2.0 主控制器和集线器可以将低速数据以高速方式在主控制器和集线器之间传输，同时保持集线器与设备的速度不变。

USB 电缆内部的 V_{BUS} 和 GND 两根电源线可以为直连的 USB 设备提供＋5 V 电压、500 mA 电流驱动电源。USB 设备可以完全依靠此电源工作，也可以使用其他电源工作。

4）USB 接口

USB 接口上行连接采用插头，又称公口；下行连接采用插座，又称母口，如图 6-25 所示。这两种接口机械上不可以互换，这样可以避免在集线器上的非法循环连接。

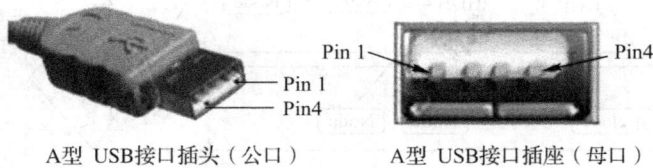

A型 USB接口插头（公口）　　　　A型 USB接口插座（母口）

图 6-25　USB 连接器

5）USB 集线器

在即插即用的 USB 结构体系中，集线器是一种重要设备。图 6-26 所示是一种典型的集线器，包括集线控制器(Controller)和集线转发器(Repeater)两部分。集线转发器是一种在上游端口和下游端口之间的协议控制开关，在硬件上支持复位、挂起、唤醒的信号；集线控制器提供了接口寄存器，用于与主机之间的通信，集线器允许主机对其特定状态和控制命令进行设置并监视和控制其端口。

集线器可让不同性质的设备连接在 USB 上。每个集线器可将一个连接点转化成许多连接点，并且该体系结构支持多个集线器的连接。每个集线器的上游端口向主机方向进行连接，下游端口允许连接另外的集线器或功能部件。集线器可检测每个下游端口的设备的安装或拆卸，并可对下游端口的设备分配能源；每个下游端口都具有独立的能力，不论高速或低速设备均可连接集线器，并可将低速和高速端口的信号分开，这大大简化了 USB 的互联复杂性。

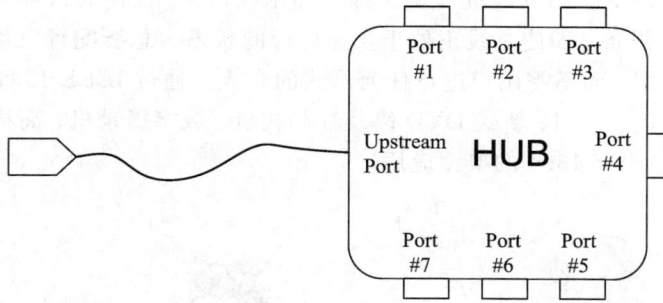

图 6-26　USB 集线器

6.5.7　高速总线接口 IEEE 1394

前面已经谈到，USB 总线是一种新型的计算机外设接口标准。由于它具有支持即插即用、连接能力强、节省空间及连接电缆轻巧等一系列优秀的总线接口特性，所以越来与广泛地被现代 PC 所采用。但 USB 总线的数据传输主要还是适合于中低速设备，对于那些高速外设(如多媒体数字视听设备)就显得有些吃力了。

IEEE 1394 又称 Fire Wire，是由 Apple 公司和 TI(德州仪器)公司开发的高速串行接口标准，其数据传输率已达 100 Mb/s、200Mb/s、400 Mb/s、800 Mb/s，即将达到 1 Gb/s 和 1.6 Gb/s。而 USB 1.1 的通信速率仅为 12 Mb/s，2000 年问世的 USB 2.0 的速率也仅为 480 Mb/s。

采用 IEEE 1394 标准，一次最多可将 63 个 IEEE 1394 设备接入一个总线段，设备间距可达 4.5 米；如果接入转发器(repeater)，连接距离可以更远。通过菊花链方式，最多可以将 63 个设备串接到单个 IEEE 1394 适配器上。另外，通过桥接器(bridge)可将 1000 个以上的总线段互联，可见，IEEE 1394 具有相当大的扩展能力。

IEEE 1394 使用专门设计的 6 芯电缆，其中两线用于提供电源(连接在总线上的设备可以取得电压为直流 8～40 V，电流可达 1.5 A 的电能)；另外四线分为两个双绞线对，用于传输数据及时钟信号。图 6-27 给出了 IEEE 1394 的电缆及连接器情况。

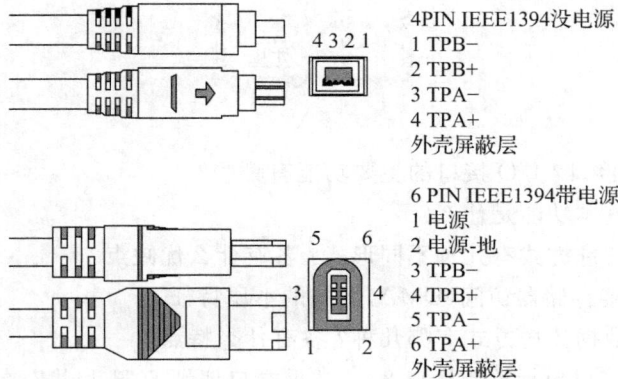

4 3 2 1
4PIN IEEE1394没电源
1 TPB−
2 TPB+
3 TPA−
4 TPA+
外壳屏蔽层

5　6
3　4
1　2
6 PIN IEEE1394带电源
1 电源
2 电源-地
3 TPB−
4 TPB+
5 TPA−
6 TPA+
外壳屏蔽层

图 6-27　IEEE 1394 的电缆及连接器

与 USB 相似，IEEE 1394 也完全支持即插即用(PnP)。任何时候都可以在总线上添加或拆卸 IEEE 1394 设备，即使总线正处于全速运行的状态。总线配置发生改变以后，节点地址会自动重新分配，而不需用户进行任何形式的介入。通过 IEEE 1394 连接的设备包括多种高速外设如硬盘、光驱、新式 DVD 以及数码相机、数字摄录机、高精度扫描仪等。图6-28 所示为一个 IEEE 1394 的典型应用。

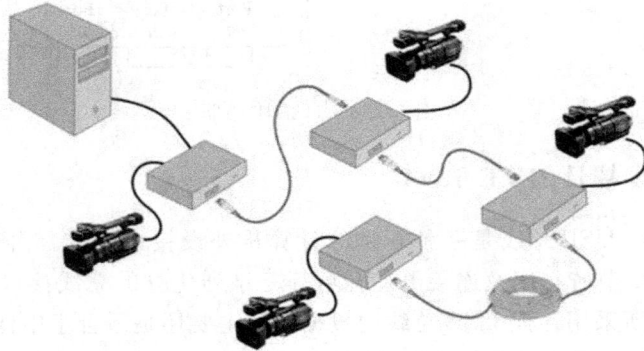

图 6-28　IEEE 1394 的典型应用

在这个应用中，一台数字视频(DV)摄录机将数字影像传给一台数字显示器和一台计算机；计算机同时还连接了一部数字 VCR 和一台打印机，整个数据通路是通过 IEEE 1394 连接起来的高速数字化信道。显示器、计算机和 VCR 都能直接接收数字数据，并根据需要显示或保存这些数据。另外，传输影像还可直接传给打印机，从而得到一份影像"硬拷贝"。

利用 ATM(Asynchronous Transfer Mode，异步传输模式)技术可以进一步扩展 IEEE 1394 总线的作用范围，经"机顶盒"外连 ATM 网络，将室内"信息家电系统"与室外网路连接，可以有效地利用高速 ATM 网络实现多媒体数据信息的传输、交换及处理。

总之，IEEE 1394 是具有优越性的高速串行总线接口标准，特别是随着多媒体影音设备的普及和应用，更能显现其突出的竞争能力。

习　题

1. 什么叫 I/O 接口？I/O 接口的主要功能有哪些？
2. I/O 接口的基本功能是什么？
3. I/O 端口的编址方式有几种不同形式？各有什么优缺点？
4. 简单描述直接存储器访问(DMA)方式的本质特征。
5. I/O 接口的数据传送方式有哪几种？各有什么特点？
6. 若打印机的接口包括控制端口 83H 数据端口地址 80H 和状态端口地址 81H，试编程实现：采用查询方式(状态位为 D0＝1 表示 BUSY)，将内存中 1000H 开始的 100 个字节(字符)输出到打印机。其中端口控制字为 88H，应首先将控制字输出到控制端口中。

7. 什么叫总线？为什么各种微型计算机系统中普遍采用总线结构？

8. 微型计算机系统总线从功能上分为哪三类？它们各自的功能是什么？

9. 8086 基本总线周期是如何组成的？

10. 总线的主要技术指标有哪些？

11. 微机通过接口与外设交换数据的指令有哪些？写出其所有的格式。

12. ISA 总线与 EISA 总线的结构和特点是什么？

13. PCI 总线的结构和特点是什么？

14. USB 总线的结构和特点是什么？

第 7 章

中 断 系 统

本章主要阐述中断的基本概念、中断的功能、中断的分类及中断的响应过程，概括了实模式和保护模式中中断技术的区别与联系以及中断和异常的区别与联系；并以可编程中断控制器 8259A 为例，介绍了中断控制器 8259A 的组成结构、寄存器模型、级联方式、中断应用程序的编写方法以及微机系统中断的实现过程。

7.1　中 断 概 述

7.1.1　中断的基本概念

中断最初是作为处理器与外部设备交换信息的一种控制方式提出的。因此，最初的中断完全是对外部设备而言的，称为外部中断或硬件中断。

随着计算机技术的发展，中断的范围也随之扩大，出现了内部软件中断的概念，它是为解决机器内部运行时出现的异常以及为编程方便而提出的。

中断是指 CPU 在正常运行程序时由于内部/外部事件，或由于程序事先安排的事件发生而被中途打断转到为事件服务的程序中，服务完毕后再返回原程序中。

7.1.2　中 断 源

中断源是指能够向 CPU 发出中断请求的事件，常见的中断源有：

（1）输入、输出设备中断：如键盘、打印机等在工作过程中已做好接收或发送准备。

（2）数据通道中断：如磁盘、磁带等要同主机进行数据交换等。

（3）实时时钟中断。

（4）故障中断：如电源掉电、设备故障等要求 CPU 进行紧急处理等。

（5）系统中断：如运算过程出现溢出、数据格式非法，数据传送过程出现校验错，控制器遇到非法指令等。

（6）为了调试程序而设置的中断。

外部中断或硬件中断通常称为中断，软件中断或异常中断通常称为异常（Exception），如图 7-1 所示。

```
         ┌外部中断┌不可屏蔽中断 NMI
         │（中断）└可屏蔽中断 INTR
         │        ┌软件中断┌单步、断点、溢出、被零除
中断  ┤        │        └指令 INT n
         │内部中断┤        ┌故障 Fault
         │（异常）└异常 ┤陷阱 Trap
         └                └中止 Abort
```

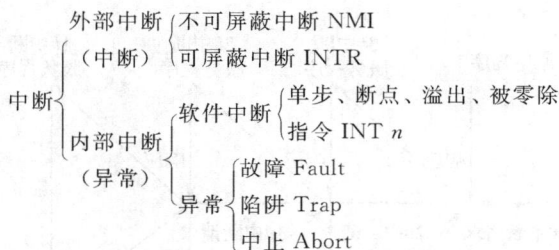

图 7 - 1　中断源的类别

7.1.3　中断处理过程

下面以外部向量中断为例，将中断处理的过程概括如下：

（1）初始化：设置工作方式，送屏蔽字，送中断类型号；中断控制器初始化编程。

（2）发启动命令（送命令字），启动设备。

（3）设备完成工作，申请中断。

（4）中断控制器汇集各请求，经屏蔽、判优后形成中断类型号，并向 CPU 送 INTR。

（5）CPU 响应，发中断应答信号 INTA。

（6）中断控制器送出中断类型号。

（7）CPU 进入中断响应周期，将中断类型号转换为向量地址，查向量表，进入中断服务程序。

（8）CPU 执行中断服务程序，进行中断处理（与接口中数据缓冲器交换数据）。

（9）中断处理完毕，返回原程序（开中断）。

7.1.4　中断优先级与中断嵌套

在微机系统常见的中断中，其中断优先级由高向低分别是：

· 内部中断和异常；

· 软件中断；

· 外部非屏蔽中断；

· 外部可屏蔽中断。

中断的排队方式主要有：

（1）按优先级排队——根据任务的轻重缓急；

（2）循环轮流排队——CPU 轮流响应各个中断源的中断请求。

当 CPU 正在响应某一中断源的请求，执行为其服务的中断服务程序时，如果有优先级更高的中断源发出请求，CPU 将中止正在执行的中断服务程序而转入为新的中断源服务；等新的中断服务程序执行完后，再返回到被中止的中断服务程序，这一过程称为中断嵌套。

中断嵌套可以有多级，具体级数原则上不限，只取决于堆栈深度。

中断的优先级与中断嵌套的基本原理如图 7 - 2 所示。

7.1.5　中断向量与中断向量表

发出中断请求的外设或引起中断的内部原因称为中断源，寻找中断源的操作过程称为

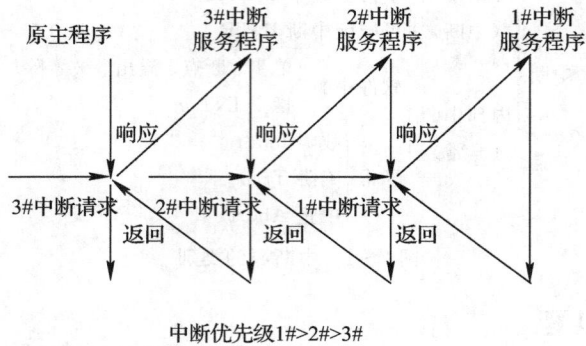

中断优先级1#>2#>3#

图 7-2 中断嵌套示意图

中断识别。获得中断服务程序的入口地址是中断处理过程中的关键。因此,在实模式下引入了中断向量及中断向量表,通过中断向量表中的中断向量获取入口地址;在保护模式下引入了中断门描述符及中断门描述符表 IDT,通过 IDT 中的中断门描述符获取入口地址。

1. 实模式下的中断管理

在实模式下,每个中断类型都对应一段中断服务程序。

中断向量是中断服务程序的入口地址,包括中断服务程序的段基址 CS 和偏址地址 IP,共 4 个字节。中断向量表是指把所有的中断向量集中存放到存储器的某一区域。在实模式下,该表称为中断向量表。

实模式下,中断类型号通过中断向量表与中断服务程序入口地址相联。中断向量表包含 256 个中断向量。每个中断向量包含两个字(4 个字节),高地址字为中断服务程序所在代码段的段基址,低地址字为中断服务程序第一条指令的偏移量。实模式下,中断向量表存放在内存最低端的 1 K 单元之中,物理地址为 00000H~003FFH。

中断向量指针用于指出中断向量存放在中断向量表的位置(或地址)。

在微机系统中,中断类型号和中断向量所在位置之间的对应关系为:向量地址=中断向量最低字节的指针=中断类型号(n)×4,如图 7-3 所示。

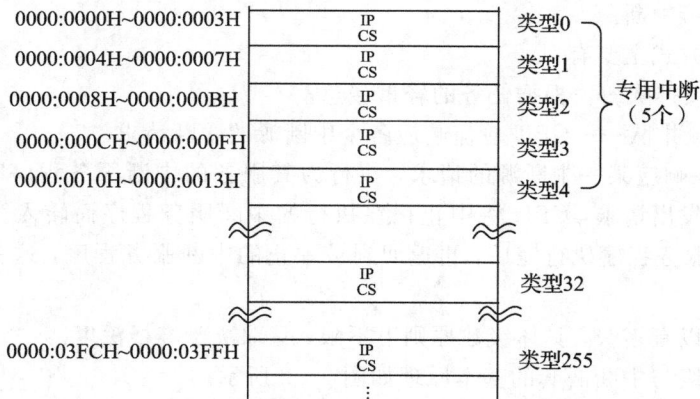

向量地址=中断向量最低字节的指针=中断类型号×4

图 7-3 中断类型号和中断向量所在位置之间的对应关系

32 位微处理器实模式下的中断向量如图 7 - 4 所示。

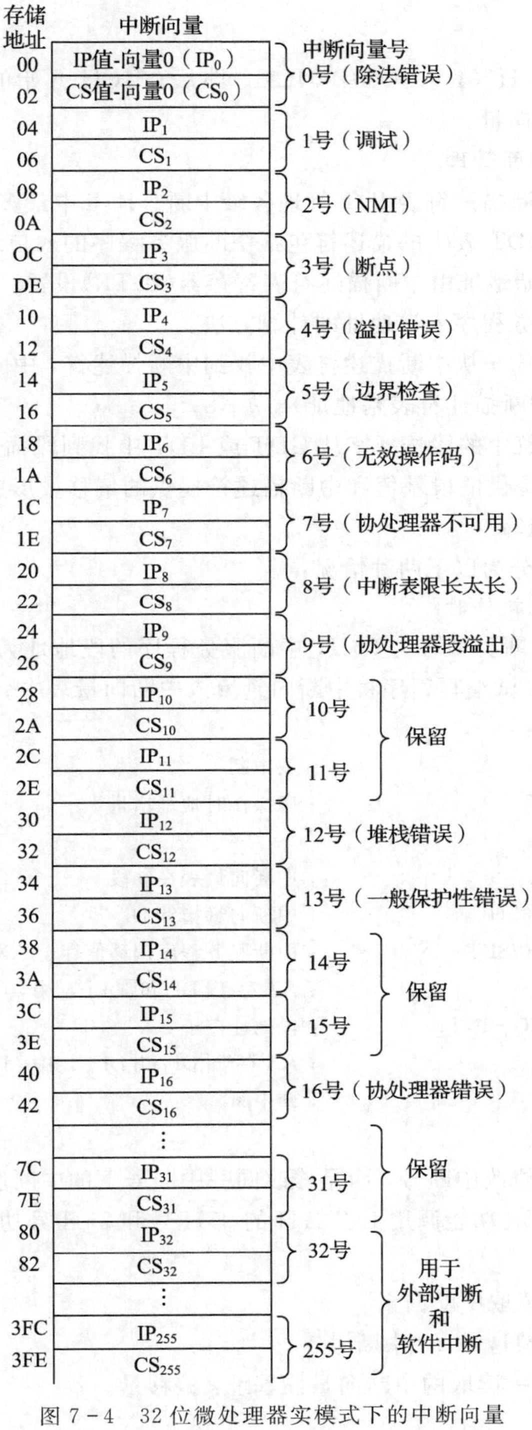

存储地址	中断向量	中断向量号
00	IP值-向量0（IP_0）	0号（除法错误）
02	CS值-向量0（CS_0）	
04	IP_1	1号（调试）
06	CS_1	
08	IP_2	2号（NMI）
0A	CS_2	
OC	IP_3	3号（断点）
DE	CS_3	
10	IP_4	4号（溢出错误）
12	CS_4	
14	IP_5	5号（边界检查）
16	CS_5	
18	IP_6	6号（无效操作码）
1A	CS_6	
1C	IP_7	7号（协处理器不可用）
1E	CS_7	
20	IP_8	8号（中断表限长太长）
22	CS_8	
24	IP_9	9号（协处理器段溢出）
26	CS_9	
28	IP_{10}	10号　保留
2A	CS_{10}	
2C	IP_{11}	11号
2E	CS_{11}	
30	IP_{12}	12号（堆栈错误）
32	CS_{12}	
34	IP_{13}	13号（一般保护性错误）
36	CS_{13}	
38	IP_{14}	14号　保留
3A	CS_{14}	
3C	IP_{15}	15号
3E	CS_{15}	
40	IP_{16}	16号（协处理器错误）
42	CS_{16}	
⋮	⋮	
7C	IP_{31}	31号　保留
7E	CS_{31}	
80	IP_{32}	32号
82	CS_{32}	用于外部中断和软件中断
⋮	⋮	
3FC	IP_{255}	255号
3FE	CS_{255}	

图 7 - 4　32 位微处理器实模式下的中断向量

【**例 7 - 1**】　60 号中断的中断向量 CS_{60}：IP_{60} 存放在存储器的什么位置？（假如 CS_{60} = 2345H；IP_{60} = 7890H）

解　中断向量地址＝0000＋60×4 ＝ 240＝0F0H

再如：

硬盘　INT　13H

向量地址＝0000：13H×4 ＝ 0000：004CH，即从 004CH 开始的连续 4 个单元中用来存放"INT 13H"的中断向量。

2. 保护模式下的中断管理

保护模式下采用中断描述符表 IDT 管理各级中断。IDT 中最多可以有 256 个描述符，对应于 256 个中断源。IDT 表中的描述符包括中断服务程序的入口地址信息。IDT 可置于内存的任意区域，其起始地址由中断描述符表寄存器(IDTR)设置。

保护模式下中断服务程序入口地址的计算方法：

(1) 根据中断类型号 n 从中断描述符表中找到中断描述符，中断类型号 n 的中断描述符的起始地址＝IDT(中断描述符表基地址)＋n×8；

(2) 根据中断描述符中的段选择字从 GDT 或 LDT 中找到段描述符；

(3) 根据段描述符提供的段基值和中断描述符提供的偏移量形成物理地址。

3. 中断向量表的填写

中断向量表的填写分为以下两种情况：

1) 系统未配置系统软件时

【例 7 - 2】　假设中断类型号为 60H，中断服务程序的段地址为 SEG - INTR，偏移地址是 OFFSET - INTR，试编写程序将中断向量填入中断向量表中。

解　程序代码如下：

```
CLI                        ;关中断
CLD                        ;串操作时地址增量
MOV      AX, 0
MOV      ES, AX            ;中断向量表在 0 段
MOV      DI, 4×60H         ;中断向量指针 DI
MOV      AX, OFFSET - INTR ;中断服务程序偏移值存于 AX
STOSW                      ;AX 存于[DI]和[DI+1]中，DI＝DI+2
MOV      AX, SEG - INTR    ;段地址存于 AX
STOSW                      ;AX 存于[DI]和[DI+1]中，DI＝DI+2
STI                        ;开中断
```

2) 有系统资源时

修改中断向量并非修改中断号，而是修改同一中断号下的中断服务程序入口地址。

在实模式下，用 DOS 功能调用 INT21H 的 35H 号和 25H 号功能。

(1) 35H 号功能。

功能：从向量表中读取中断向量。

入口参数：AH＝35H，AL＝中断号。

出口参数：ES：BX＝读取的中断向量段基址：偏移量。

(2) 25H 号功能。

功能：向向量表中写入中断向量。

入口参数：AH＝25H，AL＝中断号；

DS：DX＝要写入的中断向量的段基址：偏移量。

出口参数：无。

35H 号功能和 25H 号功能的中断类型号是同一个。

有系统资源时，中断向量表修改的具体步骤分为以下 3 步：

(1) 取中断向量：用 35H 功能获取原中断向量，并保存在字变量中（假设中断类型号为 n）：

格式：MOV　　AH，35H

　　　MOV　　AL，nH　　　　　　　；n 为中断类型号

　　　INT　　21H

出口参数：BX 放原中断程序的偏移地址

　　　　　ES 放原中断程序的段地址

　　　　　即原中断向量取出放到 ES：BX 中保存

(2) 设置新中断向量：用 25H 功能设置新中断向量，取代原中断向量，以便当中断发生后转移到新中断服务程序中。

入口参数：DX 放新中断服务程序入口地址的偏移地址

　　　　　DS 放新中断服务程序入口地址的段地址

格式：MOV　　AH，25H

　　　MOV　　AL，nH　　　　　　　；n 为中断类型号

　　　INT　　21H

把 DS：DX 指向的中断向量放到中断向量表类型号为 n 的中断向量处。

(3) 恢复中断向量：新中断服务程序完毕后，用 25H 功能恢复原中断向量。

【例 7-3】　假如原中断服务程序的中断号为 N，新中断程序的入口地址的段基址为 SEG_INTRnew，偏移地址为 OFFSET_INTRnew，试编写中断向量修改程序。

解　程序代码如下：

```
DATA        SEGMENT
OLD_SEG     DW ?
OLD_OFF     DW ?
            ⋮
DATA        ENDS
            ⋮
MOV     AH，35H
MOV     AL，N
INT     21H
MOV     OLD_SEG, ES
MOV     OLD_OFF, BX
MOV     AL，N
MOV     AH，25H
MOV     DX, SEG_INTRnew
MOV     DS, DX
```

```
        MOV     DX，OFFSET_INTRnew
        INT     21H
                 ⋮
        MOV     AH，25H
        MOV     AL，N
        MOV     DX，SEG OLD_SEG
        MOV     DS，DX
        MOV     DX，OFFSET OLD_OFF
        INT     21H
    中断服务程序：
        INTRnew   PROC FAR
                 ⋮
            IRET
        INTRnew   ENDP
```

7.2 80X86 中断系统

对于中断系统，在 Intel 80X86 微处理器、Pentium 4 微处理器、Itanium 处理器中都用到了可编程中断控制器 PIC（Programmable Interrupt Controller）。PIC 是中断系统的一个重要组成部分，对于硬件中断起着重要的控制作用。

7.2.1 80X86 中断管理

微处理器为每个不同类型的中断与异常都分配了一个中断类型号，以便识别和处理。16 位和 32 位微处理器支持 256 个中断类型号，并且对中断与异常统一编号为 0～255 号。微处理器以提交的中断类型号为向导到中断向量表或中断描述符表 IDT 找到相应的中断/异常处理程序，具体方法为：

在实模式下：中断类型号×4 得到一个指针，指向中断向量表，在中断向量表中可以找到中断服务程序的入口；

在保护模式下：中断类型号×8 得到一个指针，指向中断描述表 IDT，在 IDT 中找到中断/异常处理程序的中断门/陷阱门描述符，然后通过门描述符获得中断/异常处理程序的入口。

7.2.2 8086/8088 中断处理过程

实模式下的中断/异常处理全过程包括以下 4 个阶段：

（1）中断申请与响应握手；

（2）标志位的处理与断点保存；

（3）向中断服务程序转移并执行中断服务程序；

（4）返回断点。

其中，可屏蔽中断、不可屏蔽中断、80X86 微机系统实模式与保护模式下中断处理过程具有如下特点：

1. 可屏蔽中断的响应周期

当 CPU 收到 INT 中断请求以及前一条指令执行完毕且中断标志位 IF＝1 时，进入中断响应周期，并完成如下两项工作：

(1) 第一个 INTA 脉冲到来时，CPU 产生 LOCK 信号，使总线处于封锁状态，防止 DMA 占用总线。

(2) 第二个 INTA 脉冲到来时，LOCK 撤除，总线解封。

2. 异常的处理(不可屏蔽)

异常是由于指令执行结果有错导致指令不能执行而产生的故障，其故障号是由系统安排的。因此一旦发生异常，就自动按所分配的故障号通过中断向量表进入异常处理程序，而不需要从外部获取中断号。异常具有软件中断的特征，不产生中断响应总线周期，且异常处理程序不需发中断结束命令 EOI。

3. 80X86 微机系统保护模式与实模式下中断处理过程的比较

保护模式与实模式两种模式下对中断/异常的处理过程存在很大的差别，根本原因是微处理器在两种模式下对存储器的管理方式不同和是否引入保护机制所致。

保护模式下使用中断门描述符和中断门，实模式下使用中断向量和中断向量表；保护模式下使用描述符来描述虚拟地址空间，而实模式下使用段来表示实际地址空间。

保护模式下必须通过门(中断门、陷阱门、任务门)描述符来实现向服务程序转移，而实模式直接转移到服务程序；保护模式下引入了保护机制，而实模式下没有保护机制；保护模式下可以转移到一个以独立任务方式出现的中断/异常服务程序，而实模式下不可以；保护模式下，执行中断程序控制转移和返回断点的过程中都要进行一系列的特权级与条件保护性检测，而实模式对此不予考虑；实模式下不支持多任务，只有保护模式下才有多任务的功能。

7.3　可编程中断控制器 8259A

7.3.1　8259A 概述

为了帮助 CPU 管理中断，Intel 公司为 80X86 CPU 专门设计了可编程中断控制器 8259。该芯片有很强的中断管理功能，单片 8259A 即可以管理 8 级外部中断，并可以对中断进行有效屏蔽，对多个中断进行判优、嵌套和多种结束方式的管理。该芯片还提供级联，并且与 CPU 相连不需要任何额外电路。

可编程中断控制器 PIC(Programable Interrupt Controller)8259A 作为中断系统的核心器件，协助 CPU 管理外部中断，是一个十分重要的芯片，可以针对多个中断请求对其进行屏蔽、优先级等管理以及向 CPU 转达中断请求，接到 CPU 的响应后送出中断类型号。

8259A 具有如下功能：

（1）接收和记录各级中断源的中断请求。

（2）优先级排队管理：判优，确定是否响应和响应哪一级的中断请求。

（3）当 CPU 响应中断时，为 CPU 提供中断类型码。

（4）屏蔽和开放中断请求。

（5）一片 Intel 8259A 可管理 8 个中断请求。

（6）允许 9 片 8259A 级联，构成 64 级中断系统。

7.3.2 8259A 的外特性

8259A 为 28 脚双列直插式芯片，如图 7-5 所示。

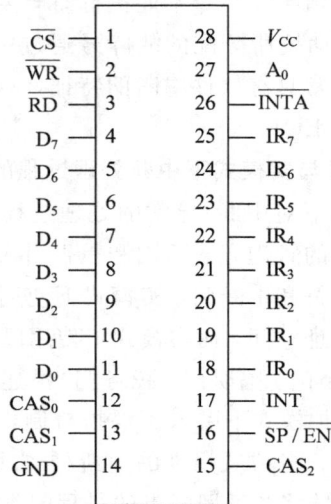

```
 CS  ──┤ 1      28 ├──  Vcc
 WR  ──┤ 2      27 ├──  A0
 RD  ──┤ 3      26 ├──  INTA
 D7  ──┤ 4      25 ├──  IR7
 D6  ──┤ 5      24 ├──  IR6
 D5  ──┤ 6      23 ├──  IR5
 D4  ──┤ 7      22 ├──  IR4
 D3  ──┤ 8      21 ├──  IR3
 D2  ──┤ 9      20 ├──  IR2
 D1  ──┤ 10     19 ├──  IR1
 D0  ──┤ 11     18 ├──  IR0
CAS0 ──┤ 12     17 ├──  INT
CAS1 ──┤ 13     16 ├──  SP/EN
GND  ──┤ 14     15 ├──  CAS2
```

图 7-5 8259A 引脚图

主要信号线如下：

$D_7 \sim D_0$：数据总线，双向，三态，用于与 CPU 之间传送命令、状态、中断类型码。

$\overline{RD}$：读信号，输入，用来通知 8259A 把某个内部寄存器的值送至数据线 $D_7 \sim D_0$。

$\overline{WR}$：写信号，输入，用来通知 8259A 把数据线 $D_7 \sim D_0$ 上的值写入内部某个寄存器。

$\overline{CS}$：片选信号，输入，通过地址译码逻辑电路与地址总线相连。

A0：地址线，输入，用来指出当前 8259A 的哪个端口被访问及选择内部寄存器的端口地址。

在标准 AT 机中，使用两片 8259A 构成主从式中断系统：

主 8259A 的端口地址：20H，21H；

从 8259A 的端口地址：A0H，A1H。

INT：中断请求，输出，把 $IR_7 \sim IR_0$ 上的最高优先级请求传送到 CPU 的 INTR 引脚，向 CPU 发中断请求。

$\overline{INTA}$：中断响应，接收 CPU 的中断应答信号。CPU 发出的中断响应信号为两个负脉冲。第一个负脉冲作为中断应答信号；第二个负脉冲到来时，8259A 从数据线 $D_7 \sim D_0$ 上发出中断类型码。

$IR_7 \sim IR_0$：外设中断请求输入。在含有多片 8259A 的复杂系统中，主片的 $IR_7 \sim IR_0$ 分别与从片的 INT 端相连，用来接收来自从片的中断请求。

$CAS_2 \sim CAS_0$：级联线，用来指出具体从片。主控时为输出，从控时为输入。

$\overline{SP}/\overline{EN}$：从设备编程/缓冲器允许，双向。输入时用来决定 8259A 是主片还是从片（1——主片；0——从片，非缓冲方式）；输出时，使数据总线驱动器启动（缓冲方式），控制缓冲器的接收/发送。

7.3.3 8259A 的内部结构

8259A 内部结构如图 7-6 所示。

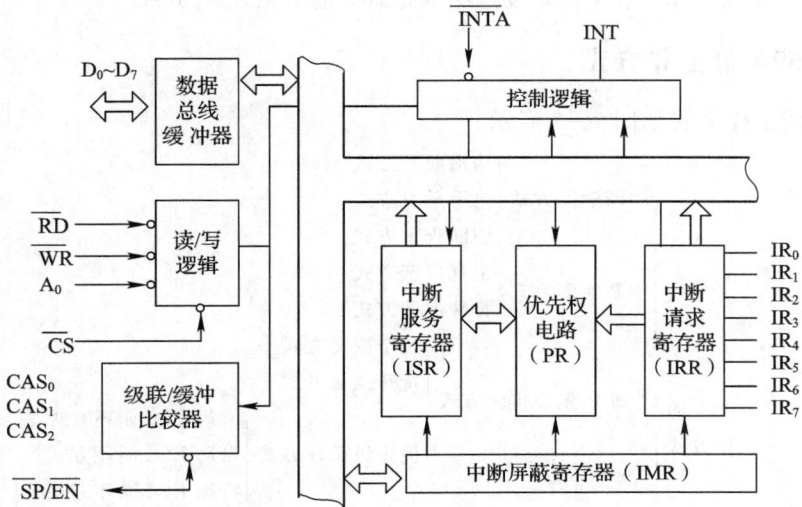

图 7-6 8259A 内部结构

1. 中断请求寄存器 IRR

中断请求寄存器 IRR 为 8 位，接受来自 $IR_0 \sim IR_7$ 的中断请求信号。当 $IR_0 \sim IR_7$ 上出现某一中断请求信号时，IRR 对应位被置 1。

2. 中断屏蔽寄存器 IMR

中断屏蔽寄存器 IMR 为 8 位（8 个中断输入）。若 IRR（中断请求寄存器）中记录的 8 个中断请求中有任何一个需要屏蔽，只要将 IMR 的相应位置 1 即可，未被屏蔽的中断请求可以进入优先权判别器。它的内容通过 CPU 对 8259A 的初始化设置设定。

3. 中断服务寄存器 ISR

中断服务寄存器 ISR 为 8 位，保存当前正在处理的中断请求。例如，如果 ISR 的 $D_2 = 1$，表示 CPU 正在为来自 IR_2 的中断请求服务。

4. 优先权判别器 PR

若某中断请求正在被处理，8259A 外部又有新的中断请求，则由优先权判别器将新进入的中断请求和当前正在处理的中断进行比较，以决定哪一个优先级更高。若新的中断请求比正在处理的中断级别高，则由 PR 通过控制逻辑向 CPU 发出中断申请 INT，正在处理的中断自动被禁止，先处理级别高的中断。

5. 数据总线缓冲器

数据总线缓冲器用于8259A与数据总线的接口，传输命令控制字、状态字和中断类型码。

6. 读/写控制逻辑

读/写控制逻辑用于确定数据总线缓冲器中数据的传输方向，并选择内部的命令字寄存器。当CPU发读信号时，读/写逻辑控制将8259A的状态信息放到数据总线上；当CPU发写信号时，读/写逻辑控制将CPU发来的命令字信息送入指定的命令字寄存器中。

7. 级联缓冲/比较器

级联缓冲/比较器用来存放和比较在系统中用到的所有8259A的级联地址。主控8259A通过CAS_0、CAS_1和CAS_2发送级联地址，选中从片8259A。

7.3.4　8259A的工作方式

8259A的工作方式如图7-7所示。

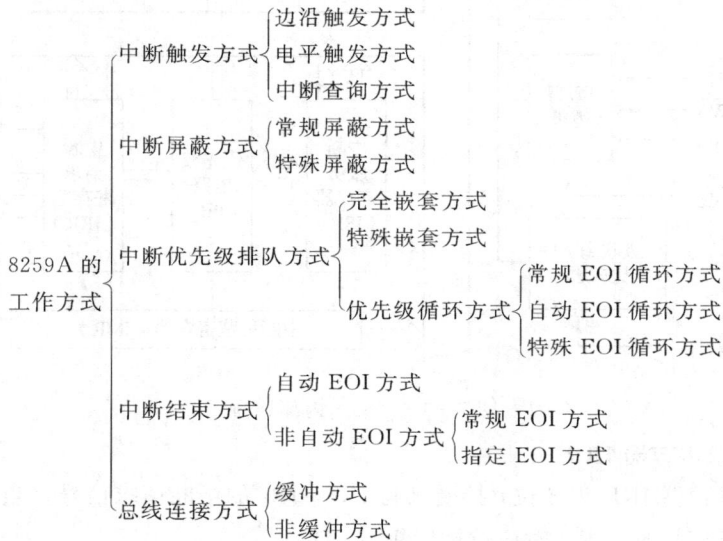

图7-7　8259A的工作方式

1. 中断触发方式

1) 边沿触发方式

边沿触发方式是指上升沿接入IR_i，向8259A请求中断。上升沿后可一直维持高电平，不会产生中断。

2) 电平触发方式

电平触发方式是指高电平申请中断。但在响应中断后必须及时清除高电平，以防引起第二次误中断。

3) 中断查询方式

中断查询方式是指用软件确定中断请求位的方式，具有以下特点：

（1）外设仍通过8259A的IR_i申请中断，但8259A却不使用INT信号向CPU申请中断。

（2）CPU 内部关中断（IF＝0）。

（3）CPU 用软件查询确定中断源，用 OUT 指令向 8259A 的偶地址发一个查询命令字 OCW_3，再用 IN 指令从 8259A 的偶地址读这个查询字，以确定中断源。

2. 中断屏蔽方式

屏蔽中断源的方式有常规屏蔽方式和特殊屏蔽方式两种。常规屏蔽方式是指用 OCW_1 使屏蔽寄存器 IMR 中的一位或几位置 1 来屏蔽一个或几个中断源的中断请求。特殊屏蔽方式是指用 OCW_3 的 $D_6D_5＝11$ 设置，当执行某优先级较高的中断服务程序时，如设置屏蔽功能，则允许嵌套响应低优先级的中断请求。

3. 中断优先级排队方式

1）完全嵌套方式

完全嵌套方式的主要特点如下：

（1）优先级别 IR_0 最高，IR_7 最低，且级别固定不变。

（2）只允许响应高级中断。

（3）中断嵌套的深度取决于整个中断系统所具有的中断级数。

2）特殊全嵌套方式

特殊嵌套方式分为自动和特殊两种，具有与完全嵌套方式基本相同的功能。此外，还可以响应同级的中断请求。

3）优先级循环方式

优先级循环方式分为常规 EOI 循环方式、自动 EOI 循环方式和特殊 EOI 循环方式。

（1）自动 EOI 循环方式。当任何一级中断被处理完，优先级别变为最低。

初始优先级：低　　$IR_7 IR_6 IR_5 IR_4 IR_3 IR_2 IR_1 IR_0$　　高

处理完 IR_1：低　　$IR_1 IR_0 IR_7 IR_6 IR_5 IR_4 IR_3 IR_2$　　高

（2）优先级特殊循环方式。用一条优先权置位指令（写 OCW_2）把最低优先级赋给某一中断源（IR_i），于是最高优先级便为 IR_{i+1}。

4. 中断结束方式（EOI）

8259A 的中断结束方式有自动中断结束方式、普通中断结束方式和特殊中断结束方式三种。一般情况下，全嵌套方式用普通和自动中断结束方式；特殊全嵌套方式用特殊中断结束方式；优先级自动循环方式用普通中断结束方式；优先级特殊循环方式用特殊中断结束方式。

（1）自动中断结束方式：系统进入中断服务程序后，8259A 收到第二个中断响应脉冲 INTA 时，就将中断服务寄存器对应位清 0，不需发中断结束命令。该方式用于没有多级中断嵌套的场合。

（2）普通中断结束方式：该方式主要用于全嵌套方式。中断服务程序返回主程序前会发一条中断结束命令，使 8259A 中断服务寄存器 ISR 中优先级最高的位复位，表示当前处理的中断服务程序结束。

（3）特殊中断结束方式：该方式用于非全嵌套方式。在非全嵌套方式中，通过中断服务寄存器 ISR 无法确定哪一级中断是最后响应和处理的，因此在中断服务程序返回主程序之前发一条特殊的中断结束命令，指出要将中断服务寄存器 ISR 的哪一位复位。

5. 总线连接方式

连接系统总线的方式有数据缓冲方式和非缓冲方式两种。

7.3.5　8259A 的编程命令

8259A 编程命令有两种：

(1) 设置工作方式：初始化命令字 $ICW_1 \sim ICW_4$。

(2) 控制操作：操作命令字为 $OCW_1 \sim OCW_3$。

每片 8259A 有 2 个片内地址：

$A_0 = 0$：偶地址端口；

$A_0 = 1$：奇地址端口。

所有的命令都通过这两个端口按一定的规则写入 8259A。

1. 8259A 的初始化命令字

预置命令字为 $ICW_1 \sim ICW_4$，具有以下特点：

(1) $ICW_1 \sim ICW_4$ 在初始化程序中设定，且在整个工作过程中保持不变。

(2) $ICW_1 \sim ICW_4$ 必须按顺序设定。

(3) ICW_1 写入 8259A 偶地址中。

(4) $ICW_2 \sim ICW_4$ 写入 8259A 奇地址中。

1) ICW_1 的格式

初始化命令字 ICW_1 用于设置中断系统的基本工作特征，其格式如图 7-8 所示。

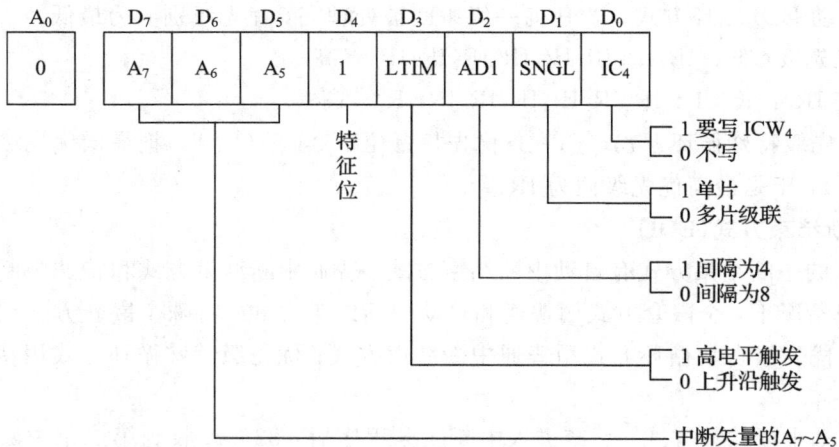

A_0	D_7	D_6	D_5	D_4	D_3	D_2	D_1	D_0
0	A_7	A_6	A_5	1	LTIM	AD1	SNGL	IC_4

D_4：特征位

D_0：1 要写 ICW_4 / 0 不写

D_1：1 单片 / 0 多片级联

D_2：1 间隔为4 / 0 间隔为8

D_3：1 高电平触发 / 0 上升沿触发

$D_7 \sim D_5$：中断矢量的 $A_7 \sim A_5$

图 7-8　ICW_1 的格式

对 $A_0 = 0$ 的端口写入一个 $D_4 = 1$ 的数据，表示初始化编程开始。

D_3 - LTIM：即中断信号的触发方式，其中 0 表示边沿触发，1 表示高电平触发。

D_1 - SNGL：即区分是否单片方式，其中 0 表示多片级联方式，1 表示单片方式。

D_0 - IC_4：即是否有 ICW_4，其中 0 表示无需 ICW_4，1 表示需要 ICW_4。

$D_7 \sim D_5$ 和 D_2 仅对 8080/8085 系统有意义。

写 ICW_1 后，中断屏蔽寄存器全部清零，优先级 IR_0 最高 IR_7 最低。

2) ICW_2

初始化命令字 ICW_2 用于设置中断系统中的中断类型码，其格式如图 7-9 所示。

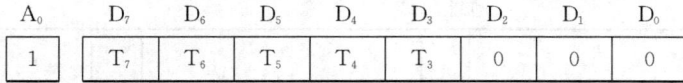

A_0	D_7	D_6	D_5	D_4	D_3	D_2	D_1	D_0
1	T_7	T_6	T_5	T_4	T_3	0	0	0

图 7-9 ICW_2 的格式

在写 ICW_1 之后，对 $A_0=1$ 的端口首先写入的数据是 ICW_2，其中 $D_7 \sim D_3$ 为用户设定中断类型码的高 5 位，$D_2 \sim D_0$ 为 000（由 8259A 根据 $IR_0 \sim IR_7$ 自动填充为 000~111）

例如，ICW_2 为 20H，则 8259A 的 $IR_0 \sim IR_7$ 对应的中断类型码为 20H~27H；ICW_2 为 40H，则 8259A 的 $IR_0 \sim IR_7$ 对应的中断类型码为 40H~47H。

3) ICW_3

初始化命令字 ICW_3 用于设置系统的级联方式，其格式如图 7-10 所示。

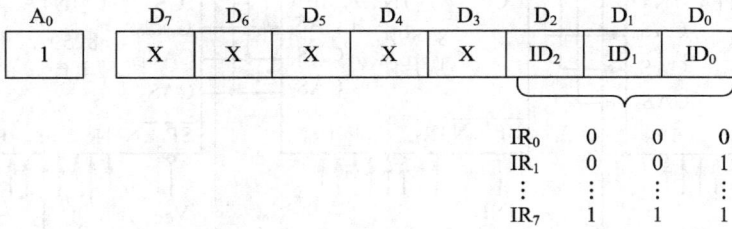

A_0	D_7	D_6	D_5	D_4	D_3	D_2	D_1	D_0
1	X	X	X	X	X	ID_2	ID_1	ID_0

	ID_2	ID_1	ID_0
IR_0	0	0	0
IR_1	0	0	1
$\vdots$	$\vdots$	$\vdots$	$\vdots$
IR_7	1	1	1

图 7-10 从片 ICW_3 的格式

只有当系统中有多片 8259A 级联时（ICW_1 中 SNGL=0），才需在 ICW_2 之后写 ICW_3，且主片和从片的格式不同。

对于主片，置 1 的位表示对应的引脚 IR 有从片级联。

$IR_i=0$：表示 IR_i 引脚上未接 8259A 从片。

$IR_i=1$：表示 IR_i 引脚上接有 8259A 从片。

对于从片，$D_2 \sim D_0$ 表示该从片所接主片的 IR 引脚。

例如，根据 8259A 级联的基本原理，可将 8259A 进行级联，构成一个由 8259A 构成的级联系统，如图 7-11 所示。

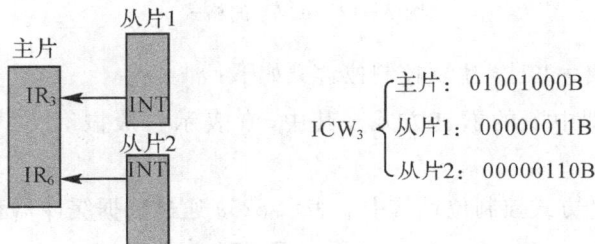

$$
ICW_3 \begin{cases} \text{主片：} 01001000B \\ \text{从片1：} 00000011B \\ \text{从片2：} 00000110B \end{cases}
$$

图 7-11 两片 8259A 级联系统连接示意图

32 位微机原理及接口技术

两级 8259A 级联构成的中断系统如图 7 - 12 所示。

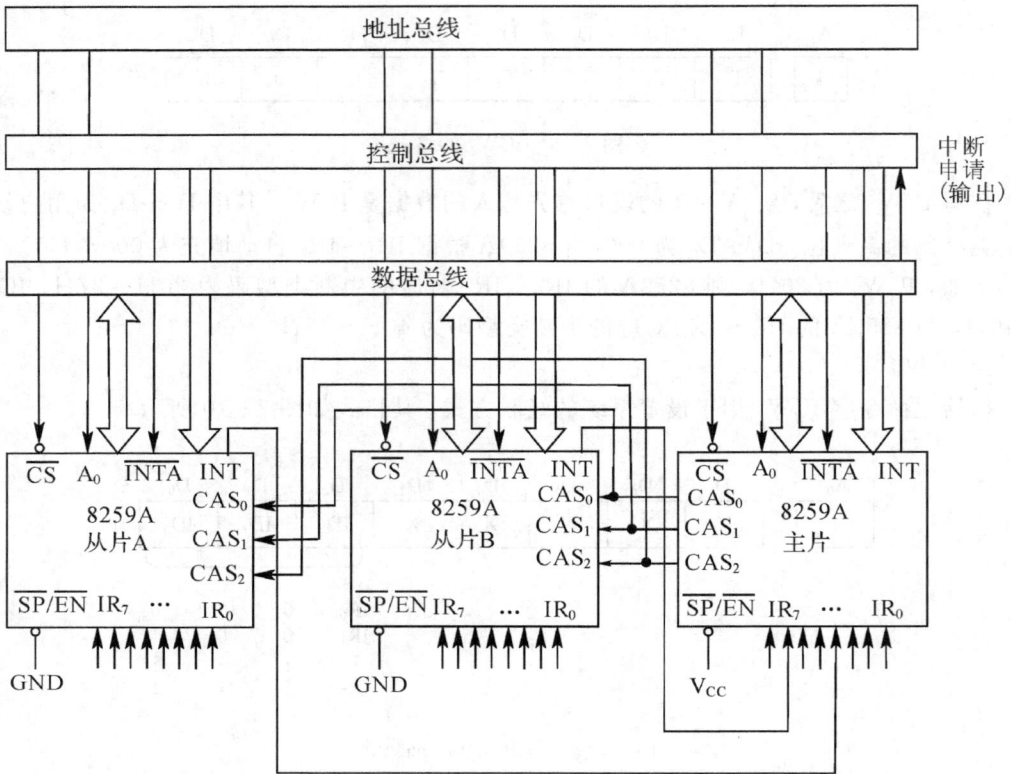

图 7 - 12　两级 8259A 级联构成的中断系统示意图

4）ICW$_4$

初始化命令字 ICW$_4$ 用于设置中断系统的嵌套方式、中断结束方式等，其格式如图 7 - 13 所示。

A$_0$	D$_7$	D$_6$	D$_5$	D$_4$	D$_3$	D$_2$	D$_1$	D$_0$
1	0	0	0	SFNM	BUF	M/S	AEOI	μPM

图 7 - 13　ICW$_4$ 的格式

当 ICW$_1$ 中的 IC$_4$＝1 时，主要控制位含义如下：

· D$_4$：SFNM，即中断的嵌套方式。其中，0 表示一般嵌套方式，1 表示特殊嵌套方式。

· D$_3$：BUF，缓冲方式控制位。其中 1 表示 8259 通过数据缓冲器和总线相连，$\overline{SP}/\overline{EN}$ 引脚输出，接缓冲器选通端；0 表示无缓冲，$\overline{SP}/\overline{EN}$ 引脚输入，用作主片、从片选择端。

· D$_2$：M/S，主片/从片选择（BUF＝1 时，有效）位，其中 0 表示从片，1 表示主片。

·D_1：AEOI 自动结束中断方式控制位。其中 0 表示不自动清除 ISR，1 表示 CPU 响应中断后，自动清除 ISR。

·D_0：μPM 微处理器类型，其中 0 表示 8080/8085/Z80，1 表示 8086/8088 处理器。

缓冲方式级联中断系统如图 7-14 所示。

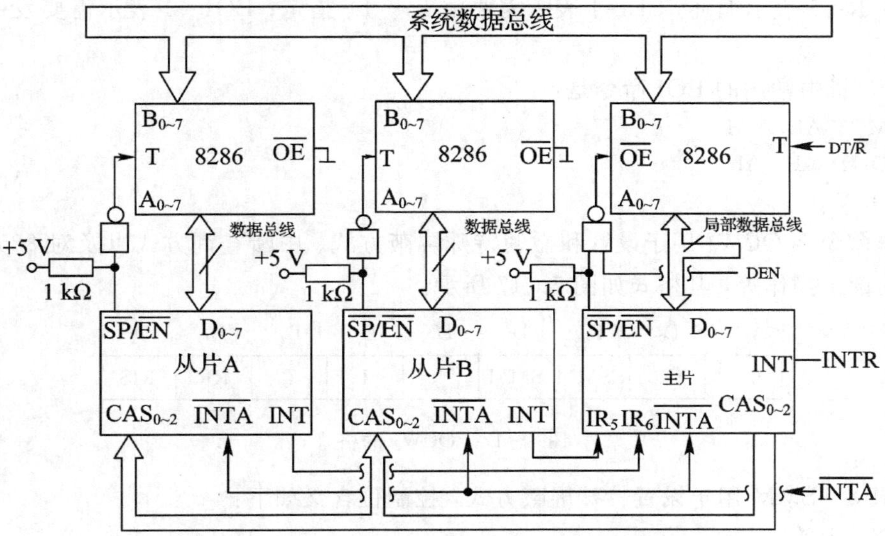

图 7-14　缓冲方式级联中断系统示意图

2. 8259A 的操作命令字 OCW

系统初始化完成以后，可以在应用程序中进行操作编程。

8259A 有 OCW_1、OCW_2、OCW_3 3 条操作命令字。

1) OCW_1

操作命令字 OCW_1 用于设置中断屏蔽操作，其格式如图 7-15 所示。

A_0	D_7	D_6	D_5	D_4	D_3	D_2	D_1	D_0
1	M_7	M_6	M_5	M_4	M_3	M_2	M_1	M_0

图 7-15　OCW_1 的格式

对于其中的每个控制位($i=0\sim7$)，$M_i=1$ 表示屏蔽中断源 IR_i。$M_i=0$ 表示允许 IR_i 端请求中断。

例如：

```
MOV    AL, 0F7H            ;开放 IR₃ 中断
OUT    21H, AL
```

2) OCW_2

操作命令字 OCW_2 用于设置优先级循环方式和中断结束方式，其格式如图 7-16 所示。

A$_0$	D$_7$	D$_6$	D$_5$	D$_4$	D$_3$	D$_2$	D$_1$	D$_0$
0	R	SL	EOI	0	0	L$_2$	L$_1$	L$_0$

图 7-16　OCW$_2$ 的格式

对 A$_0$＝0 端口写入，D$_4$D$_3$＝00 即特征位数据，表示是 OCW$_2$。

其中 R＝1 表示循环；SL＝1 表示需要由 L$_2$～L$_0$ 指定；EOI＝1 表示需要发中断结束命令位。

在 PC 机中常用的 EOI 命令是：

　　　MOV AL，20H

　　　OUT 20H，AL

3）OCW$_3$

操作命令字 OCW$_3$ 用于设置和撤销特殊屏蔽方式、中断查询方式以及对 8259A 内部寄存器的读出操作等，其格式如图 7-17 所示。

A$_0$	D$_7$	D$_6$	D$_5$	D$_4$	D$_3$	D$_2$	D$_1$	D$_0$
0	R	ESMM	SMM	0	1	P	RR	RIS

图 7-17　OCW$_3$ 的格式

ESMM　SMM 用于设置特殊屏蔽方式，控制位含义如下：

- 0X：无效。
- 10：清除特殊屏蔽方式。
- 11：设置特殊屏蔽方式。
- P：P＝1 表示查询 8259A 中断状态，P＝0 表示不查询。

RR RIS　用于启动相应操作，其含义如下：

- 0X：无效。
- 10：下次读有效，读 IRR。
- 11：下次读有效，读 ISR。

在 8259A 中进行各寄存器的读操作方式如下，所使用查询字格式如图 7-18 所示。

D$_7$	D$_6$	D$_5$	D$_4$	D$_3$	D$_2$	D$_1$	D$_0$
IR	X	X	X	X	W$_2$	W$_1$	W$_0$

图 7-18　查询字格式

其中，IR 为 1 表示有中断请求，W$_2$～W$_0$ 表示当前中断请求的最高优先级。顺序为：先向偶端口写 0AH，再读偶端口表示读 IRR；先向偶端口写 0BH，再读偶端口表示读 ISR。初始化后随时可向奇端口进行读操作则可读 IMR。若先向偶端口写 0CH，再读偶端口，则可读优先级最高的中断请求 IR（查询 8259A 中断状态）。

7.3.6　8259A 在微机系统中对中断管理的功能总结

8259A 与微处理器组成微机的中断系统，它协助 CPU 实现一些中断事务的管理功能：

（1）接收和记录各级中断源的中断请求。

（2）排队管理：判优，确定是否响应和响应哪一级的中断请求。

（3）当 CPU 响应中断时，为 CPU 提供中断类型码。

（4）屏蔽和开放中断请求：一片 Intel 8259A 可管理 8 个中断请求，允许 9 片级联，构成 64 级中断系统。

（5）执行中断结束命令：对于可屏蔽中断的中断服务程序，在中断返回之前，要求发中断结束命令。

7.4 8259A 在 32 位微机中的应用

32 位微机的微处理器已不使用单个的 8259A 作为中断处理的支持芯片，而采用芯片组。如 815EP 芯片组的 82801BA 模块中集成了两个 8259A 可编程中断控制器的功能，作为 ISA 兼容中断，提供可屏蔽中断服务。

1. 32 位微机中 8259A 的应用

82801BA 模块中有两片 8259A，进行级联后可支持 15 级可屏蔽中断处理，且与 16 位微机的中断系统在逻辑功能上兼容，其中断系统如图 7-19 所示。

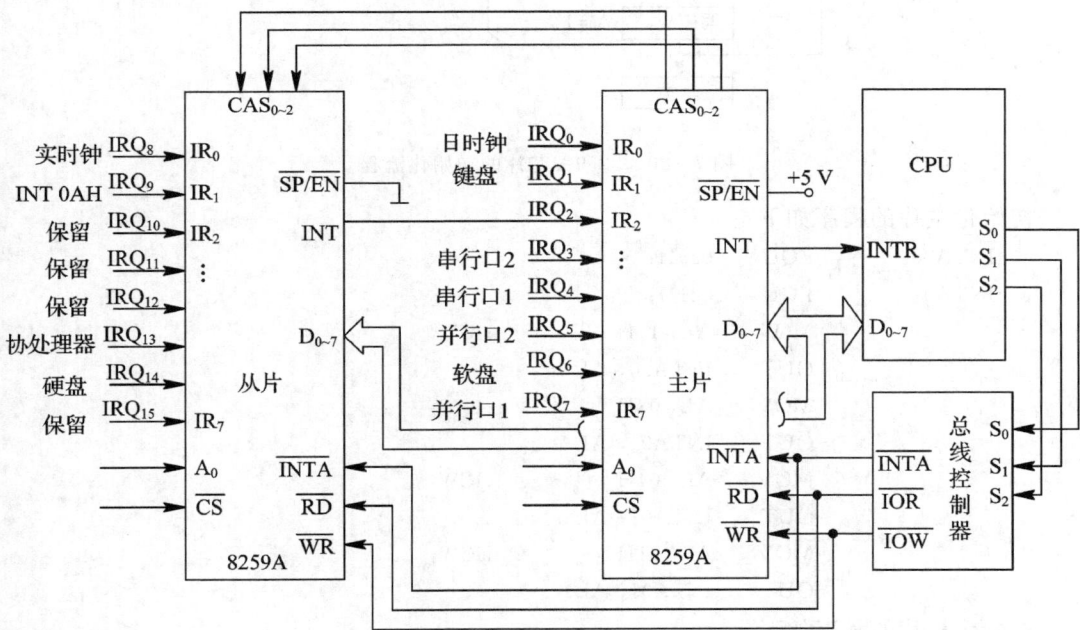

图 7-19 PC 机中的中断系统示意图

2. 8259A 的初始化

（1）中断触发方式采用边沿触发，上升沿有效。

（2）中断屏蔽方式采用常规屏蔽方式，即使用 OCW_1 向 IMR 写屏蔽码。

（3）中断优先级排队方式采用固定优先级的完全嵌套方式。

（4）中断结束方式采用非自动结束方式的两种命令格式，即在中断服务程序服务完毕，中断返回之前，发结束命令代码 20H 或 6XH 均可（X 为 0～7）。

（5）级联方式采用两片主/从连接方式，并且规定把从片的中断申请输出引脚 INT 连到主片的中断请求输入引脚 IR_2 上。两片级联处理 15 级中断。

（6）15 级中断号的分配为：中断号 08H～0FH 对应 IRQ_0～IRQ_7，中断号 70H～77H 对应 IRQ_8～IRQ_{15}。

（7）两片 8259A 的端口地址分配为：主片 8259A 的两个端口是 20H（A0=0）和 21H（A0=1），从片 8259A 的两个端口是 0A0H 和 0A1H。

8259A 芯片的初始化流程如图 7-20 所示。

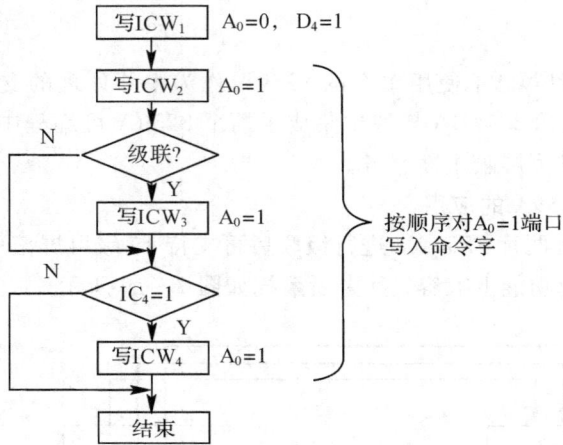

图 7-20　8259A 芯片的初始化流程

初始化主片的程序如下：

```
INTA00      EQU     020H;
INTA01      EQU     021H;
            MOV     AL, 11H         ;ICW1
            OUT     INTA00, AL
            MOV     AL, 08H         ;ICW2
            OUT     INTA01, AL
            MOV     AL, 04H         ;ICW3
            OUT     INTA01, AL
            MOV     AL, 01H         ;ICW4
            OUT     INTA01, AL
```

初始化从片的程序如下：

```
INTB00      EQU     0A0H;
INTB01      EQU     0A1H;
MOV         AL, 11H         ;ICW1
OUT         INTB00, AL
MOV         AL, 70H         ;ICW2
OUT         INTB01, AL
MOV         AL, 02H         ;ICW3
```

```
OUT            INTB01，AL
MOV            AL，01H              ；ICW₄
OUT            INTB01，AL
```

3. 实模式下中断应用程序设计

用户在实模式下进行中断应用程序设计时，应注意以下几点：

（1）用户不能在系统机上另行增加中断控制器。

（2）当用户使用系统的中断资源时，8259A 在系统中总是按照初始化所规定的方式进行工作，用户无法更改。

（3）用户利用系统中断资源开发可屏蔽中断应用程序所要做的主要工作是编写主程序和中断服务程序。

（4）在主程序中使用 OCW_1（屏蔽方式）进行屏蔽与开放，在中断服务程序中使用 OCW_2（中断结束方式）发中断结束信号。

【例 7 - 4】 中断方式数据采集流程如图 7 - 21 所示。

要求从通道 5 采集 1024 个 8 位数据，采集的数据以中断方式传送到内存缓冲区 BUFR。转换结束信号 EOC 经接口电路 GAL20V8 内部逻辑组合后，送到 IRQ_9 去申请中断。中断结束方式为指定结束方式。

数据采集系统的 A/D 转换器 ADC0809 的端口地址为：通道选择端口为 320H，启动转换端口为 321H，读数据端口为 322H。

中断控制器主片 8259A 端口地址为 21H、20H。

IR_1 中断号是 71H，从片 8259A 的两个端口地址为 0A0H 和 0A1H。因为是从片通过主片申请中断的，所以在开放/屏蔽中断请求和发中断结束命令时，对 IRQ_9 和主片都要进行操作。

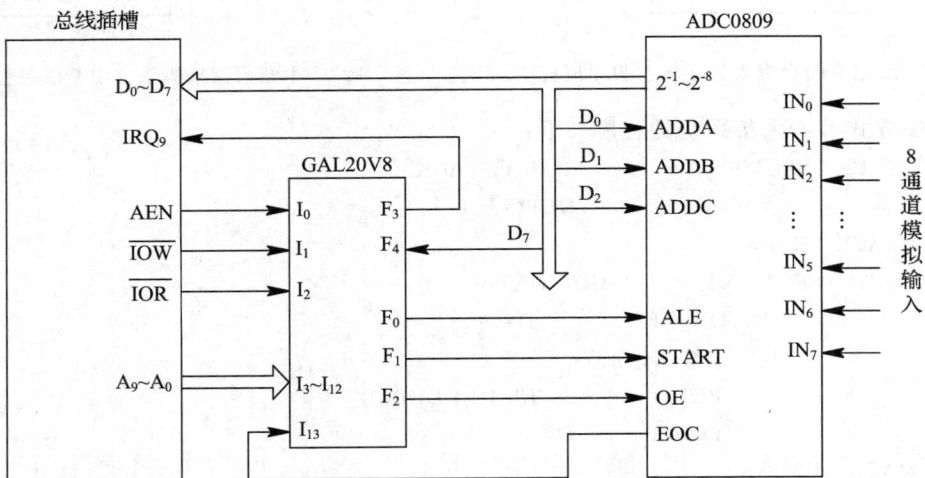

图 7 - 21 中断方式数据采集系统硬件连接图

主程序及中断服务程序流程如图 7 - 22、图 7 - 23 所示。

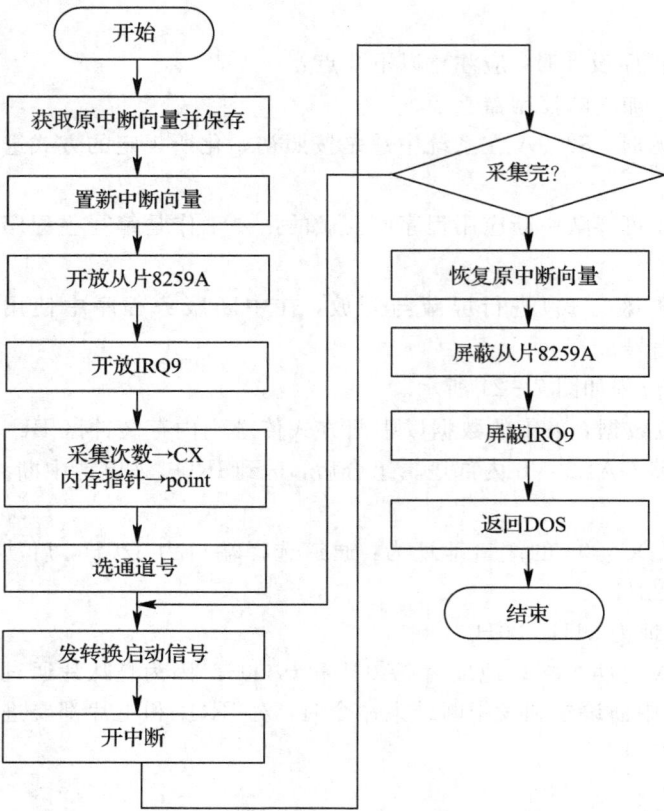

图 7-22　中断数据采集系统主程序流程　　　　图 7-23　中断数据采集系统中断服务程序流程

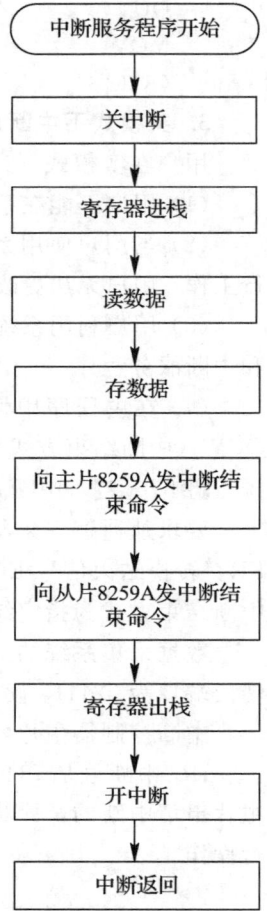

中断方式数据采集系统的程序如下：

```
STACK   SEGMENT              PARA"STACK"
            DW     200      DUP(?)
STACK   ENDS
DATA    SEGMENT      PARA "DATA"
            INTOA_OFF        DW ?
            INTOA_SEG        DW ?
            BUFR             DB 1024 DUP(0)
            POINT        DW ?
DATA    ENDS
;主程序
CODE    SEGMENT
            ASSUME CS：CODE，DS：DATA，ES：DATA，SS：STACK
ADC         PROC    FAR
            MOV         AX，DATA
```

```
            MOV         DS, AX
            MOV         ES, AX
            MOV         AX, STACK
            MOV         SS, AX
; 修改中断向量
MOV             AX, 3571H                   ; 取原中断向量, 并保存
INT             21H
MOV             INTOA_OFF, BX
MOV             BX, ES
MOV             INTOA_SEG, BX
CLI                                         ; 置新中断向量
MOV             AX, 2571H
MOV             DX, SEG A_D
MOV             DS, DX
MOV             DX, OFFSET A_D
INT             21H
MOV             AX, DATA                    ; 恢复数据段
MOV             DS, AX
STI
; 开放中断请求
IN              AL, 21H                     ; 开放主片 8259A
AND             AL, 0FBH                    ; (IR₂＝0), 不影响其他请求源
OUT             21H, AL
MOV             DX, 0A1H                    ; 开放 IRQ₉
IN              AL, DX
AND             AL, 0FDH                    ; (IR₁＝0, 从片的 IR₁ 在系统中是 IRQ₉)
OUT             DX, AL
; 主程序主体
MOV             CX, 1024                    ; 设置采样次数和内存指针
MOV             AX, OFFSET BUFR
MOV             POINT, AX
MOV             DX, 320H                    ; 选通道号
MOV             AL, 05H
OUT             DX, AL
BEGIN: MOV DX, 321H                         ; 启动转换
        MOV  AL, 00H
        OUT  DX, AL
        STI                                 ; 开中断
        HLT                                 ; 等待中断
        DEC  CX                             ; 修改采样次数
        JNZ  BEGIN                          ; 未完, 继续
        CLI                                 ; 恢复原中断向量
        MOV  AX, 2571H
```

```
                MOV    DX，INT0A_SEG
                MOV    DS，DX
                MOV    DX，INT0A_OFF
                INT    21H
                MOV    AX，DATA              ；恢复数据段
                MOV    DS，AX
                STI
        ；屏蔽中断请求
                IN     AL，21H               ；屏蔽主片 8259A
                OR     AL，04H
                OUT    21H，AL
                MOV    DX，0A1H              ；屏蔽 IRQ₉
                IN     AL，DX
                OR     AL，02H
                OUT    DX，AL                ；返回 DOS
                MOV    AX，4C00H
                INT    21H
        ADC     ENDP
        ；中断服务程序
        A_D     PROC FAR
                PUSH   AX                    ；寄存器进栈
                PUSH   DX
                PUSH   DI
        ；服务程序主体
        CLI                                  ；关中断
        MOV     DX，322H                      ；读数据
        IN      AL，DX
        NOP
        MOV     DI，POINT                     ；存数据
        MOV     [DI]，AL
        INC     DI
        MOV     POINT，DI
        MOV     AL，20H                       ；发中断结束命令主片 8259A 中断结束
        OUT     20H，AL
        MOV     DX，0A0H                      ；从片 8259A 中断结束
        MOV     AL，61H                       ；OCW₂（特殊 EOI 送 IR₁=0）
        OUT     DX，AL
            ；寄存器出栈
                POP    DI
                POP    DX
                POP    AX
                STI                           ；开中断
        ；中断返回
```

```
              IRET
A_D     ENDP
CODE    ENDS
END     ADC
```

习　题

1. 解释什么是中断、中断嵌套、中断向量和中断向量表。中断类型码和中断向量表的关系是什么？

2. CPU 响应可屏蔽中断需具备哪些条件？

3. 80X86 的中断源有哪些？

4. 简述 8259A 的工作原理。

5. 在中断响应周期中，CPU 要完成哪些操作？

6. 中断结束操作有几种方式？

7. 某微机系统采用三片 8259A 级联使用，一片为主片，两片为从片，从片分别接入主片的 IR_3 和 IR_5。试画出该系统的硬件连接图，并写出相应的初始化命令字。

第 8 章

可编程接口技术

在计算机系统中，为了实现主机与外设之间的信息交换，必须引入专门的硬件线路连接和相应的软件驱动。对接口硬件和软件的综合设计称为接口技术。外设与微机之间的信息交换依靠接口实现。因此，从硬件角度上讲，微机应用系统的开发过程主要体现在接口电路的研发上。由于外部设备的多样性，接口技术成为微型计算机系统硬件设备中最复杂的部分。

本章介绍可编程并行接口 Intel 8255A、定时/计数器 Intel 8253 可编程串行接口 Intel 8251A 和 DAM 控制器 8237A。使用这些芯片，可以方便地构成各种用途的计算机应用系统。

8.1　并行通信接口 8255A

8.1.1　并行通信概述

1. 并行通信

在数据通信中，按每次传送的数据位数，通信方式可分为并行通信和串行通信。并行通信时数据的各个位同时传送，可以字或字节为单位并行进行。串行通信则是每次输送一位，具体将在 8.3 节中介绍。

并行通信需要较多的传输线，成本较高，但传输速度快，尤其适用于高速、近距离的场合。计算机内部各种总线就是以并行方式传送数据的。

2. 并行接口

并行通信是将传送数据的各位分别用一根线同时进行传输，同时并行传送的二进位数就是数据宽度，而实现与外设并行通信的接口电路就是并行接口。

一个并行接口可以为只作为输出接口或输入接口，也可以既作为输出接口又作为输入接口。8255A 是一种可以同时实现输入/输出的双向可编程并行接口芯片。

并行通信接口一般具有如下基本特点：

（1）以字节、字或双字宽度在接口与 I/O 设备之间的多根数据线上传输数据，传输速率较快。

（2）所传输的并行数据的格式、传输速率和工作时序均由被连接或控制的 I/O 设备操作的要求所决定，并行接口本身对此没有固定的规定。

（3）在并行接口中，一般要求在接口与外设之间设置并行数据线的同时，还要设置两根联络信号，以便互锁异步握手方式的通信。

（4）在并行数据传输过程中，一般不作差错检验和传输速率控制。

（5）并行接口用于近距离传输。

8.1.2　8255A 的内部结构与引脚定义

8255A 是一种通用的可编程并行 I/O 接口芯片。它是为 Intel 系列微处理器设计的配套电路，也可用于其他微处理器系统中。

8255A 的内部结构如图 8-1 所示。

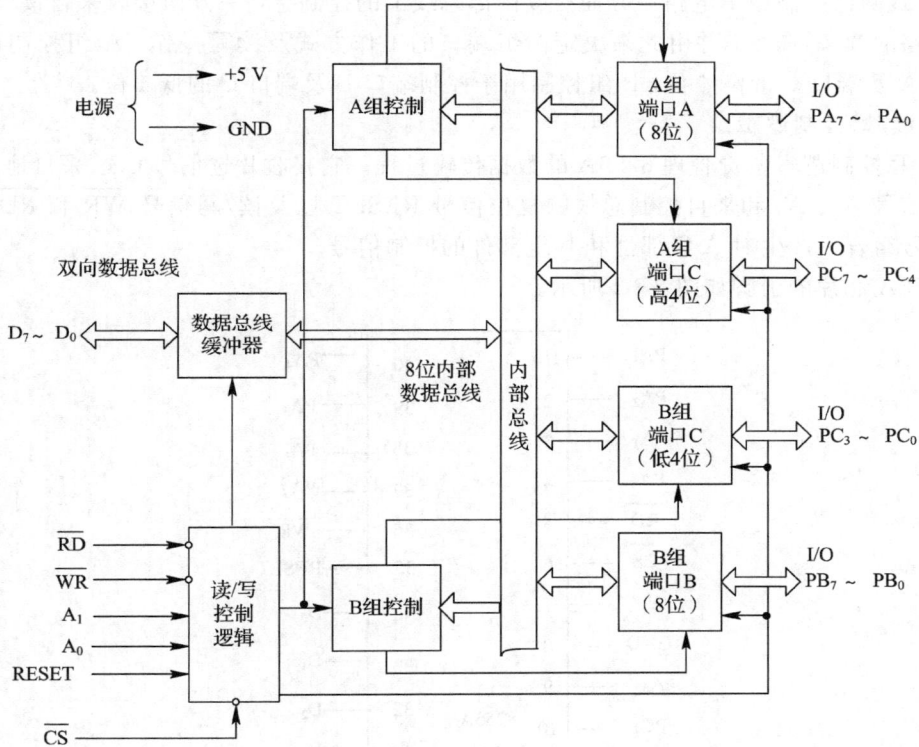

图 8-1　8255A 的内部结构方块图

由图 8-1 可知，8255A 由以下几个部分组成：

1. 数据总线缓冲器

数据总线缓冲器是一个双向三态 8 位数据缓冲器，它是 8255A 与 CPU 数据总线的接口。输入数据、输出数据以及 CPU 发给 8255A 的控制字和从 8255A 读出的状态信息都是通过该缓冲器传送的。

2. 端口 A、端口 B、端口 C

8255A 有 3 个 8 位端口，分别是端口 A、端口 B 和端口 C。各端口可由程序设定为输入端口或输出端口。3 个端口各自有不同的功能特点。

端口 A 有一个 8 位数据输入锁存器和一个 8 位数据输出锁存器/缓冲器。所以，用端口 A 作为输入口或输出口时，都有数据锁存器的功能。

端口 B 有一个 8 位数据输入锁存器和一个 8 位数据输出锁存器/缓冲器。所以,用端口 B 作为输入口或输出口时,也都有数据锁存器的功能。

端口 C 有一个 8 位数据输入缓冲器和一个 8 位数据输出锁存器/缓冲器。所以,当端口 C 作为输入口时,对数据不作锁存;而作为输出口时,对数据进行锁存。

在使用中,端口 A 和端口 B 常常作为独立的输入端口或输出端口;端口 C 也可以作为输入端口或输出端口,但往往用来配合端口 A 和端口 B 的工作;在方式字的控制下,端口 C 可以分成两个 4 位的端口,分别用来为端口 A 和端口 B 提供控制和状态信息。

3. A 组控制和 B 组控制

A、B 两组控制逻辑电路一方面接收内部总线上的控制字,一方面接收来自读/写控制逻辑电路的读/写命令,并由此来决定两组端口的工作方式及读写操作:A 组控制用于控制端口 A 及端口 C 的高 4 位,B 组控制用于控制端口 B 及端口 C 的低 4 位。

4. 读/写控制逻辑

读/写控制逻辑负责管理 8255A 的数据传输过程。它接收片选信号 CS、来自地址总线的地址信号 A_1、A_0 和来自控制总线的复位信号 RESET 以及读/写信号 $\overline{WR}$ 和 $\overline{RD}$,并将这些信号组合后产生对 A 组部件和 B 组部件的控制信号。

8255A 芯片的引脚如图 8-2 所示。

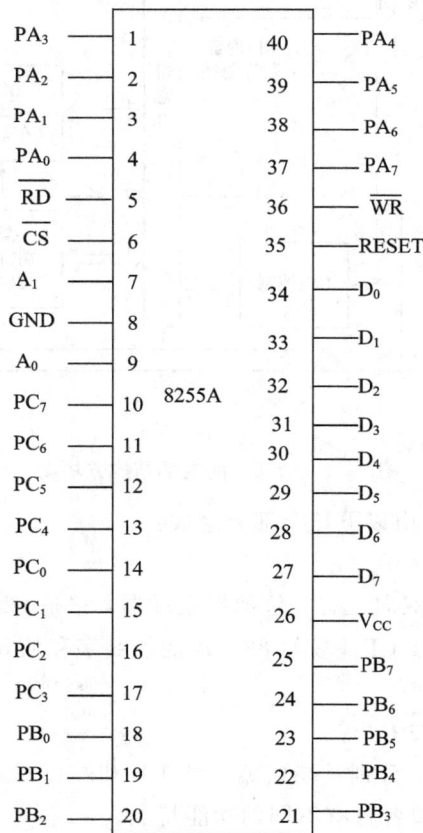

左侧引脚	引脚号	引脚号	右侧引脚
PA_3	1	40	PA_4
PA_2	2	39	PA_5
PA_1	3	38	PA_6
PA_0	4	37	PA_7
$\overline{RD}$	5	36	$\overline{WR}$
$\overline{CS}$	6	35	RESET
A_1	7	34	D_0
GND	8	33	D_1
A_0	9	32	D_2
PC_7	10	31	D_3
PC_6	11	30	D_4
PC_5	12	29	D_5
PC_4	13	28	D_6
PC_0	14	27	D_7
PC_1	15	26	V_{CC}
PC_2	16	25	PB_7
PC_3	17	24	PB_6
PB_0	18	23	PB_5
PB_1	19	22	PB_4
PB_2	20	21	PB_3

图 8-2 8255A 的引脚

8255A 芯片共有 40 根引脚，可分为如下三类：

(1) 电源与地线 2 根：V_{CC}(26 脚)，GND(7 脚)。

(2) 与外设相连的共 24 根，如下所示：

$PA_7 \sim PA_0$：端口 A 数据信号(8 根)。

$PB_7 \sim PB_0$：端口 B 数据信号(8 根)。

$PC_7 \sim PC_0$：端口 C 数据信号(8 根)。

(3) 与 CPU 相连的共 14 根，分别是：

· RESET(35 脚)：复位信号，高电平有效。当 RESET 信号有效时，内部所有寄存器都被清零，同时 3 个数据端口被自动设置为输入端口。

· $D_7 \sim D_0$：三态双向数据线。在 8086 系统中采用 16 位数据总线，8255A 的 $D_7 \sim D_0$ 通常接在 16 位数据总线的低 8 位上。

· $\overline{CS}$(6 脚)：片选信号，低电平有效。该信号来自译码器的输出，只有当 $\overline{CS}$ 有效时，读信号 $\overline{RD}$ 和写信号 $\overline{WR}$ 才对 8255A 有效。

· $\overline{RD}$(5 脚)：读信号，低电平有效。它控制从 8255A 读出数据或状态信息。

· $\overline{WR}$(36 脚)：写信号，低电平有效。它控制把数据或控制命令字写入 8255A。

· A_1、A_0(8 脚、9 脚)：端口选择信号。8255A 内部共有 4 个端口(即寄存器)，包括 3 个数据端口(端口 A、端口 B、端口 C)和 1 个控制端口。当片选信号 $\overline{CS}$ 有效时，规定 A_1、A_0 为 00、01、10、11 时，分别选中端口 A、端口 B、端口 C 和控制端口。

$\overline{CS}$、$\overline{RD}$、$\overline{WR}$、A_1、A_0 这个 5 个信号的组合决定了对 3 个数据端口和 1 个控制端口的读/写操作，如表 8-1 所示。

表 8-1　8255A 端口选择和基本操作

A_1	A_0	$\overline{RD}$	$\overline{WR}$	$\overline{CS}$	输入操作(读)
0	0	0	1	0	端口 A→数据总线
0	1	0	1	0	端口 B→数据总线
1	0	0	1	0	端口 C→数据总线
					输出操作(写)
0	0	1	0	0	数据总线→端口 A
0	1	1	0	0	数据总线→端口 B
1	0	1	0	0	数据总线→端口 C
1	1	1	0	0	数据总线→控制字寄存器
					无操作情况
×	×	×	×	1	数据总线为三态(高阻)
1	1	0	1	0	非法状态
×	×	1	1	0	数据总线为三态(高阻)

注：×为任意。

8.1.3　8255A 的编程命令

8255A 有两个编程命令，即工作方式命令和对 C 端口的按位操作(置位/复位)命令，它们是用户使用 8255A 来组建各种接口电路的重要工具。下面讨论这两个命令的作用及格式。

1. 方式命令

方式命令又称初始化命令。方式命令出现在 8255A 开始工作之前的初始化程序段中。方式命令的作用与格式如下：

(1) 作用：指定 8255A 的工作方式及其方式下 8255A 三个并行端口的输入/输出功能。

(2) 格式：8 位命令字的格式与含义如图 8-3 所示。

$D_7=1$	D_6	D_5	D_4	D_3	D_2	D_1	D_0
特征位	A 组方式 00＝0 方式 01＝1 方式 10＝2 方式 11＝不用		A 端口 0＝出 1＝入	$PC_4 \sim PC_7$ 0＝出 1＝入	B 组方式 0＝0 方式 1＝1 方式	B 端口 0＝出 1＝入	$PC_0 \sim PC_3$ 0＝出 1＝入

图 8-3　8255A 方式命令的格式

图 8-3 中的最高位 D_7 是特征位。8255A 有两个命令，用特征位加以区别。$D_7=1$，表示是方式命令；$D_7=0$，表示是 C 端口按位置位/复位命令。

从方式命令的格式可知，A 组有 3 种方式（0 方式、1 方式、2 方式），而 B 组只有两种工作方式（0 方式、1 方式）。C 端口分成两部分，上半部属于 A 组，下半部属于 B 组。3 个并行端口，置 1 指定为输入，置 0 指定为输出。

利用分别选择 A 组、B 组的工作方式和 3 个端口的输入/输出，可以构建不同用途的并行接口。

例如，把 A 端口指定为 1 方式，输入；把 C 端口上半部指定为输出；把 B 端口指定为 0 方式，输出；把 C 端口下半部指定为输入，则工作方式命令代码是 10110001B 或 B1H。

若将此方式命令代码写到 8255A 的命令寄存器，即实现了对 8255A 工作方式及端口功能的指定，或者说完成了对 8255A 的初始化。初始化的程序段如下：

```
MOV DX, 303H          ; 8255A 命令口地址
MOV AL, 0B1H          ; 初始化命令
OUT DX, AL            ; 送到命令口
```

2. C 端口按位置位/复位命令

C 端口按位置位/复位命令是一个按位控制命令，要在初始化以后才能使用，它可放在初始化程序段之后的任何位置。C 端口按位置位/复位命令的作用和格式如下：

(1) 作用：指定 8255A 的 C 端口 8 个引脚中的任意一个引脚输出高电平/低电平。

(2) 格式：8 位命令字的格式与含义如图 8-4 所示。

$D_7=0$	D_6	D_5	D_4	D_3	D_2	D_1	D_0
特征位	未使用(写 000 或 111)			指定输出的引脚 000＝PC_0 001＝PC_1 ⋮ 111＝PC_7			输出电平 1＝输出 1 0＝输出 0

图 8-4　8255A 按位置位/复位命令的格式

利用按位置位/复位命令可以将 C 端口的 8 根线中的任意一根置成高电平输出或低电平输出，作为控制开关的通/断、继电器的吸合/释放、马达的启/停等操作的选通信号。

例如，若要把 C 端口的 PC_2 引脚置成高电平输出，则命令字应该为 00000101B 或 05H。若将该命令的代码写入 8255A 的命令寄存器，就会使得 C 端口的 PC_2 引脚输出高电平，其程序段如下：

```
MOV DX，303H              ；8255A 命令口地址
MOV AL，05H               ；使 PC₂＝1 的命令字
OUT DX，AL                ；送到命令口
```

如果要使 PC_2 引脚输出低电平，其程序段如下：

```
MOV DX，303H              ；8255A 命令口地址
MOV AL，04H               ；使 PC₂＝0 的命令字
OUT DX，AL                ；送到命令口
```

利用 C 端口的按位控制特性还可以产生正、负脉冲或方波输出，对 I/O 设备进行控制。

3. 关于两个命令的使用

(1) 两个命令的最高位（D_7）都分配为特征位。设置特征位的目的是为了解决端口共用。8255A 有两个命令，但只有一个命令端口。当两个命令写到同一个命令端口时，就用特征位加以识别。

(2) C 端口按位置位/复位命令虽然是对 C 端口进行按位输出操作，但它不能写入作数据口用的 C 端口，只能写入命令口。这是因为它不是数据，而是命令，要按命令的格式来解释和执行。

(3) A 端口和 B 端口也可以按位输出高/低电平，但是它与前面 C 端口的按位置位/复位命令有本质的区别，并且实现方法也不同。C 端口按位输出是以命令的形式送到命令寄存器去执行的，而 A 端口、B 端口的按位输出是以送数据到 A 端口、B 端口来实现的。其具体做法是：若要使某一位输出高电平，则先对端口进行读操作，将读入的原输出值"或"上一个字节，在字节中使该位为 1，其他位为 0，然后再送到同一端口，即可使该位置 1。若要使某一位输出低电平，则先读入 1 个字节，再将它"与"上一个字节，在字节中使该位为 0，其他位为 1，然后再送到同一端口，即可实现对该位置 0。

例如，若要对 PA_7 位输出高电平/低电平，则用下列程序段：

(1) PA_7 位输出高电平：

```
MOV DX，300H              ；PA 数据端口地址
IN AL，DX                 ；读入 A 端口原输出内容
MOV AH，AL                ；保存原输出内容
OR AL，80H                ；使 PA₇＝1
OUT DX，AL                ；输出 PA₇
MOV AL，AH                ；恢复原输出内容
OUT DX，AL
```

(2) PA_7 位输出低电平：

```
MOV DX，300H              ；PA 数据端口地址
IN AL，DX                 ；读入 A 端口原输出内容
```

```
        MOV AH，AL              ；保存原输出内容
        AND AL，7FH             ；使 PA₇＝0
        OUT DX，AL              ；输出 PA₇
        MOV AL，AH              ；恢复原输出内容
        OUT DX，AL
```

8.1.4　8255A 的工作方式

8255A 有方式 0、方式 1 和方式 2 三种工作方式。通过向 8255A 的控制字寄存器写入的方式选择字，就可以规定各端口的工作方式。当 8255A 工作于方式 1 和方式 2 时，C 口可用作 A 口或 B 口的联络信号，用输入指令可以读取 C 口的状态。下面具体介绍这三种不同的工作方式和 C 口状态字格式。

1. 方式 0

方式 0 称为基本输入/输出(Basic Input/Output)方式，适用于不需要用应答信号的简单输入/输出场合。在这种方式下，A 口和 B 口可作为 8 位的端口，C 口的高 4 位和低 4 位可作为两个 4 位的端口。这 4 个端口中的任何一个既可作输入也可作输出，从而构成 16 种不同的输入/输出组态。在实际应用时，C 口的两半部分也可以合在一起，构成一个 8 位的端口。这样，8255A 可构成三个 8 位的 I/O 端口，或两个 8 位、两个 4 位的 I/O 端口，以适应各种不同的应用场合。

CPU 与这些端口交换数据时，可以直接用输入指令从指定端口读取数据，或用输出指令将数据写入指定的端口，不需要任何其他用于应答的联络信号。对于方式 0，还规定输出信号可以被锁存，而输入信号不能被锁存，使用时要加以注意。

方式 0 的输入时序如图 8-5 所示。

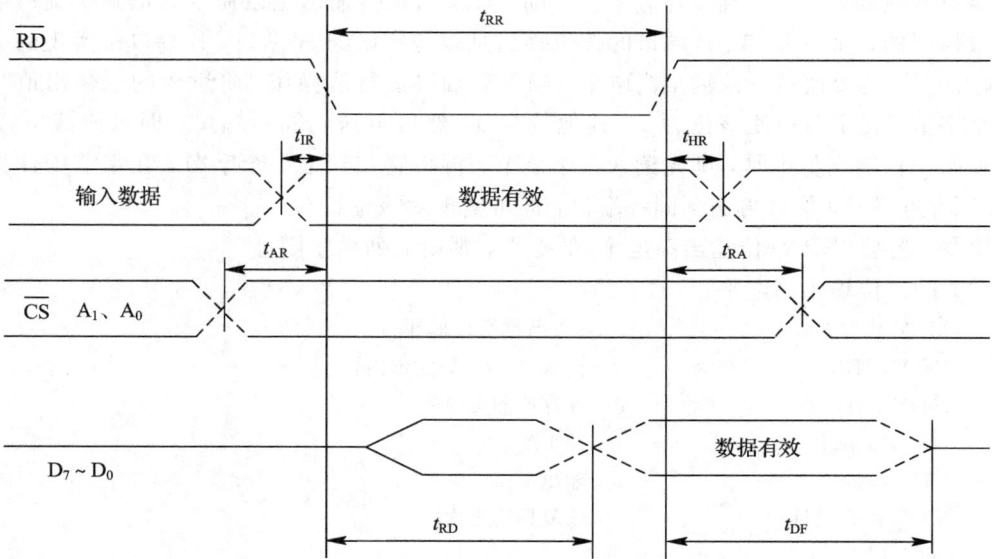

图 8-5　8255A 方式 0 的输入时序

从图 8-5 中可以看出：

(1) 地址信号要领先于 $\overline{RD}$ 信号到达。8255A 在 $\overline{RD}$ 信号有效以后，最长经过 250 ns 的时间，就可以使数据在数据总线上得到稳定。

(2) 一般的微处理器系统中都配备有地址锁存器，保证 CPU 对先发出的地址能够锁存，可以满足地址信号先于 c 信号到达。对于从读信号有效到数据稳定的时间，应由输入设备给予满足。在使用时应注意，方式 0 对输入数据不做锁存。

8255A 方式 0 输入时序各参数说明如表 8-2 所示。

表 8-2 8255A 方式 0 输入时序各参数说明

参 数	说 明	8255A	
		最小时间/ns	最大时间/ns
t_{RR}	读脉冲的宽度	300	
t_{AR}	地址稳定领先于读信号的时间	0	
t_{IR}	输入数据领先于 $\overline{RD}$ 的时间	0	
t_{HR}	读信号过后数据继续保持的时间	0	
t_{RA}	读信号无效后地址保持时间	0	
t_{RD}	从读信号有效到数据稳定的时间		250
t_{DF}	读信号撤销后数据保持时间	10	150

方式 0 的输出时序如图 8-6 所示。

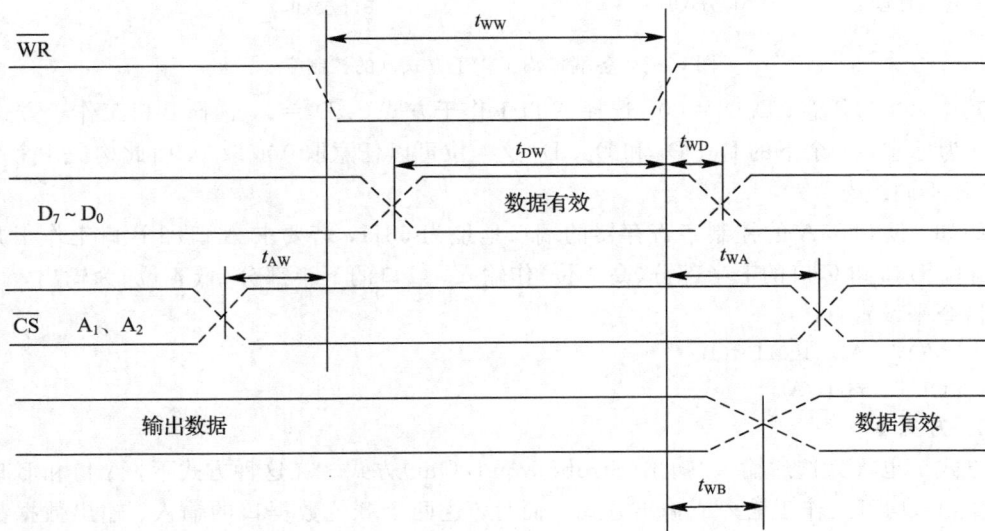

图 8-6 8255A 方式 0 的输出时序

从图 8-6 可以看到，为了将数据能可靠地输出到 8255A，对各信号的要求如下：

(1) 地址信号必须在写信号之前有效，同时在信号有效（也就是低电平时）期间内，地址信号不能发生变化，要保证一直有效。直到撤销（变高后）后的 20 ns 时间以后，地址信号才允许发生变化。

（2）写脉冲（为低电平时间）的宽度最小要求是 400 ns。

（3）要求数据也必须在写信号之前最少有 100 ns 时间出现在数据总线上。写信号撤销后，数据的最小保持时间是 30 ns。

8255A 方式 0 输出时序各参数说明如表 8－3 所示。

表 8－3　8255A 方式 0 输出时序各参数说明

参　　数	说　　明	8255A	
		最小时间/ns	最大时间/ns
t_{AW}	地址稳定领先于写信号的时间	0	
t_{WW}	写脉冲的宽度	400	
t_{DW}	数据有效时间	100	
t_{WD}	数据保持时间	30	
t_{WA}	写信号撤销后的地址保持时间	20	
t_{WB}	写信号结束到数据有效的时间		350

如果要使各端口都工作于方式 0，则方式选择字的格式如图 8－7 所示。

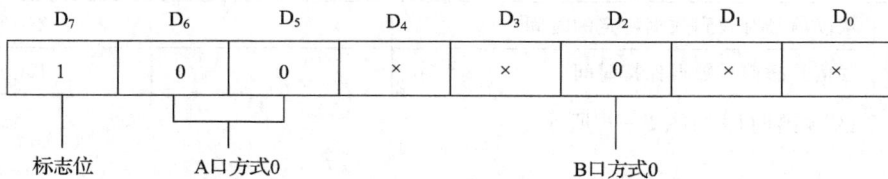

D_7	D_6	D_5	D_4	D_3	D_2	D_1	D_0
1	0	0	×	×	0	×	×

标志位　　　A口方式0　　　　　　　　　B口方式0

图 8－7　各端口均工作于方式 0 的控制字

其中，×为任意；$D_6 D_5 = 00$，选择 A 口工作于方式 0；$D_2 = 0$，选择 B 口工作于方式 0；$D_7 = 0$ 为标志位；余下的 D_4、D_3 和 D_1、D_0 这 4 位可以任意取 0 或取 1，由此构成 4 个端口的 16 种不同组态。

例如，设 8255A 的控制字寄存器的端口地址为 63H，若要求 A 口和 B 口工作于方式 0，A 口、B 口和 C 口的上半部分（高 4 位）作输入，C 口的下半部分（低 4 位）为输出，可用下列指令来设置：

```
MOV  AL，10011010B
OUT  63H，AL
```

2. 方式 1

方式 1 也称为选通输入/输出（Strobe Input/Out）方式。在这种方式下，A 口和 B 口作为数据口，均可工作于输入或输出方式。而且，这两个 8 位数据口的输入、输出数据都能锁存，但它们必须在联络（handshaking）信号控制下才能完成 I/O 操作。端口 C 的 6 根线用来产生或接收这些联络信号。

选通输入/输出方式又可分以下两种情况：

1）选通输入方式

如果 A 口和 B 口都工作于选通输入方式，则它们的端口状态、联络信号和控制字如图 8－8 所示。

A组工作于方式1输入的控制字

D₇	D₆	D₅	D₄	D₃	D₂	D₁	D₀
1	0	1	1	I/O	╳	╳	╳

方式1

PC₇、PC₆
1=输入
0=输出

A端口为输入

A组和B组工作于方式1输入的控制字

D₇	D₆	D₅	D₄	D₃	D₂	D₁	D₀
1	0	1	1	I/O	1	1	╳

PC₇、PC₆
1=输入
0=输出

B组工作于方式1输入的控制字

D₇	D₆	D₅	D₄	D₃	D₂	D₁	D₀
1	╳	╳	╳	╳	1	1	╳

方式1

B端口为输入

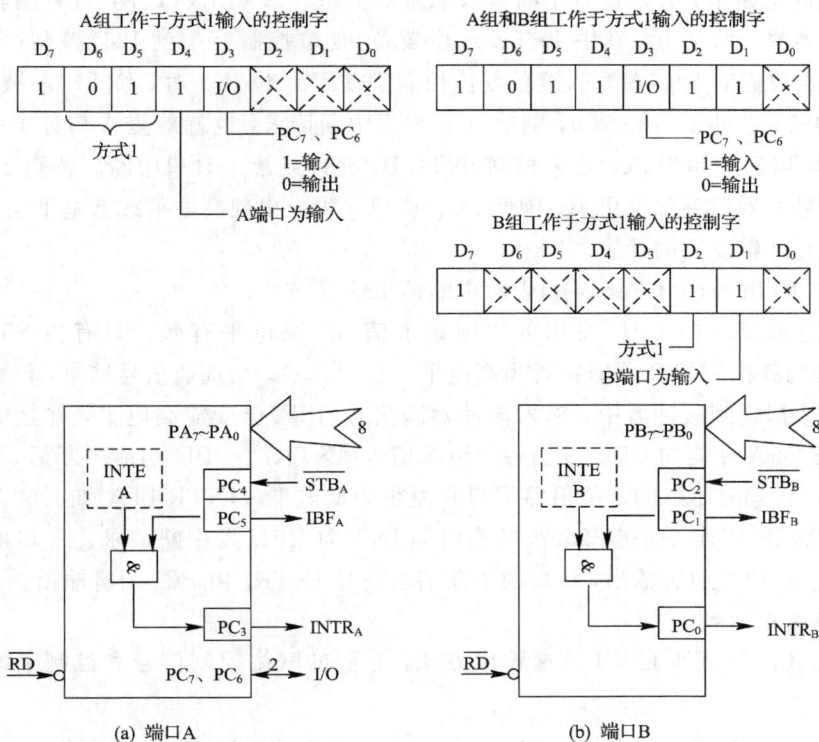

(a) 端口 A　　　　　　(b) 端口 B

图 8-8　方式 1 选通输入方式

当 A 口工作于方式 1 并作输入端口时，端口 C 的 PC_4、PC_5 和 PC_3 用作端口 A 的状态和控制线；当 B 口工作于方式 1 并作输入端口时，端口 C 的 PC_2、PC_1 和 PC_0 用作端口 B 的状态和控制线。端口 C 还余下两位 PC_6 和 PC_7，它们仍可用作输入或输出，由方式选择控制字中的 D_3 位来定义 PC_6 和 PC_7 的传送方向。$D_3=1$ 时，PC_6 和 PC_7 的输入；$D_3=0$ 时，PC_6 和 PC_7 的输出。

各控制联络信号的意义分述如下：

（1）$\overline{STB}$（Strobe）表示选通信号，低电平有效，由外部输入。

当该信号有效时，8255A 将外部设备通过端口数据线 $PA_7 \sim PA_0$（对于 A 口）或 $PB_7 \sim PB_0$（对于 B 口）输入的数据送到所选端口的输入缓冲器中。端口 A 的选通信号 $\overline{STB_A}$ 从 PC_4 引入，端口 B 的选通信号 $\overline{STB_B}$ 由 PC_2 引入。

（2）IBF（Input Buffer Full）表示输入缓冲器满信号，高电平有效。

IBF 是送给外设的状态信号，当它有效时，表示输入设备送来的数据已传送到 8255A 的输入缓冲器中，即缓冲器已满，8255A 不能再接收别的数据。此信号一般供 CPU 查询用。IBF 由 $\overline{STB}$ 信号所置位，由读信号的后沿（也就是上升沿）将其复位。复位后表示输入缓冲器已空，允许外设将一个新的数据送到 8255A。PC_5 作端口 A 的输入缓冲器满信号 IBF_A，PC_1 作端口 B 的输入缓冲器满信号 IBF_B。

（3）INTE（Interrupt Enable）表示中断允许信号。

INTE 是控制 8255A 是否能向 CPU 发中断请求的信号，它没有外部引出脚。在 A 组和 B 组的控制电路中，分别设有中断请求触发器 INTE A 和 INTE B，只有用软件才能使这两个触发器置 1 或清 0。其中 INTE A 由置位/复位控制字中的 PC_4 控制，INTE B 由 PC_2 控制。当我们对 8255A 写入置位复位控制字使 PC_4 位置 1 时，INTE A 被置 1，表示允许 A 口中断；若使 PC_4 位清 0，则禁止 A 口发中断请求，也就是使 A 口处于中断屏蔽状态。同样，可以通过编程 PC_2 位来控制 INTE B，允许或禁止 B 口中断。特别要注意的是，由于这两个触发器无外部引出脚，因此 PC_4 或 PC_2 脚上出现高电平或低电平信号时，并不会改变中断允许触发器的状态。

(4) INTR(Interrupt Request) 表示中断请求信号。

INTR 是 8255A 向 CPU 发出的中断请求信号，高电平有效。只有当 $\overline{STB}$、IBF 和 INTE 三者都高时，INTR 才能被置为高电平。也就是说，当选通信号结束，已将输入设备提供的一个数据送到缓冲器中，输入缓冲器满信号(IBF)已变成高电平，并且中断是允许的情况下，8255A 才能向 CPU 发出中断请求信号(INTR)。CPU 响应中断后，可用 IN 指令读取数据，读信号 $\overline{RD}$ 的下降沿将 INTR 复位为低电平。INTR 通常和 8259A 的一个中断请求输入端 IR 相连，通过 8259A 的输出端 INT 向 CPU 发中断请求。A 口的中断请求信号 $INTR_A$ 由 PC_3 引脚输出，B 口的中断请求信号 $INTR_B$ 由 PC_0 引脚输出。

2) 选通输出方式

如果 A 口和 B 口都工作于选通输出方式，它们的联络控制信号和控制字的格式如图 8-9 所示。

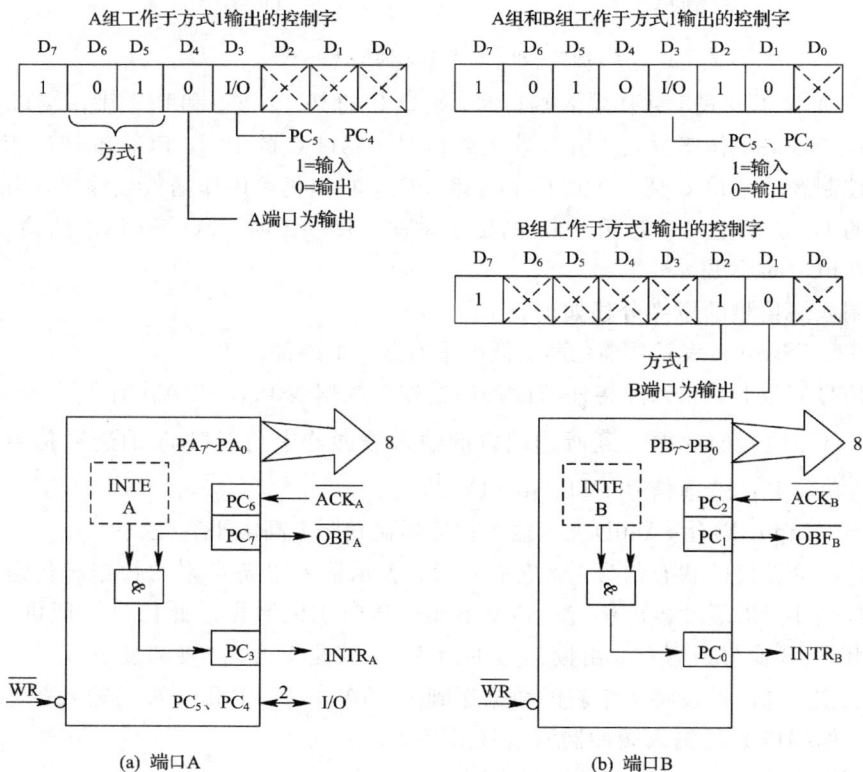

图 8-9 方式 1 选通输出方式

在这种方式下，A 口和 B 口都作输出口，端口 C 的 PC_3、PC_6 和 PC_7 用作端口 A 的联络控制信号，PC_0、PC_1 和 PC_2 用作端口 B 的联络控制信号，端口 C 余下的两位 PC_4 和 PC_5 可作为输入或输出。当方式选择字的 $D_3＝1$ 时，PC_4 和 PC_5 作为输入，$D_3＝0$ 时，PC_4 和 PC_5 作为输出。

这时，各控制信号的意义如下：

(1) $\overline{OBF}$(Output Buffer Full)为输出缓冲器满信号，输出，低电平有效。

当 $\overline{OBF}$ 为低电平时，表示 CPU 已将数据写到 8255A 的指定输出端口，即数据已被输出锁存器锁存，并出现在端口数据线 $PA_7 \sim PA_0$ 和 $PB_7 \sim PB_0$ 上，通知外设将数据取走。实际上，它是由 8255A 送给外设的选通信号。$\overline{OBF}$ 由输出命令 $\overline{WR}$ 的上升沿置成低电平，而外设回答信号 $\overline{ACK}$ 将其恢复成高电平。PC_7 被指定作 A 口的输出缓冲器满信号 $\overline{OBF_A}$，PC_1 作 B 口的缓冲器满信号 $\overline{OBF_B}$。

(2) $\overline{ACK}$(Acknowledge)为外设的回答信号，低电平有效，由外设送给 8255A。

当 $\overline{ACK}$ 为低电平时，表示 CPU 输出到 8255A 的 A 口或 B 口的数据已被外设接收。PC_6 被指定用作 A 口的回答信号 $\overline{ACK_A}$，PC_2 为 B 口的回答信号 $\overline{ACK_B}$。

(3) INTE(Interrupt Enable)为中断允许信号。

INTE 的意义与 A 口、B 口均工作于选通输入方式的 INTE 信号一样。INTE 为 1 时，端口处于中断允许状态；INTE 为 0 时，端口处于中断屏蔽状态。A 口的中断允许信号 INTE A 由 PC_6 控制，B 口的中断允许信号 INTE B 则由 PC_2 控制，它们均由置位/复位控制字将其置为 1 或清为 0，以决定中断是允许还是被屏蔽。

(4) INTR(Interrupt Request)为中断请求信号，高电平有效。

在中断允许的情况下，当输出设备已收到 CPU 输出的数据之后，INTR 信号变高，可用于向 CPU 提出中断请求，要求 CPU 再输出一个数据给外设。只有当 $\overline{ACK}$、$\overline{OBF}$ 和 INTE 都为 1 时，才能使 INTR 置 1，写信号将 $\overline{WR}$ 复位为低电平。INTR 通常与 8259A 的某一个中断输入引脚 IR 相连，通过 8259A 向 CPU 发中断请求。PC_3 引脚被指定用作 A 口的中断请求信号线 $INTR_A$，PC_0 为 B 口的中断请求信号线 $INTR_B$。

3) 选通输入/输出方式组合

8255A 工作于方式 1 时，还允许对 A 口和 B 口分别进行定义，一个端口作为输入，另一个端口作为输出。如果将 A 口定义为方式 1 输入口，而将 B 口定义为方式 1 输出口，在这种情况下，端口 C 的 $PC_0 \sim PC_5$ 作为状态和控制线，C 口余下的两位 PC_6 和 PC_7 可作为数据输入/输出用。当控制字的 $D_3＝1$ 时，PC_6 和 PC_7 作输入；$D_3＝0$ 时，PC_6 和 PC_7 作输出。

当 A 口定义为方式 1 输出口，B 口为方式 1 输入口时，由 PC_6、PC_0 和 $PC_0 \sim PC_3$ 作为控制信号，PC_4 和 PC_5 作为输入或输出。当控制字的 $D_3＝1$ 时，PC_4 和 PC_5 作为输入；$D_3＝0$ 时，PC_4 和 PC_5 作输出。

由此可见，在选通输入/输出方式下，端口 C 的低 4 位总是作为控制用的，而高 4 位总有两位仍可用于输入或输出。因此在控制字中，用于决定 C 口高半部分是输入还是输出的 D_3 位可以取 1 或 0，而决定 C 口低 4 位为输入或输出的 D_0 位可以任意值。

对于选通方式 1，还允许将 A 口或 B 口中的一个端口定义为方式 0，另一个端口定义为方式 1。

3. 方式 2

方式 2 称为双向总线方式（Bidirectional Bus）。只有 A 口可以工作于这种方式。在这种方式下，CPU 与外设交换数据时，可在单一的 8 位端口数据线 $PA_7 \sim PA_0$ 上进行，既可以通过 A 口把数据传送到外设，又可以从 A 口接收从外设送过来的数据，而且输入和输出数据均能锁存，但输入和输出过程不能同时进行。

端口 A 工作于方式 2 时，端口 C 的 5 位（$PC_3 \sim PC_7$）作为 A 口的联络控制信号，对应关系如图 8-10 所示，图 8-10 中也给出了方式控制字的格式。

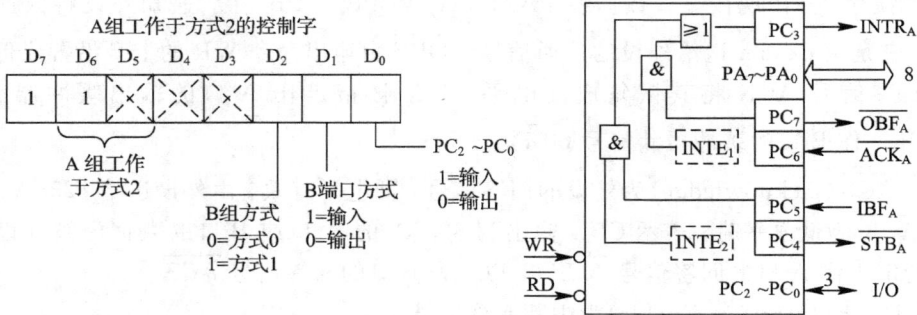

图 8-10 方式 2 的控制信号和方式控制字

各控制信号的意义与方式 1 相似，各信号意义如下：

（1）$INTR_A$ 为中断请求信号，高电平有效。

$INTR_A$ 变成有效的条件与方式 1 相同。由于输入或输出操作引起的中断请求信号都通过同一引脚输出，因此 CPU 响应中断时，必须通过查询 $\overline{OBF_A}$ 和 IBFA 的状态，才能确定是输入过程还是输出过程引起中断的。

（2）$\overline{OBF_A}$ 为输出缓冲器满信号，低电平有效。

当 $\overline{OBF_A}$ 有效时，表示 CPU 已将等待输出给外设的数据写到 8255A 的端口 A，通知外设将数据取走。

（3）$\overline{ACK_A}$ 为外设对 $\overline{OBF_A}$ 的应答信号，低电平有效。

当 CPU 将数据写入端口 A，$\overline{OBF_A}$ 变为有效后，输出数据并不能出现在端口数据线 $PA_7 \sim PA_0$ 上。只有当外设发出有效的 $\overline{ACK_A}$ 信号后，才能使端口 A 的三态缓冲器开启，输出锁存器中的数据被送到 $PA_7 \sim PA_0$ 上。当 $\overline{ACK_A}$ 无效时，输出缓冲器处于高阻态。

（4）$\overline{STB_A}$ 为选通输入信号，低电平有效。

当 $\overline{STB_A}$ 有效时，将外设送到 8255A 的数据置入输入锁存器。

（5）$\overline{IBF_A}$ 为输入缓冲器满信号，高电平有效。

当 $\overline{IBF_A}$ 有效时，表示外设的数据已送到输入锁存器中，等待 CPU 取走。

（6）$INTE_1$ 和 $INTE_2$ 分别为端口 A 的输出或输入中断允许信号。

$INTE_1$ 和 $INTE_2$ 都必须用软件方法进行设置，设置方法与方法 1 相同。$INTE_1$ 由 PC_6 位控制置位复位，$INTE_2$ 由 PC_4 位控制置位复位。

4. C 口状态字

当 8255A 工作于方式 0 时，C 口各位作为输入/输出用。当它工作于方式 1 和方式 2

时，C 口产生或接收与外设间的联络信号。这时，读取 C 口的内容可使编程人员测试或检查外设的状态，用输入指令对 C 口进行读操作就可读取 C 口的状态。C 口的状态字有以下两种格式：

（1）方式 1 状态字。输入状态字如图 8-11 所示。

D_7	D_6	D_5	D_4	D_3	D_2	D_1	D_0
I/O	I/O	IBF_A	INTE A	$INTR_A$	INTE B	IBF_B	$INTR_B$

图 8-11　方块 1 的输入状态字

其中，$D_7 \sim D_3$ 位为 A 组状态字，$D_2 \sim D_0$ 位为 B 组状态字。

输出状态字如图 8-12 所示。

D_7	D_6	D_5	D_4	D_3	D_2	D_1	D_0
OBF_A	INTE A	I/O	I/O	$INTR_A$	INTE B	OBF_B	$INTR_B$

图 8-12　方块 1 的输出状态字

同样，$D_7 \sim D_3$ 位为 A 组状态字，$D_2 \sim D_0$ 位为 B 组状态字。

（2）方式 2 状态字。方块 2 的状态字如图 8-13 所示。

D_7	D_6	D_5	D_4	D_3	D_2	D_1	D_0
OBF_A	INTE 1	OBF_A	INTE 2	$INTR_A$	×	×	×

图 8-13　方块 2 的状态字

其中，× 为任意；$D_7 \sim D_3$ 位为 A 组状态字，$D_2 \sim D_0$ 位为 B 组所用。当 B 口工作于方式 1 时，这几位作为 B 口状态字；B 口工作于方式 0 时，这几位不是状态位，而是作为输入/输出用。

8.1.5　8255A 应用举例

作为通用的并行接口电路芯片，8255A 具有较广泛的应用，下面举例进行说明。

1. 用 8255A 方式 0 与打印机接口

打印机一般采用并行接口，其主要信号与传送时序如图 8-14 所示。打印机接收主机传送数据的过程如下：当主机准备好输出打印的一个数据时，通过并行接口把数据送给打印机接口的数据引脚 $DATA_0 \sim DATA_7$，同时送出一个数据选通信号 $\overline{STROBE}$ 给打印机；打印机收到该信号后，把数据锁存到内部缓冲器，同时在 BUSY 信号线上发出忙信号；打印机处理好输入的数据后会撤销忙信号，同时又会向主机送出一个响应信号 $\overline{ACK}$；主机利用 BUSY 信号或 $\overline{ACK}$ 信号决定是否输出下一个数据。

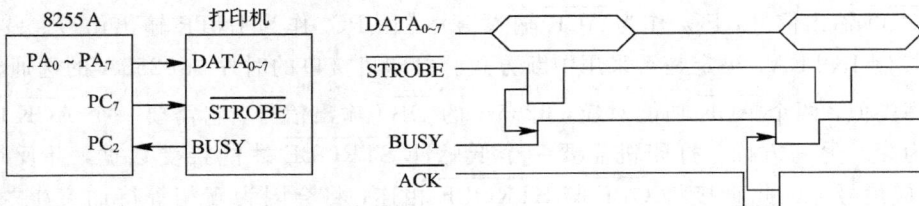

图 8-14　方式 0 的打印机接口

【例 8-1】 采用 8255A 作为与打印机接口的电路，CPU 与 8255A 利用查询方式输出数据。设计思想是：端口 A 为方式 0 输出打印数据，用端口 C 的 PC_7 引脚产生负脉冲选通信号，PC_2 脚连接打印机的忙信号，以查询其状态。

解 假设这个 8255A 芯片在系统中的 I/O 地址分配是端口 A、B 和 C 的 I/O 地址为 FFF8H、FFFAH 和 FFFCH，控制端口的地址为 FFFEH，则程序如下：

```
        ;初始化程序段
        mov dx, 0fffeh      ;控制端口地址为 FFFEH
        mov al, 10000001B   ;方式控制字
        out dx, al          ;A 端口方式 0 输出，C 端口上半部输出、下半部输入(端口 B 任意)
        mov al, 00001111B   ;端口 C 的复位置位控制字
        out dx, al          ;使 PC₇=1，即置 STROBE=1(只在输出数据时，才是低脉冲)
                            ;输出打印数据子程序，入口参数：AH＝打印数据
Printc  proc
        push ax
        push dx
prn:    mov dx, 0fffch      ;读取端口 C
        in al, dx           ;查询打印机的状态
        and al, 04h         ;打印机忙否（PC₂＝BUSY＝0)？
        jnz prn             ;PC₂=1，打印机忙，则循环等待
        mov dx, 0fffeh      ;PC₂=0，打印机不忙，则输出数据
        mov al, 00001110B   ;使 PC₇=0，即置 STROBE=0
        out dx, al
        nop                 ;适当延时，产生一定宽度的低电平
        nop
        mov al, 00001111B   ;使 PC₇=1，即置 STROBE=1
        out dx, al
        pop dx              ;最终，产生低脉冲 STROBE 信号
        pop ax
        ret
printc  endp
```

2. 用 8255A 方式 1 与打印机接口

【例 8-2】 采用 8255A 的端口 A 工作于选通输出方式与打印机接口。此时，PC_7 自动作为 $\overline{OBF}$ 输出信号，PC_6 作为 $\overline{ACK}$ 输入信号，而 PC_3 作为 INTR 输出信号。另外，通过 PC_6 控制 INTEA，决定是否采用中断方式。打印机接口的时序与 8255A 的选通输出方式的时序类似，两个 $\overline{ACK}$ 功能对应，8255A 的 $\overline{OBF}$ 输出信号，它需要一个 $\overline{ACK}$ 响应信号恢复为高。另一方面，打印机需要一个低脉冲 $\overline{STROBE}$ 才能接受数据，并反馈一个 $\overline{ACK}$ 响应信号。因此直接将 $\overline{OBF}$ 与 $\overline{STROBE}$ 相连，将会因为互相等待而产生"死锁"。用单稳电路 74LS123 即可满足双方的时序要求，因为单稳电路只要输入一个下降沿就输出一个低脉冲，如图 8-15 所示。

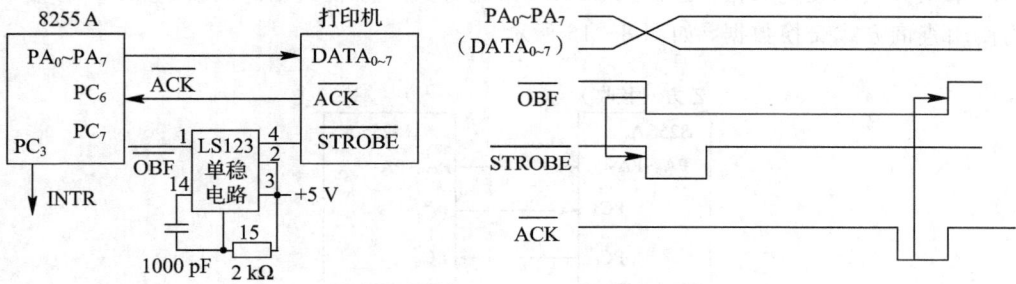

图 8-15　方式 1 的打印机接口

解　假设 8255A 的端口 A、B 和 C 的 I/O 地址为 FFF8H、FFFAH 和 FFFCH，控制端口的地址为 FFFEH。程序采用查询方式输出打印字符串 buffer，字符个数为 counter，程序如下：

```
        ;初始化程序段
        mov dx, 0fffeh              ;设定端口 A 为选通输出方式
        mov al, 0a0h
        out dx, al
        mov al, 0ch                 ;使 INTEA(PC₆)为 0，禁止中断
        out dx, al
        ……
        mov cx, counter             ;打印字节数送 CX
        mov bx, offset buffer       ;取字符串首地址送 BX
        call prints                 ;调用打印子程序
        ;打印字符串子程序，入口参数：DS:BX=字符串首地址，CX=字符个数
prints  proc
        push  ax                    ;保护寄存器
        push  dx
print1: mov al, [bx]                ;取一个数据
        mov dx, 0fff8h
        out dx, al                  ;从端口 A 输出
        mov dx, 0fffch
print2: in al, dx                   ;读取端口 C
        test al, 80h                ;检测 OBF(PC₇)为 1 否？
        jz print2                   ;为 0，说明打印机也有响应，继续检测
        inc bx                      ;为 1，说明打印机已接收数据
        loop print1                 ;准备取下一个数据输出
        pop dx                      ;打印结束，恢复寄存器
        pop ax
        ret                         ;返回
prints  endp
```

3. 双机并行通信接口

【**例 8-3**】　在两台单板机之间利用 8255A 的端口 A 实现并行传送数据。甲机的

8255A 采用方式 1 发送数据，乙机的 8255A 采用方式 0 接收数据。两机的 CPU 与接口之间均使用查询方式交换数据，如图 8-16 所示。

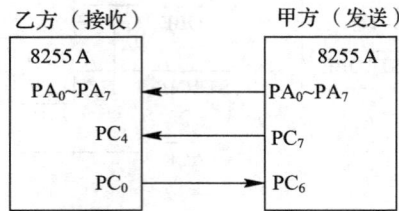

图 8-16 并行通信接口电路

解 假设 8255A 的端口 A、B、C 和控制端口的 I/O 地址为 FFF8H、FFFAH、FFFCH 和 FFFEH，程序如下所示：

```
;甲机初始化程序段
        mov dx, 0fffeh
        mov al, 0a1h
        out dx, al              ;输出工作方式字：端口 A 方式 1 输出
        mov al, 0dh             ;使 PC6(INTEA)＝1，允许中断
        out dx, al
;甲机发送程序，AH＝发送的数据
trsmt:  mov dx, 0fffch
        in al, dx               ;查询 PC3(INTRA)＝1?
        and al, 08h
        jz  trsmt
        mov dx, 0fff8h          ;发送数据
        mov al, ah
        out dx, al
;乙机接收程序：AH＝接收的数据
receive: mov dx, 0fffch
        in al, dx               ;查询 PC4(OBF)＝0?
        and al, 10h
        jnz receive
        mov dx, 0fff8h          ;接收数据
        in al, dx
        mov ah, al             ;接收的数据存于 AH
        mov dx, 0fffeh
        mov al, 00h            ;使 PC0(ACK)＝0
        out dx, al
        nop                    ;适当延时，产生一定宽度的低脉冲
        nop
        mov al, 01h            ;使 PC0(ACK)＝1
        out dx, al             ;产生低脉冲 ACK 信号
```

4. 利用 8255A 实现与 10 位 A/D 转换器和 10 位 D/A 转换器的接口

【例 8 - 4】 利用 8255A 实现 A/D 和 D/A 转换。图 8 - 17 为 8255A 与 A/D、D/A 的接口连接方法。

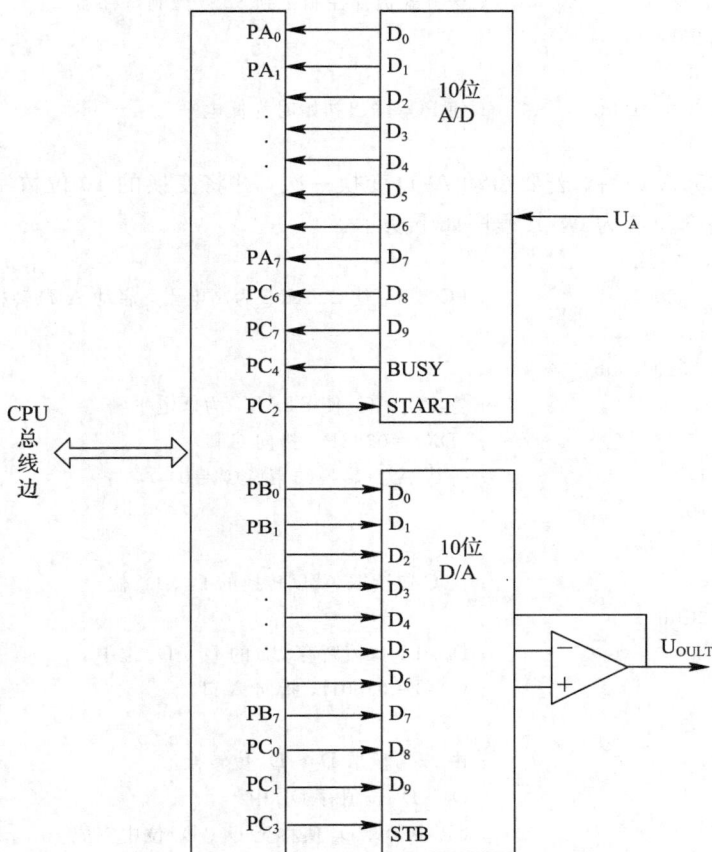

图 8 - 17 8255A 与 A/D、D/A 转换器的接口

解 图 8 - 17 中 10 位 A/D 变换由 START 输入一个正脉冲启动，开始将 UA 变换为数字量，BUSY 变高。当 A/D 这次变换结束，BUSY 变低告知 CPU 可从 A/D 变换器的 $D_0 \sim D_9$ 端上获得稳定的数字量。

D/A 变换器由 $\overline{STB}$ 负脉冲将加在 $D_0 \sim D_9$ 上的 10 位数字量锁存于 D/A 变换器内部，并且将其变换成模拟电压输出。

为了将 8255A 与这两个芯片按如图 8 - 17 所示的方式连接，应将 8255A 的 A 组和 B 组均初始化工作在方式 0 之下，而且 A 口和 C 口的高 4 位初始化为输入，B 口和 C 口的低 4 位初始化为输出。只有这样才能满足图 8 - 17 连接上的要求。这时的方式控制字应为 10011000B，即 98H。

为了启动 A/D 变换，应从 C 口的 PC_2 送出一正脉冲，这可利用位操作控制字来完成。初始化时应先将 PC_2 输出置为 0。当要启动 A/D 变换时，可选送 00000101B 控制字到控制寄存器，置 $PC_2 = 1$；再对 C 口送 00000100B 置 $PC_2 = 0$，实现对 A/D 的启动。以同样的原理，D/A 转换在初始化时将 PC_3 输出为高，利用位操作字同样可以形成 D/A 变换器的负锁存脉冲。

设 8255A 的端口地址为：端口 A：0380H；端口 B：0381H；端口 C：0382H；控制寄存器端口：0383H。则对 8255A 的初始化编程如下：

```
        mov dx, 0383h              ;送方式选择控制字到 8255 控制寄存器
        mov al, 98h
        out dx, al
        mov al, 00000100b          ;使 PC₂ 输出初始时为低电平
        out dx, al
```

在初始化 8255A 之后，若要启动 A/D 变换一次，并将变换的 10 位数字量放在 DX 的低 10 位中，其高 6 位应为 0，其程序如下所示：

```
        mov dx, 0383h
        mov al, 00000101b          ;PC₂＝1，使 START 为高电平，启动 A/D 转换
        out dx, al
        mov al, 00000100b
        out dx, al                 ;置 PC₂＝0，使 START 为低电平
        dec dx                     ;(DX)＝0382H，指向 C 口
WAIT:   in al, dx                  ;等待 A/D 转换结束(PC₄＝0)
        and al, 10h
        jnz wait
        in al, dx                  ;由 C 口读取 A/D 转换的 D₉、D₈ 位
        and al, 0C0h
        mov cl, al                 ;D₉、D₈ 位值暂存 CL 的 D₇、D₆ 位中
        dec dx                     ;(DX)＝0380H，指向 A 口
        dec dx
        in al, dx                  ;由 A 口读取 D₇～D₀ 位转换值
        mov dl, al                 ;D₇～D₀ 位值存 DL 中
        rol cl, 1                  ;CL 中 D₇、D₆ 值移至 D₁、D₀ 位中完成 10
                                   ;位 A/D 转换值的装配，存 DX 中
        rol cl, 1
        mov dh, cl
```

完成上述指令后，10 位 A/D 变换器的数字量就存放在 DX 中。同时，A/D 变换器处于就绪状态，可以接受下一次变换的启动信号。

对于 D/A 变换器，首先将要变换的 10 位数字量写入 8255A 的 B 口和 C 口的 PC₀、PC₁，C 口的两位应为数字量的高二位，B 口的 8 位为数字量的低 8 位，然后利用位操作控制字产生一个负的 $\overline{STB}$ 锁存脉冲即可。程序从略。

8.2　可编程定时计数器 8253

8.2.1　8253 的主要功能

在工业控制系统与计算机系统中，常常需要有定时信号，以实现定时控制，因此定时/

计数器就显得非常重要。定时器与计数器二者的差别仅在于用途的不同。以时钟信号作为计数脉冲的计数器称为定时器，它主要用以产生不同标准的时钟信号或是不同频率的连续信号；以外部事件产生的脉冲作为计数脉冲的计数器称为计数器，它主要用以对外部事件发生的次数进行测量和计量。

在计算机系统中使用的定时器/计数器归纳起来主要有三大类，即软件定时器/计数器、硬件定时器/计数器和可编程定时器/计数器。

可编程定时器/计数器是一种软硬件结合的定时器/计数器，是为了克服单独的软件定时器/计数器和硬件定时器/计数器的缺点，而将定时器/计数器电路做成通用的定时器/计数器并集成到一个芯片上，定时器/计数器工作方式又可由软件来控制选择。这种定时器/计数器芯片可直接对系统时钟进行计数，通过写入不同的计数初值，可方便地改变定时与计数时间，在定时期间不占用 CPU 资源，更不需要 CPU 管理。

Intel 8253 就是一种常用的可编程定时器/计数器接口芯片，其主要功能有：
（1）每片 8253 上都有三个独立的 16 位减法计数器，最大计数范围为 0～65 535。
（2）每个计数器都可按二进制或二-十进制计数（BCD 码）。
（3）每个计数器都有 6 种不同的工作方式，都可以通过程序设置来改变。
（4）每个计数器计数脉冲的频率最高均可达 2 MHz。
（5）全部输入/输出与 TTL 电平兼容。

8253 的读/写操作对系统时钟没有特殊要求，因此可以应用于任何一种微机系统中，可作为可编程定时器、计数器，还可以作为分频器、方波发生器以及单脉冲发生器等。

8.2.2　8253 的外部引脚与内部结构

8253 具有三个独立的功能完全相同的 16 位减法计数器，24 脚 DIP 封装，由单一的+5 V 电源供电。8253 引脚如图 8-18 所示。

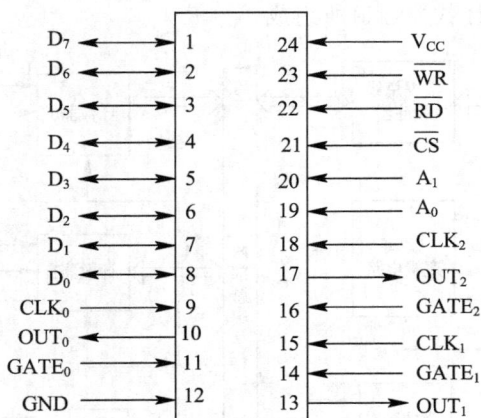

图 8-18　8253 引脚图

1. 计数器引脚

8253 有 3 个独立的计数器，每个计数器与外部的引脚有 3 个，分别是脉冲输入引脚 CLK、门控输入引脚 GATE、计数器输出引脚 OUT。

2. 数据引脚 $D_7 \sim D_0$

CPU 对 8253 的编程、计数初值的输入、计数值的读出均是通过这 8 位数据线传输的。

3. 读/写信号控制引脚

读信号 $\overline{RD}$ 有效时，CPU 可以读出计数器当前的计数值；写信号 $\overline{WR}$ 有效时，CPU 可以对芯片编程，输入计数器初值。

4. 片选引脚和地址引脚

片选引脚 $\overline{CS}$ 和地址引脚 A_1、A_0 一起决定了 8253 的地址空间，其中 $\overline{CS}$ 决定地址的高位，A_1 和 A_0 决定地址的低位，并且 A_1 和 A_0 的 4 个不同的组合构成了 8253 的 4 个不同的地址。

各输入信号组合构成的控制功能如表 8 - 4 所示。

表 8 - 4　控制信号功能表

$\overline{CS}$	$\overline{RD}$	$\overline{WR}$	A_1	A_0	功　　能
0	1	0	0	0	写入计数器 0
0	1	0	0	1	写入计数器 1
0	1	0	1	0	写入计数器 2
0	1	0	1	1	写入控制字寄存器
0	0	1	0	0	读计数器 0
0	0	1	0	1	读计数器 1
0	0	1	1	0	读计数器 2
0	0	1	1	1	无操作
1	×	×	×　×		禁止使用
0	1	1	×　×		无操作

8253 的内部结构如图 8 - 19 所示。由图 8 - 19 可知，它由数据缓冲器、读/写逻辑电路、控制字寄存器和三个计数器通道所组成。

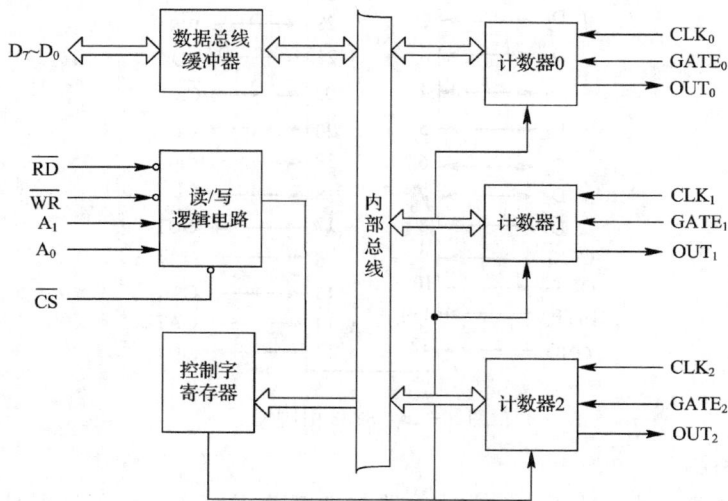

图 8 - 19　8253 的内部结构

1. 数据总线缓冲器

数据总线缓冲器是 8 位、双向、三态的缓冲器，通过 8 根数据线 $D_0 \sim D_7$ 接收 CPU 向控制寄存器写入的控制字以及向计数器写入的计数初值，也可以把计数器的当前计数值读入 CPU。

2. 读/写逻辑电路

读/写控制逻辑电路从系统总线接收输入信号，经过译码产生对 8253 各部分的控制信息。

3. 控制字寄存器

当地址信号 A_1 和 A_0 都为 1 时，访问控制字寄存器。控制字寄存器接收从 CPU 发来的控制字，控制字决定了 8253 的工作方式、计数方式以及使用哪个计数器等。控制字寄存器只能写入，不能读出。

4. 计数器通道

8253 有 3 个相互独立的同样的计数电路，分别称作计数器 0、计数器 1 和计数器 2。每个计数器包含一个 8 位的控制寄存器（控制单元），用于存放计数器的工作方式控制字；一个 16 位的初值寄存器 CR（时间常数寄存器），8253 工作之前要对它设置初值；一个 16 位的计数执行单元 CE，用于接收计数初值寄存器 CR 送来的内容，并对该内容执行减 1 操作；一个 16 位的输出锁存器 OL，用于锁存 CE 的内容，使 CPU 能从输出锁存器内读出一个稳定的计数值。

8.2.3　8253 的编程

8253 没有复位信号，加电后的工作方式不确定。为了使 8253 正常工作，微处理器必须对其初始化编程，写入控制字和计数初值。计数过程中，还可以读取计数值。

1. 写入方式控制字

虽然 8253 的每个计数器都需要方式控制字，但控制字格式相同，如图 8-20 所示。而且写入控制字的 I/O 地址也相同，要求 $A_1 A_0 = 11$（控制字地址）。

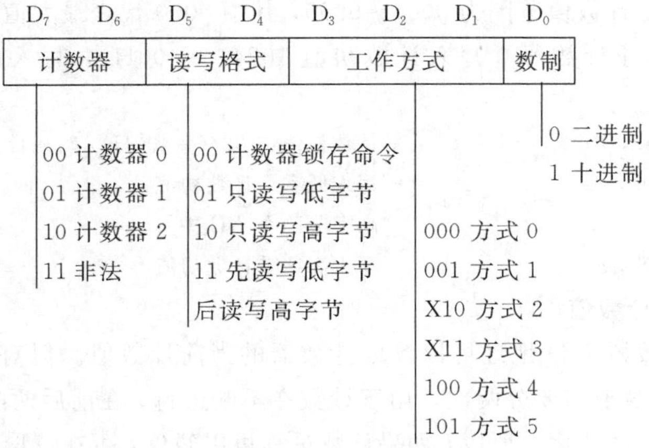

图 8-20　8253 的方式控制字

1) 计数器选择（$D_7 D_6$）

因为共用一个控制字地址，所以需要两位决定当前控制字是哪一个通道的控制字。

2）读/写格式（$D_5 D_4$）

8253 的数据线为 8 位，一次只能进行一个字节的数据交换，但计数器是 16 位的。所以 8253 设计了几种不同的读写计数值的格式。

如果只需要 1～256 之间的计数值，则用 8 位计数器即可，这时可以令 $D_5 D_4 = 01$，只读/写低 8 位，而高 8 位自动置 0；若是 16 位计数，但低 8 位为 0，则可令 $D_5 D_4 = 10$，只读/写高 8 位，低 8 位自动为 0。但在令 $D_5 D_4 = 11$ 时，就必须先读/写低 8 位，后读/写高 8 位。

$D_5 D_4 = 00$ 的编码是锁存命令，用于把当前计数值锁存进"输出锁存器"，供以后读取。

3）工作方式（$D_3 D_2 D_1$）

8253 的每个通道可以有 6 种不同的工作方式，由这三位决定。

4）数制选择（D_0）

8253 的每个通道都有二进制和十进制（BCD 码）两种计数制。采用二进制计数，读/写的计数值都是二进制数形式。例如，64H 表示计数值为 100。在直接将计数值进行输入或输出时，使用十进制较方便，读/写的计数值采用 BCD 编码。例如，64H 表示计数值为 64。

例如，已知某个 8253 的计数器 0、1、2 端口和控制端口的地址依次是 40H～43H，要求设置其中计数器 0 为方式 0，采用二进制计数，先低后高写入计数值。初始化程序段如下：

```
mov al, 30h        ;方式控制字：30H=00  11  000  0B
out 43h, al        ;写入控制端口：43H
```

2. 写入计数值

每个计数器通道都有对应的计数器 I/O 地址，用于读/写计数值。读/写计数值时，还必须按方式控制字规定的读/写格式进行。

因为计数器是先减 1 再判断是否为 0，所以写入 0 实际上代表最大计数值。选择二进制时，计数值范围为 0000H～FFFFH，其中 0000H 是最大值，代表 65536；选择十进制（BCD 码）时，计数值范围为 0000～9999，其中 0000 代表最大值 10000。

因此，要求计数器 0 写入计数初值 1024（=400H），写入计数器 0 地址为 40H，程序如下：

```
mov ax, 1024       ;计数初值：1024（=400H），写入计数器 0 地址：40H
out 40h, al        ;写入低字节计数初值
mov al, ah         ;高字节已在 AH 中
out 40h, al        ;写入高字节计数初值
```

3. 读取计数值

利用计数器 I/O 地址可以读取计数器的当前计数值。但对 8 位数据线的 8253 来说，读取 16 位计数值需要分两次。由于计数在不断进行，在前后两次执行输入指令的过程中，计数值可能已经变化。所以，如果计数过程可以暂停，可在读取计数值时使 GATE 信号为低；否则应该将当前计数值先行锁存然后读取。过程如下：

先向 8253 写入锁存命令（使方式控制字 $D_5 D_4 = 00$，用 $D_7 D_6$ 确定锁存的计数器，其他位没有用），将计数器的当前计数值锁存（计数器可继续计数）进输出锁存器，然后 CPU 读

取锁存的计数值；读取计数值或对计数器重新编程后，将自动解除锁存状态。读取计数值时，要注意设置的读写格式和计数数制。

8.2.4　8253 的工作方式

8253 的 3 个通道根据控制寄存器的设置均有 6 种工作方式。在使用 8253 之前，CPU要对 8253 进行初始化设置，即通过输出指令向控制寄存器写入控制字；然后向计数寄存器预置定时/计数初值，计数器则在 CLK 脉冲的下降沿开始减 1 计数；计数/定时结束后在OUT 端输出电平、脉冲或者相应的波形，具体要根据不同的工作方式决定。另外，门控信号 GATE 的有效方式也随着不同的工作方式而不同。

1. 方式 0：计数结束中断方式

当某一通道设置为方式 0，则该计数器的输出 OUT 立即变为低电平。在计数初值写入该计数器后，输出仍保持低电平。若门控信号 GATE 为高电平，则计数器在 CLK 的每一个下降沿开始进行减 1 计数。当计数器从初值减到 0 时，输出 OUT 便变为高电平，且一直保持高电平到重新写入控制字或者重新写入新的计数值为止。这种方式下，计数初值一次有效。若要重新计数，则需要重新写入计数值。在计数过程中，门控信号 GATE 控制是否暂停计数，在 GATE 变为低电平期间暂停计数；当 GATE 重新变为高电平后，计数器继续计数。如果在计数过程中改变计数值，如新的计数值为 8 位，则在写入新的计数值后，计数器将按照新的计数值重新计数；若是 16 位计数值，则在写入第一个字节之后，计数器停止计数，在写入第二个字节之后计数器按照新的计数值开始计数。OUT 输出的信号可以作为计数结束的状态信号向 CPU 发出中断请求或供 CPU 查询，其具体时序如图 8-21所示。

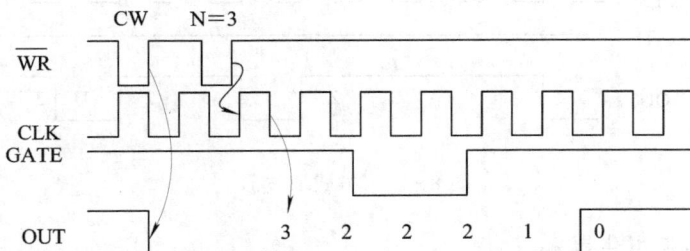

图 8-21　方式 0 波形

2. 方式 1：可编程单脉冲方式

当控制字设为方式 1 时，OUT 输出为高电平。在计数初值写入该计数器后，计数并不开始，只有在门控 GATE 来一个上升沿之后的下一个 CLK 的下降沿才开始计数。同时OUT 由高电平变为低电平，直到计数值变为 0 时，OUT 才变为高电平。所以 OUT 输出负脉冲的宽度为计数初值 * CLK 脉冲周期数。如果在 OUT 引脚保持低电平期间写入一个新的计数值，则不会影响正在进行的计数。只有当 GATE 来一个新的正跳变才开始使用新的计数值。如果计数没有结束，在 GATE 来一个新的正跳变，则从跳变的下一个CLK 下降沿开始重新计数，因此负脉冲的宽度增加。CPU 可在任何时候读出计数器的内容，对单脉冲的宽度没有任何影响。方式 1 的波形如图 8-22 所示。

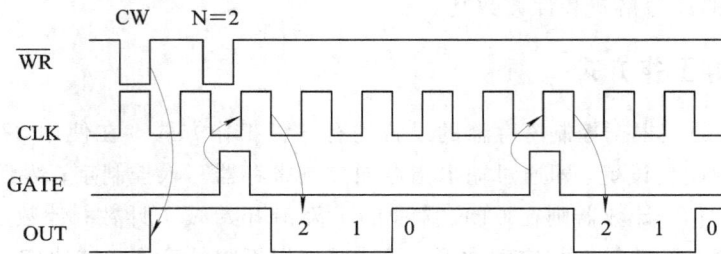

图 8-22　方式 1 波形

3. 方式 2：分频工作方式

在分频工作方式下，写入控制字之后 OUT 输出高电平。如果 GATE 为高电平，在写入计数初值后，计数器开始计数。在计数器到 1 时，OUT 输出低电平。经过一个 CLK 周期后，OUT 变为高电平，计数器从初值重新开始计数。计数器的计数过程受 GATE 的控制，GATE 为高电平时开始计数，为低电平时停止计数，并在 GATE 变为高电平的下一个 CLK 的下降沿恢复计数器初值，重新开始计数。在计数过程中改变初值对本次计数没有影响，等本次计数结束后，计数器将按照新的计数值开始新的计数。方式 2 的波形如图 8-23 所示。

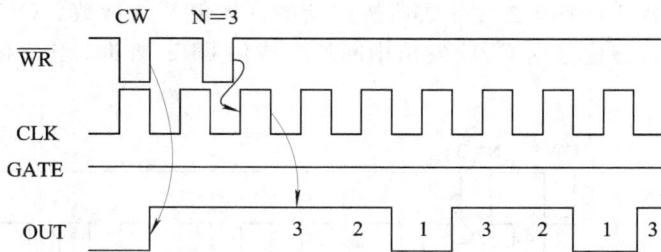

图 8-23　方式 2 波形

4. 方式 3：方波发生器

在工作方式 3 下，计数过程输出的前一半时间为高电平，后一半时间为低电平，故为方波输出，如图 8-24 所示。若计数值 N 为偶数，则输出对称方波，其高低电平均为 $(N/2) * $ CLK 周期；若 N 为奇数，则前 $(N+1)/2$ 计数期间输出高电平，$(N-1)/2$ 计数期间输出低电平。当置入初值后，OUT 输出高电平。若 GATE 为高电平，则在每个 CLK 的下降沿进行计数；若 GATE 变为低电平，则停止计数，OUT 变为高电平。到 GATE 变为高电平后，重新装入初值，重新计数。如果在计数期间重新装入初值，这个新值将在下一个计数周期反映出来。

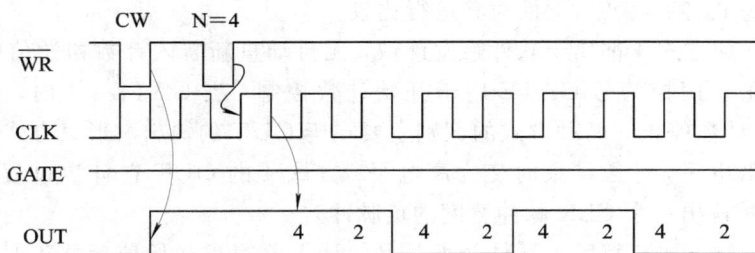

图 8 - 24　方式 3 波形

5. 方式 4：软件触发选通方式

方式 4 与方式 0 非常相似。当设置完方式控制字后，OUT 变为高电平，写入计数初值后立即开始计数（即为软件触发）。当计数到 0 后，OUT 输出为低电平，持续一个 CLK 周期的低电平后变为高电平，计数器停止计数，如图 8 - 25 所示。这种方式的计数初值一次有效。若在计数过程中改变计数初值，则按新的计数初值重新计数。若计数初值为两个字节，则在写入第一个字节时停止计数，写入第二个字节后才开始按照新的初值重新开始计数。

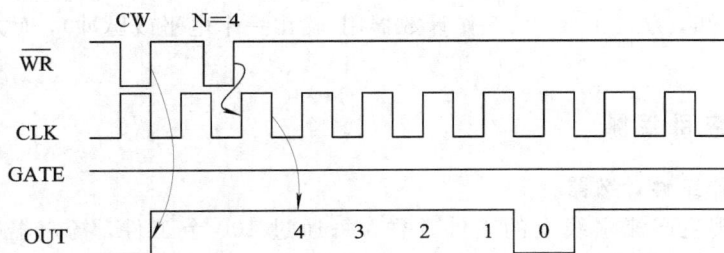

图 8 - 25　方式 4 波形

6. 方式 5：硬件触发选通方式

方式 5 与方式 1 非常相似。设置为方式 5 后，OUT 输出高电平，写入初值后，OUT 仍保持高电平不变，如图 8 - 26 所示。GATE 来一个上升沿后启动计数，计数到 0 后，OUT 端输出一个宽度为 CLK 周期的负脉冲，然后变为高电平并停止计数。在任何时候写入新的初值都不影响当前的计数，仅在 GATE 来一个新的正跳变后，计数器才开始按照新的初值开始计数。

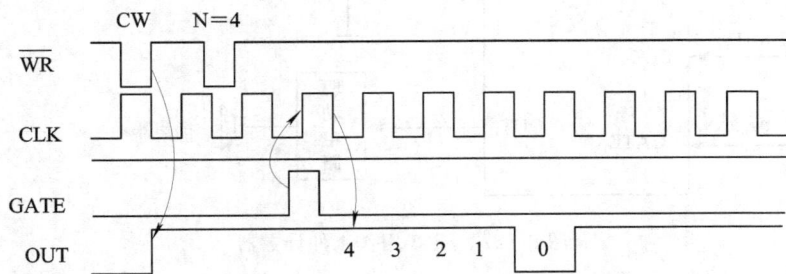

图 8 - 26　方式 5 波形

各种工作方式各有特点，下面对其进行比较。

（1）方式 0 和方式 4 都属于软件触发计数，无自动重新装入计数初始值的能力，除非重新写入初始值。门控信号 GATE 用于开始计数控制，当 GATE＝1 时，计数减 1；当 GATE＝0 时，计数停止。两种方式的区别主要在于 OUT 的输出波形。方式 0 的 OUT 在计数过程输出低电平，计数结束时变为高电平；方式 4 的 OUT 在计数过程输出高电平，而在计数结束时输出一个 CLK 脉冲宽度的负脉冲。

（2）方式 1 和方式 5 都属于硬件触发计数，计数器写入初始值后并不马上开始计数，必须在门控信号 GATE 的触发下，计数器装入初始值后才开始计数。GATE 的信号只是上升沿起作用。两种方式的区别主要在于 OUT 的输出波形不同。方式 1 的 OUT 在计数过程输出低电平并维持 N 个 CLK 脉冲宽度，计数结束时变为高电平，形成了一个单负脉冲；方式 5 的 OUT 在计数过程输出高电平，而在计数结束时输出一个 CLK 脉冲宽度的负脉冲。

（3）方式 2 和方式 3 的共同点就是具有自动重新装入计数初始值的能力，即当计数器计数减为 0 时，计数器的内容会自动将初始值装入并继续计数。由此可见，方式 2 和方式 3 的输出都是连续波形。两种方式的区别在于：方式 2 每当计数值为 0 时，输出一个 CLK 脉冲宽度的负脉冲；方式 3 则输出方波信号（或近似方波）。

由上分析可知，方式 0、1、4、5 作计数器用（输出一个电平或脉冲），而方式 2 和方式 3 作定时器用。

8.2.5 8253 应用举例

1. 8253 用作工件计数器

用 8253 实现生产流水线上的工件计数，每通过 100 个工件，扬声器便发出频率为 1000 Hz 中的音响信号，持续时间为 3 秒。设外部时钟频率为 2 MHz。

图 8-27 是该设备的工作原理示意图。

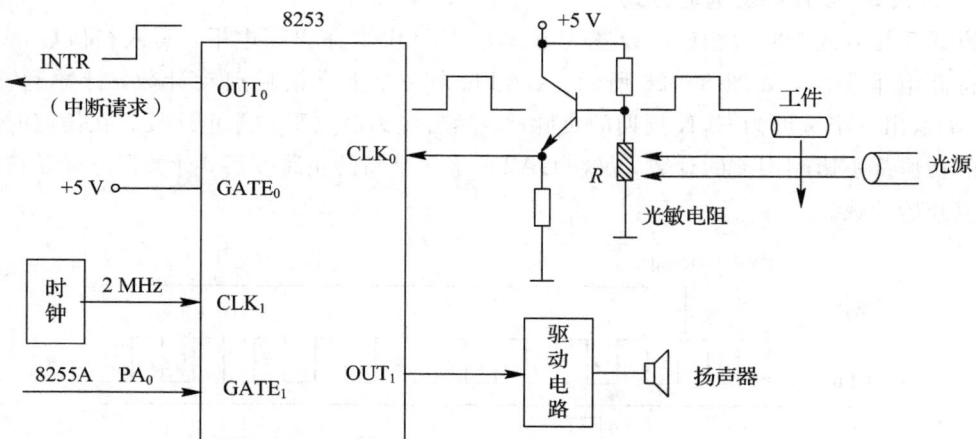

图 8-27　8253 用作工件计数器

当工件从光源与光敏电阻之间通过时，光源被工件遮挡，光敏电阻阻值增大，在晶体管的基极产生一个正脉冲，随之在晶体管的发射极将输出一个正脉冲给 8253 技术通道 0

的计数输入端 CLK_0；8253 计数通道 0 工作于方式 0，其门控输入端 $GATE_0$ 固定接 $+5$ V；当 100 个工件通过后，计数通道 0 减 1 计数到 0，在其输出端 OUT_0 产生一个正跳变信号，用此信号作为中断请求信号；在中断服务程序中，由 8255A 的 PA_0 启动 8253 计数通道 1 工作，由 OUT_1 端输出 1000 Hz 的方波信号给扬声器驱动电路，持续 3 秒钟后停止输出。

计数通道 1 工作于方式 3（方波发生器），其门控信号 $GATE_1$ 由 8255A 的 PA_0 控制，输出的方波信号经过驱动电路送给扬声器。计数通道 1 的时钟输入端 CLK_1 接 2 MHz 的外部时钟电路，其计数初值应为 $2 \times 10^6 / 1000 = 2000$。

设 8253 的端口地址为 40H～43H，8255A 的端口地址为 60H～63H，则实现计数功能的程序段如下：

主程序：

```
        MOV   AL,00010001B      ;8253 计数通道 0 初始化：方式 0，只写低 8 位，BCD 计数
        OUT   43H,AL
        MOV   AL,99H            ;写计数通道 0 的计数初值
        OUT   40H,AL
        MOV   AL,10000000B      ;8255A 初始化：A 口方式 0 输出
        OUT   63H,AL
        STI                    ;CPU 开中断
HERE：JMP   HERE               ;等待中断
```

中断服务程序：

```
        MOV   AL,01H           ;8255A 的 PA0 输出高电平，启动 8253 计数通道 1 工作
        OUT   60H,AL
        MOV   AL,01110111B      ;8253 计数通道 1 初始化：先写低 8 位，后写高 8 位
        OUT   43H,AL           ;方式 3，BCD 计数
        MOV   AL,00H
        OUT   41H，AL           ;写计数初值低 8 位
        MOV   AL,20H
        OUT   41H,AL           ;写计数初值高 8 位
        Call DELAY3S           ;延迟 3 秒
        MOV   AL,00H           ;8255A 的 PA0 输出低电平，停止 8253 计数通道 1 工作
        OUT   60H,AL
        MOV   AL,99H           ;写 8253 计数通道 0 的计数初值（为下次工作做准备）
        OUT   40H,AL
        IRET
```

2. 8253 用作脉冲信号发生器

可用 8253 产生如图 8－28(a)所示的周期性脉冲信号，其重复周期为 $5\ \mu s$，脉冲宽度为 $1\ \mu s$。设外部时钟频率为 2 MHz。

现用 8253 的两个计数通道（计数器 0 和计数器 1）来实现指定的功能，连接图如图 8－28(b)所示。其中，计数器 1 工作于方式 2（分频器），用于决定脉冲信号的周期；计数器 0 工作于方式 1（单稳），用于决定脉冲信号的宽度。计数器 1 的输出信号 OUT_1 接至计数器 0 的 $GATE_0$ 输入端，用作单稳电路的触发输入信号。由于 CLK 信号的周期 $T = 1/f = 0.5\ \mu s$，所以计数器 0 的计数初值应设定为 2，使其输出信号（OUT_0）负脉冲宽度为 $1\ \mu s$，

OUT$_0$ 经反相输出即为所要求的脉冲信号。显然,通过改变两个计数器的计数初值,即可方便地改变输出脉冲信号的频率和宽度。这就体现了用可编程计数器/定时器作为脉冲信号发生器的方便之处。

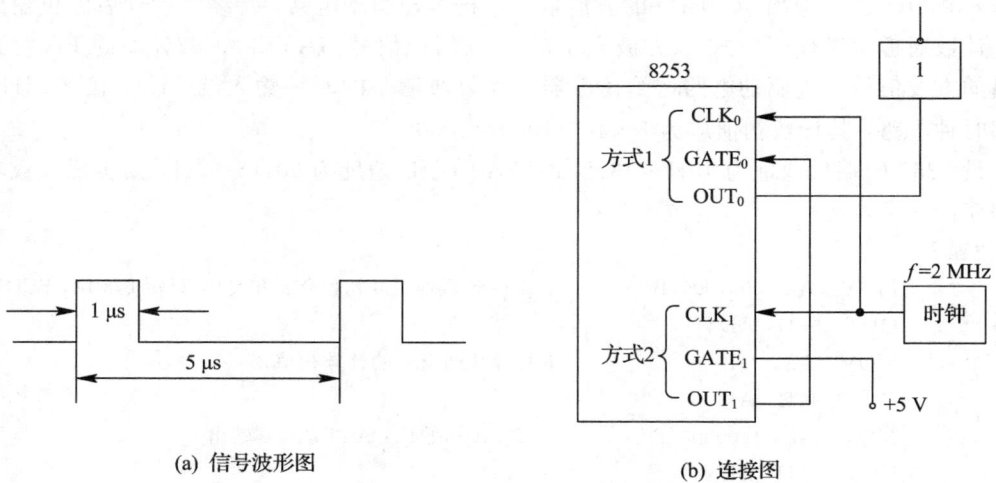

(a) 信号波形图   (b) 连接图

图 8 - 28   8253 用作脉冲信号发生器

假设 8253 的端口地址为 80H～86H,CPU 为 8086,即 8053 控制寄存器端口地址为 86H,计数器 0 的端口地址为 80H,计数器 1 的端口地址为 82H,计数器 2 的端口地址为 84H,则具体的初始化程序段如下:

```
        MOV   AL, 00010010B        ; 设置计数器 0 为方式 1(单稳), 只写低 8 位, 二进制计数
        OUT   86H, AL
        MOV   AL, 02H              ; 设置计数器 0 的计数初值为 2
        OUT   80H, AL
        MOV   AL, 01010100B        ; 设置计数器 1 为方式 2(分频器), 只写低 8 位, 二进制计数
        OUT   86H, AL
        MOV   AL, 0AH              ; 设置计数器 1 的计数初值为 10
        OUT   82H, AL
```

8.3   串行通信接口 8251A

8.3.1   串行通信概述

串行通信需要传输的数据按照一定的数据格式一位一位地按顺序传输。串行通信的信号在一根信号线上传输。发送时,把每个数据中的各个二进制位一位一位地发送出去,发送一个字节后再发送下一个字节;接收时,从信号线上一位一位地接收,并把它们拼成一个字节传输给 CPU 进行处理。

串行通信时,数据在两个设备 A 和 B 之间传送,按传送方式可分为单工、半双工和全双工 3 种方式,如图 8 - 29 所示。

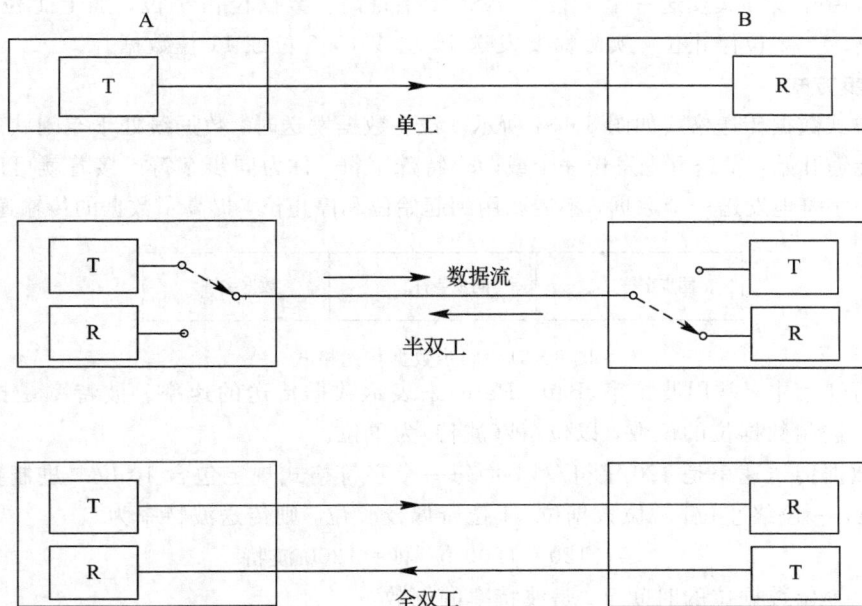

图 8-29　串行通信数据传输

（1）单工。单工传送方式只能在一个方向上传输数据。两个设备之间进行通信时，一边发射数据，另一边只能接收数据。

（2）半双工。在半双工传送方式中，数据可以在两个设备之间任意方向传送，但是由于只有一根传输线，故在同一时间内只能在一个方向上传输数据，不能同时收发。

（3）全双工。由于在两个设备之间有两根数据传输线，所以两个设备间可以同时发射和接收数据。

串行传送有异步方式和同步方式两种基本工作方式。

1. 异步方式

在异步方式下，不发送数据时，数据信号线为高电平，处于空闲状态。当有数据要发送时，数据线变为低电平，并持续一位的时间，表示传送字符开始，该位称为起始位。起始位之后，在信号线上依次出现发送的每一位字符数据，最低有效位 D_0 最先出现，因此它最早发送出去。数据位的后面有一个奇偶校验位，奇偶校验位的后面有 1 到 2 位的高电平，称为停止位，用于表示字符的结束。如果传输完一个字符后立即传输下一个字符，则后一个字符的起始位就紧跟在前一个字符的停止位后，否则停止位后又进入空闲状态。以上过程如图 8-30 所示。

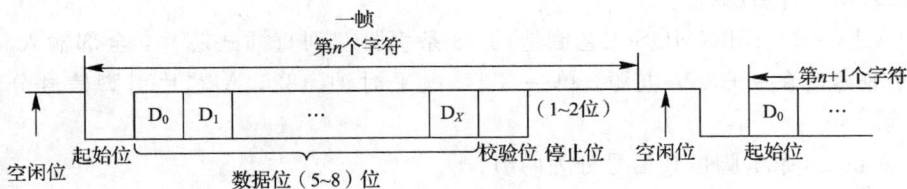

图 8-30　步数据传送格式

例如，用异步方式发送一个 7 位的 ASCII 字符时，数据位占 7 位，加上 1 位起始位、1 位校验位、1~2 位停止位，实际需要发送 10 位或 10.5 位或 11 位数据。

2. 同步方式

同步方式数据传送格式如图 8-31 所示。没有数据发送时，数据线处于空闲状态。为了表示数据传输开始，发送方先发送一个或两个特殊字符，称为同步字符。接着就可以一个字符接着一个字符地发送一个数据，不需要用到起始位和停止位，提高了数据的传输速率。

同步字符1	同步字符2	数据字符

图 8-31　同步数据传送格式

在串行通信中，常用波特率（Baud Rate）来表示数据传送的速率。波特率是指单位时间内传送二进制数据位的位数，以位/秒（波特）为单位。

假如数据传送速率是 120 字符/秒，而每一个字符格式规定包含 10 位二进制数据，即 1 位起始位，一位终止位，7 位数据位，1 位奇偶校验位，则传送波特率为

$$10 \times 120 = 1200 \text{ 位/秒} = 1200 \text{ 波特}$$

传送每一位数据位的时间 T_d 是波特率的倒数

$$T_d = 1/1200 = 0.833 \text{ ms}$$

常用的波特率有 110、300、600、1200、2400、4800、9600 和 19 200 波特，这也是国际上规定的标准波特率。同步传送的波特率高于异步传送方式，可达到 64 000 波特。

RS-232、RS-422 与 RS-485 都是串行数据接口标准，都是由美国电子工业协会制定并发布的。RS-232 在 25 针接插件上定义了串行通信的有关信号。这个标准被世界各国所接受并使用到计算机的 I/O 接口中。RS-422 由 RS232 发展而来，它定义了一种平衡通信接口，将传输速率提高到 10 Mb/s，传输距离延长到 4000 英尺（速率低于 100 KB/s 时），并允许在一条平衡总线上连接最多 10 个接收器。RS-422 是一种单机发送、多机接收的单向平衡传输规范，被命名为 TIA/EIA-422-A 标准。为扩展应用范围，EIA 在 RS-422 基础上制定了 RS-485 标准，增加了多点、双向通信能力，即允许多个发送器连接到同一条总线上，同时增加了发送器的驱动能力和冲突保护特性，扩展了总线共模范围。

8.3.2　可编程串行通信接口芯片 8251A

可编程串行接口芯片有多种型号，常用的有英特尔公司生产的 8251A，摩托罗拉公司生产的 6850、6852，ZILOG 公司生产的 SIO 及 TNS 公司生产的 8250 等。下面以英特尔公司生产的 8251A 为例介绍可编程串行通信接口的基本工作原理、内部结构、工作过程等。

1. 8251A 芯片引脚

8251A 是一个采用 NMOS 工艺制造的 28 条引脚双列直插式芯片，全部输入/输出与 TTL 电平兼容，单一+5 V 电源，单一 TTL 电平时钟。8251A 芯片引脚信号分配如图 8-32 所示。

8251A 的 28 条引脚按其信号分为两组：

1）8251A 与 CPU 相连的信号线

·$D_0 \sim D_7$：双向数据线，与系统的数据总线相连。

```
D₂ ─── 1        28 ─── D₁
D₃ ─── 2        27 ─── D₀
RxD ─── 3       26 ─── V_CC(+5 V)
GND ─── 4       25 ─── RxC
D₄ ─── 5        24 ─── DTR
D₅ ─── 6        23 ─── RTS
D₆ ─── 7        22 ─── DSR
D₇ ─── 8        21 ─── RESET
TxC ─── 9       20 ─── CLK
WR ─── 10       19 ─── TxD
CS ─── 11       18 ─── TxEMPTY
C/D ─── 12      17 ─── CTS
RD ─── 13       16 ─── SYNDET/BRKDET
RxRDY ─── 14    15 ─── TxRDY
```

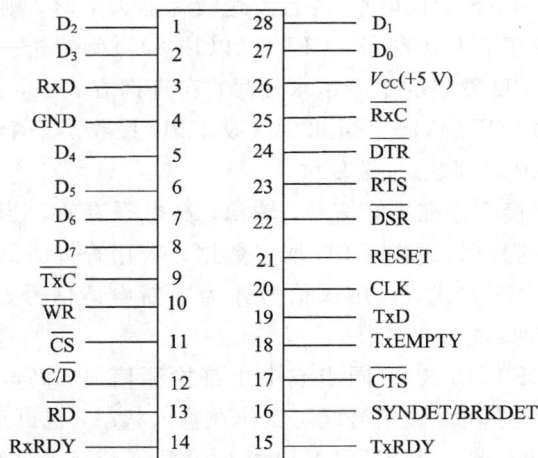

图 8-32 8251A 引脚信号图

· CLK(20 脚)：时钟信号输入线，用于产生 8251A 的内部时序。CLK 的周期为 0.42～1.35 μs。为了电路可靠，CLK 的时钟频率至少应是发送/接收时钟的 30 倍(同步方式)或 4.5 倍(异步方式)。

· RESET(21 脚)：芯片的复位信号。当该信号处于高电平(宽度为 CLK 的 6 倍)时，8251A 各寄存器处于复位状态，收、发线路上均处于空闲状态。通常该信号与系统的复位线相连。

· $\overline{\text{CS}}$(11 脚)：片选信号，低电平有效。

· C/$\overline{\text{D}}$(12 脚)：控制/数据信号。根据 C/$\overline{\text{D}}$ 信号是 1 还是 0 来判别当前数据总线上信息流是控制字还是与外设交换的数据。当 C/$\overline{\text{D}}$=1 时，传输的是命令、控制、状态等控制字；C/$\overline{\text{D}}$=0 时，传输的是数据。通常将此端与地址线的 A_0 相连，于是 8251A 占有两个端口地址，偶地址是数据端口，奇地址是控制端口。

· $\overline{\text{RD}}$(13 脚)：读信号，低电平有效。$\overline{\text{RD}}$ 有效时，CPU 正在从 8251A 读取数据。

· $\overline{\text{WR}}$(10 脚)：写信号，低电平有效。$\overline{\text{WR}}$ 有效时，CPU 正在向 8251A 写入数据。

综上所述，$\overline{\text{CS}}$、C/$\overline{\text{D}}$、$\overline{\text{RD}}$、$\overline{\text{WR}}$ 信号配合起来可以决定 8251A 的操作，如表 8-5 所示。

表 8-5 $\overline{\text{CS}}$、C/$\overline{\text{D}}$、$\overline{\text{RD}}$、$\overline{\text{WR}}$ 的编码和对应操作

$\overline{\text{CS}}$	C/$\overline{\text{D}}$	$\overline{\text{RD}}$	$\overline{\text{WR}}$	操 作
0	0	0	1	CPU 从 8251A 读数据
0	0	1	0	CPU 往 8251A 写数据
0	1	0	1	CPU 从 8251A 读状态
0	1	1	0	CPU 往 8251A 写控制字
1	×	×	×	无操作，D_0～D_7 呈高阻态

注：×为任意。

· TxRDY(15 脚)：发送器准备好信号，输出，高电平有效。当 8251A 处于允许发送

状态(即 TxEN 被置位，$\overline{CTS}$ 为低电平)并且发送缓冲器为空时，则 TxRDY 输出高电平，表明当前 8251A 已经做好了发送准备，CPU 可以往 8251A 传送一个数据。在中断方式下，TxRDY 可作为向 CPU 发出的中断请求信号；在查询方式下，TxRDY 作为状态寄存器中的 D_0 位状态信息供 CPU 检测。当 8251A 从 CPU 接收了一个数据后，TxRDY 输出线变为低电平，同时 TxRDY 状态位被复位。

• RxRDY(14 脚)：接收器准备好信号，输出，高电平有效。当 RxRDY＝1 时，表示接收缓冲器已装有输入的数据，通知 CPU 取走数据。若用查询方式，可从状态寄存器 D_1 位检测这个信号；若用中断方式，可用该信号作为中断申请信号，通知 CPU 输入数据。RxRDY＝0 表示输入缓冲器空。

• SYNDET/BRKDET(16 脚)：同步或中止符检测信号，高电平有效。在同步方式下，SYNDET 是同步检测信号，该信号既可工作在输入状态，也可工作在输出状态。内同步工作时，该信号为输出信号。当 SYNDET＝1 时，表示 8251A 已经监测到所要求的同步字符。若为双同步，此信号在传输第二个同步字符的最后一位的中间变高，表明已经达到同步。外同步工作时，该信号为输入信号。当从 SYNDET 端输入一个高电平信号时，接收控制电路会立即脱离对同步字符的搜索过程，开始接收数据。在异步方式下，BRKDET 作为中止符检测信号，当 8251A 检测到对方发送的用来表示中止的字符时，则从该端输出一个高电平，同时将状态寄存器的 SYNDET/BRKDET 位置"1"。

• TxEMPTY(18 脚)：发送移位寄存器空信号。当 TxEMPTY＝0 时，发送移位寄存器已经满；当 TxEMPTY＝1 时，发送移位寄存器空，CPU 可向 8251A 的发送缓冲器写入数据。

2) 8251A 与外部或调制解调器相连的信号线

• RxD(3 脚)：数据接收端，用来接收由外设输入的串行数据。低电平为"0"，高电平为"1"，进入 8251A 后转变为并行方式。

• $\overline{RxC}$(25 脚)：接收时钟信号，输入。在同步方式时，$\overline{RxC}$ 等于波特率；在异步方式时，可以是波特率的 1 倍、16 倍或 64 倍。

• TxD(19 脚)：数据发送端，往外部设备输出串行数据。

• $\overline{TxC}$(9 脚)：发送时钟信号，外部输入。对于同步方式，$\overline{TxC}$ 的时钟频率应等于发送数据的波特率。对于异步方式，由软件定义的发送时钟可是发送波特率的 1 倍(X1)、16 倍(X16)或 64 倍(X64)。

• $\overline{DTR}$(24 脚)：数据终端准备好信号，输出，低电平有效。此信号有效时，表示接收方准备好接收数据，通知发送方。该信号可用软件编程方法控制，设置命令控制字的 $D_1＝1$，执行输出指令，使 $\overline{DTR}$ 线输出低电平。

• $\overline{DSR}$(22 脚)：数据装置准备好信号，输入，低电平有效。它是对 $\overline{DTR}$ 的回答信号，表示发送方准备好发送。可通过执行输入指令，读入状态控制字，检测 D_7 位是否为 1。

• $\overline{RTS}$(23 脚)：发送方请求发送信号，输出，低电平有效。可用软件编程方法，设置命令控制字的 $D_5＝1$，执行输出指令，使 $\overline{RTS}$ 线输出低电平。

• $\overline{CTS}$(17 脚)：清除发送信号，输入，低电平有效。它是对 $\overline{RTS}$ 的回答信号，表示接收方做好接收数据的准备。当 $\overline{CTS}＝0$ 时，命令控制字的 TxEN＝1，且发送缓冲器为空时，发送器可发送数据。

2. 8251A 的内部结构

8251A 的内部结构如图 8-33 所示，共有 5 个部分。

(1) 数据总线缓冲器：双向、三态缓冲器，用来与 CPU 传输数据信息、命令信息、状态信息。

(2) 接收器：包括接收缓冲器、接收移位寄存器及接收控制器三部分。串行接口收到的数据转变成并行数据后，存放在该缓冲器中，以供 CPU 读取。

(3) 发送器：包含发送缓冲器、发送移位寄存器、发送控制器三部分。它是一个分时使用的双功能缓冲器。CPU 送来的并行数据存放在这里，准备由串口向外发送。此外，命令字也存放在这里，以指挥串行口工作。

(4) 读/写逻辑电路：用来接收 CPU 的控制信号，以控制数据的传输方向。

(5) 调制解调器控制电路：用来简化 8251A 和调制解调器的连接，提供与调制解调器的联络信号。

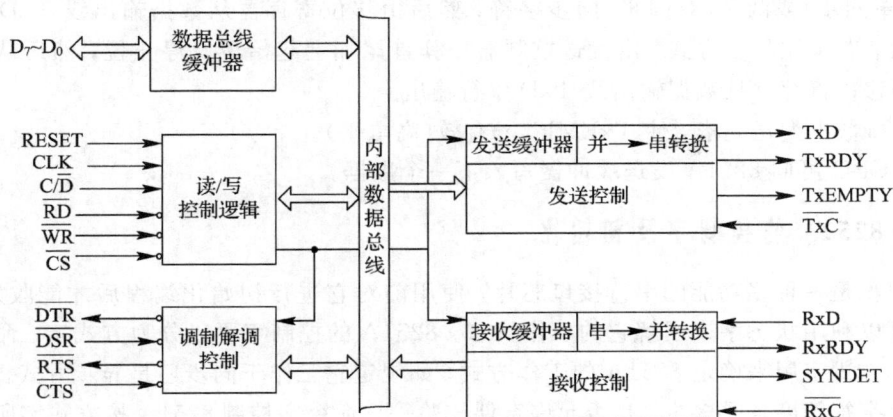

图 8-33 8251A 的内部结构

3. 8251A 的工作过程

1) 接收器的工作过程

(1) 当控制命令字的"允许接收"位 RxE(D_2 位)和"准备好接收数据"位 DTR(D_1 位)有效时，接收控制器开始监视 RxD 线。

(2) 外设数据从 RxD 端逐位进入接收移位寄存器中，接收过程中对同步和异步两种方式采用不同的处理过程。

采用异步方式时，当发现 RxD 线上的电平由高电平变为低电平时，认为是起始位到来，然后接收器开始接收一帧信息。接收到的信息在删除起始位和停止位后，把已转换成的并行数据置入接收数据缓冲器。

采用同步方式时，每出现一个数据位移位，寄存器就把它移一位；然后把移位寄存器数据与程序设定的存于同步字符寄存器中的同步字符相比较，若不相等，则重复上述过程；若相等，则使 SYNDET=1，表示已达到同步；这时在接收时钟 $\overline{RxC}$ 的同步下，开始接收数据；RxD 线上的数据送入移位寄存器，按规定的位数将它组装成并行数据，再把它送至接收数据缓冲器中。

(3) 当接收数据缓冲器接收到由外设传送来的数据后，发出"接收准备就绪"RxRDY

信号，通知 CPU 取走数据。

2) 发送器的工作过程

当操作命令寄存器中的 TxEN＝1(D_0 位)且引脚 $\overline{CTS}$＝0 时，才能开始发送过程，过程分为以下 7 个步骤：

(1) 接收来自 CPU 的数据并存入发送缓冲器。

(2) 发送缓冲器存有待发送的数据后，使引脚 TxRDY 变为低电平，表示发送缓冲器已满。

(3) 当调制解调器做好接收数据的准备后，向 8251A 输入一个低电平信号，使 $\overline{CTS}$(低电平有效)引脚有效。

(4) 在编写初始化命令时，使操作命令控制字的 TxEN 位(D_0 位)为高，让发送器处于允许发送的状态下。

(5) 满足以上(2)、(3)、(4)条件时，若采用同步方式，发送器将根据程序的设定自动送一个(单同步)或两个(双同步)同步字符，然后由移位寄存器从数据输出线 TxD 串行输出数据块；若采用异步方式，由发送控制器在其首尾加上起始位及停止位，然后从起始位开始，经移位寄存器从数据输出线 TxD 串行输出。

(6) 待数据发送完毕，使 TxEMPTY 有效(高电平)。

(7) CPU 可向 8251A 发送缓冲器写入下一个数据。

8.3.3 8251A 的控制字及初始化

8251A 是一种多功能的串行接口芯片，使用前对它进行初始化编程后才能收发数据。使用中可以利用状态字来了解它的工作状态。8251A 的控制字可以分为方式字、命令字和状态字。方式字用来确定 8251A 的工作方式，如规定它工作于同步还是异步方式，传送的波特率及字符长度各是多少、是否允许奇偶校验等。命令字控制 8251A 按方式字所规定的方式进行工作，如允许或禁止 8251A 收发数据、启动搜索同步字符、迫使 8251A 内部复位等。8251A 执行命令进行数据传送后的状态字存放在状态寄存器中，CPU 通过读出状态字进行分析和判断，以决定下一步的操作。

下面对方式字、命令字、状态字及初始化编程进行介绍。

1. 方式字

8251A 的方式字格式如图 8-34 所示。

方式字的最低两位($D_1 D_0$)用来定义 8251A 的工作方式。当它们不等于全 0 时，8251A 工作于异步方式。异步方式字格式如图 8-34(a)所示。

$B_2 B_1$ 的三种不同取值用来确定波特率系数，也就是 $\overline{TxC}$ 信号与波特率之间的系数，它们之间有如下关系

$$收发时钟频率＝收发波特率×波特率系数$$

若收发时钟频率为 19 200，波特率系数为 16，则收发波特率为 19 200/16＝1200。

$L_2 L_1$ 位用来定义数据字符的长度，可以是 5 位、6 位、7 位或 8 位。PEN 和 EP 位决定是否有校验位及是奇校验还是偶校验。$S_2 S_1$ 位用于决定停止位的个数。

当方式字的最低两位 $D_1 D_0$＝00 时，8251A 工作于同步方式，同步方式字的格式如图 8-34(b)所示。ESD 位为外同步检测位，当它为 1 时，8251A 工作于外同步方式，SYN-

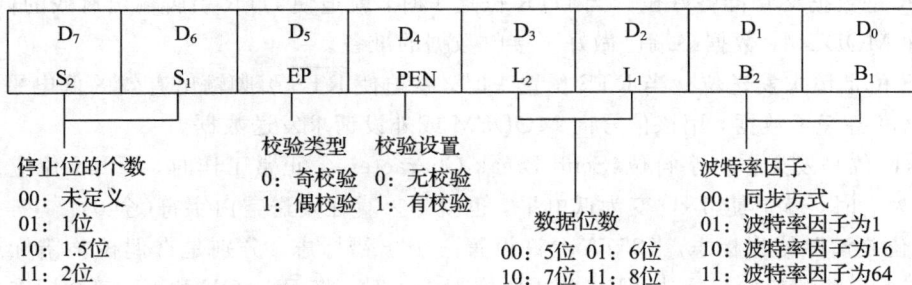

(a) 异步方式

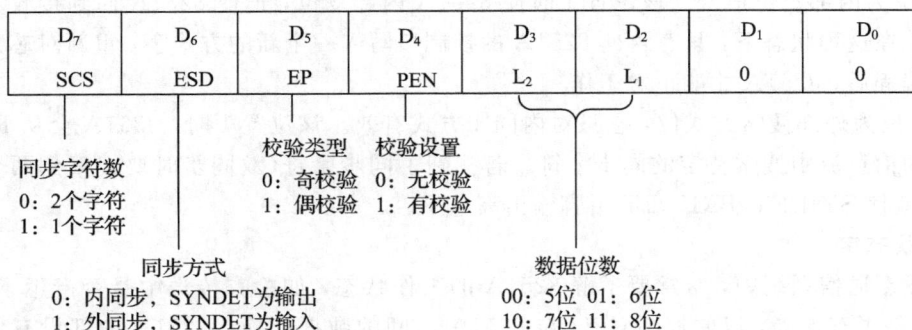

(b) 同步方式

图 8 - 34 8251A 的方式字格式

DET 为输入；为 0 时，工作于内同步方式，SYNDET 为输出。SCS 位为单字符同步位，当 SCS＝1 时，8251A 使用单同步字符；SCS＝0 时，采用双同步字符。$L_2 L_1$ 及 EP、PEN 位的意义与异步方式字相同。

2. 命令字

8251A 的命令字格式如图 8 - 35 所示。

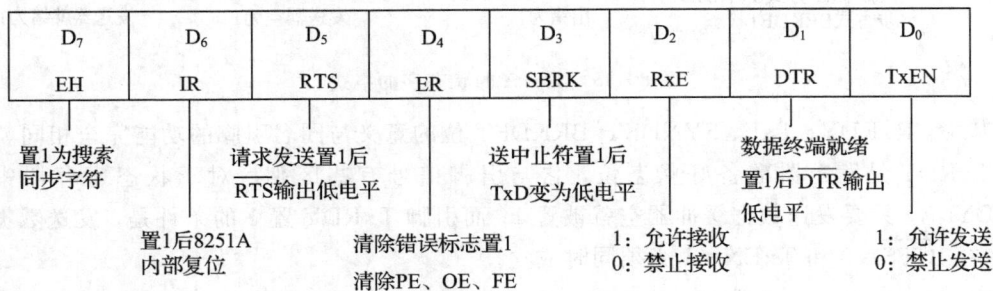

图 8 - 35 8251A 的命令字格式

TxEN 位是允许发送位。只有当 TxEN＝1 时，才允许发送器通过 TxD 引脚向外发送数据。

RxE 位是允许接收位。只有当 RxE＝1 时，接收器才能通过 RxD 线接收从外部发送过来的串行数据。

DTR 是数据终端准备好位。当 DTR 位置 1 时，就迫使 $\overline{DTR}$ 引脚输出有效的低电平，用以通知 MODEM，数据终端已做好了接收数据的准备。

RTS 位是请求发送位。当 RTS 位置 1 时，就迫使 $\overline{RTS}$ 引脚输出有效的低电平，表示计算机已准备好了数据，用该信号向 MODEM 或外设请求发送数据。

SBRK 位是发送空白字符位(Send Break Character)。正常工作时，SBRK 位应保持为 0。当它为 1 时，就迫使 TxD 变为低电平，也就是一直在发送空白字符(全 0)。

ER 位是清除错误标志。8251A 允许设置三个出错标志，分别是奇偶校验错标志 PE、溢出标志 OE 和帧校验错标志 FE。当 ER 位等于 1 时，将 PE、OE 和 FE 三个标志位同时清零。这三个标志的意义在下面讨论状态字时再做进一步说明。

IR 位为内部复位信号。该位置 1 时使 8251A 内部复位，迫使 8251A 回到接收方式字的状态。在这种状态下，只有再向 8251A 的控制口写入一个新的方式字，重新对芯片进行初始化编程后，8251A 才能正常工作。

EH 位为外部搜索方式位，它只对内同步方式有效。该位置 1 时，8251A 会从 RxD 引脚输入的信息流中搜索特定的同步字符。若找到了同步字符(双同步时要搜索到两个同步字符)，就使 SYIDET/BRKDET 引脚输出高电平。

3. 状态字

在数据通信系统中，常常要了解 8251A 的工作状态，如检查传送中是否产生了错误，TxRDY 是否有效等，以便控制 CPU 与 8251A 之间的数据交换。8251A 内部设有状态寄存器，CPU 可随时用 IN 指令读取状态寄存器的内容。在 CPU 处于读状态时，8251A 将自动禁止改变状态。状态字的格式如图 8-36 所示。

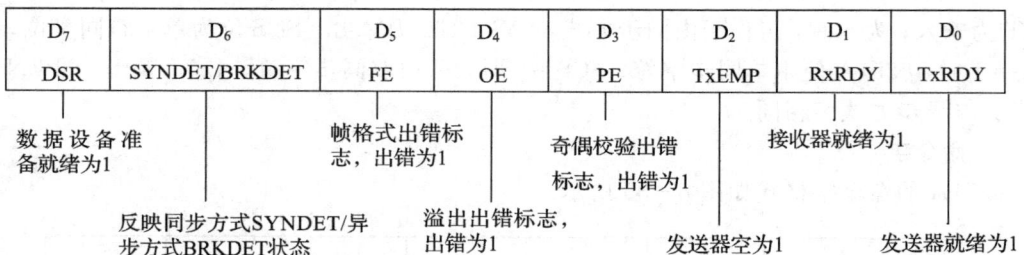

D_7	D_6	D_5	D_4	D_3	D_2	D_1	D_0
DSR	SYNDET/BRKDET	FE	OE	PE	TxEMP	RxRDY	TxRDY

数据设备准备就绪为1

反映同步方式SYNDET/异步方式BRKDET状态

帧格式出错标志，出错为1

溢出出错标志，出错为1

奇偶校验出错标志，出错为1

发送器空为1

接收器就绪为1

发送器就绪为1

图 8-36　8251A 的状态字的格式

其中，RxRDY、TxE、SYNDET/BRKDET 位的意义与同名引脚的功能完全相同。

TxRDY 是发送器准备好状态位，它与引脚信号有些区别。对于状态寄存器中的 TxRDY 位，只要发送数据缓冲器空就被置 1；而引脚 TxRDY 置 1 的条件是，发送数据缓冲器空、$\overline{CTS}=0$ 和 TxEN＝1 必须同时成立。

PE(Parity Error)位是奇偶校验错标志位。PE＝1 表示当前产生了奇偶校验错误，它并不中止 8251A 的工作。

OE(Overun Error)位是溢出(丢失)错误标志位。若 CPU 还没把输入缓冲器中的前一个字符取走，新的字符又被送入缓冲器，OE 标志位便被置 1，表示产生了溢出口。该标志位不禁止 8251A 工作，但发出溢出时，前一个字已经丢失。

FE(Frame Error)为帧错误标志位，只用于异步方式。一帧数据必须以起始位开始，停止位结束，中间是字符位和奇偶校验位（若允许校验的话）。若任何一个字符的结束处没有检测到有效的停止位，则 FE 标志置 1。该标志不禁止 8251A 工作。

当向 8251A 输出命令字并使 ER 位置 1 时，则 PE、OE 和 FE 这三个标志被复位。

DSR 位是数据装置准备好位。当 DSR＝1 时，表示调制解调器已准备好发送数据，这时输入引脚 $\overline{\text{DSR}}$ 产生有效的低电平。

4. 8251A 的初始化

要对 8251A 进行初始化编程，必须在系统复位之后（RESET 引脚为高电平）。只有在收发引脚处于空闲状态、各个寄存器处于复位状态的情况下，才能进行编程。通常 8251A 的初始化编程流程如图 8-37 所示。

8251A 只有奇偶两个端口，在初始化时需要向方式寄存器、控制寄存器或同步字符寄存器中写入信息。在芯片复位以后，先使用方式控制字设置其工作方式。若设置 8251A 在异步方式下工作，必须紧接操作命令字进行定义，然后才可以开始传输数据。在数据传输过程中，还可以使用操作命令字重新定义，或使用状态控制字读入 8251A 的状态。在设置新的工作方式时，必须用操作命令字将 IR 位置 1，以便使其返回到方式控制字，接收新的方式选择命令，从而改变工作方式，使 8251A 按新的工作方式工作。如果在方式字中规定了 8251A 工作于同步方式，那么 CPU 接着往奇地址端口输出的一个或两个字节就是同步字符，同步字符被写入同步字符寄存器。

8.3.4　8251A 应用举例

1. 异步模式下的初始化程序举例

【例 8-5】　设 8251A 工作在异步模式，波特率系数（因子）为 16，7 个数据位/字符，偶校验，2 个停止位，发送、接收允许。设端口地址为 00E2H 和 00E4H，请完成初始化程序。

解　根据题目要求，可以确定模式字为 11111010B，即 FAH；控制字为 00110111B，即 37H。则初始化程序如下：

```
MOV  AL,0FAH   ;送模式字
MOV  DX,00E2H
OUT  DX,AL     ;异步方式,7 位/字符,偶校验,2 个停止位
MOV  AL,37H    ;设置控制字,使发送、接收允许,清除错标志,使 RTS、DTR 有效
OUT  DX, AL
```

2. 同步模式下初始化程序举例

【例 8-6】　设端口地址为 52H，采用内同步方式，2 个同步字符（设同步字符位

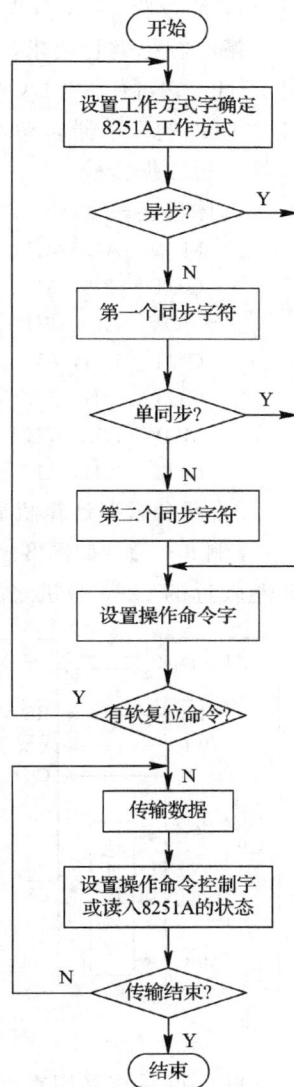

图 8-37　8251A 的初始化流程

16H），偶校验，7 位数据位/字符，请完成初始化程序。

解 根据题目要求，可以确定模式字为 00111000B，即 38H；而控制字为 10010111B，即 97H。它可使 8251A 对同步字符进行检索，使状态寄存器中的 3 个出错标志复位，还可使 8251A 的发送器启动，接收器也启动。此外，控制字还可通知 8251A，CPU 当前已经准备好进行数据传输。

具体程序段如下：

```
        MOV   AL，38H      ；设置模式字，同步模式，用 2 个同步字符
        OUT   52H，AL      ；7 个数据位，偶校验
        MOV   AL，16H
        OUT   52H，AL      ；送同步字符 16H
        OUT   52H，AL
        MOV   AL，97H      ；设置控制字，使发送器和接收器启动
        OUT   52H，AL
```

3. 两台微型计算机通过 8251A 相互通信的举例

【例 8 - 7】 如图 8 - 38 所示，利用两片 8251A 通过标准串行接口 RS - 232C 实现两台相距较远的 8086 微机之间的串行通信，可采用异步或同步工作方式。

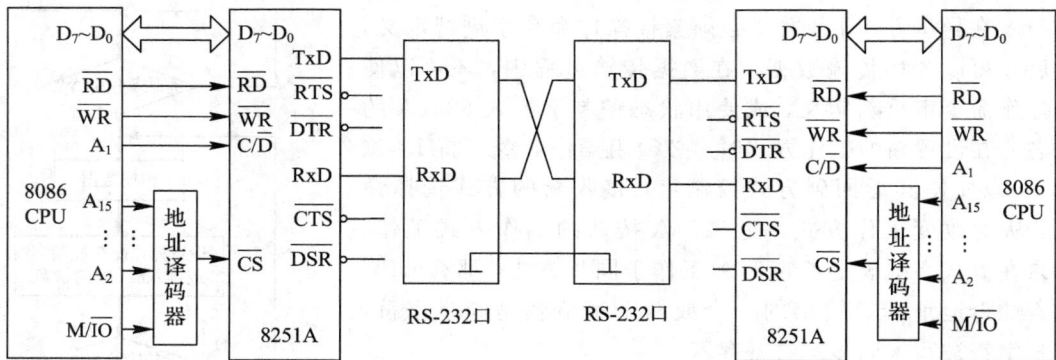

图 8 - 38　两台微机通过 8251 进行通信的电路原理图

解 设系统采用查询方式控制传输过程，异步传送。

初始化程序由两部分组成，一是将一方定义为发送器。发送端 CPU 每查询到 TxRDY 有效，则向 8251A 并行输出一个字节数据；二是将对方定义为接收器。接收端 CPU 每查询到 RxRDY 有效，则从 8251A 输入一个字节数据，一直进行到全部数据传送完毕为止。

设发送端 8251A 数据口地址为 TDATA，控制口/状态口地址为 TCONT，发送数据块首地址为 TBUFF，字节数为 80，则发送端初始化程序与发送控制程序如下所示：

```
STT：  MOV   DX，TCONT
        MOV   AL，7FH
        OUT   DX，AL       ；将 8251A 定义为异步方式，8 位数据，1 位停止位
        MOV   AL，11H      ；偶校验，取波特率系数为 64，允许发送
        OUT   DX，AL
        MOV   DI，TBUFF     ；发送数据块首地址送 DI
        MOV   CX，80        ；设置计数器初值
```

```
NEXT: MOV DX，TCONT
        IN   AL，DX
        AND  AL，01H        ；查询 TXRDY 有效否？
        JZ   NEXT           ；无效则等待
        MOV  DX，TDATA
        MOV  AL，[DI]       ；向 8251A 输出一个字节数据
        OUT  DX，AL
        INC  DI            ；修改地址指针
        LOOP NEXT           ；未传输完，则继续下一个
        HLT
```

设接收端 8251A 数据口地址为 RDATA，控制口/状态口地址为 RCONT，接收数据块首地址为 RBUFF，则接收端初始化程序和接收控制程序如下所示：

```
SRR: MOV   DX，RCONT
        MOV  AL，7FH
        OUT  DX，AL        ；初始化 8251A，异步方式，8 位数据
        MOV  AL，14H        ；1 位停止位，偶校验，波特率系数 64，允许接收
        OUT  DX，AL
        MOV  DI，RBUFF      ；接收数据缓冲区首地址送 DI
        MOV  CX，80         ；设置计数器初值
COMT: MOV   DX，RCONT
        IN   AL，DX
        ROR AL，1           ；查询 RxRDY 有效否？
        ROR AL，1
        JNC COMT
        ROR AL，1
        ROR AL，1           ；有效时，进一步查询是否有奇偶校验错
        JC  ERR            ；有错时，转出错处理
        MOV DX，RDATA
        IN   AL，DX         ；无错时，输入一个字节到接收数据块
        MOV [DI]，AL
        INC DI            ；修改地址指针
        LOOP COMT           ；未传输完，则继续下一个
        HLT
ERR:    CALL ERR－OUT
```

8.4　DMA 控制器 8237A

8.4.1　DMA 控制器概述

DMA(Direct Memory Access)是指一种外设与存储器之间直接传输数据的方法，适用于需要数据高速大量传送的场合。实现这种数据传输方法的专门硬件电路称为 DMA 控制

器(DMAC)。通常在微机系统中，图像显示、磁盘存取、磁盘间的数据传送和高速的数据采集系统均可采用 DMA 数据交换技术。DMA 传送示意图如图 8-39 所示。在数据传送过程中，DMA 控制器可以获得总线控制权，控制高速 I/O 设备(如磁盘)和存储器之间直接进行数据传送，不需要 CPU 直接参与。

图 8-39 所示的 DMA 数据传送过程如下：

(1) I/O 接口向 DMAC 发出 DMA 请求。

(2) 如果 DMAC 未被屏蔽，则在接到 DMA 请求后，向 CPU 发出总线请求，希望 CPU 让出数据总线、地址总线和控制总线的控制权，由 DMAC 控制。

(3) CPU 执行完现行的总线周期后如果同意让出总线控制权，则向 DMAC 发出响应请求的回答信号，并且脱离三总线处于等待状态。

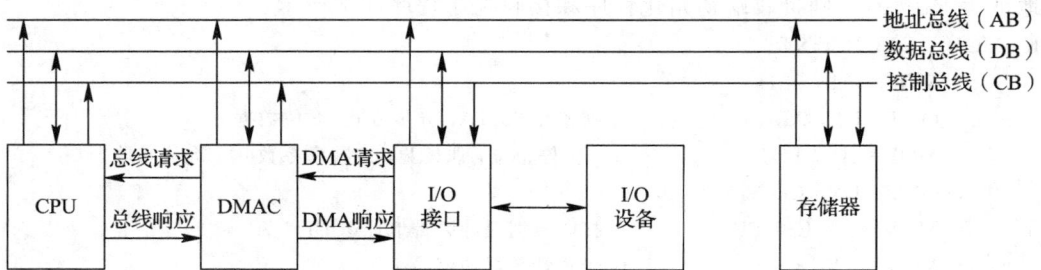

图 8-39 DMA 传送示意图

(4) DMAC 在收到总线响应信号后，向 I/O 接口发出 DMA 响应信号，并由 DMAC 接管三总线控制权。

(5) 进行 DMA 传送。DMAC 给出传送数据的内存地址、传送的字节数并发出 $\overline{RD}/\overline{WR}$ 信号。在 DMA 控制下，每传送一个字节，地址寄存器加 1，字节计数器减 1，如此循环，直至计数器之值为 0。

DMA 读操作：读存储器写外设。

DMA 写操作：读外设写存储器。

(6) DMA 传送结束，DMAC 撤除总线请求信号，CPU 重新控制总线，恢复 CPU 的工作。

8.4.2 8237A 的内部结构与引脚功能

1. 8237A 的内部结构

8237A 的内部结构如图 8-40 所示，主要由 3 个基本控制逻辑单元、3 个地址/数据缓冲器单元和 1 组内部寄存器组成。

1) 控制逻辑单元

控制逻辑单元包括定时和控制逻辑、命令控制逻辑和优先级控制逻辑，它们的功能分别如下：

(1) 定时和控制逻辑：根据初始化编程所设置的工作方式寄存器的内容和命令，在输入时钟信号的控制下，产生 8237A 的内部定时信号和外部控制信号。

(2) 命令控制逻辑：在 CPU 控制总线(即 DMA 处于空闲周期)时，将 CPU 在初始化

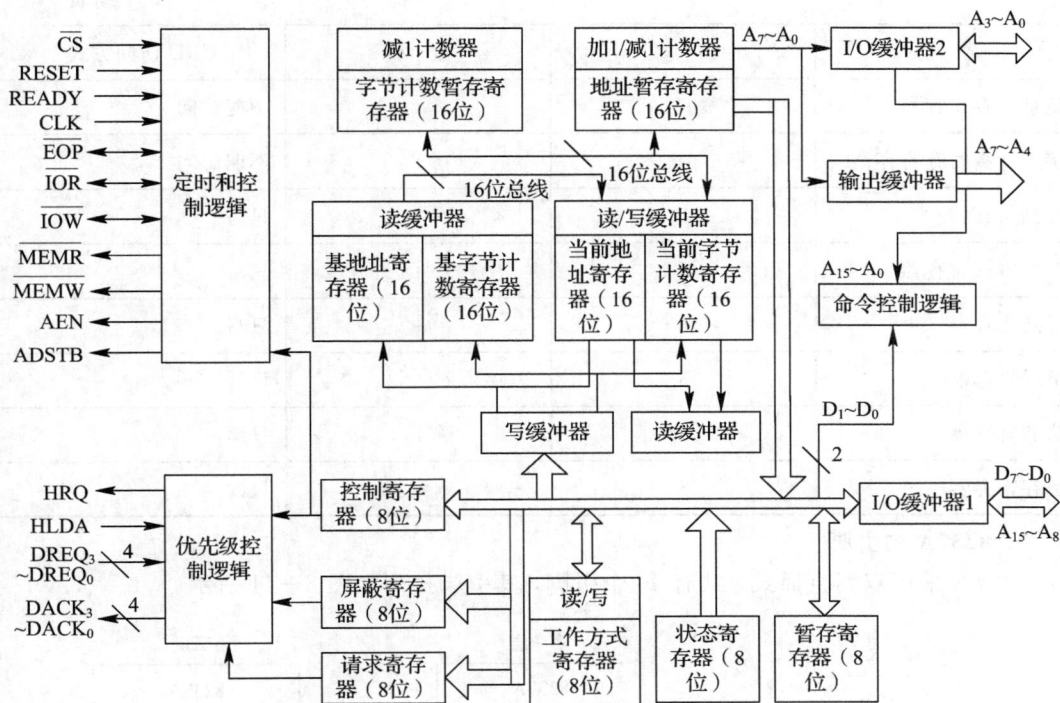

图 8 - 40　8237A 的内部结构

编程时送来的命令字进行译码；当 8237A 进入 DMA 服务时，对 DMA 的工作方式控制字进行译码。

（3）优先级控制逻辑：用来裁决各通道的优先顺序，解决多个通道同时请求 DMA 服务时可能出现的优先权竞争问题。

2）地址/数据缓冲器单元

缓冲器包括 I/O 缓冲器 1、I/O 缓冲器 2 和输出缓冲器，功能分别如下：

（1）I/O 缓冲器 1：8 位、双向、三态地址/数据缓冲器，作为 8 位数据 $D_7 \sim D_0$ 输入/输出和高 8 位地址 $A_{15} \sim A_8$ 输出缓冲。

（2）I/O 缓冲器 2：4 位、双向、地址缓冲器，作为地址 $A_3 \sim A_0$ 输出缓冲。

（3）输出缓冲器：4 位、单向、地址缓冲器，作为地址 $A_7 \sim A_4$ 输出缓冲。

3）内部寄存器

8237A 的内部寄存器共有 12 个，如表 8 - 6 所示。

表 8 - 6　8237A 的内部寄存器

名　　称	位　数	数　量	CPU 访问方式
基地址寄存器	16	4	只写
基字节计数寄存器	16	4	只写
当前地址寄存器	16	4	可读可写
当前字节计数寄存器	16	4	可读可写

名　称	位　数	数　量	CPU 访问方式
地址暂存寄存器	16	1	不能访问
字节计数暂存寄存器	16	1	不能访问
控制寄存器	8	1	只写
工作方式寄存器	8	4	只写
屏蔽寄存器	8	1	只写
请求寄存器	8	1	只写
状态寄存器	8	1	只读
暂存寄存器	8	1	只读

2. 8237A 的引脚

8237A 采用双列直插式，共有 40 个引脚，其引脚排列如图 8-41 所示。

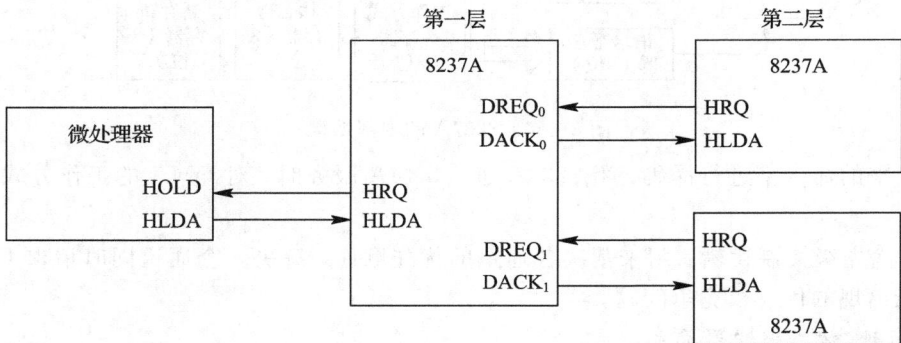

图 8-41　8237A 级联方式

$DB_7 \sim DB_0$：8 位地址/数据线。当 CPU 控制总线时，$DB_7 \sim DB_0$ 作为双向数据线，由 CPU 读/写 8237A 内部寄存器；当 8237A 控制总线时，$DB_7 \sim DB_0$ 输出被访问存储器单元的高 8 位地址信号 $A_{15} \sim A_8$，并由 ADSTB 信号锁存。

$A_3 \sim A_0$：地址线，双向。当 CPU 控制总线时，$A_3 \sim A_0$ 为输入，作为 CPU 访问 8237A 时内部寄存器的端口地址选择线；当 8237A 控制总线时，$A_3 \sim A_0$ 为输出，作为被访问存储器单元的地址信号 $A_3 \sim A_0$。

$A_7 \sim A_4$：地址线，单向。当 8237A 控制总线时，$A_7 \sim A_4$ 为输出，作为被访问存储器单元的地址信号 $A_7 \sim A_4$。

$\overline{CS}$：片选信号，低电平有效。当 CPU 控制总线时，$\overline{CS}$ 为低电平，选中指定的 8237A。

$\overline{IOR}$(I/O Read)：I/O 读信号，双向，低电平有效。当 CPU 控制总线时，$\overline{IOR}$ 为输入信号，CPU 读 8237A 内部寄存器的状态信息；当 8237A 控制总线时，$\overline{IOR}$ 为输出信号，与 $\overline{MEMW}$ 配合控制数据由外设传至存储器。

$\overline{\text{IOW}}$(I/O Write)：I/O 写信号，双向，低电平有效。当 CPU 控制总线时，$\overline{\text{IOW}}$ 为输入信号，CPU 写 8237A 内部寄存器；当 8237A 控制总线时，$\overline{\text{IOW}}$ 为输出信号，与 $\overline{\text{MEMR}}$ 配合控制数据由存储器传至外设。

$\overline{\text{MEMR}}$(Memory Read)：存储器读信号，输出，低电平有效，与 $\overline{\text{IOW}}$ 配合控制数据由存储器传至外设。

$\overline{\text{MEMW}}$(Memory Write)：存储器写信号，输出，低电平有效，与 $\overline{\text{IOR}}$ 配合控制数据由外设传至存储器。

$\text{DREQ}_3 \sim \text{DREQ}_0$(DMA Request)：4 个通道的 DMA 请求输入信号，由请求 DMA 传送的外设输入，其有效极性和优先级可以通过编程设定。

$\text{DACK}_3 \sim \text{DACK}_0$(DMA Acknowledge)：4 个通道的 DMA 响应输出信号，作为对请求 DMA 传送外设的应答信号，其有效极性可以通过编程设定。

HRQ(Hold Request)：总线请求信号，输出，高电平有效，与 CPU 的总线请求信号 HOLD 相连。当 8237A 接收到 DREQ 请求后，使 HRQ 变为有效电平。

HLDA(Hold Acknowledge)：总线应答信号，输入，高电平有效，与 CPU 的总线响应信号 HLDA 相连。当 HLDA 有效时，表明 8237A 获得了总线控制权。

CLK(clock)：时钟信号。用于芯片内部操作的定时，并控制数据传送的速率。

RESET：复位信号，高电平有效。芯片复位后，屏蔽寄存器置 1，其他寄存器被清零，8237A 处于空闲周期，可接受 CPU 的初始操作。

READY(I/O Device Ready)：外设准备就绪信号，输入，高电平有效。READY＝1，表示外设已经准备就绪，可以进行读/写操作；READY＝0，表示外设未准备就绪，需要在总线周期中插入等待周期 T_w。

AEN(Address Enable)：地址允许信号，输出，高电平有效。当 AEN 有效时，将 8237A 控制器输出的存储器单元地址送至系统地址总线，禁止其他总线控制设备使用总线。在 DMA 传送过程中，AEN 信号一直有效。

ADSTB(Address Strobe)：地址选通信号，输出，高电平有效，作为外部地址锁存器选通信号。当 ADSTB 信号有效时，$\text{DB}_7 \sim \text{DB}_0$ 传送的存储器高 8 位地址信号（$A_{15} \sim A_8$）被锁存到外部地址锁存器中。

$\overline{\text{EOP}}$(End Of Process)：DMA 传送结束信号，双向，低电平有效。当 8237A 的任一通道数据传送计数停止时，产生 $\overline{\text{EOP}}$ 输出信号，表示 DMA 传送结束；也可以由外设输入 $\overline{\text{EOP}}$ 信号，强迫当前正在工作的 DMA 通道停止计数，数据传送停止。无论是内部停止还是外部停止，当 $\overline{\text{EOP}}$ 有效时，立即停止 DMA 服务，并复位 8237A 的内部寄存器。

V_{CC}：＋5 V 电源。

GND：接地。

N/C：未用。

8.4.3　8237A 的工作方式及初始化编程

1. 8237A 的工作方式

8237A 有 4 种 DMA 传送方式和 3 种 DMA 传送类型，可以实现存储器到存储器的传送。

1) DMA 传送方式

8237A 的 DMA 传送有 4 种工作方式，如下所示：

（1）单字节传送方式。

每次 DMA 操作仅传送一个字节的数据，完成一个字节的数据传送后，8237A 将当前地址寄存器的内容加 1（或减 1），并将当前字节数寄存器的内容减 1。每传送完这一个字节，DMAC 就将总线控制权交回 CPU。若传送后使字节数寄存器从 0 减到 FFFFH，终止计数，则终结 DMA 传送或重新初始化。

通常在 DACK 称为有效之前，DREQ 必须保持有效。若 DREQ 有效的时间覆盖了整个传输过程，则 8237A 在传送完一个字节后，HRQ 也会变成无效，释放总线。但 HRQ 很快再次变成有效，8237A 接收到新的 HLDA 有效信号后，又开始传送下一个字节。

（2）数据块传送方式。

在这种传送方式下，8237A 一旦获得总线控制权，便开始连续传送数据。每传送一个字节，就自动修改当前地址及当前字节数寄存器的内容，直到字节数寄存器从 0 减到 FFFFH 终止计数，或收到外部输入的有效 $\overline{EOP}$ 信号才终结 DMA 传送，将总线控制权交给 CPU。一次所传送数据块的最大长度可达 64 KB，数据块传送结束后可自动初始化。

显然，在这种方式下，CPU 可能会很长时间不能获得总线的控制权。这在有些场合是不利的。例如，PC 机就不能用这种方式，因为在块传送时，8088 不能占用总线，无法实现对 DRAM 的刷新操作。

（3）请求传送方式。

DREQ 信号有效时，8237A 连续传送数据；DREQ 信号无效时，DMA 传送被暂时终止，8237A 释放总线，CPU 可继续操作。如果此时外设又准备好进行传送，可使 DREQ 信号再次有效，DMA 传送就会继续进行下去。当然，只要 DREQ 有效，DMA 传送就一直进行，直到字节数计数器从 0 减到 FFFFH，或外部输入使 $\overline{EOP}$ 变低，或 DREQ 变为无效时为止。

（4）级联方式。

利用级联方式可以把多个 8237A 连接在一起，以便扩充系统的 DMA 通道数。下一级的 HRQ 接到上一级的某一通道的 DREQ 上，而上一级的响应信号 DACK 可接下一级的 HLDA，其连接如图 8-41 所示。

在级联方式下，当第二级 8237A 的请求得到响应时，第一级 8237A 仅应输出 HRQ 信号而不能输出地址及控制信号。因为第二级的 8237A 才是真正的主控制器，第一级的 8237A 仅应起到传递 DREQ 请求信号及 DACK 应答信号的作用。

2) DMA 传送类型

在前 3 种工作方式下，DMA 传送有 DMA 读、写和校验 3 种类型。

（1）DMA 读。

如果将数据从存储器传送到外设，则 8237A 输出 $\overline{MEMR}$ 和 $\overline{IOW}$ 有效信号。由 $\overline{MEMR}$ 有效从存储器读出数据，由 $\overline{IOW}$ 有效把这一数据写入外设。

（2）DMA 写。

如果将数据从外设传送到存储器，则 8237A 输出 $\overline{IOR}$ 和 $\overline{MEMW}$ 有效信号。由 $\overline{IOR}$ 有效从外设输入数据，由 $\overline{MEMW}$ 有效把这一数据写入存储器。

（3）DMA 校验。

DMA 校验是一种空操作。8237A 也像 DMA 读或 DMA 写传送一样产生地址信号和 $\overline{EOP}$ 信号，但不发生存储器和 I/O 读/写控制信号，所以实际上并不真正进行数据传送。这种传送类型一般用于对 DMAC 器件进行测试。

3）存储器到存储器的传送

8237A 具有存储器到存储器的传送功能。利用 8237A 编程命令寄存器，可以选择通道 0 和通道 1 两个通道实现由存储器到存储器的传送。

在进行传送时，采用数据块传送方式，由通道 0 送出内存源区域的地址和 $\overline{MEMR}$ 控制信号，将选中内存单元的数据读到 8237A 的暂存寄存器中，通道 0 修改地址；接着由通道 1 输出内存目的区域的地址及 $\overline{MEMW}$ 控制信号，将存放在暂存寄存器中的数据通过系统数据总线写入到内存的目的区域中去；然后通道 1 修改地址和字节数寄存器的内容，通道 1 的字节数计数器从 0 减到 FFFFH 或外部输入 $\overline{EOP}$ 时可结束一次 DMA 传输过程。

4）DMA 通道的优先权方式

8237A 中的任一通道获得服务后，其他通道无论优先权高低均被禁止，DMA 传送不存在嵌套。

（1）固定优先权方式。4 个通道的优先权是固定的，即通道 0 优先权最高，依次降低，通道 3 最低。

（2）循环优先权方式。4 个通道的优先权是变化的，即最近一次服务的通道在下次循环中变成最低优先权，其他通道依次轮流相应的优先权。若 3 个通道已经被服务，则剩下的通道一定是优先权最高的。

5）自动初始化方式

若 DMA 通道设置为自动初始化方式，则每当 DMA 过程结束 $\overline{EOP}$ 信号产生时，都用基地址寄存器和基字节数寄存器的内容，使相应的现行寄存器恢复为初始值，包括恢复屏蔽位、允许 DMA 请求。

2. 8237A 的内部寄存器结构

8237A 的内部寄存器有两类。一类称为通道寄存器，每个通道包括基地址寄存器、当前地址寄存器、基字节计数器、当前字节计数器和工作方式寄存器，这些寄存器的内容在初始化编程时写入。另一类为控制寄存器和状态寄存器，这类寄存器是 4 个通道公用的，其中控制寄存器用来设置 8237A 的传送类型和请求控制等，初始化编程时写入；而状态寄存器用来存放 8237A 的工作状态信息，供 CPU 读取查询。8237A 内部寄存器的端口地址分配及读/写操作功能见表 8-7。

表 8-7　8237A 内部寄存器端口地址分配及读/写操作功能

通道号	$A_3\ A_2\ A_1\ A_0$	地址	读操作（$\overline{IOR}=0$）	写操作（$\overline{IOW}=0$）
0	0 0 0 0	DMA+00H	当前地址寄存器	基（当前）地址寄存器
	0 0 0 1	DMA+01H	当前字节计数器	基（当前）字节计数器
1	0 0 1 0	DMA+02H	当前地址寄存器	基（当前）地址寄存器
	0 0 1 1	DMA+03H	当前字节计数器	基（当前）字节计数器

通道号	$A_3\ A_2\ A_1\ A_0$	地址	读操作($\overline{IOR}=0$)	写操作($\overline{IOW}=0$)
2	0 1 0 0	DMA+04H	当前地址寄存器	基(当前)地址寄存器
	0 1 0 1	DMA+05H	当前字节计数器	基(当前)字节计数器
3	0 1 1 0	DMA+06H	当前地址寄存器	基(当前)地址寄存器
	0 1 1 1	DMA+07H	当前字节计数器	基(当前)字节计数器
公用	1 0 0 0	DMA+08H	状态寄存器	控制寄存器
	1 0 0 1	DMA+09H		请求寄存器
	1 0 1 0	DMA+0AH		单通道屏蔽寄存器
	1 0 1 1	DMA+0BH		方式寄存器
	1 1 0 0	DMA+0CH		清除先后触发器
	1 1 0 1	DMA+0DH	暂存寄存器	主清除(软件复位)
	1 1 1 0	DMA+0EH		清除屏蔽寄存器
	1 1 1 1	DMA+0FH		四通道屏蔽寄存器

注：DMA 地址由 $\overline{CS}$ 信号和 8237A 页面寄存器提供。

1）当前地址寄存器

当前地址寄存器用来保存 DMA 传送的当前地址，每次传送后，这个寄存器的值自动加 1 或减 1。当前地址寄存器由 CPU 写入或读出。

2）当前字节计数器

当前字节计数器用来保存 DMA 传送的剩余字节数，每次传送后减 1。这个计数器的值可由 CPU 写入和读出。当前字节计数器的值从 0 减到 FFFFH 时，终止计数。

3）基地址寄存器

基地址寄存器中存放着与当前地址寄存器相同的初始值。初始化时，CPU 将起始地址同时写入基地址寄存器和当前地址寄存器，但是基地址寄存器不会自动修改，且不能读出。

4）基字节计数器

基字节计数器中存放着与当前字节计数器相同的初始值。初始化时，CPU 将传送数据的字节数同时写入基字节计数器和当前字节计数器，但是基字节计数器不会自动修改，且不能读出。由于字节计数器从 0 开始减 1，直到 FFFFH 时才终止计数，因此实际传送的字节数要比写入字节计数器的值多 1。所以，如果需要传送 N 字节数据，初始化编程时写入字节计数器的值应为 $N-1$。

5）工作方式寄存器

工作方式寄存器中存放相应通道的方式控制字，如图 8-42 所示。地址加 1 或减 1 是指每传送 1 字节数据，当前地址寄存器的值(即存储器单元地址)加 1 或减 1。自动预置是指当字节计数器从 0 开始减 1，直到 FFFFH 并产生 $\overline{EOP}$ 信号时，当前字节计数器和当前地址寄存器自动从基字节计数器和基地址寄存器中获取初始值，从头开始重复操作。

D_7	D_6	D_5	D_4	D_3	D_2	D_1	D_0

00：请求传送方式
01：单字节传送方式
10：数据块传送方式
11：级联传送方式
传送方式选择

0：地址增量
1：地址减量
地址修改方式

自动预置选择
0：禁止自动初始化
1：允许自动初始化

通道选择
00：通道0
01：通道1
10：通道2
11：通道3

传送类型选择
00：DMA校验
01：DMA写（I/O到存储器）
10：DMA读（存储器到I/O）
11：非法
××：若D_7D_6=11

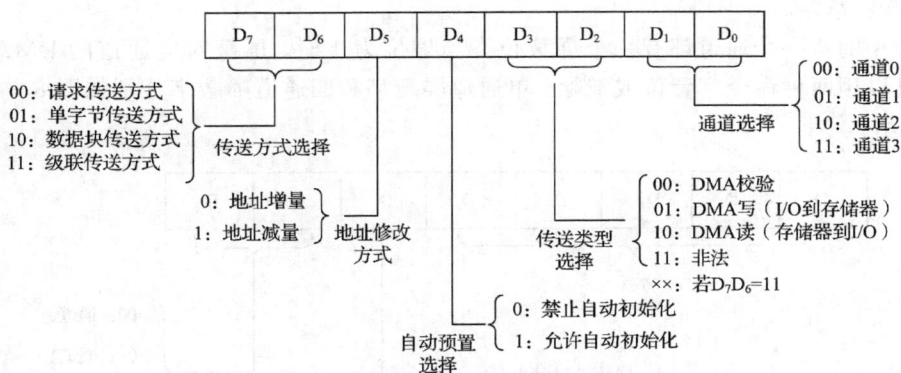

图 8 - 42　8237A 工作方式寄存器

6）控制寄存器

控制寄存器用于存放 8237A 的控制字，如图 8 - 43 所示。它用来设置 8237A 的操作方式，影响每个通道。复位时，控制寄存器清零。在系统性能允许的范围内，为获得较高的传输效率，8237A 能将每次传输时间从正常时序的 3 个时钟周期变成压缩时序的两个时钟周期。

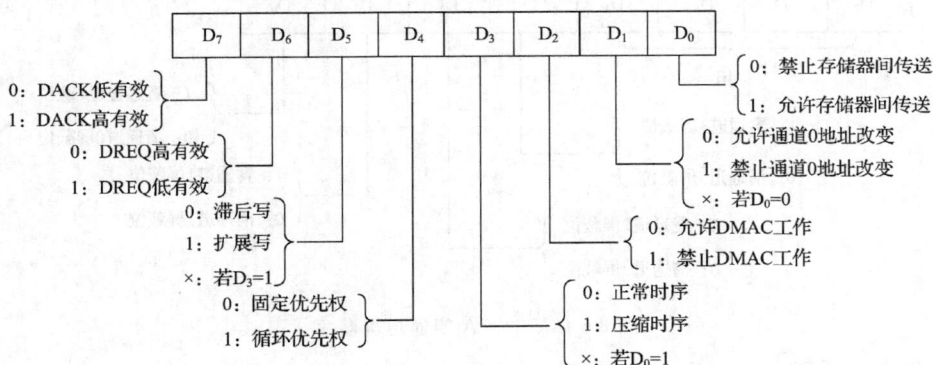

D_7	D_6	D_5	D_4	D_3	D_2	D_1	D_0

0：DACK低有效
1：DACK高有效

0：DREQ高有效
1：DREQ低有效

0：滞后写
1：扩展写
×：若D_3=1

0：固定优先权
1：循环优先权

0：正常时序
1：压缩时序
×：若D_0=1

0：允许DMAC工作
1：禁止DMAC工作

0：允许通道0地址改变
1：禁止通道0地址改变
×：若D_0=0

0：禁止存储器间传送
1：允许存储器间传送

图 8 - 43　8237A 控制寄存器

7）请求寄存器

8237A 除了可以利用硬件 DREQ 信号提出 DMA 请求外，当工作在数据块传送方式时，也可以通过软件发出 DMA 请求。请求寄存器如图 8 - 44 所示。在执行存储器与存储器之间的数据传送时，由通道 0 从源数据区读取数据，由通道 1 将数据写入目标数据区。此时启动 DMA 过程是由内部软件 DMA 请求来实现的，即对通道 0 的请求寄存器写入 04H，产生 DREQ 请求，使 8237A 产生总线请求信号 HRQ，启动 DMA 传送。

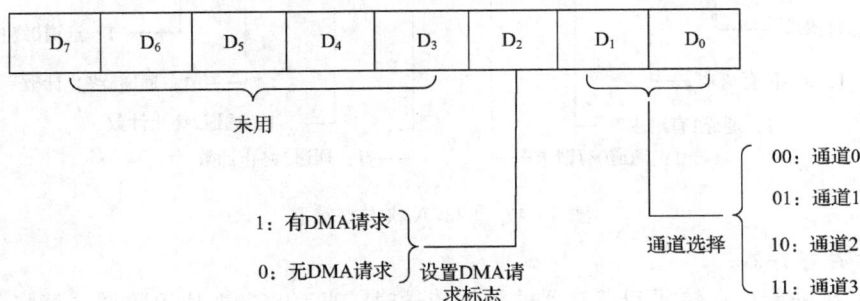

D_7	D_6	D_5	D_4	D_3	D_2	D_1	D_0

未用

1：有DMA请求
0：无DMA请求
设置DMA请求标志

通道选择
00：通道0
01：通道1
10：通道2
11：通道3

图 8 - 44　8237A 请求寄存器

8）屏蔽寄存器

8237A 的每一个通道都有一个屏蔽位。当该位为 1 时，屏蔽对应通道的 DMA 请求。屏蔽位可以用两种命令字置位或清除，单通道屏蔽字和四通道屏蔽字分别如图 8-45 和图 8-46 所示。

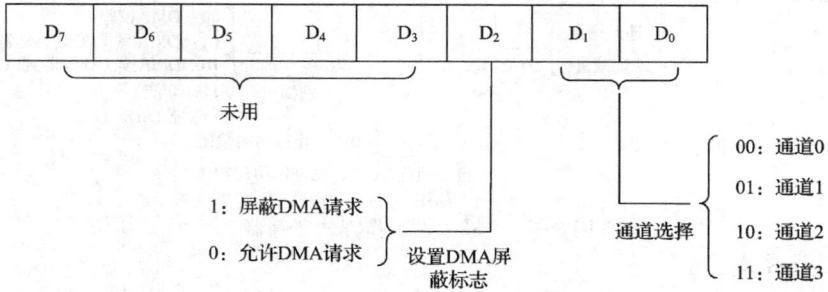

D$_7$	D$_6$	D$_5$	D$_4$	D$_3$	D$_2$	D$_1$	D$_0$

未用

1：屏蔽DMA请求
0：允许DMA请求 设置DMA屏蔽标志

通道选择
00：通道0
01：通道1
10：通道2
11：通道3

图 8-45　8237A 单通道屏蔽字

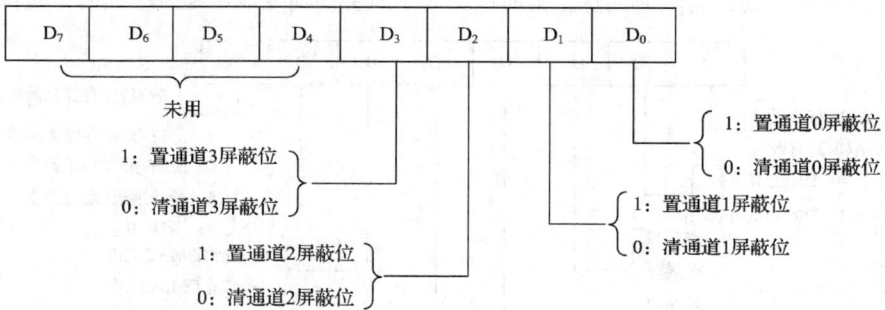

D$_7$	D$_6$	D$_5$	D$_4$	D$_3$	D$_2$	D$_1$	D$_0$

未用

1：置通道3屏蔽位
0：清通道3屏蔽位

1：置通道2屏蔽位
0：清通道2屏蔽位

1：置通道0屏蔽位
0：清通道0屏蔽位

1：置通道1屏蔽位
0：清通道1屏蔽位

图 8-46　8237A 四通道屏蔽字

9）状态寄存器

状态寄存器用来存放各通道的工作状态和请求标志。如图 8-47 所示，低 4 位对应表示各通道的终止计数状态。当某通道终止计数或外部 $\overline{EOP}$ 信号有效时，则对应位置 1。高 4 位对应表示各通道的请求信号 DREQ 输入是否有效。这些状态位在复位或被读出后均清零。

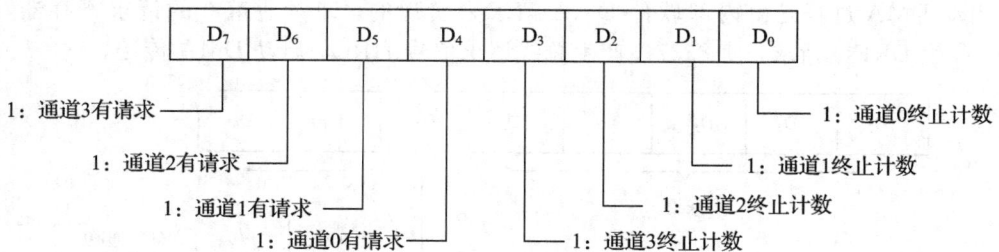

D$_7$	D$_6$	D$_5$	D$_4$	D$_3$	D$_2$	D$_1$	D$_0$

1：通道3有请求
1：通道2有请求
1：通道1有请求
1：通道0有请求

1：通道0终止计数
1：通道1终止计数
1：通道2终止计数
1：通道3终止计数

图 8-47　8237A 状态寄存器

10）暂存寄存器

8237A 在进行从存储器到存储器的数据传送时，通道 0 先把从源数据区读出的数据送入暂存寄存器中保存，然后由通道 1 从暂存寄存器中读出数据，传送至目标数据区中。传送结束时，暂存寄存器只会保留最后一个字节数据，可由 CPU 读出。复位时，暂存寄存器内容清零。

注意，清除命令不需要通过写入控制寄存器来执行，只需要对特定的 DMA 端口执行一次写操作即可完成。主清除命令的功能与复位信号 RESET 类似，可以对 8237A 进行软件复位。只要对 $A_3 \sim A_0 = 1101B$ 的端口执行一次写操作，便可以使 8237A 处于复位状态。

3. 8237A 的初始化编程

8237A 的初始化编程分为以下 7 个步骤：

(1) 发主清除命令。向 DMA+0DH 端口执行一次写操作，就可以复位内部寄存器。

(2) 写地址寄存器。将传送数据块的首地址(末地址)按照先低位后高位的顺序写入基地址寄存器和当前地址寄存器。

(3) 写字节计数器。将传送数据块的字节数 N(写入的值为 $N-1$)按照先低位后高位的顺序写入基字节计数器和当前字节计数器。

(4) 写工作方式寄存器。设置工作方式和操作类型。

(5) 写屏蔽寄存器。开放指定 DMA 通道的请求。

(6) 写控制寄存器。设置 DREQ 和 DACK 的有效极性，启动 8237A 开始工作。

(7) 写请求寄存器。只有用软件请求 DMA 传送(存储器与存储器间的数据块传送)时，才需要写该寄存器。

8.4.4　8237A 应用举例

【例 8-8】 若选用通道 1，由外设(磁盘)输入 16 KB 的数据块，传送至 28000H 开始的区域。(按增量传送)采用数据块传送方式，传送完后不自动初始化，外设的 DREQ 和 DACK 都为高电平有效。请完成程序。

解　首先要确定端口地址，地址的低 4 位寻址 8237A 的内部寄存器。

(1) 先确定各控制字。

① 工作方式控制字为 10000101B=85H。

D_1D_0 为 01，选通道 1；D_3D_2 为 01，DMA 写操作(I/O→M)；D_4 位为 0，表示传送结束禁止自动初始化，D_5 位为 0，表示选择地址加 1；D_7D_6 为 10，选择数据块传送方式。

② 屏蔽控制字为 00000000B=00H。

$D_7 \sim D_4$ 位无用，设置为 0；$D_3 \sim D_0$ 位设置为 0，表示将 4 个通道的屏蔽位复位，即都可以产生 DMA 请求。若要屏蔽某个通道的 DREQ 请求，则相应位设置为 1。

③ 操作命令控制字为 10100000B=A0H。

D_7 设置为 1，表示 $DACK_1$ 高电平有效；D_6 设置为 0，表示 $DREQ_1$ 高电平有效；D_5 设置为 1，表示扩展写；D_4 设置为 0，表示选用固定优先权；D_2 设置为 0，表示允许 8237A 操作；D_0 设置为 0，表示非存储器到存储器传送。

(2) 初始化程序如下所示：

```
OUT  0DH, AL        ;输出主清除命令
MOV  AL, 00H
OUT  02H, AL        ;输出当前和基地址的低 8 位
MOV  AL, 80H
```

```
        OUT   02H, AL               ;输出当前和基地址的高 8 位
        MOV   AX, 16384
        OUT   03H, AL               ;输出当前和基字节计数初值低 8 位
        MOV   AL, AH
        OUT   03H, AL
        MOV   AL, 85H
        OUT   0BH, AL               ;输出工作方式控制字
        MOV   AL, 00H
        OUT   0AH, AL               ;输出屏蔽字
        MOV   AL, 0A0H
        OUT   08H, AL               ;输出操作命令控制字
        MOV   AX, DS                ;取数据段地址
        MOV   CL, 4                 ;移位次数送 CL
        ROL   AX, CL                ;循环左移 4 次
        MOV   CH, AL                ;将 DS 的高 4 位存入 CH 寄存器中
        AND   AL, 0F0H             ;屏蔽 DS 的低 4 位
        MOV   BX, OFFSET BUFFER     ;获得缓冲区首地址偏移量
        ADD   AX, BX                ;计算 16 位物理地址
        INC   CH                    ;有进位 DS 高 4 位加 1
        PUSH  AX                    ;保存低 16 位起始地址
```

【例 8 - 9】 利用 8237A 编写从源存储器传送 1000 个字节数据到目标存储器的程序。

解 把一个数据块从存储器一个区传送到另一个区是通过通道 0 和通道 1 完成的。

程序如下所示：

```
        MOV   AL, 04H              ;关闭 8237A，操作方式控制字 D₂＝1
        MOV   DX, DMA+08H          ;设置命令寄存器的端口地址
        OUT   DX, AL
        MOV   DX, DMA+0DH          ;设置总清命令寄存器的地址
        OUT   DX, AL               ;总清
        MOV   DX, DMA+00H          ;设置通道 0 地址寄存器端口地址
        MOV   AX, SOURCE           ;设置源数据块首地址
        OUT   DX, AL               ;设置地址寄存器低字节
        MOV   AL, AH               ;将源数据块首地址高字节送 AL
        OUT   DX, AL               ;设置地址寄存器高字节
        MOV   DX, DMA+02H          ;设置通道 1 地址寄存器端口地址
        MOV   AX, DST              ;设置目标数据块的首地址
        OUT   DX, AL               ;目标数据块首地址送通道 1 的地址寄存器
        MOV   AL, AH
        OUT   DX, AL
        MOV   DX, DMA+03H          ;设置通道 1 字节计数器的端口地址
        MOV   AX, 1000             ;设置计数器值
        OUT   DX, AL               ;传送源数据块字节数给通道 1 的字节数计数器
        MOV   AL, AH
        OUT   DX, AL
        MOV   DX, DMA+0CH          ;设置先/后触发器端地址
```

```
    OUT  DX, AL                        ; 清先/后触发器
    MOV  DX, DMA+0BH                   ; 设置模式寄存器端口地址
    MOV  AL, 88H                       ; 设置 8237A 的工作方式控制字, 定义通道 0 为 DMA 读传输
    OUT  DX, AL
    MOV  DX, DMA+0CH                   ; 设置清先/后触发器命令寄存器的地址
    OUT  DX, AL                        ; 清先/后触发器
    MOV  DX, DMA+0BH
    MOV  AL, 85H                       ; 设置 8237A 的模式字, 定义通道 1 为 DMA 写传输
    OUT  DX, AL
    MOV  DX, DMA+0CH
    OUT  DX, AL                        ; 清先/后触发器
    MOV  DX, DMA+0FH
    MOV  DX, 0CH                       ; 屏蔽通道 2 和通道 3
    OUT  DX, AL
    MOV  DX, DMA+0CH
    OUT  DX, AL                        ; 清先/后触发器
    MOV  DX, DMA+08H
    MOV  AL, 01H                       ; 设置 8237A 的控制字, 定义为存储器到存储器传送模式
    OUT  DX, AL                        ; 启动 8237A 工作
    MOV  DX, DMA+0CH
    OUT  DX, AL                        ; 清先/后触发器
    MOV  DX, DMA+09H
    MOV  AL, 04H                       ; 向通道 0 发出 DMA 请求
    OUT  DX, AL
    MOV  DX, DMA+08H
AA1: INAL, DX                          ; 读 8237A 状态寄存器的内容
    JZ  AA1                            ; 判断计数是否结束
    MOV  DX, DMA+0CH
    OUT  DX, AL                        ; 清先/后触发器
    MOV  DX, DMA+09H
    MOV  AL, 00H                       ; 向通道 0 撤销 DMA 请求
    OUT  DX, AL
    MOV  DX, DMA+0CH
    OUT  DX, AL                        ; 清先/后触发器
    MOV  AL, 04H                       ; 关闭 8237A, 操作方式控制字 $D_2=1$
    MOV  DX, DMA+08H                   ; 设置控制寄存器的端口地址
    OUT  DX, AL
    HLT
```

习　题

1. 8255A 的方式选择控制字和端口 C 按位控制字的端口地址是否一样, 8255A 怎样区分这两种控制字? 写出端口 A 作为基本输入、端口 B 作为基本输出的初始化程序。

2. 若 8255A 的端口 A 定义为方式 0、输入，端口 B 定义为方式 1、输出，端口 C 的上半部定义为方式 0、输出，试编写初始化程序(端口地址为 200H～203H)。

3. 用 8255A 的端口 A 接 8 位二进制输入，端口 B 接 8 只发光二极管显示二进制数。编写一段程序，把端口 A 的读入数据送端口 B 显示。

4. 8253A 有哪些工作方式？各有何特点？

5. 定时器 8253 的输入时钟频率为 1 MHz，设定为按 BCD 码计数。若写入的计数初值为 1080H，则该通道定时时间是多少？

6. 设 8253 与 8086 相连，8253 的时钟频率为 2 MHz，其口地址为 340H～343H，通道 0 工作于定时方式。要求每 10 ms 向 8086 发出一中断请求信号，通道 1 要求输出频率为 500 Hz 的方波，编写初始化程序。

7. 串行通信中，什么叫单工、半双工、全双工工作方式？

8. 8251 在接收和发送数据时，分别通过哪个引脚向 CPU 发中断请求信号？

9. 设 8251 为异步方式，1 个停止位，偶校验，7 个数据位，波特率因子为 16。请写出其方式字。

10. 什么是 DMA 传输？DMA 传输有什么优点？

11. 8237A DMA 控制器有几种工作模式，分别是什么？有几种传送类型，分别是什么？

12. 假设利用 8237A 通道 1 在存储器的两个区域 BUF_1 和 BUF_2 间直接传送 100 个数据，采用连续传送方式，传送完毕后不自动预置，试写出初始化程序。

第 9 章

模拟量的输入/输出

在许多工业生产过程中,计算机系统需要处理的物理量往往是随时间连续变化的模拟量,如电压、电流等电信号,或者声、光、压力和温度等非电物理量。其中,非电物理量需要通过合适的传感器等转换成电信号,而模拟量只有转换成数字量才能被计算机采集、分析和计算处理。另一方面,为了实现对生产过程的控制,有时要把计算机输出的数字量转换为模拟信号,以驱动执行机构工作。CPU 与模拟外设之间的接口电路称为模拟接口,模拟接口是计算机监测与控制系统中不可缺少的组成部分。

本章介绍计算机模拟接口的基本组成、模/数与数/模转换器的主要技术指标,并举例介绍典型的模/数与数/模转换芯片以及它们与 ISA 总线的连接及应用。

9.1   模拟接口的组成

本节介绍模拟量输入/输出通道的基本组成和工作原理。

图 9-1 所示为模拟量输入/输出通道的组成。工业生产过程的模拟信号由模/数

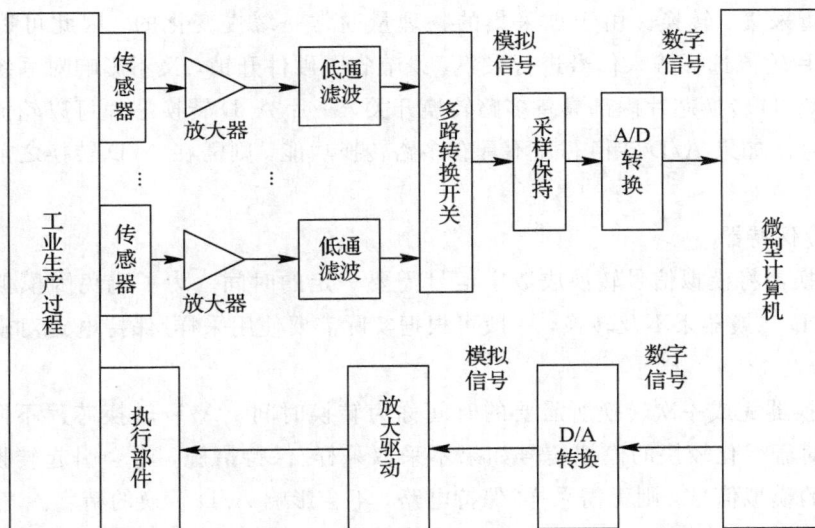

图 9-1   模拟量输入/输出通道的组成

(Analog to Digit,A/D)转换通道转换成数字信号,然后由计算机进行分析处理;计算机输出的数字信号经过数/模(Digit to Analog,D/A)转换通道转换成模拟信号,并经驱动电路

放大后,送往执行部件对工业过程进行控制。

9.1.1 模/数转换通道的组成

A/D 转换器将连续变化的模拟信号转换成计算机可以处理的 TTL 电平或 MOS 电平的数字信号,它属于计算机输入设备。一般模/数转换通道由传感器、信号处理、多路转换开关、采样保持器以及 A/D 转换器组成。

1. 传感器

传感器可将非电物理量转换成电信号(电流或电压),一般由电容、电阻、电感或敏感材料组成。在外加激励电流或电压的驱动下,传感器的组成材料会随非电物理量的变化而发生改变,使得输出的电流或电压的变化与非电物理量的变化成正比。

2. 信号处理

在 A/D 转换器与传感器之间一般接有信号放大处理电路,主要有以下两个原因:

(1) 传感器输出的电信号往往与 ADC 需要的输入电压信号不相匹配。ADC 产品型号繁多,输入的待转换电压可以是双极性电压或单极性电压,其中双极性电压一般为 ± 2.5 V、± 5 V 以及 ± 10 V,单极性电压一般有 $0 \sim +5$ V、$0 \sim +10$ V 以及 $0 \sim +20$ V 3 种。而传感器以电流输出型居多,需要将电流信号进行变换与放大处理,转换成与 ADC 输入相匹配的电压信号。

(2) 传感器的工作现场可能存在复杂的电磁干扰。通常采用 RC 低通滤波器滤除叠加在传感器输出信号上的高频干扰信号,也可采用滤波性能更好的有源滤波技术。

3. 多路转换开关

工业生产过程中要监测或控制的模拟量可能不止一个,数据采集系统往往需要对多路模拟信号进行采集、转换。由于被采集的物理量通常是缓慢变化的,因此可以只用一片 A/D 转换芯片轮流选择输入信号进行采集,既节省了硬件开销,又不影响对系统的监测与控制。许多 A/D 转换芯片内部具备多路转换开关,一片 A/D 转换芯片可以轮流采集多路模拟输入信号。如果 A/D 转换芯片不具有多路转换功能,则需在 A/D 转换之前外加模拟多路转换开关。

4. 采样/保持器

A/D 转换器将模拟信号转换成数字信号需要一定的时间。为了避免因模拟信号变化过快致使 A/D 转换器来不及转换,一般可根据实际需要使用采样/保持电路对模拟信号进行稳定。

A/D 转换器完成一次转换所需要的时间称为转换时间。A/D 转换芯片不同,转换时间也不同。对于变化较快的模拟信号如果不采取采样/保持措施,将会引起转换误差;对于慢速变化的模拟信号,则无需采样/保持电路,不会影响 A/D 转换的精度。

采样保持器是指在逻辑电平的控制下处于"采样"或"保持"两种工作状态的电路。采样/保持示意图如图 9-2 所示,在采样状态下,电路的输出跟踪输入的模拟信号;在保持状态下,电路的输出保持着前一次采样结束时刻的瞬时输入模拟信号,直到进入下一次采样状态为止。从图 9-2 中可以看出,经过对 V_i 的采样,V_o 的小平台电压值一直保持到下一次采样开始,该稳定的"小平台"电压供 A/D 转换器进行 A/D 转换。

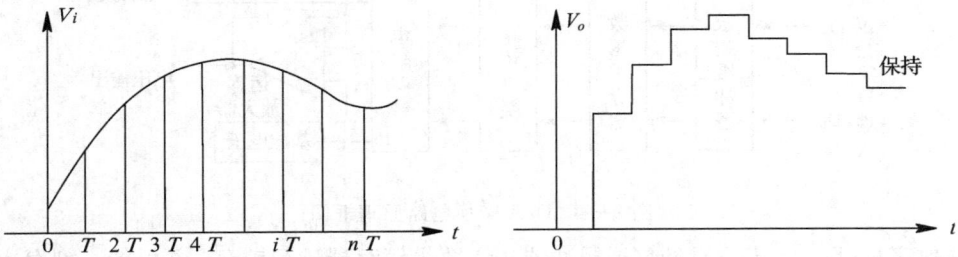

图 9-2 采样/保持示意图

图 9-3 是采样/保持器的基本原理图,它由模拟开关、存储元件(电容)和运算放大器组成,其中 V_i 是待采样的模拟电压,S 为模拟开关,V_C 为模拟开关的逻辑输入信号,C_H 为保持电容。在 V_C 的控制下,模拟开关 S 接通,V_i 对 C_H 充电,由于运算放大器连接为同相输入方式的电压跟随器,因此 V_o 跟随 V_i 而变化。当 V_C 的电平使模拟开关 S 断开时,电容 C_H 两端已充电后的电压短时间内保持不变,这是因为运算放大器的输入阻抗在 100 $M\Omega$ 以上,因此,运算放大器的输出电压 V_o 保持了一个"小平台"。

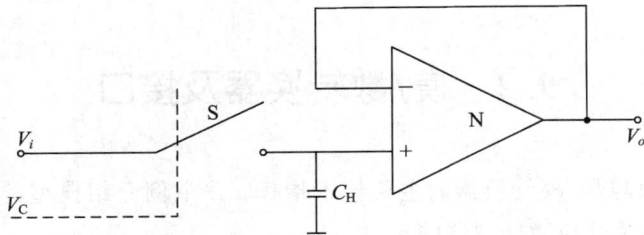

图 9-3 采样/保持器的基本原理图

5. A/D 转换器

A/D 转换器是模/数转换通道的核心环节,其功能是将模拟输入电信号转换成数字量(二进制数或 BCD 码等),以便由计算机读取、分析处理,并依据它发出对生产过程的控制信号。A/D 转换的方法很多,常用的有计数式、逐次逼近式、双积分式、并行比较型/串并行比较型、$\sum-\Delta$ 调制型、电容阵列逐次比较型以及压频变换型等。

9.1.2 数/模转换通道的组成

计算机输出的信号是以数字的形式给出的,而一般控制系统的执行单元要求提供模拟的电流或电压,故必须要将计算机输出的数字量转换成模拟的电流或电压。这个任务主要由数/模(D/A)转换器来完成,它属于计算机输出设备。

D/A 转换器主要由电阻网络、电流开关、基准电压和运算放大器组成,如图 9-4 所示。电阻网络是 D/A 转换的核心部件,其主要网络形式为权电阻网络和 $R-2R$ 梯形电阻网络。

D/A 转换芯片内部通常设有数据锁存器,可以与 CPU 的数据总线直接相连,将需要

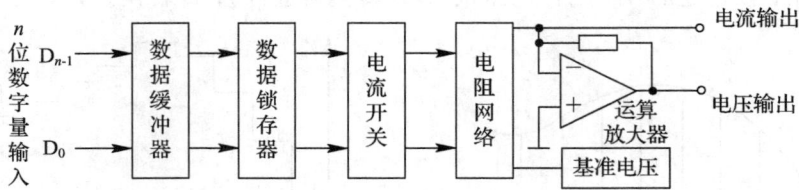

图 9-4 D/A 转换电路原理框图

转换的数字量（D_{n-1}～D_0）通过数据缓冲器送入数据锁存器进行锁存，并保持直到存入新的数据。电流开关和电阻网络组成 D/A 转换器内部的 D/A 转换电路，将锁存的数字量转换成模拟电流信号。为了增强驱动能力，此电流信号通常需要经过运算放大器放大并变换成电压信号输出。

D/A 转换器的输出形式有电压、电流两大类。通常 D/A 转换器的输出电压范围有 0～+5 V、0～+10 V、0～±2.5 V、0～±5 V 以及 0～±10 V 5 种。对于非标准的输出电压范围，可以在输出端再加运算放大器调整。

有些场合需要输出电流信号，以便与标准仪表相配合或满足长距离传输的要求。在实际应用中，经常选用电流输出型的芯片外加运算放大器实现电压输出。

9.2　模/数转换器及接口

本节介绍模/数与数/模转换器的主要技术指标，并举例介绍典型的 8 位 A/D 转换器 ADC0809 的外特性及其与微处理器的接口。

9.2.1　模/数转换器的主要技术指标

A/D 转换器主要有以下技术指标：

1. 分辨率

分辨率（Resolution）反映 A/D 转换器对输入模拟量的分辨能力，通常用数字输出最低位（LSB）变化为 1 时，所对应的模拟输入量变化的电平值表示。由于分辨率与 A/D 转换器输出的数字量位数直接相关，所以也可简单地用数字量的位数来表示分辨率。位数越高，分辨率越高。例如，满量程为 +5 V 的 8 位 A/D 转换器所能分辨的被测模拟量的最小值为 $5 \times \dfrac{1}{2^8 - 1} \approx 19.6$ mV，而同样量程的 10 位 A/D 转换器能够分辨的模拟量最小值为 $5 \times \dfrac{1}{2^{10} - 1} \approx 4.89$ mV。显然，对于量程相同的 A/D 转换器，10 位 A/D 转换器比 8 位 A/D 转换器的分辨率要高得多。

2. 精度

精度（Precision）是指转换的结果相对于实际值的偏差，有绝对精度和相对精度两种表示方法。

对应于输出的一个数字量，实际的模拟输入电压与理想的模拟输入电压之差的最大值定义为"绝对误差"。通常用最低位(LSB)的倍数来表示，如 ± 0.5 LSB 或 ± 1 LSB 等。绝对精度除以满量程值的百分数就是"相对精度"，或称"相对误差"。

例如，某 10 位 A/D 转换器满量程为 5 V，若其绝对精度为 ± 0.5 LSB，则其最小有效位的量化单位 $\Delta = 4.88$ mV，其绝对精度为 $\pm \frac{1}{2}\Delta = \pm 2.44$ mV，相对精度为 $\frac{2.44 \text{ mV}}{10 \text{ V}} = 0.024\%$。

需要指出的是，分辨率与精度是两个不同的概念。相同分辨率的 A/D 转换器其精度可能不同。例如 A/D 转换器 0804 与 AD570 的分辨率均为 8 位，但 0804 的绝对精度为 ± 1 LSB，而 AD570 的绝对精度为 ± 2 LSB。也就是说，分辨率高但精度不一定高，而精度高则分辨率必然也高。

3. 量程

量程(即满刻度范围，Full Scale Range)是指所能转换的输入模拟电压的变化范围，分单极性和双极性两种类型。

例如，单极性转换器的量程为 $0 \sim 10$ V，双极性的量程为 $-5 \sim +5$ V。

4. 转换时间

转换时间(Conversion Time)是指完成一次 A/D 转换所需的时间，即发出启动转换命令到转换结束信号有效，输出得到稳定的数字量所需的时间。

转换时间的倒数称为转换速率(Conversion Rate)。这两个参数是表示转换速率快慢的重要参数。

通常，A/D 转换器的分辨率越高，转换速率越快，价格也越高。因此在实际应用中，应根据模拟量的变化速度，从实际需要出发，慎重选择。

5. 线性度误差

理想的转换器特性应该是线性的，即模拟量输入与数字量输出成线性关系。线性度误差(Linearity Error)是转换器实际的模拟数字转换关系与理想直线之间的最大误差。一般情况下，误差应小于 $\pm \frac{1}{2}$ LSB。

9.2.2 可编程 A/D 转换器 ADC0809

ADC 0809 是逐次逼近型的 8 路模拟量输入、8 位数字量输出的 A/D 转换器，采用 CMOS 工艺制作，单极性输入，量程为 $0 \sim +5$ V，转换时间为 100 μs；片内带有三态输出缓冲器，可直接与 CPU 总线接口。其性能价格比较高，可应用于对精度和采样速度要求不高的场合或一般的工业控制领域，是应用比较广泛的芯片之一。

1. ADC0809 的内部结构

ADC0809 采用双列直插式封装，共有 28 个引脚，其内部结构和引脚图分别如图 9-5 和图 9-6 所示。

ADC0809 由模拟量输入、A/D 转换器和三态输出锁存缓冲器三部分组成。

1) 模拟量输入部分

8 路模拟开关可采集 8 路模拟信号，并通过地址锁存与译码逻辑选择 8 路中的一路进

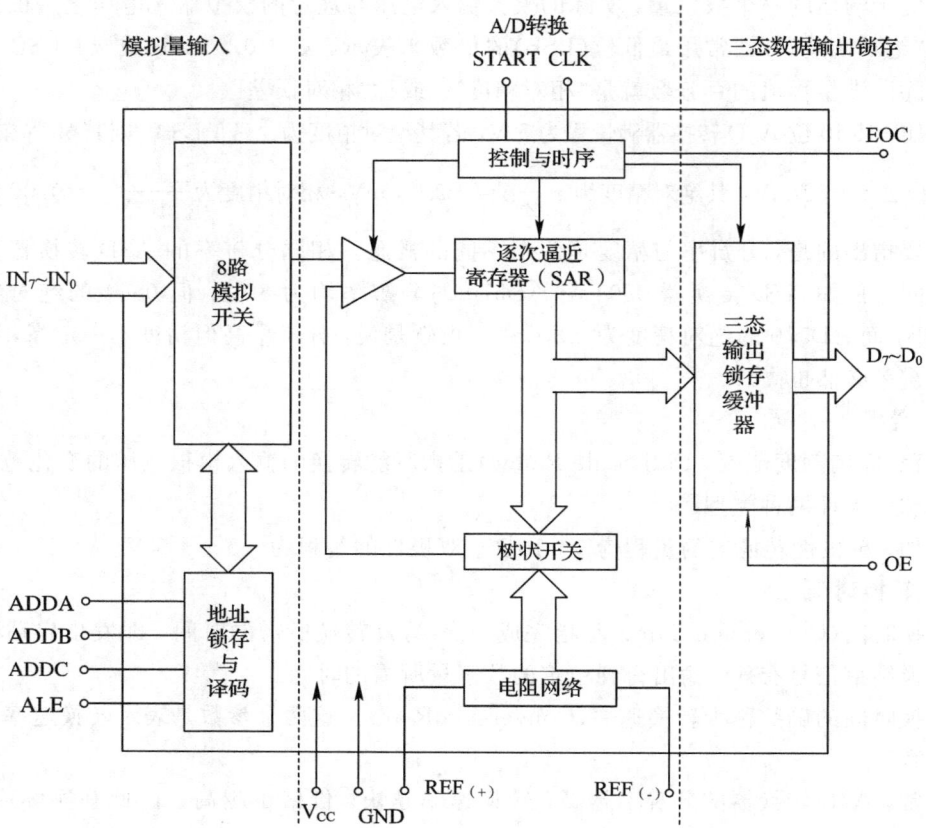

模拟量输入　　　　　　　　　A/D转换　　　　　　三态数据输出锁存
　　　　　　　　　　　　　　START CLK

图 9 - 5　ADC0809 的内部结构

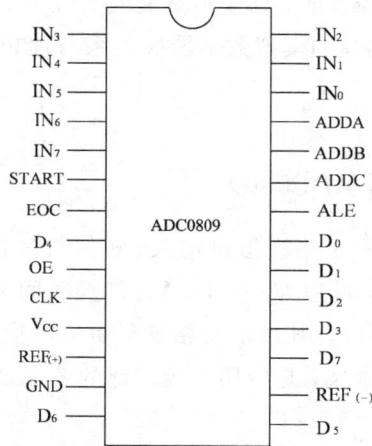

图 9 - 6　ADC0809 的引脚

行转换。

　　$IN_7 \sim IN_0$：8 路模拟信号输入端。单极性电压输入，输入电压范围为 0～5 V。如信号过小，则需要进行放大，且模拟量的变化不宜过快。对变化速度快的模拟量，可在输入前加采样保持电路。

ADDA、ADDB、ADDC：地址输入端，ADDA、ADDB 和 ADDC 依次为 3 位二进制地址的低位到高位，用于选择 8 路模拟输入量中的一路。它们的不同编码经过译码后选择并控制模拟开关，然后接通某一路的模拟信号，采集并保持该路模拟信号，最后送往 A/D 比较器的输入端。地址编码与输入选通的关系如表 9-1 所示。

表 9-1　地址编码与输入选通的关系

ADDC	ADDB	ADDA	选中模拟通道
0	0	0	IN_0
0	0	1	IN_1
0	1	0	IN_2
0	1	1	IN_3
1	0	0	IN_4
1	0	1	IN_5
1	1	0	IN_6
1	1	1	IN_7

ALE：地址锁存允许信号，输入。其高电平有效，用于锁存 ADDA、ADDB、ADDC 的状态。

2）A/D 转换部分

A/D 转换电路主要由控制与时序电路、逐次逼近寄存器 SAR 及由树状开关和电阻网络构成，是 A/D 转换器的核心部分，其功能就是将选中的模拟输入量转换为数字量。

START：启动 A/D 转换控制信号，输入。其上升沿使内部逐次逼近寄存器清 0，下降沿启动 A/D 转换。

EOC：转换结束信号，输出。A/D 转换开始时变为低电平，且在 A/D 转换过程中保持低电平，转换结束时变为高电平。

CLK：时钟脉冲输入端。外加时钟脉冲的频率范围为 10～1280 kHz，通常使用频率为 500 kHz 的时钟信号。

REF（＋）、REF（－）：参考电压输入端，提供内部 A/D 转换电路的基准电平。一般设置为 REF（＋）＝＋5 V，REF（－）接地。

V_{cc}：接＋5 V 工作电源。

GND：接地端。

3）三态输出锁存器

经 A/D 转换后的数字量保存在 8 位的三态输出锁存缓冲器中。当输出允许信号 OE 有效时，三态门打开，将转换后的数据通过 D_7～D_0 输出到 CPU 数据总线上。三态输出锁存器在芯片内部电路与外部数据总线之间起到隔离缓冲作用，使 ADC0809 能够直接与 CPU 接口。

D$_7$～D$_0$：8 位数字量输出，可直接与 CPU 的数据总线相连。

OE：输出允许信号，输入，高电平有效。当 OE 为高电平，三态门打开，输出转换得到的数字量；当 OE 为低电平，输出数据线呈高阻状态。

2. ADC0809 的工作过程

ADC0809 的工作时序图如图 9-7 所示。

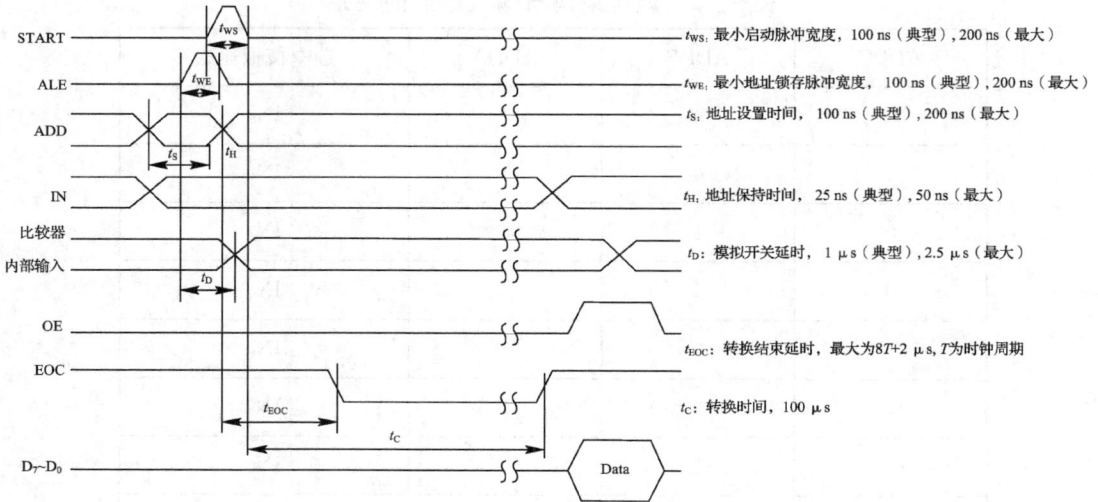

图 9-7　ADC0809 的时序

当模拟量送至某一输入通道后，通过三位地址选择要对哪一路模拟量进行转换，并由地址锁存允许 ALE 锁存；使 ADC0809 的启动信号 START 为正脉冲，其上升沿使逐次逼近寄存器复位，下降沿启动 A/D 转换，并使输出转换结束信号 EOC 变为低电平；A/D 转换结束后，EOC 变为高电平，转换后的数字量保存到 8 位输出锁存缓冲器中；当输出允许信号 OE 高电平有效时，输出三态缓冲器打开，转换结果送到数据总线上。使用时可将 EOC 信号短接到 OE 端，也可利用 EOC 信号向 CPU 申请中断。

9.2.3　ADC0809 与微处理器的接口

【例 9-1】　图 9-8 所示为 ADC0809 芯片通过通用接口芯片 8255A 与 8088 CPU 的接口。ADC0809 的输出数据通过 8255A 的 PA 口输入给 CPU，地址输入信号 ADDA、ADDB 和 ADDC 以及地址锁存信号 ALE 由 8255A 的 PB 口的 PB$_0$～PB$_3$ 提供，A/D 转换的状态信息 EOC 则由 PC$_4$ 输入。试编写 A/D 转换程序。

解　分析：根据接口电路以及数据的输入方式，选择 8255A 的工作方式。如以查询方式读取 A/D 转换后的结果，则 8255A 可设定 A 口为输入，B 口为输出，均为方式 0；PC$_4$ 为输入。设 8255A 的端口地址为 0FCH～0FFH，A/D 转换的流程图如图 9-9 所示。

A/D 转换的程序如下：

```
        ORG     1000H
START： MOV     AL，98H      ;8255A 初始化，方式 0，A 口输入，B 口输出
        MOV     DX，0FFH     ;8255A 控制字端口地址
        OUT     DX，AL       ;送 8255A 方式字
```

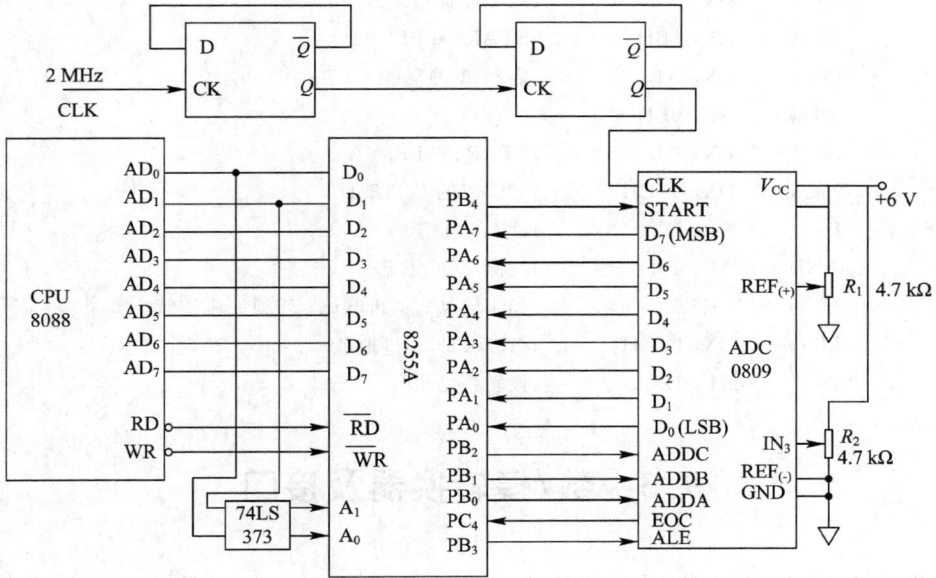

图 9 - 8 ADC0809 与 8088 CPU 的接口

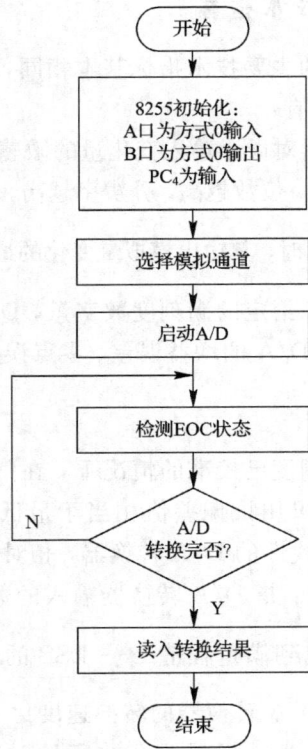

图 9 - 9 ADC0809 转换流程图

```
MOV    AL, 0BH          ;送 IN₃ 输入端地址及 ALE 地址锁存信号
MOV    DX, 0FDH         ;8255A 的 B 口地址
```

```
        OUT     DX，AL          ;送 IN₃ 通道地址
        MOV     AL，1BH         ;START←PB₄＝1
        OUT     DX，AL          ;启动 A/D 转换
        MOV     AL，0BH
        OUT     DX，AL          ;START←PB₄＝0
        MOV     DX，0FEH        ;8255A 的 C 口地址
TEST：  IN      AL，DX          ;读 C 口状态
        AND     AL，10H         ;检测 EOC 状态
        JZ      TEST           ;如未转换完，再测试；转换完则继续
        MOV     DX，0FCH        ;8255A 的 A 口地址
        IN      AL，DX          ;读转换结果
```

9.3　数/模转换器及接口

本节介绍数/模转换器的主要技术指标，并举例介绍典型的 12 位 D/A 转换器 DAC1210 的外特性及其与微处理器的接口。

9.3.1　数/模转换器的主要技术指标

D/A 转换器与 A/D 转换器的主要技术指标基本相同，概念上略有不同。

D/A 转换器的主要技术指标有：

(1) 分辨率：反映 D/A 转换器对微小输入变化量的敏感程度，通常用数字量的位数来表示，如 8 位、10 位、12 位、16 位等。位数越高，分辨率越高。例如，对于满量程为＋5 V 的 10 位 A/D 转换器，当数字量变化为 1 时，其输出模拟量变化的最小值为 $5 \times \dfrac{1}{2^{10}-1} \approx 4.89$ mV。

(2) 绝对精度：它是指对应于给定的满刻度数字量，D/A 转换器实际输出的模拟量与理论值之间的偏差。该误差是由 D/A 的增益误差、零点误差和噪声等引起的，一般应低于 $2^{-(n+)}$ 或 $\pm\dfrac{1}{2}$ LSB。

(3) 相对精度：它是指在满刻度已校准的情况下，在整个刻度范围内对应于任意数字量的模拟量输出与理论值之差。可用该偏差值相当于最低位 LSB 的倍数，或该偏差相当于满量程值的百分比表示。对于线性的 D/A 转换器，相对精度就是非线性误差。

(4) 建立时间(Setting Time)：指 D/A 转换器输入的数字量由全 0 变化为全 1 时，其输出的模拟量达到稳定(一般稳定到满量程值 $\pm\dfrac{1}{2}$ LSB 的范围内)所需的时间，一般为几十毫微秒到几微秒。一般来说，D/A 转换器的转换速度比 A/D 转换器要快得多。

(5) 线性误差(Linearity Error)：相邻两个数字量对应的模拟输出量的差别应该是 1 LSB，即理想的转换器特性应该是线性的。在满刻度范围内，转换器实际的转换特性曲线与理想直线之间的最大误差称为线性误差。一般情况下，线性误差应小于 $\pm\dfrac{1}{2}$ LSB。

（6）温度系数（Temperature Coefficients）：它是指在规定的范围内，相应于每变化
1℃，增益、线性度、零点及偏移等参数的变化量。温度系数直接影响转换精度。

9.3.2　可编程 D/A 转换器 DAC1210

DAC1210 是美国国家半导体公司生产的 12 位 D/A 转换器芯片，是智能化仪表中常用
的一种高性能的 D/A 转换器。DAC1210 是 24 引脚的双列直插式芯片，其内部逻辑结构如
图 9-10 所示。DAC1210 具有 12 位的数据输入端，其低 4 位与高 8 位分别连接到一个
4 位和一个 8 位的输入寄存器。两个输入寄存器的输入允许控制都要求 $\overline{CS}$ 和 $\overline{WR_1}$ 为低电
平，但 8 位输入寄存器的数据输入还要求 $B_1/\overline{B_2}$ 端为高电平。

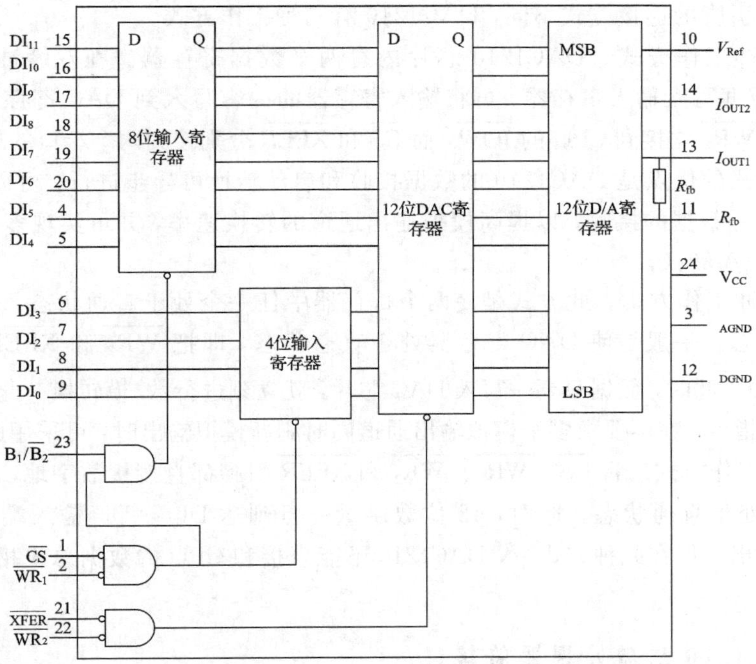

图 9-10　DAC1210 逻辑结构框图

DAC1210 是电流输出型的 D/A 转换器，模拟量以电流形式输出，电流稳定时间约为
1 μs。对于需要电压驱动的外设，需外加运算放大器转换成模拟电压输出。工作电压为
+5～+15 V，参考电压为 -10～+10 V。DAC1210 的输入逻辑电平与 TTL 兼容，芯片
内部有锁存器，可直接连接到 CPU 的数据总线上。

1. DAC1210 引脚功能

$\overline{CS}$：片选信号，低电平有效。

$\overline{WR_1}$：写控制信号 1，低电平有效。此信号为高电平时，两个输入寄存器都不接收新
数据。当此信号有效时，与 $B_1/\overline{B_2}$ 配合起控制作用。

AGND：模拟地。

$DI_{11}\sim DI_0$：12 位数字量输入。

V_{Ref}：参考电压。

R_{fb}：外部放大器的反馈电阻接线端。

DGND：数字地。

I_{OUT1}：D/A 电流输出端 1。

I_{OUT2}：D/A 电流输出端 2。

$\overline{XFER}$：数据转换控制信号，低电平有效，与 $\overline{WR_2}$ 配合使用。

$\overline{WR_2}$：写控制信号 2，低电平有效。此信号有效时，$\overline{XFER}$ 信号才起作用。

$B_1/\overline{B_2}$：字节控制。此端为高电平时，12 位数字同时送入输入寄存器；为低电平时，只将 12 位数字量的低 4 位送到 4 位输入寄存器中。

2. DAC1210 的工作方式

根据控制引脚的连接方式不同，DAC1210 有三种工作方式。

(1) 双缓冲工作方式。DAC1210 芯片内有两个数据寄存器。在双缓冲工作方式下，CPU 首先将数据写入输入寄存器，再将输入寄存器的内容写入到 DAC 寄存器。其连接方式是：$\overline{WR_1}$、$\overline{WR_2}$ 均接到 CPU 的 $\overline{IOW}$，而 $\overline{CS}$ 和 $\overline{XFER}$ 分别接到两个端口的地址译码信号。

双缓冲方式的优点是 DAC1210 的数据接收和启动转换可异步进行，可以在 D/A 转换的同时进行下一数据的接收，以提高模拟输出通道的转换速率，并可实现多个模拟输出通道同时进行 D/A 转换。

(2) 单缓冲工作方式。此方式是使两个寄存器中任一个处于直通状态，另一个工作于受控锁存器状态。一般是使 DAC 寄存器处于直通状态，即把 $\overline{WR_2}$ 和 $\overline{XFER}$ 端都接数字地，使 $LE_2=0$。此时，数据只要一写入 DAC 芯片，就立刻进行数/模转换。此种工作方式可减少一条输出指令，在不要求多个模拟输出通道同时刷新模拟输出时，可采用此种方式。

(3) 直通工作方式。将 $\overline{CS}$、$\overline{WR_1}$、$\overline{WR_2}$ 和 $\overline{XFER}$ 引脚都直接接数字地，使控制端始终有效，则芯片处于直通状态。此时，12 位数字量一旦到达 $DI_{11} \sim DI_0$ 输入端，就立即进行 D/A 转换并输出。但在此种方式下，DAC1210 不能直接和 CPU 的数据总线相连接，故很少采用。

9.3.3 DAC1210 与微处理器的接口

D/A 转换器与微处理器接口的连接信号包括数据线、地址线和控制线。微处理器的输出数字量要传送给 D/A 转换器，首先要把数据总线与 DAC 的数据输入端相连。因为 DAC 要求数字量并行输入，且必须在一定的时间内保持稳定，而 CPU 的总线周期较短，无法满足 DAC 对稳定时间的要求，所以需要在数据总线和 D/A 转换器输入端之间加锁存器。很多 D/A 转换器芯片内部都具有数据锁存器，如 DAC0832、DAC1210 等，当这些芯片与 CPU 接口时，无须外加锁存器，其数据输入端可与 CPU 数据总线直接相连。

8 位 D/A 转换器的数字量输入端通过锁存器与 8 位微处理器(或 16 位微处理器的低 8 位)数据总线相连，锁存器的写入/锁存由地址译码器的输出与 CPU 的 WR 信号和总线信号 IOW 共同控制。当 CPU 对 D/A 转换器执行一次写操作后，即可将 8 位数字量锁存到 8 位锁存器，作为 D/A 转换器的输入数据。

当 D/A 转换器的分辨率大于 8 位时，在与 8 位数据总线接口时，就需要采取适当措施。

【例 9-2】 DAC1210 与 IBM PC 的接口如图 9-11 所示，请编写相关的转换输出程序。

　　解　图 9－11 所示为 DAC1210 与 IBM PC 标准总线的连接图。将 DAC1210 输入数据线的高 8 位 $DI_{11} \sim DI_4$ 与 IBM PC 的数据总线 $DB_7 \sim DB_0$ 相连，低 4 位 $DI_3 \sim DI_0$ 与 IBM PC 数据总线的 $DB_7 \sim DB_4$ 相连，12 位的数据输入应由两次写入操作完成。

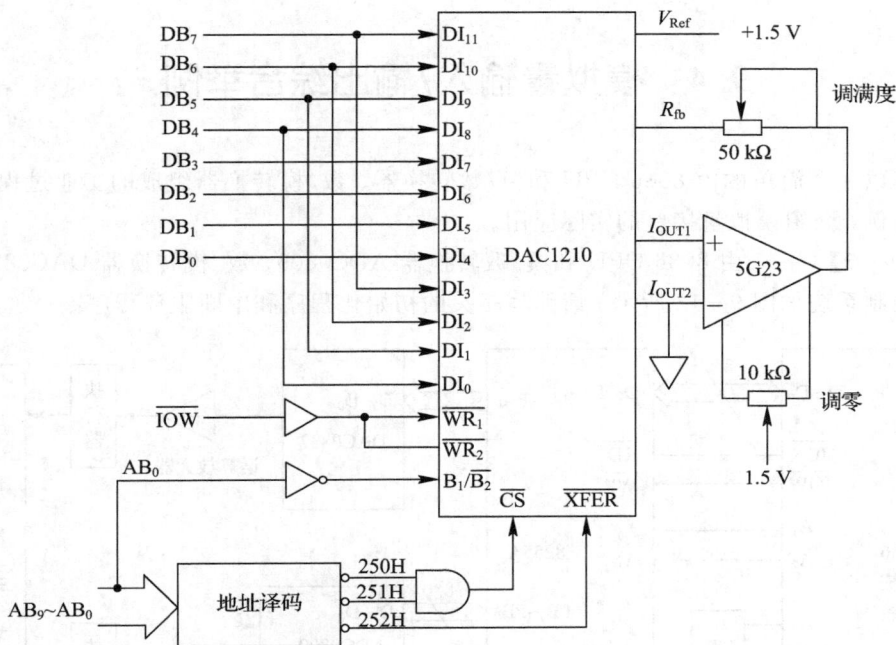

图 9－11　DAC1210 与 8 位微处理器的连接

　　图 9－11 中，设 DAC1210 占用了 0250～0252H 三个端口地址，为使两次数据输入端口地址是先偶(0250H)后奇(0251H)，与编程习惯一致，将 AB_0 地址线经反向驱动器接至 $B_1/\overline{B_2}$ 端。由于 DAC1210 中的 4 位寄存器的 LE_1 端只受 $\overline{CS}$ 和 $\overline{WR_1}$ 控制，而其 8 位输入寄存器也受 $\overline{CS}$ 和 $\overline{WR_1}$ 控制(如图 9－10 所示)，故两次写入操作均使 4 位寄存器的内容更新。因此正确的操作步骤是：先使 $B_1/\overline{B_2}$ 端为高电平，写入高 8 位寄存器；再使 $B_1/\overline{B_2}$ 端为低电平，以保护 8 位寄存器已写入的内容，同时进行第二次写入操作，将待转换数字量的低 4 位写入到输入寄存器。虽然第一次写入操作时，4 位寄存器中也写入某个值，但第二次写入操作后，此值便被更改为所需值。DAC 寄存器的地址为 0252H，当执行对 0252H 端口的写操作时，锁存到输入寄存器内的 12 位数字量写入 DAC 寄存器的同时，启动 D/A 转换。

　　下面的程序段为图 9－11 中完成一次转换输出的程序：

```
        ;设 BX 寄存器中低 12 位为待转换的数字量
START：MOV    DX，0250H   ;DAC1210 的基地址
      MOV    CL，04
      SHL    BX，CL      ;BX 中的 12 位数左移 4 位
      MOV    AL，BH      ;高 8 位数→AL
      OUT    DX，AL      ;写入高 8 位
```

```
INC     DX              ;修改 DAC1210 端口地址
MOV     AL，BL           ;低 4 位数→AL
OUT     DX，AL           ;写入低 4 位
INC     DX              ;修改 DAC1210 端口地址
OUT     DX，AL           ;启动 D/A 转换
```

9.4 模拟量输入/输出综合举例

本节以一个简单的由 8086 CPU 和模/数转换器、数/模转换器组成的工业过程闭环控制系统为例，介绍模拟量接口的实际应用。

【例 9 - 3】 一个由 8086 CPU 和模/数转换器 ADC0809、数/模转换器 DAC0832 构成的闭环控制系统如图 9 - 12 所示，请编写相关的初始化程序和中断服务程序。

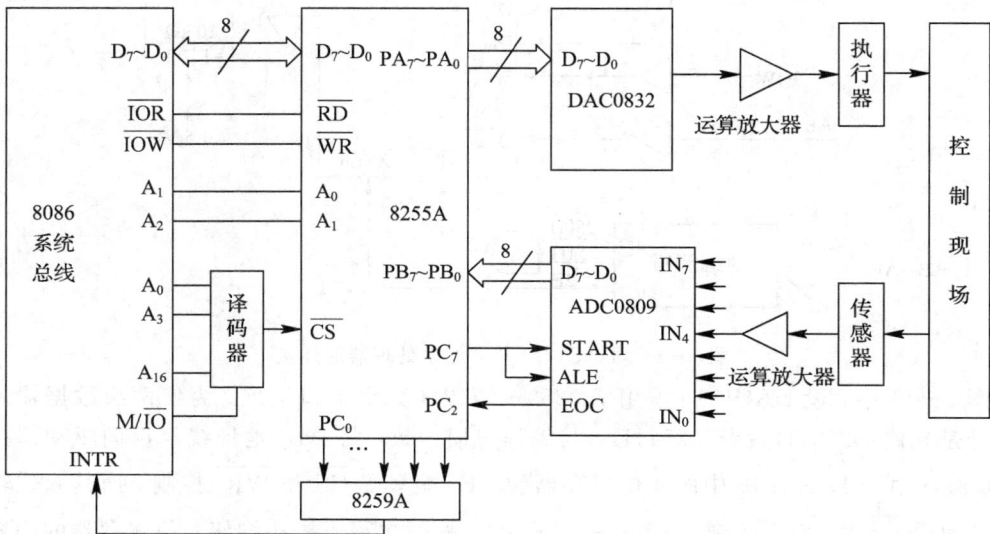

图 9 - 12 由 8086 CPU 和 ADC0809、DAC0832 组成的闭环控制系统

解 ADC0809 和 DAC0832 均通过并行接口 8255A 与 CPU 接口。8255A 中端口 A 工作在方式 0，完成输出功能，用来向数/模转换器 DAC0832 输出 8 位数字信息；端口 B 工作在方式 1，完成输入功能，用来接收由模/数转换器 ADC0809 输入的 8 位数字信息；端口 C 作为控制口使用，其中 PC_7 用作模/数转换器 ADC0809 的启动信号，PC_2 用作输入的 STB_B 信号，PC_0 用作中断请求信号 $INTR_B$，通过中断控制器 8259A 向 CPU 发中断请求。8255A 和 8259A 的工作方式都需要通过初始化程序来定义。

DAC0832 为带输入锁存器的 8 位 D/A 转换器，其内部结构及操作特性与 DAC1210 类似，区别在于 DAC0832 对 8 位数字量进行转换，可直接与 8086 CPU 的低 8 位数据总线相连。图 9 - 12 省略了 DAC0832 和 ADC0809 的地址译码和片选信号，这几个引脚可根据外设的配置连接到译码器输出端。在外设较少的情况下，也可以直接连接有效电平，使其始终被选通。

由 8255A 端口 A 输出的 8 位数字信息，经数/模转换器 DAC0832 转换成模拟量。它输出的模拟量是电流值，因此，DAC0832 常与运算放大器一起使用，以便将模拟电流放大并转换为模拟电压。当 CPU 输出的数字量为 00H～FFH 时，运算放大器输出 0～4.98 V 的模拟电压。该电压送往执行器件，对控制现场的温度、速度、声音或流量等参数进行调整。随着控制对象的不同，执行器件可以是阀门、调压器、电机等。

控制现场的模拟信息经传感器和运算放大器变换为一定范围内的模拟电压，经模数转换器 ADC0809 变换为 8 位数字信息传送到 8255A 的端口 B，其转换速度取决于从 CLK 端引入的标准时钟。端口 B 可采用查询或中断方式与 CPU 联系。若采用中断方式，中断请求信号经 8259A 中断裁决后送往 CPU 的 INTR 端。

例 9-3 采用的是中断方式，定义中断类型码为 40H。首先编写中断服务程序并保存到存储器中，并将中断服务程序首地址的段基址和偏移地址值设置到中断向量表中从 100H 地址开始的 4 个字节中。

下述程序段为例 9-3 中相关的初始化程序和中断服务程序：

8255A 及 8259A 的初始化程序：

```
INTT:   MOV    DX, 8255A 控制端口          ;8255A 控制端口地址
        MOV    AL, 86H
        OUT    DX, AL                      ;8255A 初始化
        MOV    AL, 05H
        OUT    DX, AL                      ;PB 口中断允许
        CALL   WRINTV                      ;修改中断向量
        MOV    DX, 8259A 偶地址端口         ;8259A 初始化
        MOV    AL, 13H
        OUT    DX, AL
        MOV    DX, 8259A 奇地址端口
        MOV    AL, 40H                      ;中断类型码
        OUT    DX, AL
        MOV    AL, 03H
        OUT    DX, AL
        MOV    AL, 0FEH                     ;允许 IRR0 中断
        OUT    DX, AL;
POUT:   MOV    DX, 8255A 端口 A
        MOV    AL, XXH                      ;从端口 A 输出 8 位数据
        OUT    DX, AL;
        MOV    DX, 8255A 端口 C
        MOV    AL, 80H                      ;START,ALE 引脚高电平
        OUT    DX, AL                       ;启动 ADC0809
WAIT:   STI                                ;开中断
        JMP    WAIT                         ;等待 A/D 转换结束
```

修改中断向量的子程序：

```
WRINTV: PUSH DS
        MOV DX, OFFSET INTAD
```

```
            MOV AX, SEG INTAD
            MOV DS, AX
            MOV AH, 25H
            MOV AL,40H
            INT 21H
            POP DS
            RET
```

　　类型号 40H 的中断服务程序：

```
INTAD: MOV    DX, 8255A 端口 B
       IN AL, DX                      ；读取 A/D 转换结果
       IRET
```

　　上述程序将端口 A 定义为方式 0 输出端口，不需要任何控制信号。而将端口 B 定义为方式 1 输入端口，则需要 PC$_2$ 作输入信号（STB$_B$），用来接受 ADC0809 的转换结束命令 EOC，由它将 8 位数字信息锁存到端口 B 的数据输入锁存器中；需要 PC$_0$ 作为输出信号，向 CPU 发出中断请求。

　　由主程序完成初始化功能后，通过端口 A 输出预置的 8 位数字信息来控制现场的某项模拟参数。从现场采集的模拟量通过端口 B 以中断方式向 8086 CPU 报告，CPU 响应该中断请求后可在中断服务程序中利用 IN 指令接收由端口 B 输入的数字信息，完成必要的计算和处理后再向端口 A 输出新的数字信息，以实现对现场模拟量的调节。对于中断服务程序的具体处理过程应根据实际需要来编写。

习　题

　　1. 微型计算机的模拟量输入/输出通道有哪些主要组成部分？各部分的作用是什么？

　　2. A/D 转换器有哪些主要技术指标？各表示什么意义？

　　3. 已知某 A/D 转换器的满刻度输入电压为 10 V，分别计算分辨率为 8 位、10 位、12 位时，DAC 所能分辨的最小输出电压是多少？

　　4. 若 ADC0809 通过 Intel 8255A 与 8088 CPU 接口，设 8255A 的 PA 为数据口，PB、PC 为控制口。将 8 路模拟输入量按 IN$_0$～IN$_7$ 的顺序依次转换成数字量，并顺序存放在内存中，试画出接口电路图，并用汇编语言编写程序实现。

　　5. D/A 转换器有哪些主要技术指标？各表示什么意义？

　　6. 设计一个 DAC1210 与 8086 CPU 的接口电路。

第 *10* 章

高性能微型计算机系统的先进技术

随着计算机技术的发展，当前的微型计算机在微处理器的体系结构、指令系统、存储器管理、总线以及接口技术等方面均发生了根本的变化，在性能不断提高的同时，体积越来越小，功耗越来越低，轻盈便携成为 PC 机发展的大趋势。本章以 Intel Core 微处理器为例，介绍新型微型计算机系统采用的一些先进技术。

10.1　高性能微处理器采用的先进技术

各种类型的高性能微处理器采用了多项用以提高计算机整体性能的先进技术，这些技术的前身大多曾出现于大中型计算机体系结构中。随着这些先进技术的引入、改进及提高，微处理器的性能有了质的飞跃。对于这些关键技术，有的（如高速缓存、虚拟存储器等）已在有关章节中做过简介，下面就高性能微处理器中使用的一些先进技术及概念做进一步的介绍。

1. 超级流水线技术

指令的流水线结构是指将一条指令的执行过程分成若干步骤，由计算机的相应功能模块完成各步骤的功能。这样，在同一个时钟周期内，几条指令可以在微处理器的不同模块中进行处理，实现指令的并行执行。如 8086 CPU 将指令的执行过程分为读取（Fetch）指令和执行（Execute）指令两个步骤，分别由总线接口单元和执行单元来完成。80486 微处理器的指令流水线由 5 段组成，分别为指令预取（PF）、指令译码（D_1）、地址生成（D_2）、指令执行（EX）和结果写回（WB），如图 10-1 所示。

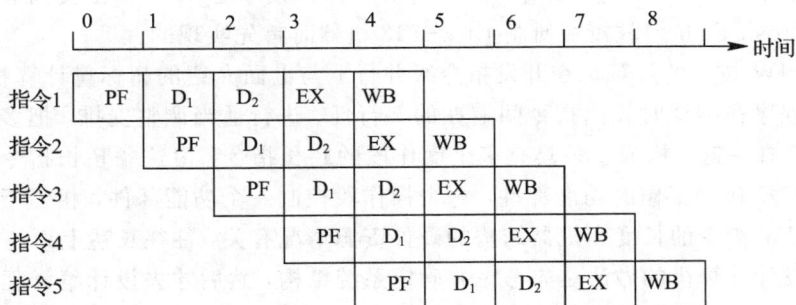

图 10-1　80486 的指令流水线

按照传统的串行执行方式，一条指令执行完成再开始执行下一条指令。如果每条指令的执行都需要 5 个步骤，每个步骤的执行时间为一个单位时间（如时钟周期），那么执行 N 条指令的时间为 $5N$ 个单位时间。如果将这 5 个步骤分别安排在 5 个相互独立的硬件单元里执行，一条指令在一个单元里完成一个操作后进入下一个单元，下一条指令就可以进入这个单元进行操作，实现多条指令在流水线各个步骤重叠执行、同时操作。在理想的情况下，除了启动流水线和终止流水线这 2 个短暂周期外，流水线上同时有 5 条指令并行执行，每个单位时间可以完成一条指令的执行，N 条指令的运行时间是 $N+4$ 个单位时间，其性能比非流水线作业提高了近 5 倍。

在指令流水线中，完成一条指令所需要的步骤称为流水线的级数，它表明了流水线的深度。如图 2-16 所示，80486 微处理器为 5 级流水线。流水线的级数越多（即超级流水线），单条流水线并行处理的能力越强，同时每级的处理时间越短，可以进一步提高微处理器的工作频率和效率。

指令流水线技术是实现多条指令重叠执行的重要技术，并已成为高速 CPU 设计中的一项基本技术。1990 年以后出现的处理器，无论是 RISC 还是 CISC，无不采用指令流水线技术。Intel 公司的微处理器产品中，8086 的指令流水线有 2 级；80386 有 4 级；80486 有 5 级；Pentium 在整数指令执行时为 5 级，而浮点运算时为 6 级；Pentium Pro、Pentium Ⅱ、Pentium Ⅲ为 12 级；Pentium 4 为 24 级。

2. 超标量技术

早期采用流水线方式的处理器中只有一条流水线，可以通过指令的并行操作提高微处理器的处理能力。若采用多条流水线，即在处理器中配有多套取指、译码及执行等功能部件，在寄存器组中设有多个端口，并安排多套总线，使微处理器可以在同一个时钟周期中向几条流水线同时送出多条指令，并且能够并行地存取多个操作数和操作结果，执行多个操作。这就是所谓超标量技术（Superscalar）。微处理器采用超标量指令流水线，可以实现一个时钟周期完成多条指令的执行，提高了指令流水线的指令流出（完成）速率，进一步提高了处理器的性能。

Pentium CPU 具有 U、V 两条流水线，可以在一个时钟周期内启动并执行两条指令；而 Pentium Pro、Pentium Ⅱ、Pentium Ⅲ有 3 条流水线，可以在一个时钟周期内同时启动执行 3 条指令。

3. 超长指令字结构

超长指令字 VLIW(Very Long Instruction Word)技术是 1983 年由美国耶鲁大学的乔什·费舍尔(Josh Fisher)教授在研制 ELI-512 机器时首先实现的。

采用 VLIW 技术的计算机在开发指令级并行上与上面介绍的超标量计算机有所不同，它是由编译程序在编译时找出指令间潜在的并行性，进行适当调整安排，把多个能并行执行的操作组合在一起，构成一条具有多个操作段的超长指令，由这条超长指令控制 VLIW 机器中多个互相独立工作的功能部件，每个操作段控制一个功能部件，相当于同时执行多条指令。VLIW 指令的长度和机器结构的硬件资源情况有关，往往长达上百位。

传统的设计计算机的做法是先考虑并确定系统结构，然后才去设计编译程序。而对于 VLIW 计算机来说，编译程序同系统结构两者必须同时进行设计，它们之间的关系十分紧密。据统计，通常的科学计算程序存在着大量的并行性。如果编译程序能把这些并行性充分挖掘出来，就可以使 VLIW 机器的各功能部件保持繁忙并达到较高的机器效率。

4. 动态执行技术

动态执行技术是指通过预测程序流来调整指令的执行，并分析程序的数据流来选择指令执行的最佳顺序。分支预测（Branch Prediction）和推测执行（Speculation Execution）是CPU 动态执行技术中的主要内容。

分支预测对程序的分支流程进行预测，然后预先读取其中一个分支的指令并解码执行。程序中一般都包含有分支转移指令。据统计，平均每 7 条指令中就有 1 条是分支转移指令。包含指令流水线的处理器对于分支转移指令相当敏感。因为分支指令的执行必须要等待流水线指令执行完毕，根据执行结果判定条件的真假并决定是否转移，因此处理器必须等待分支指令执行完毕才能读取并执行下一条指令。流水线越长，处理器等待的时间便越长。如果 CPU 能在前条指令结果出来之前就预测到分支是否转移，那么就可以提前解码并执行相应的指令，这样就避免了流水线的空闲等待，也就相应提高了 CPU 的整体执行速度。但另一方面，一旦产生了错误的分支预测，就必须将已经装入流水线的指令和结果全部清除，然后再装入正确的指令重新处理，相对于不进行分支预测，会消耗更多的CPU 时间。

分支预测技术包含静态分支预测和动态分支预测。静态预测方法行为比较简单，如预测永远不转移、预测永远转移、预测后向转移等，它并不根据执行时的条件和历史信息来进行预测，因此预测的准确性不会很高，只能作为其他分支预测方法的一种辅助手段。

动态预测方法则根据一条转移指令过去的转移情况来预测未来的转移情况，如果算法得当，可以获得很高的准确率。动态预测的实现比静态预测要复杂得多，除了地址比较判断外，还必须记载先前发生的历史转移状态，并配合有效的硬件算法。Pentium 微处理器使用分支目标缓冲器（Branch Target Buffer，BTB）来实现动态分支预测。BTB 是一个能存储若干目的地址的存储部件，当一条分支指令导致程序转移时，BTB 就记下这条指令的目标地址，并用这条信息预测这一指令再次引起分支时的路径。

推测执行是指通过预测程序流来调整指令的执行，并分析程序的数据流来选择指令执行的最佳顺序。CPU 在读取指令后，根据各个电路单元的状态以及指令的相关性，分析各指令能否提前执行，重新安排指令的执行顺序，将能提前执行的指令立即发送给相应电路单元执行，而不是完全按照指令在存储器中的存放顺序执行。相对于 80X86 系列微处理器的顺序执行指令，动态执行也被称为乱序执行（Out of Order Execution）。

乱序执行技术在 Core 系列高性能微处理器中普遍应用并得到了强化提升，第六代Core 微处理器采用加宽动态执行技术（Wide Dynamic Execution），其乱序执行部件可以在指令相关性分析的基础上，通过修改指令所用的寄存器、提供更多的微指令缓冲区等手段，提高指令执行的并行性，从而进一步提高执行单元的效率。

5. RISC 技术

传统微处理器的指令系统含有功能强大但复杂的指令，所有指令的长度不一，指令的条数很多，这就是复杂指令集计算机（Complex Instruction Set Computer，CISC）。复杂指令集计算机指令系统丰富，程序设计方便，程序短小，编译简单且执行效率高，但处理器的控制硬件非常复杂，设计成本高。而且指令代码和执行时间长短不一，不易使用先进的流水线技术，限制了处理器执行速度和性能的进一步提高。

人们通过统计分析发现，指令系统中仅占 20% 的简单指令使用量约占计算机执行时间的 80%；其余 80% 的复杂指令很少使用。20 世纪 80 年代后，精简指令集计算机(Reduced Instruction Set Computer，RISC)的设计思想得到了发展。RISC 技术并不是简单的缩减指令系统，而是使处理器的结构更简单、更合理，具有更高的性能和执行效率，并降低处理器的开发成本。RISC 技术的主要特点有：

(1) 指令格式简单，长度一致，可使指令译码和指令执行同时进行。指令的典型长度为 4 个字节。

(2) 指令种类少，寻址方式少且简单，一般少于 5 种。访问存储器只采用简单的直接寻址，没有间接寻址方式。简化寻址方式可以简化芯片设计的复杂程度，提高指令执行速度。

(3) 只有存数和取数指令访问存储器。RISC 计算机内设置了大量的通用寄存器，使大部分操作(算术逻辑运算)在处理器内进行，减少了存储器的操作，提高了运行速度。

(4) 除存数和取数指令外，所有指令均在一个 CPU 时钟周期内执行完成。

(5) 指令功能简单，控制器多采用硬布线形式，仅使用少量的微程序，以获得更快的执行速度。

(6) 采用先进的流水线技术。RISC 指令系统简单，非常适合采用流水线技术，并能很好地发挥流水线技术的功效。

RISC 结构和 CISC 结构是改善计算机系统性能的两种不同方式，各有特点。CISC 技术硬件设计复杂，但编程效率相对较高；而 RISC 技术的复杂性在于软件，在于编译程序的设计与优化。随着技术的发展，两者互相借鉴，互相融合。现在纯 RISC 计算机和纯 CISC 都已成为过去，RISC 计算机的指令系统变得丰富，增加了一些必要的复杂功能指令；CISC 计算机也吸收了很多 RISC 技术，发展成了 CISC/RISC 系统结构。例如，Intel 80X86 微处理器属于典型的 CISC 结构，但 Intel 新型微处理器的设计吸收了 RISC 计算机的设计思想。Intel Core 微架构采用与 80X86 相兼容的复杂指令系统，但其底层的微指令及其执行单元采用了 RISC 设计，以便于流水线技术及并行处理技术的应用。

6. 多核处理器技术

随着信息技术的不断发展，人们对处理器的运算速度与性能提出了更高的要求。一直以来，技术人员通过改良处理器的体系结构以及提升处理器的工作频率来提高处理器的性能。但是，随着处理器体系结构的复杂程度越来越高，使用的晶体管数量不断增长，过深的流水线造成处理器内部各模块之间频繁的交换数据，从而导致处理器整体性能下降；另一方面，不断提升的工作频率使处理器芯片的功耗越来越大，散热问题成为一个无法逾越的障碍，甚至影响到了处理器的可靠性。到了 2005 年，当处理器的工作频率接近 4 GHz 时，人们发现，单纯地提高单个处理器的硬件复杂度和工作频率已经无法明显提升系统整体性能，必须采用新的处理器设计思路，于是单芯片多处理器结构(Single-Chip Multi Processor，CMP)被提出，成为解决这一问题的有效方法。

CMP 结构在单个芯片上集成多个独立的处理器核，并通过片上互联网络把这些处理器核连接起来。每个处理器核实质上都是一个相对简单的单线程处理器或者比较简单的多线程处理器，这些处理器核共享系统总线、主存等资源，并且通过并行地执行多个进程或线程来提高处理器的整体性能。由于 CMP 采用了相对简单的微处理器作为处理器核心，相对于复杂单核处理器，其控制逻辑简单、扩展性好、易于实现，且有利于优化设计，设计和验证周期短，具有高主频、低功耗、通信延迟低等优点。

从软件应用需求上看，一些采用线程级并行编程的软件，不管是为多服务器系统编写的图像处理程序、动画制作程序、科学计算程序，还是运行在 PC 机上的多任务操作系统、办公软件等，均可以不作任何改动就直接运行在多核处理器系统上。多核处理器系统可以同时并行处理多个线程和进程，大大加快了多任务应用软件的运行速度。

另一种应用模式是同时运行多个程序。许多程序没有采用并行编程，例如一些文件压缩软件、部分游戏软件等。对于这些单线程的程序，单独运行在多核处理器上与单独运行在同样参数的单核处理器上没有明显的差别。但当在多核处理器上同时运行多个单线程程序的时候，多任务操作系统会把多个程序的指令分别发送给多个核心，从而使得同时完成多个程序的速度大大加快。

与单核处理器相比，多核处理器在体系结构、软件、功耗和安全性设计等方面面临着巨大的挑战，但也蕴含着巨大的潜能。多核处理器要想发挥出威力，关键在于并行化软件支持。尽管人们对于并行计算技术的探索已经超过 40 年，但并未找到有效的并行计算解决方案，无论是编程模型、开发语言还是开发工具，距离开发者的期望尚有很大的差距。在传统的 Unix 领域，为服务器设计软件的开发者已经解决了一些此类难题，一些运行在 RISC 架构多核多路系统上的应用程序被设计成多线程以利用系统的并行处理能力。但是，在 80x86 领域，应用程序开发者多年来设计的还是单线程程序，即所谓的"顺序软件"。软件开发者必须找出新的软件设计方法，设计出能够利用多处理器系统并行处理能力，并且满足用户面向对象需求的应用软件。

10.2　高性能多核微处理器举例

多核处理器技术已经成为微处理器的主流。近十年来，AMD 和 Intel 两大微处理器生产厂商均推出了一系列多核微处理器产品，并广泛应用于台式 PC 机以及笔记本电脑中。本节以代表性的多核微处理器——第六代 Intel Core 微处理器为例，介绍高性能多核微处理器的典型结构。

10.2.1　Intel Core 系列微处理器

Intel Core 系列微处理器是 Intel 公司推出的面向 PC 机用户的多核微处理器产品。第一代 Core 微处理器于 2006 年推出，采用 32 位 Core 微架构，有单核 Core Solo 和双核 Core Duo 之分，但很快就被 2007 年面世的 Core 2 Duo（即 Core 2）型微处理器取代。Core 2 微处理器采用全新的 Core 架构，具有两个高效的微处理器核心，支持 64 位指令集。Core 2 的推出意味着 PC 机进入了 64 位多核微处理器的时代。自 2008 年开始，Intel 放弃了一直以来的命名方式，将 Core 微处理器统一命名为 Core i 系列，根据性能定位不同分为高性能 Core i7、主流 Core i5 以及入门级的 Core i3。至 2017 年 1 月，Core i 系列已经推出了 7 代产品。

第六代 Core 微处理器于 2015 年推出，采用 14 nm 制作工艺的 Skylake 架构。与前代产品相同，第六代 Core 微处理器面向不同的应用分为桌面高性能、桌面主流、移动高性能、移动主流、移动超便携以及嵌入式几个大类，共几十个型号，不同型号微处理器的内核数量、线程数、高速缓存以及封装方式等技术细节略有不同。以桌面型号为例，i7 支持睿频和超线程技术，有 4 个 CPU 内核，可同时执行 8 个线程，缓存容量为 8 MB；i5 支持睿频技术，不支持超线程技术，有 4 个 CPU 内核，可同时执行 4 个线程，缓存容量为 6 MB；i3 不支持睿频技术，支持超线程技术，双核 4 线程，4 MB 高速缓存；而 i7 的高性能版本有 10 个内核，支持 20 个线程，高速缓冲的容量达到了 25 MB。

10.2.2 第六代 Core 微处理器的架构

Core 系列微处理器经过历代的改进，已经与 80x86 微处理器的体系结构有了很大的区别，其中最大的变化就是采用了片上系统(System on Chip，SoC)的设计思想，将微机系统的关键部件与 CPU 共同集成到了微处理器内部。

Skylake 架构的总体框架如图 10-2 所示，由 4 个 CPU 内核以及共用的 LLC(Last Level Cache，即 L3 Cache)、集成的图形处理单元(Graphic Processor Unit，GPU)以及系统代理模块(System Agent)组成，各个组成部分通过环形的片上系统总线相连。GPU 也可以通过环形总线访问 LLC，与 CPU 内核共享 L3 Cache。系统代理模块的作用相当于传统的北桥，模块中集成了存储器、显示以及 I/O 设备的控制器，包括双通道 DDR4 内存控制器、PCI-Express 控制器、DMI(Direct Media Interface，直接媒体接口)端口、显示输出控制器、eDRAM(embedded Dynamic Random Access Memory，嵌入式随机动态存储器)控制器、音频解码器以及图像信号处理器等。

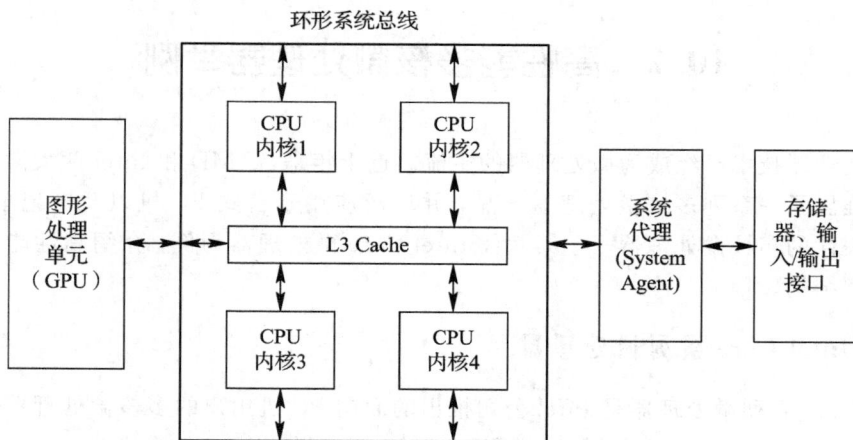

图 10-2　Skylake 架构的总体框图

第六代 Core 微处理器中 CPU 内核的功能框图如图 10-3 所示，分为前端单元和乱序执行单元两大部分。前端单元即为 Core 微处理器的控制部件，采用加宽动态执行技术，分支预测单元指导指令预取单元进行指令的预取和预译码，形成指令队列；重命名/微指令分配单元对待执行的指令进行分析排序，重新组合成适合底层 RISC 执行单元的微指令序列，并送入乱序缓冲器；乱序缓冲器可释放多条并行指令送往并行执行单元同时执行。乱序执行单元包括 8 个执行端口，其中 4 个端口为存储控制单元，控制 L1 数据 Cache 的数据存取操作；4 个端口为 ALU 单元，由 4 个 64 位的整数 ALU、2 个 128 位的浮点 ALU 以及

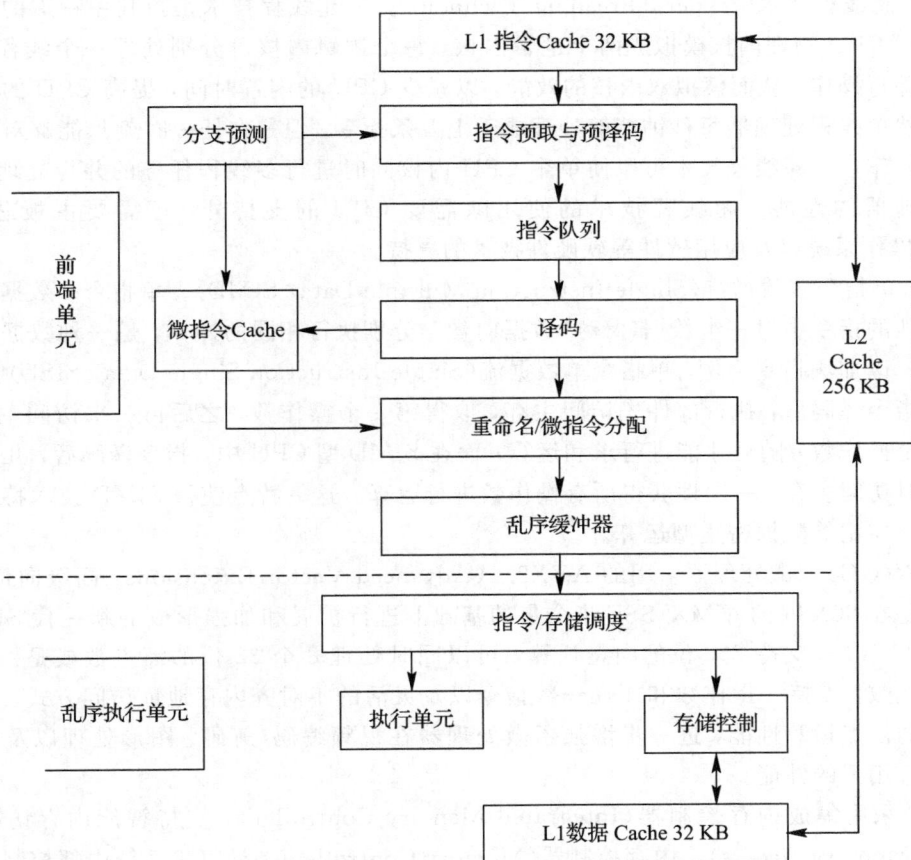

图 10-3　Skylake 架构的 CPU 内核

3 个 128 位的向量执行单元组成，负责整数、浮点数以及单指令多数据流扩展（Streaming SIMD Extensions，SSE）指令的执行。

10.2.3　第六代 Core 微处理器的技术特点

（1）64 位多核微处理器。采用 14 nm 的 Skylake 微架构，有 2/4 个 CPU 内核，三级高速缓存。每个 CPU 内核具有 L1 和 L2 Cache，其中 L1 Cache 由独立的 32 KB 指令 Cache 和 32 KB 数据 Cache 组成，L2 Cache 的容量为 256 KB；三级缓存 LLC 的容量为 4～8 MB，被所有 CPU 内核及图形处理单元（GPU）共享。微处理器能够访问的最大内存为 64 GB。

（2）睿频加速技术（Turbo Boost Technology）。睿频加速技术是指处理器应对复杂应用时，可自动提高运行主频，使运行速度提升 10%～20%，以保证多任务处理的流畅运行；当进行工作任务切换时，如果只有内存和硬盘在进行主要的工作，处理器会立刻处于节电状态，既保证了能源的有效利用，又使程序运行速度大幅提升。睿频加速技术可以根据实际运行的应用程序的需求，动态地增加处理器内核的运行频率来提高处理器的运行性能，同时保持处理器继续运行在处理器技术规范限定的功耗、电流、电压和温度范围内。

（3）超线程技术（Hyper-Threading Technology）。超线程技术是指利用特殊的硬件指令把一个 CPU 物理内核模拟成两个逻辑内核，每个逻辑内核可分别处理一个线程，进行线程级并行操作，从而模拟双内核的效能，以减少 CPU 的闲置时间，提高 CPU 的运行速度。虽然单线程处理器每秒钟能够处理成千上万条指令，但是在任一时刻只能够对一条线程进行操作。而超线程技术可以使单个 CPU 内核同时进行多线程任务的并行处理，提升了微处理器的性能。超线程技术的使用除需要 CPU 的支持外，还需要主板芯片组、BIOS、操作系统以及应用软件等软硬件技术的支持。

（4）单指令多数据流（Single-Instruction Multiple-Data，SIMD）。单指令多数据流可在一条单独的指令中对一组数据（又称"数据向量"）分别执行相同的操作，是一种数据级的并行技术。以加法指令为例，单指令单数据流（Single-Instruction Single-Data，SISD）型 CPU 对加法指令译码后，执行部件先访问主存，取得第一个操作数，之后再一次访问主存，取得第二个操作数，随后才能进行求和运算；而在 SIMD 型 CPU 中，指令译码后，几个执行部件同时访问主存，一次性获得所有操作数进行运算。这一特点使得 SIMD 技术特别适合于多媒体应用等数据密集型运算。

第六代 Core 微处理器采用的 AVX2.0（Advanced Vector Extensions，高级向量扩展）指令集是在 80X86 的 MMX/SSE 指令集的基础上进行扩展和加强形成的新一代 SIMD 指令集。AVX2.0 支持 256 位的向量计算，可以同时处理 8 个 32 位的浮点数或是一个 256 位的浮点数，支持 3 操作数和 4 操作数指令以及灵活的不对齐内存地址访问方式，提高了处理器的浮点运算性能，进一步增强了微处理器在视频编码/解码、图形处理以及游戏等多媒体应用上的性能。

（5）采用集成内存控制器（Integrated Memory Controller），支持智能内存访问技术（Smart Memory Access）。内存控制器（Memory Controller）是计算机系统内部控制内存操作的重要部件，CPU 通过内存控制器与内存进行数据交换。内存控制器决定了计算机系统所能使用的最大主存容量、主存的类型和速度以及主存芯片的容量及位数等重要参数，既决定了主存储器的性能，也影响到计算机系统的整体性能。

传统计算机系统的内存控制器位于主板芯片组的北桥芯片内部，当 CPU 访问主存读取数据时，需要经过"CPU—北桥—主存—北桥—CPU"5 个步骤。首先由 CPU 发出指令，再经过前端总线、北桥，才能从主存中读取数据，之后再经由北桥传回 CPU，这样的多级数据传输模式造成了 CPU 的等待，因此数据延迟较大，降低了计算机系统的整体性能。Core 微处理器将内存控制器集成到 CPU 内部，CPU 与主存之间的数据交换过程就简化为"CPU—主存—CPU"三个步骤，无须经过北桥，有效降低了数据延迟，提高了计算机系统的整体性能。此外，传统的内存控制器位于北桥芯片内，其工作频率大大低于 CPU 工作频率，而集成内存控制器可以与 CPU 同频工作，能够以更快的工作速度与主存储器进行数据交换。

智能内存访问技术能够预测系统的需要，从而提前载入或预取数据，提高了执行程序的效率。智能内存访问技术主要包括内存消歧（Memory Disambiguation）和增强型预取器（Advanced Prefetchers）。内存消歧可以对内存读取顺序做出分析，预测和装载下一条指令所需要的数据，以减少处理器的等待时间，同时降低内存读取的延迟，而且它还可以侦测出指令冲突并重新读取正确的指令及数据，并重新执行指令，保证执行结果不出错，大大提高了乱序处理的效率。经过内存消歧后，分别设置在一级缓存和二级缓存的预取器就会访问主存，将需要的数据预先载入到缓存中。这两个技术配合能够最大化地使用总线带宽，减少突发性数据交换造成的堵塞。

第六代 Core 微处理器集成了双内存控制器，可同时支持 DDR3 和 DDR4 内存标准。其中 DDR3 的运行电压为 1.5 V，最高工作频率为 2133 MHz；而 DDR4 的运行电压为 1.2 V，工作频率至少为 2133 MHz，最高可达 4266 MHz。

（6）强化了集成图形处理单元 GPU 的功能。图形处理单元（Graphic Processor Unit，GPU）是计算机系统显示处理部件（俗称显卡）的 CPU。与 CPU 不同，GPU 是专门为执行图形处理中复杂的数学和几何计算而设计的。从第二代 Core 微处理器开始，集成的 GPU 已成为 CPU 的一部分，为了与传统上位于北桥中的集成 GPU（简称集显）相区别，Core 微处理器中集成的图形处理单元被简称为核显。Skylake 的核显可提供 24～72 个执行单元，每个执行单元最多可执行 7 个线程，每个线程拥有 128 个通用寄存器，可执行 SIMD 指令，支持 16 位、32 位浮点数和整数运算，以及 64 位浮点运算。核显与 CPU 核心工作在相同的频率，核心内部采用三级缓存结构，并与 CPU 核心共享 L3 Cache 和片上 eDRAM。

第六代 Core 微处理器的核显功能得到了进一步的强化，与前代产品相比，具有更多的执行单元，更宽的总线宽度，更高的工作频率，其性能相当于低档的独立显示卡，已足以满足日常办公娱乐所需的各种视频及图形应用软件的要求。

此外，Skylake 处理器支持 Intel SGX（Software Guard Extensions，软件防护扩展指令）及 MPX（Memory Protection Extensions，内存保护扩展指令）等安全技术，可以阻止间谍软件、木马攻击等；对不同工作模式下的功耗控制进行了优化，包括降低待机功耗、休眠功耗等，使微机系统在性能不断提高的同时，功耗也不断降低。

10.3　现代 PC 主板典型结构

主板（Motherboard）又称主机板或系统板（System board），是 PC 系统的核心组成部件，主板上安装了构成现代 PC 的一系列关键部件和设备，如 CPU（或 CPU 插座）、主存、高速缓存、芯片组（Chipset）以及各种适配卡的扩展插槽等。

先进的主板结构及设计技术是提高 PC 系统整体性能的重要环节之一，本节简要介绍现代 PC 主板以及主板上的重要部件芯片组的典型结构及具体实例。

10.3.1　芯片组及桥式芯片

芯片组是主板的核心组成部分，是除 CPU 外微型计算机系统所必需的控制逻辑电路的组合，是控制 CPU 与周边设备协调工作的核心。它是在传统的微机接口芯片的基础上，不断完善和扩充功能，提高集成度和可靠性，降低功耗而发展起来的。如 Intel PC/XT 系统中的各种接口芯片，并行接口芯片 8255A、串行接口芯片 8251、定时/计数器 8253、中断控制器 8259 等，随着技术的发展，这些外围接口芯片已经被超大规模的集成电路芯片所取代，这就是芯片组。

芯片组由一块或几块超大规模集成电路芯片组成，它们在功能上是基本相同的，只是在芯片的集成形式上有所区别。在 Pentium PC 等 PCI 总线型的微型计算机中，芯片组由两块芯片组成，分别称为北桥(North Bridge)和南桥(South Bridge)。

北桥芯片也称为系统控制器，负责管理微处理器、高速缓存、主存和 PCI 总线之间的信息传送，具有对高速缓存和主存的控制功能，如 Cache 的一致性、控制主存的动态刷新、信号的缓冲、电平转换以及 CPU 总线到 PCI 总线的控制协议转换等功能。

南桥芯片的主要作用是将 PCI 总线标准转换成外设的其他接口标准。它具有对 PCI 总线的驱动和管理功能，由此引出多个 PCI 插槽，提供网卡、调制解调器以及 EIDE 接口、USB 接口等外设接口。它还通过 I/O 控制芯片为软盘、键盘、鼠标、打印机等慢速设备提供接口。另外，它还负责微机中的一些系统控制与管理功能，如中断管理、DMA 传输控制、系统的定时与计数等，即完成 IBM PC/XT 系统中的中断控制器 8259、DMA 控制器 8237 以及定时/计数器 8253 的基本功能。

随着芯片集成度的进一步发展，北桥芯片的作用被削弱，其功能被集成到 CPU 或南桥芯片的内部。将内存控制模块和显示控制模块等集成到 CPU 内部，把南桥和北桥的功能合一集成到单个芯片组中，用直接媒体接口(Direct Media Interface，DMI)串行总线把 CPU 芯片和芯片组连接起来，就构成了单芯片组微机主板的典型结构。

10.3.2　Core PC 主板结构

主板的结构随着 PC 的发展而有着很大的差异，随着微处理器的更新换代，主板也在不断的更新换代中。即使同一型号的 CPU，由于生产厂商不同，主板的布局也有相当的差异，但对于同一型号的 CPU，不同厂商生产的主板是相互兼容的，用户可以根据个人需求及主板的性能特点进行选择。

各个品牌主板的基本组成是相近的，主板上分布的器件可分为以下 5 个部分：

(1) CPU 及其相关部件所组成的系统；

(2) 总线扩展槽所组成的系统；

(3) 存储器系统；

(4) 芯片组及其他芯片；

(5) 跳线及各种辅助电路。

图 10-4 所示为某品牌支持第六代 Core 微处理器的 PC 主板的布局。由图 10-4 可见，主板上主要安装了下列器件：

(1) Intel LGA 1151 插座，支持第六代及第七代 Core CPU；

(2) 100 系列集成芯片组；

(3) 4 条双通道 DIMM 内存插槽，可支持最大 64 GB 容量的 DDR3/DDR4 内存。

(4) 3 条 PCI-E X1 插槽和 3 条 PCI-E X16 插槽，支持 PCI-E 3.0 总线标准，最高数据传输速率为 16 Gb/s，可用于扩展显卡；同时由 PCI-E 总线引出两个超高速 32 Gb/s 的 M.2 SSD 插槽，可扩展支持 PCI-E X4 接口标准的 SSD 固态硬盘。

(5) 3 个 SATA Express 接口，最高数据传输速率分别为 16 Gb/s，同时兼容支持 SATA 3.0 标准以及 PCI-E 3.0 总线标准，可用于扩展 SATA 串行硬盘以及 SSD 固态硬盘。

此外，主板上还安装有高速无线网卡、音频芯片、功率放大芯片、BIOS 芯片以及外置的输入/输出接口等。

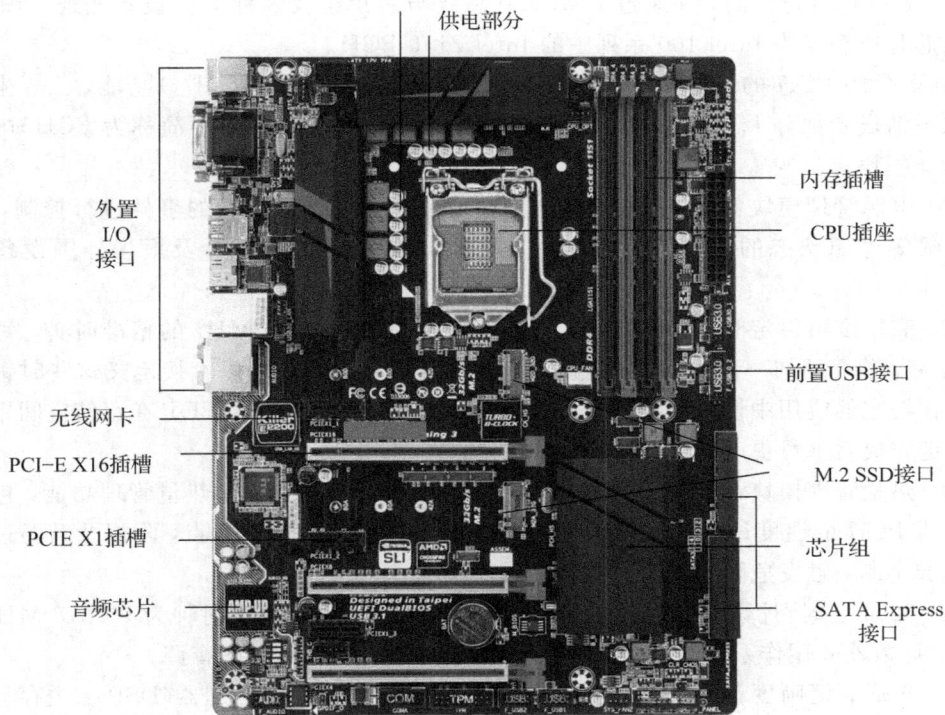

图 10 - 4　Intel Core PC 主板的布局

10.3.3　Skylake 平台 I/O 组织结构及芯片组

Intel 针对 Skylake 平台推出了 100 系列芯片组。由于第六代 Core 微处理器已经把显示、高速缓存、主存以及 PCI-E 总线的管理与控制等北桥功能集成到了 CPU 内部，所以其配套的芯片组仅能提供传统的南桥功能，全称为 Platform Controller Hub，简称 PCH，也被称作集成南桥。Skylake 平台的 I/O 组织结构如图 10-5 所示，CPU 直接对主存、显卡

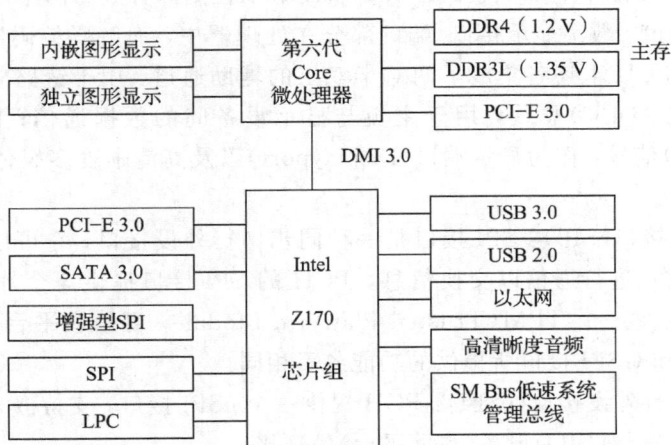

图 10 - 5　Skylake 平台 I/O 组织结构

及 PCI－E 接口进行控制,并通过 DMI 3.0 总线与芯片组及多种 I/O 设备相连。图 10.5 所示的芯片组型号为 Intel 100 系列中的 Intel Z170 PCH。

Intel Z170 PCH 的封装尺寸为 23 mm×23 mm,具有 Flexible I/O 功能,主板生产厂家可以灵活设置部分 I/O 接口的数量及功能。Intel Z170 PCH(以下简称为 PCH)内部的主要功能模块有:

(1) 电源管理模块:对芯片组工作过程中所有与电源管理有关的事件进行控制,如开机、睡眠等电源状态的转换,唤醒事件的配置、管理、响应,统计及报告外围设备的状态等。

(2) 高精度事件定时器(HPET):为操作系统提供 8 个 24 MHz 的精准时钟,每个时钟都是一个独立的加一计数器,计数满后产生中断。操作系统可以直接定义这些时钟的功能,并在特定的应用中使用这些时钟。用户可以在 BIOS 中设定 HPET 在存储空间中的位置,设定完成后不可更改。

(3) 热量管理模块:PCH 片上集成了一个数字热传感器,提供热量管理功能,包括测量并报告 PCH 的温度;允许通过 BIOS 设置冷、热及危险三个警报点,降温及升温过快时均可引起中断,触发危险警报点时则自动关闭电源。

(4) 8254 定时/计数器:PCH 配置有 8254 定时/计数器,基准时钟为 14.318 MHz,其中定时/计数器 0 用作系统时钟,定时/计数器 1 用于控制扬声器的音调。

(5) 集成高清晰度音频模块:它是一个由控制器、数字信号处理器(DSP)、主存等组成的提供高性能音频信号的平台。控制器与主存组成基本音频控制器,对主机软件提供的原始音频信号进行增强并传送到外部,再由 DSP 进行编码/解码、消除噪音回声等处理,以提供高质量的音频信号。

(6) 实时时钟(RTC):PCH 内部含有一片 Motorola MC146818B 实时时钟以及 256 字节电池供电 RAM,用于保存系统时钟以及系统设置信息,即使在断电情况下,这些信息也不会丢失。RTC 还提供两个 8 字节的可锁定存储空间,以防止非法读取密码或其他安全信息。此外,RTC 还可用于设置闹钟。

(7) 嵌入式显示端口:第六代 Core 计算机的显示控制部分分为两个部分,其中存储器接口、数据传送通道、数字显示接口/端口部分在处理器中,而解码编码器和模拟接口/端口则在 PCH 上。PCH 上还各集成了两对半双工的辅助通道,用于链路管理及设备控制;两对数字显示通道(DDC)总线,用于主板与显示设备间的数据通信;两对热插拔检测(Hot-Plug Detect)信号,作为显示端口(Displayport)以及高清晰度多媒体接口(HDMI)的中断申请信号。

(8) 串行外设接口(SPI):SPI 接口是一种同步串行外设接口,它可以使 PCH 与各种外围设备以串行方式进行通信以交换信息。PCH 的 SPI 接口提供 3 个片选端,可支持连接两个闪存设备以及一个 TPM(Trusted Platform Module,可信赖平台模块)安全芯片。它与下述的 eSPI 和 GSPI 接口所提供的功能各不相同。

(9) 增强型串行外设接口(eSPI):PCH 提供一个 eSPI 接口,支持嵌入式控制器(移动平台)或超级输入/输出(SIO)设备(桌面平台)的连接。

(10) 通用串行外设接口(GSPI):两个 GSPI 接口用于连接 SPI 接口设备,每个接口包含片选端、时钟端以及两个数据端 4 个引脚。

(11) 通用输入/输出口(General Purpose I/O，GPI/O)：PCH 的通用输入/输出口分为若干组，可由主电源或深度睡眠电源供电，供电电源可设置为 1.8 V 或 3.3 V。所以 I/O 口均可定义为输入口或输出口，大部分 I/O 可复用为其他功能。这些 GPI/O 均可申请系统控制中断(SCI)及输入/输出高级可编程中断(I/O APIC)，只有部分指定端口可作为非屏蔽中断源(NMI)和系统管理中断源(SMI)。

(12) 直接媒体接口(DMI)：PCH 通过 DMI 接口与微处理器进行数据交换，数据传输速率为 8 GB/S。DMI 的基本功能对软件是透明的，因此早期的基于传统总线编写的软件也可以在 DMI 总线上正常操作。

(13) LPC(Low Pin Count)总线接口：LPC 是基于 Intel 标准的 4 位并行总线协议，是一种取代传统 ISA 总线的接口规范，主要用于连接传统的外围设备，使系统能向下兼容，工作频率为 24 MHz。

(14) 串行 Inter-Integrated Circuit(I²C)接口：I²C 是一种两线制的串行数据传输总线标准。PCH 提供 4 个 I²C 总线接口，用于连接各种支持 I²C 总线协议的外围设备。

(15) 低速系统管理总线(SMBus)接口：SMBus 是由 Intel 提出的，应用于移动 PC 和桌面 PC 系统中的低速率串行通信协议。它是一种两线制总线，大部分基于 I²C 总线协议，但在时序上有所区别，其时钟频率为 10～100 kHz。

(16) 异步串行通信(UART)接口：PCH 提供 3 个独立的 UART 接口，每个接口均可工作在低速、全速以及高速 3 种工作模式，最高数据传输速率为 6.25 Mb/s。UART 接口可与 RS-232 接口进行串行通信。

(17) 千兆以太网控制器：与 Intel I219 网卡相连，对高速 LAN 网络通信进行控制，可工作在全双工或半双工模式下，提供多种数据传输速率(10/100/1000 MHz)。

(18) PCI-E 接口：PCH 支持第三代 PCI-E 总线标准(PCI-E Gen3)，并保持了对 PCI-E Gen1 和 Gen2 标准的兼容性，最高数据传输速率为 8 GB/s，并包含发射器和接收器均衡、时钟数据恢复等功能，可支持连接高速存储、独立显卡等设备。PCH 可提供最多 16 个 PCI-E 端口、20 条 PCI-E 通道。

(19) SATA 串行硬盘接口：PCH 配置有一个集成的 SATA 主板控制器，包含 6 个可独立进行 DMA 操作的端口，最高数据传输速率为 6 Gb/s。SATA 控制器支持使用存储空间的 AHCI(Advanced Host Controller Interface)模式以及 RAID(Redundant Array of Independent Disks)模式两种工作模式，不再支持旧系统的 IDE 模式。

(20) USB 接口：可支持多达 14 个 USB 2.0 和 10 个高速 USB3.0 接口。

(21) 中断接口：PCH 的中断控制器支持高级可编程中断控制器(Advanced Programmable Interrupt Controller，APIC)和可编程中断控制器(Programmable Interrupt Controller，PIC)两种工作模式。其中 PIC 模式下兼容 ISA 总线的中断控制器，包含相当于两片 8259A 的功能，管理 15 个中断源，中断处理机制同 8259A。

PIC 模式只适用于单处理器系统，而 APIC 模式既适用于单处理器系统，又适用于多处理器系统。APIC 的中断机制与 PIC 存在着若干不同之处。首先，传递中断信息的方式不同。PCH 的 I/O APIC 接收来自 I/O 设备的中断事件，生成中断消息，并通过内存映射的数据通道(即 APIC 寄存器)将中断消息发送给 CPU，无需经过 PIC 的中断应答周期。其次，中断优先级顺序不同。不同于 8259A 的 IRQ 引脚号对应优先级顺序，APIC 的中断优先级与引脚号没有关系，而是通过中断重定向表定义对应中断源的中断向量和优先级。此外，中断控制器能够管理的中断源数量不同。一个计算机系统最多可拥有 8 个 APIC，每个 APIC 能够管理 24 个中断源。Z170 PCH 可支持 40 个 I/O APIC 中断，每个中断都对应于一个由软件定义的中断向量。

　　PCH 还提供多种系统管理功能，如检测处理器及各种硬件错误、产生系统管理中断及非屏蔽中断信号、检测存放 BIOS 的闪存是否出错等，这些功能使 PC 系统更易于管理，并降低了 PC 系统购买、使用、维护的总成本。

习　题

　　1. 试解释高性能微处理器中采用的下列几项先进技术：超标量技术、超级流水线技术、动态执行技术，多核处理器技术。

　　2. 简述 RISC 的主要特点及 RISC 和 CISC 的主要优缺点。

　　3. 简述 Intel 第六代 Core 微处理器的架构特点及其 CPU 核的主要组成部件。

　　4. 什么是芯片组？南桥和北桥的主要功能是什么？

　　5. 什么是主板？主板上的器件可分为哪几个部分？

附录 1　8086 常用指令表

表 1 - 0　附表说明

符　号	指令表中符号说明	符　号	指令表中符号说明
r:	8 位或 16 位寄存器	port:	8 位 I/O 端口地址
r8/r16:	8/16 位寄存器	lab:	标号
a:	8 位/或 16 位累加器(al 或 ax)	prc:	过程
rs:	段寄存器(CS 或 DS 或 ES 或 SS)	n:	中断类型号(0～255)
PSW:	状态寄存器	∧:	逻辑与运算符
i:	8 位或 16 位立即数	∨:	逻辑或运算符
i6/i8/i16:	6/8/16 位立即数	⊕:	逻辑异或运算符
m:	内存字节或字单元		
m8/m16/m32:	内存字节/字/双字单元		

附表 1 - 1　数据传送指令

名　称	指令格式	指令操作	备　注
传送	MOV r,r	r←r	除了 POPF 和 SAHF 之外,均不影响标志位
	MOV r,m	r←(m)	
	MOV m,r	m←r	
	MOV r,i	r←i	
	MOV m,i	m←i	
	MOV rs,r16	rs←r16	
	MOV r16,rs	r16←rs	
	MOV rs,m16	rs←(m16)	
	MOV m16,rs	m16←rs	
装有效地址	LEA r16,m16	r16←(m16)的偏移地址	
装 DS 段值及地址	LDS r16,m32	r16←(m32),DS←(m32+2)	
装 ES 段值及地址	LES r16,m32	r16←(m32), ES←(m32+2)	
压入栈	PUSH r16	SP←SP−2,(SP+1,SP)←r16	
	PUSH rs	SP←SP−2,(SP+1,SP)←rs	
	PUSH m16	SP←SP−2,(SP+1,SP)←(m16)	
弹出栈	POP r16	r16←(SP+1,SP),SP←SP+2	

名　称	指令格式	指令操作	备　注
	POP rs(除 CS 外)	r16 ←(SP+1,SP),SP←SP+2	
	POP m16	m16 ←(SP+1,SP),SP←SP+2	
压标志入栈	PUSHF	SP ←SP−2,(SP+1,SP) ←PSW	
弹标志出栈	POPF	PSW←(SP+1,SP),SP←SP+2	
装标志到 AH	LAHF	AH←PSW 的 0～7 位	
送 AH 到标志	SAHF	PSW 的 0～7 位←AH	
字符转换	XLAT	AL←(BX+AL)	
交换	XCHG r,r	r←→r	
	XCHG r,m	r←→(m)	
输入	IN a,port	AL/AX←(port)	
	IN a,DX	AL/AX←(DX)	
输出	OUT port,a	(port) ←AL/AX	
	OUT DX,a	(DX) ←AL/AX	

附表 1－2　算术运算指令

名　称	指令格式	指令操作	备　注
加法	ADD r,r	r←r+r	
	ADD r,m	r←r+(m)	
	ADD m,r	m←(m)+r	
	ADD r,i	r←r+i	
	ADD m,i	m←(m)+i	
带进位加法	ADC r,r	r←r+r+CF	影响状态标志位(SF,ZF,CF,AF,OF,PF),不影响控制标志位(IF,DF,TF)
	ADC r,m	r←r+(m)+CF	
	ADC m,r	m←(m)+ r+CF	
	ADC r,i	r←r+i+CF	
	ADC m,i	m←(m)+ i+CF	
加 1	INC r	r←r+1	
	INC m	m←(m)+1	
减法	SUB r,r	r←r−r	
	SUB r,m	r←r−(m)	
	SUB m,r	m←(m)−r	
	SUB r,i	r←r−i	
	SUB m,i	m←(m)−i	

名　称	指令格式	指令操作	备　注
带借位减法	SBB r,r	r←r－r－CF	
	SBB r,m	r←r－(m)－CF	
	SBB m,r	m←(m)－r－CF	
	SBB r,i	r←r－i－CF	
	SBB m,i	m←(m)－i－CF	
减1	DEC r	r←r－1	
	DEC m	m←(m)－1	
比较	CMP r,r	r－r	
	CMP r,m	r－(m)	
	CMP m,r	(m)－r	
	CMP r,i	r－i	
	CMP m,i	(m)－i	
求补	NEG r	r←0－r	
	NEG m	m←0－(m)	
无符号乘法	MUL r8	AX←AL＊r8	
	MUL r16	DX,AX←AX＊r16	
	MUL m8	AX←AL＊(m8)	
	MUL m16	DX,AX←AX＊(m16)	
有符号乘法	IMUL r8	AX←AL＊r8	不影响所有标志位
	IMUL r16	DX,AX←AX＊r16	
	IMUL m8	AX←AL＊(m8)	
	IMUL m16	DX,AX←AX＊(m16)	
无符号除法	DIV r8	AL←AL/r8,AH←余数	
	DIV r16	AX←(DX,AX)AL/r16,DX←余数	
	DIV m8	AL←AX/(m8),AH←余数	
	DIV m16	AX←(DX,AX)/(m16),DX←余数	
有符号除法	IDIV r8	AL←AL/r8,AH←余数	
	IDIV r16	AX←(DX,AX)/r16,DX←余数	
	IDIV m8	AL←AX/(m8),AH←余数	
	IDIV m16	AX←(DX,AX)/(m16),DX←余数	
字节转换成字	CBW	如果 AL＜0,则 AH←FFH,否则 AH←00H	
字转换成双字	CWD	如果 AX＜0,则 DX←FFFFH,否则 DX←0000H	

续表二

名　称	指令格式	指令操作	备　注
加法调整	DAA	如果$(AL \wedge 0FH) > 09H$ 或 $AF=1$，则 $AL \leftarrow AL + 06H$	影响状态标志位
		如果$(AL \wedge F0H) > 90H$ 或 $CF=1$，则 $AL \leftarrow AL + 60H$	DAA 和 DAS 用于组合 BCD 码的调整，其他用于非组合 BCD 码的调整
减法调整	DAS	如果$(AL \wedge 0FH) > 09H$ 或 $AF=1$，则 $AL \leftarrow AL - 06H$	AAM 用于 MUL 指令之后
		如果$(AL \wedge 0FH) > 90H$ 或 $CF=1$，则 $AL \leftarrow AL - 60H$	AAD 则用于 DIV 指令之前
BCD 加法调整	AAA	如果$(AL \wedge 0FH) > 09H$ 或 $AF=1$，则 $AL \leftarrow AL + 1$, $AL \leftarrow (AL+6) \wedge 0FH$	
BCD 减法调整	AAS	如果$(AL \wedge 0FH) > 09H$ 或 $AF=1$，则 $AL \leftarrow AL - 1$, $AL \leftarrow (AL-6) \wedge 0FH$	
BCD 乘法调整	AAM	$AH \leftarrow (AL/10)$的整数，$AL \leftarrow (AL/10)$的余数	
BCD 除法调整	AAD	$AL \leftarrow AH * 10 + AL$, $AH \leftarrow 0$	

附表 1-3　逻 辑 指 令

名　称	指令格式	指令操作	备　注
逻辑与	AND r,r	$r \leftarrow r \wedge r$	
	AND r,m	$r \leftarrow r \wedge (m)$	
	AND m,r	$m \leftarrow (m) \wedge r$	
	AND r,i	$r \leftarrow r \wedge i$	
	AND m,i	$m \leftarrow (m) \wedge i$	
逻辑测试	TEST r,r	$r \wedge r$	影响状态标志位($CF=0$, $OF=0$)
	TEST r,m	$r \wedge (m)$	
	TEST m,r	$(m) \wedge r$	
	TEST r,i	$r \wedge i$	
	TEST m,i	$(m) \wedge i$	
逻辑或	OR r,r	$r \leftarrow r \vee r$	
	OR r,m	$r \leftarrow r \vee (m)$	
	OR m,r	$m \leftarrow (m) \vee r$	
	OR r,i	$r \leftarrow r \vee i$	
	OR m,i	$m \leftarrow (m) \vee i$	

名　称	指令格式	指令操作	备　注
逻辑异或	XOR r, r	r←r⊕r	
	XOR r, m	r←r⊕(m)	
	XOR m, r	m←(m)⊕r	
	XOR r, i	r←r⊕i	
	XOR m, i	m←(m)⊕i	
求反	NOT r	r←r 取反	不影响所有标志位
	NOT m	m←(m) 取反	
逻辑/算术左移	SHL/SAL r, 1 SHL/SAL r, CL SHL/SAL m, 1 SHR/SAL m, CL	 左移1/（CL）	影响状态标志位
逻辑右移	SHR r, 1 SHR r, CL SHR m, 1 SHR m, CL	 左移1/（CL）	
算术右移	SAR r, 1 SAR r, CL SAR m, 1 SAR m, CL	 右移I/(CL)	
循环左移	ROL r, 1 ROL r, CL ROL m, 1 ROL m, CL	 循环左移I/(CL)	仅影响 CF, OF 状态标志位
循环右移	ROR r, 1 ROR r, CL ROR m, 1 ROR m, CL	 循环右移1/（CL）	
带进位循环左移	RCL r, 1 RCL r, CL RCL m, 1 RCL m, CL	 带进位循环左移1/（CL）	
带进位循环右移	RCR r, 1 RCR r, CL RCR m, 1 RCR m, CL	 带进位循环右移1/(CL)	

附表 1 - 4　串操作指令

名　称	指令格式	指令操作	备　注
字节串传送	MOVSB	$(ES:DI)\leftarrow(DS:SI)$ $DI\leftarrow DL\pm1$, $SI\leftarrow SI\pm1$	除了 CMPS 和 SCAS 影响状态标志位外，其他均不影响所有标志位。DF＝0，相应指针加 1 或加 2；DF＝1，相应指针减 1 或减 2
字串传送	MOVSW	$(ES:DI)\leftarrow(DS:SI)$ $DI\leftarrow DL\pm2$, $SI\leftarrow SI\pm2$	
字节串取	LODSB	$AL\leftarrow(DS:SI)$, $SI\leftarrow SI\pm1$	
字串取	LODSW	$AX\leftarrow(DS:SI)$, $SI\leftarrow SI\pm2$	
字节串写	STOSB	$(ES:DI)\leftarrow AL$, $DI\leftarrow DI\pm1$	
字串写	STOSW	$(ES:DI)\leftarrow AX$, $DI\leftarrow DI\pm2$	
字节串比较	CMPSB	$(DS:SI)-(ES:DI)$ $DI\leftarrow DI\pm1$, $SI\leftarrow SI\pm1$	
字串比较	CMPSW	$(DS:SI)-(ES:DI)$ $DI\leftarrow DI\pm2$, $SI\leftarrow SI\pm2$	
字节串扫描	SCASB	$AL-(ES:DI)$ $DI\leftarrow DI\pm1$, $SI\leftarrow SI\pm1$	
字串扫描	SCASW	$AX-(ES:DI)$ $DI\leftarrow DI\pm2$, $SI\leftarrow SI\pm2$	
无条件重复	REP	当 CX≠0 时,则重复串操作,CX←CX−1;当 CX=0,退出重复	
相等/为零重复字串操作	REPE/REPZ	当 CX≠0 且 ZF=1 时,重复串操作,CX←CX−1;当 CX=0 或 ZF=0 时,退出重复	
不等/不为零重复字串操作	REPNE/REPNZ	当 CX≠0 且 ZF=0 时,重复串操作,CX←CX−1;当 CX=0 或 ZF=1 时,退出重复	

附表 1 - 5　控制转移指令

名　称	指令格式	指令操作	备　注
无条件转移	JMP SHORT lab(短转)	$IP\leftarrow OFFSET\ lab$	不影响所有标志位
	JMP lab(短转)	$IP\leftarrow OFFSET\ lab$	
	JMP lab(长转)	$IP\leftarrow OFFSET\ lab$, $CS\leftarrow SEG\ lab$	
	JMP r16	$IP\leftarrow r16$	
	JMP m16	$IP\leftarrow(m16)$	
	JMP m32	$IP\leftarrow(m32)$, $CS\leftarrow(m32+2)$	

续表一

名称	指令格式	指令操作	备注
高于等于/不低于/无进位转移	JAE/JNB/JNC lab	如果 CF＝0，则 IP←OFFSET lab，否则 IP←IP＋2	
不高于等于/低于/进位转移	JNAE/JB/JC lab	如果 CF＝1，则 IP←OFFSET lab，否则 IP←IP＋2	
非零/不等转移	JNZ/JNE lab	如果 ZF＝0，则 IP←OFFSET lab，否则 IP←IP＋2	
全零/等于转移	JZ/JE lab	如果 ZF＝1，则 IP←OFFSET lab，否则 IP←IP＋2	
正符号转移	JNS lab	如果 SF＝0，则 IP←OFFSET lab，否则 IP←IP＋2	
负符号转移	JS lab	如果 SF＝1，则 IP←OFFSET lab，否则 IP←IP＋2	
奇性奇偶转移	JNP/JPO lab	如果 PF＝0，则 IP←OFFSET lab，否则 IP←IP＋2	
偶性奇偶转移	JP/JPE lab	如果 PF＝1，则 IP←OFFSET lab，否则 IP←IP＋2	
无溢出转移	JNO lab	如果 OF＝0，则 IP←OFFSET lab，否则 IP←IP＋2	不影响所有标志位，转移目标地址必须在－128～1＋127范围内
溢出转移	JO lab	如果 OF＝1，则 IP←OFFSET lab，否则 IP←IP＋2	
高于/不低于等于转移	JA/JNBE lab	如果(CF∨ZF)＝0，则 IP←OFFSET lab，否则 IP←IP＋2	
低于等于/不高于转移	JBE/JNA lab	如果(CF∨ZF)＝1，则 IP←OFFSET lab，否则 IP←IP＋2	
大于等于/不小于转移	JGE/JNL lab	如果(SF⊕OF)＝0，则 IP←OFFSET lab，否则 IP←IP＋2	
小于/不大于等于转移	JL/JNGE lab	如果(SF⊕OF)＝1，则 IP←OFFSET lab，否则 IP←IP＋2	
大于/不小于等于转移	JG/JNLE lab	如果(SF⊕OF)∨ZF＝1，则 IP←OFFSET lab，否则 IP←IP＋2	
CX 寄存器零转移	JCXZ lab	如果 CX＝0，则 IP←OFFSET lab，否则 IP←IP＋2	
循环	LOOP lab	CX←CX－1，如果 CX≠0，则 IP←OFFSET lab，否则 IP←IP＋2	
相等/为零循环	LOOPE/LOOPZ lab	CX←CX－1，如果 CX≠0 且 ZF＝1 则 IP←OFFSET lab，否则 IP←IP＋2	

32 位微机原理及接口技术

续表二

名　称	指令格式	指令操作	备　注
不相等/不 为零循环	LOOPNE/ LOOPNZ lab	CX←CX−1, 如果 CX≠0 且 ZF=0, 则 IP←OFFSET lab, 否则 IP←IP+2	不影响所有标志位
段内调用	CALL prc(段内)	SP←SP−2, (SP+1,SP)←IP, IP←OFFSET prc	
	CALL r16(段内)	SP←SP−2, (SP+1,SP)←IP, IP←r16	
	CALL m16(段内)	SP←SP−2, (SP+1,SP)←IP, IP←(m16)	
段间调用	CALL prc(段间)	SP←SP−2, (SP+1,SP)←CS, CS←SEG prc; SP←SP−2, (SP+1,SP)←IP, IP←OFFSET prc	
	CALL m32（段 间）	SP←SP−2, (SP+1,SP)←CS, CS←(m32+2); SP←SP−2, (SP+1,SP)←IP, IP←(m32)	
返回	RET(段内)	IP←(SP+1,SP), SP←SP+2	
	RET val(段内)	IP←(SP+1, SP), SP←SP+2+val	
	RET（段间）	IP←(SP+1, SP), SP←SP+2	
		IP←(SP+1, SP), SP←SP+2	
	RET val(段间)	IP←(SP+1, SP), SP←SP+2+val	
中断	INT n	SP←SP−2,(SP+1, SP)←F, IF←0, TF←0 SP←SP−2,(SP+1, SP)←CS, CS←(n∗4+2) SP←SP−2,(SP+1, SP)←IP, IP←(n∗4)	
溢出中断	INT 0	如果 OF=1, 则 SP←SP−2, (SP+1, SP)←F, IF←0, TF←0; SP←SP−2, (SP+1, SP)←CS, CS←(00012H); SP←SP−2, (SP+1, SP)←IP, IP←(00010H); 否则 IP←IP+1	
中断返回	IRET	IP←(SP+1, SP), SP←SP+2 CS←(SP+1,SP), SP←SP+2 PSW←(SP+1, SP), SP←SP+2	

附表 1−6　处理器控制指令

名　称	指令格式	指令操作	备　注
置进位标志	STC	CF←1	不影响标志位
进位标志求反	CMC	CF←CF 取反	
清方向标志	CLD	DF←0	
置方向标志	STD	DF←1	
清中断标志	CLI	IF←0	
置中断标志	STI	IF←1	
封锁总线前缀	LOCK	封锁总线前缀	
等待	WAIT	等待外同步(TEST)信号	
处理器转移	ESC i6, m	数据总线←(m)	
	ESC i6, r	数据总线←r	
暂停	HLT	CPU 暂停(动态)	
空操作	NOP	空操作	

附录2　DOS 功能调用(INT21H)表

AH	功　　能	入口参数	出口参数
00	程序终止(同 INT20H)	CS＝程序段前缀	
01	键盘输入并回显		AL＝输入字符
02	显示输出	DL＝输出字符	
03	异步通信输入		AL＝输入字符
04	异步通信输出	DL＝输出数据	
05	打印机输出	DL＝输出字符	
06	直接控制台 I/O	DL＝FF(输入) DL＝字符(输出—)	AL＝输入字符
07	键盘输入(无回显)		AL＝输入字符
08	键盘输入(无回显) 检测 Ctrl＋Break		AL＝输入字符
09	显示字符串	DS:DX＝串地址($ 为串结束字符)	
0A	键盘输入到缓冲区	DS:DX＝缓冲区首地址 (DS:DX)＝缓冲区最大字符数	(DS:DX＋1)＝实际输入字符数
0B	检验键盘状态		AL＝00 有输入 AL＝FF 无输入
0C	清除输入并请求指定的输入功能	AL＝输入功能号(1, 6, 7, 8, A)	
0D	磁盘复位		清除文件缓冲区
0E	指定当前默认磁盘驱动器	DL＝驱动器号 0＝A,1＝B, …	AL＝驱动器数
0F	打开文件	DS:DX＝FCB首地址	AL＝00, 文件找到 AL＝FF, 文件未找到
10	关闭文件	DS:DX＝FCB首地址	AL＝00, 目标修改成功 AL＝FF, 文件中未找到文件
11	查找第一个目录项	DS:DX＝FCB首地址	AL＝00, 找到 AL＝FF, 未找到
12	查找下一个目录项	DS:DX＝FCB首地址(文件名中带 * 或?)	AL＝00, 找到 AL＝FF 未找到
13	删除文件	DS:DX＝FCB首地址	AL＝00, 删除成功 AL＝FF 未找到
14	顺序读	DS:DX＝FCB首地址	AL＝00, 读成功 AL＝01, 文件结束, 记录无数据 AL＝02, DTA 空间不够 AL＝03, 文件结束, 记录不完整

AH	功　　能	入口参数	出口参数
15	顺序写	DS:DX=FCB首地址	AL=00，写成功 AL=01，盘满 AL=02，DTA空间不多
16	建文件	DS:DX=FCB首地址	AL=00，建立成功 AL=FF，无磁盘空间
17	文件改名	DS:DX=FCB首地址 (DS:DX+1)=旧文件名 (DS:DX+17)=新文件名	AL=00，成功 AL=FF，未成功
19	取当前默认磁盘驱动器		AL=默认的驱动器号 0=A，1=B，2=C…
1A	置DTA地址	DS:DX=DTA地址	
1B	取默认驱动FAT信息		AL=每簇的扇区数 DS:DX=FAT标识字符 CX=物理扇区的大小 DX=默认驱动器的簇数
1C	取任一驱动器FAT信息	DL=驱动器号	同上
21	随机读	DS:DX=FCB首地址	AL=00，读成功 AL=01，文件结束 AL=02，缓冲器溢出 AL=03，缓冲器不满
22	随机写	DS:DX=FCB首地址	AL=00，写成功 AL=01，文件结束 AL=02，缓冲区溢出
23	测定文件大小	DS:DX=FCB首地址	AL=00，成功，文件长度填入FCB AL=FF，未找到
24	设置随机记录号	DS:DX=FCB首地址	
25	设置中断向量	DS:DX=中断向量 AL=中断类型号	
26	建立程序段前缀	DX=新的程序段前缀	
27	随机分块读	DS:DX=FCB首地址 CX=记录数	AL=00 读成功 AL=01 文件结束 AL=02 缓冲区太小，传输结束 AL=03 缓冲器不满 CX=读取的记录数

AH	功　　能	入口参数	出口参数
28	随机分块写	DS:DX＝FCB 首地址 CX＝记录数	AL＝00，写成功 AL＝01，盘满 AL＝02，缓冲区溢出
29	分析文件名	DS:DX＝FCB 首地址 DS:SI＝ASCIIZ 串 AL＝控制分析标志	AL＝00，标准文件 AL＝01，多义文件 AL＝FF，非法盘符
2A	取日期		CX＝年 DH:DL＝月:日（二进制）
2B	设置日期	CX:DH:DL＝年:月:日	AL＝00，成功 AL＝FF，无效
2C	取时间		CH:CL＝时:分 DH:DL＝秒:1/100 秒
2D	设置时间	CH:CL＝时:分 DH:AL＝秒:1/100 秒	AL＝00，成功 AL＝FF，无效
2E	置磁盘自动读写标志	AL＝00，关闭标志 AL＝01，打开标志	
2F	取磁盘缓冲区的首址		ES:BX＝缓冲区首址
30	取 DOS 版本号		AH＝发行号，AL＝版号
31	结束并驻留	AL＝返回码 DX＝驻留区大小	
33	Ctrl＋Break 检测	AL＝00，取状态 AL＝01，置状态（DL） DL＝00，关闭检测 DL＝01，打开检测	DL＝00，关闭 Ctrl＋Break 检测 DL＝01，打开 Ctrl＋Break 检测
35	取中断向量		AL＝中断类型号 ES:BX＝中断向量
36	取空闲磁盘空间	DL＝驱动器 0＝默认，1＝A，2＝B，…	成功：AX＝每簇扇区数 BX＝有效簇数 CX＝每扇区字节数 DX＝总簇数 失败：AX＝FFFF
38	置/取国家信息	DS:DX＝信息区首地址	DX＝国家码（国际电话前缀码） AX＝错误码
39	建立子目录（MKDIR）	DS:DX＝ASCIIZ 串地址	AX＝错误码
3A	删除子目录（RMDIR）	DS:DX＝ASCIIZ 串地址	AX＝错误码
3B	改变当前目录（CHDIR）	DS:DX＝ASCIIZ 串地址	AX＝错误码
3C	建立文件	DS:DX＝ASCIIZ 串地址	成功：AX＝文件代号 失败：AX＝错误码

AH	功能	入口参数	出口参数
3D	打开文件	DS：DX＝ASCIIZ 串地址 AL＝0，读 AL＝1，写 AL ＝2，读/写	成功：AX＝文件代号 失败：AX＝错误码
3E	关闭文件	BX＝文件号	失败：AX＝错误码
3F	读文件或设备	DS：DX＝数据缓冲区地址 DX＝文件号 CX＝读取的字节数	读成功：AX＝实际读入字节数 AL＝0 已到文件尾 读出错：AX＝错误码
40	写文件或设备	DS：DX＝数据缓冲区地址 DX＝文件号 CX＝写入的字节数	写成功：AX＝实际写入字节数 写出错：AX＝错误码
41	删除文件	DS：DX＝ASCIIZ 串地址	成功：AX＝00 失败：AX＝错误码(2,5)
42	移动文件指针	BX＝文件号 CX：DX＝位移量 AL＝移动方式(0,1,2)	成功：DX：AX＝新指针位置 失败：AX＝错误码
43	置/取文件属性	DS：DX＝ASCIIZ 串地址 AL＝0，取文件属性 AL＝1，置文件属性 CX＝文件属性	成功：CX＝文件属性 失败：AX＝错误码
44	设备文件 I/O 控制	BX＝文件代号 AL＝0 取状态 AL＝1 置状态 DX AL＝2，4 读数据 AL＝3，5 写数据 AL＝6 取输入状态 AL＝7 取输出状态	成功：CX＝设备信息 失败：AX＝错误码
45	复制文件号	BX＝文件号 1	成功：AX＝文件号 2 失败：AX＝错误码
46	人工复制文件号	BX＝文件号 1 CX＝文件号 2	成功：AX＝文件号 2 失败：AX＝错误码
47	取当前目录路径名	DL＝驱动器号 DS：SI＝ASCIIZ 串地址	(DS：SI)＝ASCIIZ 串 失败：AX＝错误码
48	分配内存空间	BX＝申请内存容量	成功：AX＝分配内存首地址 失败：AX＝最大可用空间
49	释放内存空间	ES＝内存起始段地址	失败：AX＝错误码
4A	调整已分配的存储块	ES＝原内存起始段地址 BX＝再申请的容量	BX＝最大可用空间 失败：AX＝错误码

续表四

AH	功　　能	入口参数	出口参数
4B	装配/执行程序	DS:SI=ASCIIZ 串地址 ES:BX=参数区首址 AL=0 装入执行 AL=3 装入不执行	失败:AX=错误码
4C	带返回码结束	AL=返回码	
4D	取返回码		AX=返回代码
4E	查找第一个匹配文件	DS:DX=ASCIIZ 串地址 CX=属性	AX=出错码(02,18)
4F	查找下一个匹配文件	DS:DX=ASCIIZ 串地址 (文件名中带？或＊)	AX=出错码(18)
54	取盘自动读写标志		AL=当前标志值
56	文件改名	DS:DX=ASCIIZ 串(旧) ES:DI=ASCIIZ 串(新)	AX=出错码(03,05,17)
57	置/取文件日期和时间	BX=文件号 AL=0 读取 AL=1 设置(DX:CX)	DX:CX=日期和时间 失败:AX=错误码
58	取/置分配策略码	AL=0 取码 AL=1 置码(BX) BX=策略码	成功:AX=策略码 失败:AX=错误码
59	取扩充错误码	BX=0000	AX=扩充错误码 BH=错误类型 BL=建议的操作 CH=错误场所
5A	建立临时文件	CX=文件属性 DS:DX=ASCIIZ 串地址	成功:AX=文件号 失败:AX=错误码
5B	建立新文件	CX=文件属性 DS:DX=ASCIIZ 串地址	成功:AX=文件号 失败:AX=错误码
5C	控制文件存取	AL=00 封锁 AL=01 开启 BX=文件号 CX:DX=文件位移 SI:DI=文件长度	失败:AX=错误码
62	取程序段前缀地址		BX=PSP 地址

注：AH=00～2E 适用 DOS1.0 以上版本；AH=2F 及以上适用 DOS2.0 以上版本；AH=58～62 适用 DOS3.0 以上版本。

附录 3　BIOS 中断调用表

AH	功　能	入口参数	出口参数
0	设置显示方式	AL＝00 40×25 黑白方式 AL＝01 40×25 彩色方式 AL＝02 80×25 黑白方式 AL＝03 80×25 彩色方式 AL＝04 320×200 彩色图形方式 AL＝05 320×200 黑白图形方式 AL＝06 640×200 黑白图形方式 AL＝07 80×25 单色文本方式 AL＝08 160×200 16 色图形（PCjr） AL＝09 320×200 16 色图形（PCjr） AL＝0A 640×200 16 色图形（PCjr） AL＝0B 保留（EGA） AL＝0C 保留（EGA） AL＝0D 320×200 彩色图形（EGA） AL＝0E 640×200 彩色图形（EGA） AL＝0F 640×350 黑色图形（EGA） AL＝10 640×350 彩色图形（EGA） AL＝11 640×480 单色图形（EGA） AL＝12 640×480 16 色图形（EGA） AL＝13 320×200 256 色图形（EGA） AL＝40 80×30 彩色文本（CGE400） AL＝41 80×50 彩色文本（CGE400） AL＝42 640×400 彩色文本（CGE400）	
1	置光标类型	(CH)0－3＝光标起始行 (CL)0－3＝光标结束行	
2	置光标位置	BH＝页号 BH，DL＝行，列	
3	读光标位置	BH＝页号	CH＝光标起始行 DH，DL＝行，列
4	读光笔位置		AH＝0，光笔未触发 AH＝1，光笔触发 CH＝像素行，BX＝像素列 DH＝字符行，DL＝字符列
5	置显示页	AL＝页号	

AH	功　能	入口参数	出口参数
6	屏幕初始化或上卷	AL＝上卷行数 AL＝0，整个窗口空白 BH＝卷入行属性 CH，CL＝左上角行，列号 DH，DL＝右下角行，列号	
7	屏幕初始化或下卷	AL＝下卷行数 AL＝0，整个窗口空白 BH＝卷入行属性 CH，CL＝左上角行，列号 DH，DL＝右下角行，列号	
8	读光标位置的字符和属性		AH＝属性 AL＝字符
9	光标位置显示字符及其属性	BH＝显示页 BL＝属性 AL＝字符 CX＝字符重复次数	
A	在光标位置显示字符	BH＝显示页 AL＝字符 CX＝字符重复次数	
B	置彩色调板 （320×200 图形）	BH＝彩色调板 ID BL＝和 ID 配套使用的颜色	
C	写像素	DX＝行（0～199） CX＝列（0～639）	AL＝像素值
D	读像素	DX＝行（0～199） CX＝列（0～639）	
E	显示字符（光标前移）	AL＝字符 BL＝前景色	
F	取当前显示方式		AH＝字符列数，AL＝显示方式
13	显示字符串 （适用 AT）	ES：BP＝串地址，CX＝串长度 BH＝页号，DH，DL＝起始行，列 AL＝0，BL＝属性 串：char，char，… AL＝1，BL＝属性 串：char，char，… AL＝2 串：char，char，char … AL＝3 串：char，char，char …	光标返回起始位置 光标跟随移动 光标返回起始位置 光标跟随移动

AH	功　能	入口参数	出口参数
	设备检验		AX＝返回值 bit0＝1，配有磁盘 bit1＝1，80287 协处理器 bit4，5＝01，40×25BW(彩色板) 　　　＝10，80×25BW(彩色板) 　　　＝11，80×25BW(黑白板) bit6，7＝软盘驱动器号 bit9，10，11＝RS－232 板号 bit12＝游戏适配器 bit13＝串行打印机 bit14，15＝打印机号
	测定存储器容量		AX＝字节数(KB)
0	软盘系统复位	DL＝驱动器号	
1	读软盘状态	DL＝驱动器号	AL＝状态字节
2	读磁盘	AL＝扇区数 CH，CL＝磁道号，扇区号 DH，DL＝磁头号，驱动器号 ES:BX＝数据缓冲区地址	读成功：AH＝0 AL＝读取的扇区数 读失败：AH＝出错码
3	写磁盘	同上	写成功：AH＝0 AL＝写入的扇区数 写失败：AH＝出错码
4	检验磁盘扇区	同上(ES:BX 不设置)	成功：AH＝0 AL＝检验的扇区数 失败：AH＝出错码
5	格式化盘磁道	ES:BX＝磁道地址	成功：AH＝0 失败：AH＝出错码
0	初始化串行通信口	AL＝初始化参数 DX＝通信口号(0，1)	AH＝通信口状态 AL＝调制解调器状态
1	向串行通信口写字符	AL＝字符 DX＝通信口号(0，1)	写成功：(AH)7＝0 写失败：(AH)7＝1 (AH)0－6＝通信口状态
2	从串行通信口读字符	DX＝通信口号(0，1)	读成功：(AH)7＝0 AL＝字符 读失败：(AH)7＝1 (AH)0－6＝通信口状态

AH	功 能	入口参数	出口参数
3	取通信口状态	DX=通信口号(0，1)	AH＝通信口状态 AL＝调制解调器状态
0	启动盒式磁带电动机		失败：AH＝出错码
1	停止盒式磁带电动机		失败：AH＝出错码
2	磁带分块读	ES:BX＝数据传输区地址 CX＝字节数	AH 为状态字节 AH＝00 读成功 AH＝01 冗余检验错 AH＝02 无数据传输 AH＝04 无引导 AH＝80 非法命令
3	磁带分块写	ES:BX＝数据传输区地址 CX＝字节数	AH 为状态字节 （同上）
0	从磁盘读字符		AH＝扫描码 AL＝字符码
1	读键盘缓冲区字符		AH＝扫描码 ZF＝0，AL＝字符码 ZF＝1，缓冲区空
2	取键盘状态字节		AL＝键盘状态字节
0	打印字符回送状态字节	AL＝字符 DX＝打印机号	AH＝打印机状态字节
1	初始化打印机会送状态字节	DX＝打印机号	AH＝打印机状态字节
2	取打印机状态字节	DX＝打印机号	AH＝打印机状态字节
0	读时钟		CH:CL＝时:分 DH：DL＝秒:1/100 秒
1	置时钟	CH：CL＝时:分 DH：DL＝秒:1/100 秒	
2	读实时时钟(适用 AT)		CH：CL＝时:分 （BCD） DH：DL＝秒:1/100 秒（BCD）
6	置报警时间(适用 AT)	CH:CL＝时:分(BCD) DH：DL＝秒:1/100 秒 （BCD）	
7	消除报警(适用 AT)		

附录 4　DEBUG 常用命令

DEBUG 命令	命令格式	功能说明
A（Assemble）	A[地址]	将源程序段汇编到指定地址中，若仅指定偏移地址，默认在 CS 段中
C（Compare）	C 地址 1 长度地址 2	比较从地址 1 到地址 2 之间"长度"个字节的值，发现不等则显示
D（Display）	D[地址末址]或 D[地址长度]	显示地址范围或长度的字节单元内容，若末指定地址，默认从 DS：0 开始显示连续 128 个字节的内容
E（Edit）	E 地址[数据表]	将数据表中的十六进制数字节或字符串写入从指定地址开始的单元中。若未指定数据表，则显示当前字节的值，并等待输入新值
F（Fill）	F 地址长度数据表或 F 首址末址数据表	将数据表中的字节数值填充到指定的内存单元中。如果数据表不够长，则重复使用；数据表过长，则截断
G（Go）	G［＝首址］［断点地址］…	从指定地址开始，带断点全速执行。若未指定首址，默认从当前 CS：IP 所指处开始。最多设置 10 个断点，默认在 CS 段中。若无断点，则连续执行
H（Hex）	H 数 1　数 2	显示数 1、数 2 的十六进制和与差
I（Input）	I 端口号	从端口输入数据并显示
L（Load）	L[地址[驱动器号]扇区号扇区数]	从指定设备的指定扇区号读"扇区数"个扇区信息到指定的地址中。若仅指定偏移地址，默认为 CS 段；若无驱动器号，默认当前盘；若未指定内存地址，则将 CS：80H 处的文件装入 CS：100H 处
M（Move）	M 地址 1 长度地址 2 或 M 地址 1 地址 2 地址 3	将从地址 1 开始的"长度"个字节值传送到地址 2 开始处，或将从地址 1 到地址 2 范围内的字节传送到地址 3 开始处
N（Name）	N[驱动器:][路径]文件名[.扩展名]	定义文件，建立文件控制块 FCB，供 L、W 命令使用。所指定文件的说明存放在 CS：80H 参数区的程序段前缀（PSP）中
O（Output）	O 端口号数值	将指定的数值输出到指定的端口上

DEBUG 命令	命令格式	功能说明
P (Proceed)	P[＝地址][数值]	从指定地址开始，单步执行"数值"条指令，每执行 1 条就显示 1 次现场内容。仅指定偏移地址时，默认在 CS 段中；未指定地址时，默认从当前 CS：IP 所指处开始执行；未指定"数值"时，默认为 1
Q(Quit)	Q	退出 Debug
R(Register)	R[寄存器名]	未指定寄存器时，显示所有寄存器的值。指定寄存器时，显示并允许修改该寄存器的值，若直接回车，则原值不变。标志寄存器用"F"表示，也可以按单个标志位显示、修改。各标志位的值的符号如下（不允许直接写 0 或 1）：

<table>
<tr><td></td><td>OF</td><td>DF</td><td>IF</td><td>SF</td><td>ZF</td><td>AF</td><td>PF</td><td>CF</td></tr>
<tr><td>＝1</td><td>OV</td><td>DN</td><td>EI</td><td>NG</td><td>ZR</td><td>AC</td><td>PE</td><td>CY</td></tr>
<tr><td>＝0</td><td>NV</td><td>UP</td><td>DI</td><td>PL</td><td>NZ</td><td>NA</td><td>PO</td><td>NC</td></tr>
</table>

DEBUG 命令	命令格式	功能说明
S(Search)	S 地址 长度 数据表 或 S 地址 1 地址 2 数据表	在指定的地址范围内检索数据表中的数据，并显示全部找到的数据地址，否则显示找不到的信息。数据可以是十六进制数或字符串
T(Trace)	T[＝地址][数值]	从指定地址处开始跟踪执行"数值"条指令，每执行 1 条指令就显示 1 次现场信息。若仅指定偏移地址，默认在 CS 段中；若未指定地址，默认为从当前 CS：IP 所指处开始；若未指定数值，默认为 1
U(Un-assemble)	U[地址]或 U[地址 1 地址 2]或 U[地址长度]	从指定地址处开始，对"长度"个字节进行反汇编，或对地址 1 与地址 2 之间的字节单元反汇编。若仅指定偏移地址，默认在 CS 段中；若未指定地址，默认从当前 CS：IP 所指处开始；若未指定长度，1 次显示 32 个字节的反汇编内容
W(Write)	W 地址[驱动器号]扇区号扇区数 或 W[地址]	将指定地址的内容写入到指定设备的指定扇区中。若未指定驱动器号，默认为当前盘；若仅指定偏移地址，默认为 CS 段；若未指定参数或只有地址，则将 N 命令定义的文件存盘。最好在使用 W 命令之前使用 N 命令定义该文件，中间无其他命令

参 考 文 献

[1] 杨居义. 微机原理与接口技术项目教程[M]. 2 版. 北京：清华大学出版社，2013.

[2] 王克义. 微机原理与接口技术[M]. 北京：清华大学出版社，2012.

[3] 钱晓捷. 16/32 位微机原理、汇编语言及接口技术[M]. 北京：机械工业出版社，2011.

[4] 尤光利. 微型计算机原理与接口技术[M]. 北京：清华大学出版社，2014.

[5] 朱永华. 32 位微型计算机与接口技术[M]. 北京：清华大学出版社，2008.

[6] 王成瑞. 微机原理与接口技术[M]. 北京：科学出版社，2010.

[7] 周国祥. 微机原理与接口技术[M]. 合肥：中国科学技术大学出版社，2010.

[8] 马兴录. 32 位微机原理与接口技术[M]. 北京：化学工业出版社，2009.

[9] 朱红. 微机原理与接口技术[M]. 北京：清华大学出版社，2011.

[10] 董洁. 微型计算机原理及接口技术[M]. 北京：机械工业出版社，2013.

[11] 刘立康，黄力宇，胡力山. 微机原理与接口技术[M]. 北京：电子工业出版社，2010.

[12] 周荷琴，冯焕清. 微型计算机原理与接口技术[M]. 5 版. 合肥：中国科学技术大学出版社，2013.

[13] 唐烁飞. 计算机组成原理[M]. 北京：高等教育出版社，2008.

[14] 周明德. 微机原理与接口技术[M]. 2 版. 北京：邮电出版社，2007.

[15] 朱德森. 微型计算机(80486)原理及接口技术[M]. 北京：化学工业出版社，2003.

[16] 白中英，戴志涛. 计算机组成原理[M]. 5 版. 北京：科学出版社，2013.

[17] 李华贵. 微机原理与接口技术——基于 IA - 32 处理器和 32 位汇编语言[M]. 北京：电子工业出版社，2010.

[18] 郑学坚，朱定华. 微型计算机原理及应用[M]. 4 版. 北京：清华大学出版社，2013.

[19] 杨素行. 微型计算机系统原理及应用[M]. 3 版. 北京：清华大学出版社，2009.

[20] Brey Barry B. The Intel Microprocessor [M]. 7 版. 北京：机械工业出版社，2006.

[21] Brey Barry B. Intel 微处理器[M]. 8 版. 金惠华，艾明晶，尚利宏，等译. 北京：机械工业出版社，2010.

[22] 杜巧玲. Pentium 系列微型计算机原理与接口技术[M]. 西安：西安电子科技大学出版社，2008.